도시관리론

정환용

傳 英 社

서 문

세계화·정보화 추세와 포스트모더니즘 가치관의 등장에 따라, 오늘의 도시가 처한 여건과 환경은 과거와는 확연히 다른 모습이다. 도시 간 경쟁이 치열해져 도시들이 스스로를 판매해야 하는 기업적인 모습으로 변모하게 되었다. 도시개발과 관리에서는 민주성과 시장성을 강조하는 입장이 오늘의 중심적 가치가 되고 있다. 그리고 복합적인 도시문제의 대처를 위해서는 더 이상 지방정부의 공식제도에만 초점을 맞출 수는 없고 비공식기관의 협력의 중요성을 인식해야 한다.

이러한 여건변화에 따라 도시문제와 도시관리에 대한 접근방안도 새로운 시각에서 재정립해야 할 시점에 이르렀다. 현실적인 도시문제에 대해 보다 실제적이면서 설득력 있는 대처방안을 제시함은 물론, 새로운 이론적 패러다임에 의한 도시관리방향을 모색하는 것은 매우 중요한 의미를 갖는다. 이러한 시대적 요청을 수용하여 대학에서 도시관련학문을 전공하는 학생은 물론, 도시문제를 이해하고 도시관리정책을 수립하고자 하는 공·사부문의 실무자, 의사결정자, 그리고 일반인들의 폭넓은 이해에 도움이 될 수 있도록 이 책의 내용을 구성하고 기술하고자 하였다.

이 책을 쓰면서 중점을 둔 부분은 다음과 같다.

첫째, 도시관리와 관련된 지금까지의 주요 이론들을 정리하고, 시대사조에 따라 새롭게 등장하고 있는 관련이론들을 포함시켜, 보다 명료한 이론적 틀에 근거하여 도시문제에 대처방안을 모색할 수 있도록 한다.

둘째, 오늘의 도시들이 당면하고 있는 주요한 도시문제의 실체를 파악하고 이에 효과적으로 대처할 수 있도록 문제의 발생배경과 실태 그리고 이의 대처방안을 실증적으로 검토한다.

셋째, 도시문제의 체계적 이해를 위한 분석시각을 제공함은 물론, 문제를 전체적으로 이해하기 쉽고 실무적으로 활용하기 용이하게 기술한다.

이 책은 도시관리의 기초, 부문별 관리, 성장과 개발관리, 그리고 경영관리의 4개 부문으로 구성되어 있다.

제1편 도시관리의 기초에서는 도시관리에 대한 기초적 이해를 위해 관리의 기초개념, 관리제도, 도시거버넌스, 그리고 정책과정에 대한 내용을 검토한다. 제1장은 도시관리의 기초개념에 관한 내용으로 도시관리의 개념정의, 도시의 기초적 이해, 도시관리환경에 대한 개괄적인 내용을 다룬다. 제2장은 도시관리를 위한 제도적 측면을 이해하기 위해, 도시제도, 도시정부, 계획제도, 그리고 도시정책을 검토한다. 제3장은 도시관리의 새로운 패러다임으로 등장하고 있는 도시거버넌스의 이론적 측면을 검토하는 내용이다. 거버넌스의 특성을 이루고 있는 파트너십, 레짐이론, 네트워크관리를 중점적으로 기술한다. 제4장은 도시관리정책이 어떻게 작성, 집행, 평가되는가 하는 정책의 과정적 활동을 논의한다.

제2편 부문별 관리에서는 주요한 도시문제의 관리방향을 검토하기 위해, 토지, 주택, 교통, 그리고 환경문제로 나누어 살핀다. 제5장은 토지관리에 대한 것으로, 토지이용, 소유 및 거래, 그리고 토지과세를 중심으로 문제에 대처하는 관리방향을 검토한다. 제6장은 도시주택문제의 실체를 파악하고 이의 관리방안을 모색하는 내용으로, 주택의 수급, 저소득층주택, 그리고 주택단지개발로 나누어 다룬다. 제7장 교통관리는 교통문제의 내용에 대한 검토와 함께, 교통의 수급, 대중교통, 그리고 지속가능교통의 측면으로 나누어 구체적인 내용을 검토한다. 제8장 환경관리는 환경문제를 이해하고, 이에 대처하기 위한 계획 및 관리정책, 그리고 환경갈등의 관리방안에 대한 내용도 아울러 살핀다.

제3편은 도시성장과 개발에 따른 관리방향을 찾기 위한 내용을 다룬다. 제9장은 성장관리로 도시성장에 따라 발생되는 문제에 대한 접근전략과 관리기법을 중점적으로 서술하였다. 제10장은 개발관리로 개발방식, 재개발, 신도시개발의 내용을 기술한다.

제4편에서는 공공서비스관리, 마케팅관리, 그리고 재정관리를 다루었다. 제11장 공공서비스관리에서는 도시공공서비스의 공급과 관련된 문제와 관리방안을 공급방법과 공급시설을 중심으로 살핀다. 제12장 마케팅관리는 장소마케팅을 위한 계획과 전략방안을 중점 검토했다. 제13장은 재정관리로 도시재정의 수요와 공급, 재정조정제도를 중심으로 고찰한다.

본서는 국·내외의 여러 선행연구들을 종합하고 체계화하여 저술하였다. 각 장별 참고문헌은 각 장의 마지막 부분에 정리하여 제시한다. 그러나 일부 장에서는 특정저서의 내용을 많이 참조하였다. 이는 본서의 구성상 필요하지만, 이 분야의 국내외 연구가 제한되어 인용의 비중이 높을 수밖에 없었기 때문이다. 예로 제12장 마케팅관리의 제2절은 코틀러(P. Kotler) 등의「Marketing Places」(N. Y.: Free Press, 1993)의 내용을 중심으로 구성하여 기술하였다. 그리고 여러 장에 걸쳐, 졸저,「도시계획학원론」(박영사, 2006)의 내용을 많이 참조하여 기술하였다.

처음의 의도와는 달리 미흡한 부분이 많음을 느낀다. 특히 저자의 능력의 한계로 인해 체계화와 종합적인 면에서 부족함이 많을 것이다. 앞으로 독자제현의 질책을 통해 더욱 보완할 것을 다짐한다. 그러나 이 책이 도시관리의 이해의 시각을 넓히고, 실무적 활용에 기여할 수 있기를 바란다.

이 책의 출간에 여러 조언과 격려를 아끼지 않은 동료교수들의 도움을 받을 수 있었던 것은 커다란 행복이었다. 그리고 학과의 조교인 박재형 군은 연락 등의 일을 했다. 출간을 격려해준 인천대 유용규 교수에게도 고마움을 전한다. 이 책이 출간되도록 사랑으로 지원해준 아내(김혜경)와 원준, 그리고 딸 내외와 함께 기쁨을 나누고자 한다.

끝으로 이 책이 발간되도록 도와주신 안종만 회장님, 황인욱 전무님, 이현구 선생님, 그리고 표지제작을 해주신 이선주 과장님을 비롯한 박영사 관계자 여러분께 감사를 드린다.

2007년 2월

著 者 識

차 례

제1편 도시관리의 기초

제1장 기초개념

제 2 장 관리제도

제 3 장　도시거버넌스

제 4 장 정책과정

제 2 편　부문별 관리

제 5 장　토지관리

제 6 장 주택관리

제 7 장 교통관리

제 8 장 환경관리

제3편　성장과 개발관리

제9장　성장관리

제10장 개발관리

제4편 경영관리

제11장 공공서비스관리

제12장 마케팅관리

제13장 재정관리

제 1 편
도시관리의 기초

제 1 장　기초개념

제 2 장　관리제도

제 3 장　도시거버넌스

제 4 장　정책과정

제 1 장

기초개념

제 1 절 도시관리의 개념

Ⅰ. 개념정의

1. 어 원

관리(management)의 어원은 불명확하다. 하나의 가능성은 훈련(training) 또는 취급(handling)을 의미하는 이태리어 'maneggio'이고, 다른 하나는 인도(lead)를 나타내는 불어 'manège'이거나 가구(household)를 나타내는 'ménage'에서 유래되었을 가능성이 있다(Stivers, 2003: 216). 또 다른 주장은 라틴어 '*manus*'에서 유래한 것으로, 손에 의한 통제(to control by hand)를 의미한다(Hughes, 1998: 5).

관리(管理)와 유사한 말로 최근에 많이 사용하고 있는 거버넌스(governance)는 그리스어 'kybernan' 또는 중세 라틴어인 'gubernare'에서 유래한 말로, 인도(leading)·조정(steering), 그리고 지향(directing)의 뜻을 내포하고 있다(Kjær, 2004: 3). 한편 행정(administration)은 라틴어 '*minor*' 그리고 '*ministrare*' 에서 나온 것으로, 그 의미는 봉사(to serve)와 관리(to govern)를 의미한다(Hughes, 1998: 5).

2. 사전적 정의

사전(Oxford English Dictionary, 2000)에서는 관리(管理)를 다음과 같이 정의한다(Stivers, 2003: 214).

> (사물이나 사람의) 조작 · 이용 · 처리나 통제, 또는 (기업 · 운영 등의) 수행에서의 기술이나 관심의 적용; 통제의 행사 …기업의 수행 …사람이나 사물의 취급방법이나 유형 …일정 목적에 영향을 미치기 위한 고안 · 분별 또는 창의력의 사용; (종종 비우호적인 의미로) 사기 또는 속임수 …사람을 향해 보이는 탐익이나 고려; 산업에서 노동력에 반대로 산업을 통제하는 고용자집단의 사례에서 행사하는 정치적 중용.

이는 관리를 기업업무의 수행(조작 · 통제), 사람이나 사물의 취급 또는 협상하는 기술로 이해하는 것이다(Stivers, 2003: 214). 한편, 행정(administration)은 공식적 행동, 공적의무의 수행, 다른 사람이나 서비스에 대신하여 수행하는 시중(stewardship)을 의미한다(Stivers, 2003: 214).

대체로 사전적 의미는 administration과 management가 유사하지만, 전자가 봉사(to serve)를 의미하는 데 비해, 후자는 통제 또는 결과획득(to control or gain result)을 강조한다(Hughes, 1998: 4～5).

3. 개념정의

(1) 행정과 공공관리

행정(public administration)은 대중에 봉사하는 활동이고, 정책을 행동으로 변환하고 관리하는 과정에 관심을 가진다. 관리(management)는 행정의 의미를 포함하지만, 결과에 대한 책임은 물론 최대의 효율성으로 목표를 달성하는 조직과 관련된다. 행정은 절차(procedures)와 우선순위(propriety)에 초점을 두는 데 비해, 공공관리는 결과의 달성과 그렇게 되도록 하는 책임에 초점을 둔다(Hughes, 1998: 5～6).

일부 학자들은 행정과 공공관리는 서로의 일부이지만, 서로 다른 패러다임에 근거하고 있다고 주장한다. 로센블름(D. Rosenbloom)은 '행정은 전체로서 사회 또는 사회의 일부분에 대해 규제적 및 서비스 기능을 제공하는 법적 · 집행적 · 사법적인 정부명령을 수행하는 관리적 · 정치적 · 법적 이론들과 과정들의 사용'이라고 주장한다. 이는 행정 밑에 공공부문의 모든 활동을 포함시키는 광범한 정의이다. 오트 등(J. Ott, et al.)은 공공관리를 공공행정이나 공공업무의 지류라고 보며, 공공관리를 행정의 기술적 하위영역이라고 주장한다(Hughes, 1998: 7). 그러나 보제만(B. Bozeman)과 스트라우스만(J. Straussman)은 행정보다 공공관리를 더 많이 사용하고 있는 두 가지 이유를 제시하고 있다. 하나는 공공관리는 외부환경과 조직의 임무와 목표를 다루는 전략과 관련되기 때문이다. 공공관리는 내부행정(internal administration)을 다루는 것보다 광범한 것을 의미한다. 둘째, 공공관리는 정부기관의 맥락에서만 발생되는 것을 다루는 것은 아니다. 행정은 정부관료제와 관련된 것을 주로 다루는 데 비해, 공공관리는 보다 유동적이기 때문이다(Hughes, 1998: 7～8).

(2) 공공관리의 특성

공공부문의 관리는 강한 맥락 의존성(context-dependency), 높은 복합성(high complexity), 그리고 전형적인 거버넌스 형태로서의 특징을 가지고 있다.

민간기업부문과 비교하여 공공관리는 외부의 사회·정치적 환경과 관련하여 큰 차이가 있다. 정부 내의 조직과 관리과정이라도, 이의 정치·사회적 기관들, 고객, 압력 및 이익집단들 등과 같은 관련 사회적 부문들의 관계에 대한 통찰 없이는, 적절하게 이해할 수 없다. 더욱이 정부에 의한 공공정책작성과정의 관리는 정부 밖의 정치적·사회적 과정의 영향을 직접적으로 받는 외부관리(external management) 형태의 하나이다(Kickert, 1993: 191).

두 번째 특징은 관리의 복합성이다. 공공관리는 정부조직, 정치·사회적 집단, 민간·기업조직 등과 같은 다양한 참여자들의 복합적인 네트워크로 거버넌스된다. 그러한 여러 수준의 네트워크가 있는 상황에서 단일의 독점적인 행위자는 없고, 자신들의 이익·목표·입장을 가지고 있는 여러 행위자들이 있다. 그러나 어느 행위자도 지배적이지 못하고, 어느 누구도 타인에 일방적 권력을 행사할 수 없다.

권력은 분산되어 있고, 행위자들은 자립적이며, 의사결정은 협상과정이다. 이러한 의미에서 좁은 의미의 기업경영(business management)으로 해석되는 관리에서 벗어나 보다 광범한 거버넌스의 개념을 사용하는 것이 적합하게 되었다(Kickert, 1993: 191～192).

Ⅱ. 개념변화

1. 신공공관리와 거버넌스

(1) 신공공관리

① **의　의**　1980년대에 들어 공공부문에서 전통적인 행정모형에 대항하여 신 관리적 접근(new managerial approach)이 등장했다. 이 접근은 관리주의(managerialism), 신공공관리(new public management), 시장기반공공관리(market based public management), 탈관료제 패러다임(post-bureaucratic paradigm), 또는 기업정부(entrepreneurial government)라는 이름들로도 불리고 있다(Hughes, 1998: 52; Lynn, 1998: 109).

② **특　징**　신공공관리에 대한 이러한 여러 명칭의 사용은 그 발생배경의 다양성을 나타내고 있지만, 그들 간에는 일부 공통적인 특징도 있다(Bevir, et al., 2003: 1～2; Hughes, 1998: 52～53; Lynn, 1998: 109; Mathiasen, 1999: 92; Osborne and McLaughlin, 2002: 9).

첫째, 전통적 행정과는 확연히 구별되게, 효율성·결과달성·책임성에 보다 큰 관심을 기울이는 기업적 관리(entrepreneurial management)에 초점을 둔다.

둘째, 조직목표를 포함한 성과측정을 위한 기준과 지표를 명료하게 제시하여 성과를 평가한다.

셋째, 자원배분과 서비스공급에 관한 결정이 보다 인도점(delivery point)에 근접하여 이루어지도록, 집중화된 계층구조에서 보다 분권화된 경영구조로 대체되고 서비스공급에서의 경쟁을 제고한다.

넷째, 탈규제(deregulation)·민영화(privatization), 그리고 경쟁을 촉진하기 위해 시장과 계약을 활용하여 정부기능들을 축소시키려는 경향이 있다.

다섯째, 조직의 진보발전을 인도할 수 있는 전략적 능력을 강화하고, 변화하는 외부환경에 자율적·신축적으로 대처할 수 있도록 유연한 조직운영을 하는 경향이 있다.

대체로 이러한 변화는 공공관리가 전통적인 행정적(administrative)·계층적(hierarchical)·전문적(professional)문화에서, 민간(private)·상업적(commercial)·시장(market)문화로 대체되고 있음을 의미한다(Lynn, 1998: 110).

(2) 거버넌스

① 의 의 20세기 최후 10년부터 거버넌스(governance)개념이 행정학의 중심적 논점이 되고 있다. 이 개념에 대한 최근의 인기는 보다 좁은 개념으로서의 거버먼트(government)와는 달리 거버닝과정과 관련된 여러 기관들과 관계들의 거의 전부를 다루는 이의 수용력 때문이라고 볼 수 있다(Pierre and Peters, 2000: 1).

거버넌스에는 두 가지 의미가 내포되어 있다. 하나는 외부환경에 대한 국가 적응의 경험적 명시와 관련되고, 다른 하나는 사회체계의 협력에 대한 개념적 또는 이론적 표현을 의미하고 이 과정에서의 국가역할을 나타낸다(Pierre, 2000: 3). 후자의 의미도 두 가지로 나눌 수 있다. 하나는 구거버넌스(old governance)로서 국가가 정치적 거래와 목표설정이나 우선순위작성을 통해 사회와 경제를 어떻게 그리고 어떠한 결과로 조종하는가 하는 질문과 관련된다. 다른 이론적 견해는 정책역할 네트워크에서 공·사 상호작용의 다양한 공식 및 비공식적인 형태와의 조화에 대한 것이다(Pierre, 2000: 3).

② **등장배경** 지금까지 정부는 주로 공공서비스 공급자로서 독점적인 역할을 담당하여 왔다. 그러나 공공서비스의 전달에 있어 제공(providing)과 생산(producing)기능이 개념적으로 구분되고, 신공공관리론에 의해 정부개혁이 진행됨에 따라 공공서비스 전달과정에 민간부문과 비영리부문의 참여가 확대되었다. 그 결과 이제 공공서비스 전달의 효율성과 효과성은 정부부문과 민간부문 및 비영리 부문 간 협력적 네트워크의 구축 및 관리에 의해 크게 영향을 받게 되었다.

이러한 배경에서 정부(government)주도의 공공서비스 전달 또는 공공문제 해결방식을 넘어서는 새로운 대안을 제시하기 위해 등장한 개념이 거버넌스(governance)이론이다. 또한 세계화에 따라 국민국가의 역할이 축소되는 가운데 그 역할을 시민사회나 시장 및 국제체제가 분담하게 되고, 정보화가 진전되면서 국가·사회·기업 등 국가 운영주체 간의 관계가 변화되었다. 이에 따라 국가·시장·시민사회 및 세계체제와의 관계를 새롭게 정립할 필요성이 제기된 점도 새로운 거버넌스론이 등장하게 된 배경이다.

③ 특 성 거버먼트는 국가의 입법 및 집행기구와 그것을 통제하는 사람들을 포함한 공식적인 제도적 구조와 권위적 의사결정의 위치와 관련된다. 거버넌스는 조직들과 공·사부문 간의 경계가 침투되고 있는 행동·태도·관리

체계와 관련된다. 거버넌스의 요체는 정부와 비정부세력 간의 상호작용관계이다. 그것은 분리된 행동으로는 달성될 수 없는 공동행동, 공동목표, 가치와 규칙의 공유된 구조, 지속적인 상호작용 그리고 집단적 혜택을 달성하고자 하는 욕구이다. 그것은 국가와 시민단체, 지배자와 피지배자, 정부와 국민 간의 관계이다(Rakodi, 2003: 524).

(3) **신공공관리와 거버넌스**

① **발생배경** 거버넌스가 다양한 의미로 사용되면서 이를 신공공관리와 동일시하는 경우도 있다. 이것은 신공공관리와 거버넌스가 정부개혁전략으로 거의 동일한 시점에서 개발되었다는 점과 함께 정부역할에 대한 인식과 제시되는 정부개혁전략이 유사하다는 점 등에서 연유하는 것이라고 할 수 있다.

② **특징대비** 신공공관리와 거버넌스는 서비스 전달이라는 노젓기(rowing)보다는 정책결정이라는 방향잡기(steering)를 위한 도구와 기법의 개발을 중시하며, 투입보다는 산출에 대한 통제를 강조하고 있다. 또한 공공부문과 민간부문의 구분필요성에 회의적이며, 경쟁과 조정 원리를 신봉하고 있다.

신공공관리와 거버넌스는 그 이론적 수준에서 질적인 차이가 있다. 즉 신공공관리가 결과에 초점을 두고 있는 데 비해 거버넌스는 과정에 초점을 맞추고 있으며, 전자가 조직 내 관계를 다루고 있는 데 비해 후자는 조직 간 관계를 다루고 있다. 또한 신공공관리는 시장과 경쟁 및 소비자들의 개별적 선택에 의해 조정이 이루어지는 데 비해 거버넌스에서는 신뢰·협조·상호의존 등이 작동하여 이루어진다. 즉 신공공관리는 부문 간 경쟁에 역점을 둔다면, 거버넌스는 부문 간 협력에 중점을 두고 있다.

③ **유사점과 상이점** 신공공관리는 거버넌스와 일정한 유사점과 상이점이 공존한다. 유사점은 공적이며 법적 국가력이 약화되고 공공과 민간의 협력을 위한 장치가 강조된다. 양자의 차이는 국가에 대한 개념화에 대한 것이다. 신공공관리에서는 국가를 — 적어도 서비스 공급자 측면에서는 — 조금은 쓸모없는 것으로 보는 반면에 거버넌스에서는 협력의 촉진과 집단이익을 추구하는 긍정적 역할을 강조한다(Pierre and Peters, 2000: 65).

2. 도시거버넌스

(1) 의 의

도시정부의 복잡성이 증가됨에 따라 도시거버넌스(urban governance)라는 말도 많이 사용한다. 이는 도시행정을 더 이상 지방정부의 공식제도에만 초점을 맞출 수는 없고 정부구조의 변화와 도시정부관리에서의 비공식기관의 중요성의 증가를 인정해야 한다는 의미이다(Newman and Thornley, 1996: 76).

도시부문에서 거버넌스의 사용증가는 도시관리가 공공부문의 독자적인 책임만이 아니고, 정부와 비정부 행위자들 간의 관계와 과정임을 의미한다(Rakodi, 2003: 523～524). 즉, 도시는 지방・지역・국가, 그리고 초국가기관의 결합과 민간부문의 직접개입을 통해 관리되어야 한다는 것이다(Newman and Thornley, 1996: 76).

(2) 여건변화

도시거버넌스(urban governance)와 관련하여 다음 몇 가지의 명료한 변화를 확인할 수 있다(Kearns and Paddison, 2000: 845～846).

① 도시 간 경쟁이 보다 치열해져, 도시들이 투자나 기타 이유에서 스스로를 판매해야 하는 소위 장소전쟁(place wars)에 돌입했다. 경쟁적인 세계에서 도시정부는 복지주의와는 갈등을 야기할 수도 있는, 보다 기업적(entrepreneurial)인 모습이 되고 있다.

② 이러한 경쟁의 결과로 동질적인 세계문화는 기업투자를 유인하기 위해 지방적이며 특색 있는 도시문화의 개발을 동시에 추구하고 있다.

③ 세계화 시대에 도시정부는 국가정부(national government)가 자신들의 이익에 큰 도움이 되지 못한다는 생각 때문에 국가경제와의 연계를 줄이려 노력한다.

④ 도시들은 초경계기업(또는 초국가기관)과 초경계적 네트워킹을 통해 국제무대(international arena)를 지향하게 되었다.

(3) 특 징

UNCHS의 「좋은 도시거버넌스의 규범에 관한 시안적 선언」(Draft Declaration on the Norms of Good Urban Governance)에서, 좋은 도시거버넌스(good urban governance)란 지속성(sustainability)・분권화(decentralization)・형평(equity)・효율(efficiency)・투명성과 책임성(transparency and accountability)・시민개입과 시민정신(civic engagement and citizenship), 그리고 안전(security)으로 특징지을 수 있으며, 이들 규범들은 상호의존적이고 상호보강된다고 했다(Paskaleva-Shapira, 2002: 18).

좋은 도시거버넌스(good urban governance)는 포용(inclusion)·수용(accommodation), 그리고 용인(tolerance)의 정책을 촉진하는 것이다. 그것은 효율적이며 효과적인 도시관리는 물론, 높은 수준의 통합을 요구한다. 좋은 도시거버넌스는 정치 및 공공부문 제도들을 옹위할 뿐 아니라, 민간부문과 시민사회조직의 참여와 상호작용을 요구한다. 좋은 도시거버넌스는 또한 지방적이다. 도시들이 그들 자신의 문제를 다루는 것을 허용하는 분권화된 거버넌스는 주민들의 용구와 우선순위에 반응할 수 있도록 한다. 좋은 도시거버넌스는 권력의 이양을 통해 적법성, 책임성, 그리고 지방자치를 확인한다(Murphy, 2000: 244).

제 2 절 도시의 기초적 이해

Ⅰ. 의 의

1. 개 념

(1) 접근시각

도시관리는 도시를 대상으로 하는 공공활동이다. 따라서 인식의 대상이 되는 도시가 무엇이며, 그 본질은 무엇인가에 대한 이해가 선행되어야만 도시문제에 효과적으로 대처할 수 있다.

도시는 실체적 도시(實體的 都市)와 형식적 도시(形式的 都市)의 양면으로 나누어 살필 수 있다. 전자는 도시를 구체적이고 본질적 요소로 살피는 것이고, 후자는 객관화된 기준에 의해 규범적으로 파악하는 개념이다.

(가) 실체적 도시

실체적 도시(實體的 都市)는 도시를 농촌과 대비되는 정주형태로 이해하고, 그 본질적 특성을 물리적·경제적·사회·문화적 측면으로 구분하여 설명할 수 있다.

① **물리적 속성** 도시는 중심과 변경, 활동공간(activity space)과 이동공간(movement space), 녹지공간과 건폐지간의 관계에 의해 구조화된 물리적 인조물(physical artefact)이다. 계획가들은 도시구조를 설계하고 토지이용과 교통패턴 간

의 관계의 종류들을 모형화한다(Healey, 2002: 1779~1780). 지리학자들은 도시를 물리적 구조(밀도나 인접성의 측정)로 정의하고자 했다.

「지방자치법」에서 "시·읍의 설치기준"에서 시 또는 읍은 그 대부분이 도시적 형태를 갖추고…라고 정의하고 있는데(법 제7조), 이는 도시의 물리적 속성을 강조한 것으로 볼 수 있다. 그러나 문제는 어떤 것이 도시적 형태인가에 대한 명확한 정의가 없다는 점이다.

② **경제적 속성** 　도시는 경제행위자들이 밀집되어 있으며, 전문화되고, 상호관련되며, 상호의존적인 시장들의 동적 체계라 할 수 있다. 도시지역에는 다양한 서비스와 생산활동이 이루어지고 있다. 그리고 도시가 정보의 수집과 처리의 능력을 가지고 있고, 서비스와 하청업자들이 집중되어 있기에 새로운 활동을 배양할 수 있다. 때문에 도시는 경제성장의 온상(seedbed)으로 기능을 수행할 수 있다. 그리고 도시는 거대한 부(富)의 발원지이며, 국가경제의 발전소로서 역할을 한다.

③ **사회·문화적 속성** 　도시를 농촌과 구별하는 사회적 특성(social character)은 그들의 행태적 특성과 가치, 세상을 인식하는 방법, 그리고 상호작용방법 등에 차이가 있다(Frey and Zimmer, 2001: 26~27). 맘포드(L. Mumford)는 도시를 '시민이 평등한 입장에서 대화하며 상호 향상되도록 마련된 장소'라고 하면서, 도시의 결정적 요인은 그곳에 사는 사람의 수나 건물이 아니라 그곳에서 꽃피는 예술·문화·종교·민주적 정치형태에 있다고 했다. 대체로 도시인의 생활유형은 이익지향적이고, 농촌에 비해 분주하지만 정적(情的)이지는 않다(more action but less heart, more choice but less conscience).

(나) 형식적 도시

형식적 도시(形式的 都市)는 법률·제도의 운영 또는 통계 등의 실제적 필요에 의해 파악되는 개념이다. 「지방자치법」에서는 시(市)는 인구 5만 명, 읍(邑)은 2만 명 이상인 곳을 도시로 지정할 수 있다고 규정한다(제7조). 통계적 방식은 인구수와 인구밀도에 초점을 둔다. 그러나 정주인구의 기준은 국가에 따라 덴마크의 250인에서 중국의 10만 명에 이르기까지 그 차이가 많다. 즉, 도시인구의 적정수준과 규범성이 부족하다.

정치학자들은 도시의 행정실체에 초점을 두지만, 이들 행정경계는 거주자들과 기업들에 의미있는 사회 및 경제적 관계를 공간적으로 명료하게 지도화하기 어려운 문제가 있다(Healey, 2002: 1780).

(2) 개념정의

도시거버넌스의 대두에 따라 도시의 성격과 질에 대한 새로운 이해가 필요하게 되었다. 도시의 개념은 물리적 형태나 계층에 국한되지 않고, 문화·사회적 관계, 그리고 경제적 동학성과 밀접한 관련을 맺고 있다. 도시는 단순한 물질적인 인조물만은 아니다. 도시는 사람·기술·권력관계가 충만한 곳이다. 사회적으로 형성된 도시의 개념들은 시민개선프로젝트의 주도와 설계, 역사지역과 건물의 보전정책에의 초점, 시민행사프로그램의 강조, 환경보전, 교통과 유통, 장소마케팅에 대한 관심도 증가하고 있다(Healey, 2002: 1783).

도시는 무엇이 될 수 있고, 무엇이 되어야 하는가에 대한 새로운 의욕과 함께 정책영역에서의 관심도 증가하고 있다. 정책적인 관심은 압축도시(compact city)와 같은 도시팽창, 지역개발의 결절점(nodal points)으로서 도시를 사용하는 전략, 또는 도시지역들의 경쟁적인 지형에서 공존하는 도시의 진흥에 초점을 둔다.

학문적 관심은 우리가 도시라고 부르는 장소(places)의 관계적 동학성(relational dynamics)의 시·공간적 특성을 물리적 공간패턴에서 분리하는 것을 강조한다. 즉, 도시의 동학성과 사회-공간-시간적 연계에 대한 새로운 관계적 사고방식은 지리적 공간의 원근에 걸친 모든 지역의 사람과 기업들을 연결하는 관계망(relational nets)의 다수성을 강조한다. 또한 학문적 관심은 이익, 야망, 그리고 권력이 구체적으로 표현된 이미지와 상징으로서 도시의 중요성을 강조한다. 이러한 새로운 방법의 도시이해는 도시는 어떻게 이해할 수 있고 이해해야 하며, 도시전략의 내용은 무엇이 되어야 하는가에 대한 문제를 제기한다(Healey, 2002: 1778).

2. 기　능

맘포드(L. Mumford)는 도시를 지리적 망(geographical plexus), 경제적 조직(economic organization), 제도적 과정(institutional process), 사회행동의 무대(theatre of social action), 그리고 집단적 통일성의 심미적 상징(aesthetic symbol of collective unity)이라고 했다(Latham, 2003: 1699). 이는 도시기능의 종합성을 지적한 것이다. 즉 도시는 사회에서 경제·사회·문화·정치의 심장이다. 그리고 도시는 새로운 활동들과 제안들을 위한 추진력과 동력을 제공한다. 역사학자·문화인류학자・사회학자들은 서로 다른 도시의 존재이유를 제시할 것이다. 도시는 영토를 통제하는 행정구역, 도시는 외부공격에 대한 방어, 그리고 도시는 문화의 원천 등으로 역사적 시기에 따라 상이한 개념화가 가능하다.

사회적(社會的) 측면에서 도시는 맘포드가 말한 것처럼 용기(container)와 자석(magnet)의 양면의 특성을 지니고 있다. 용기는 도시의 기능・과정・목적들이 시간에 따라 발전・전파되는 물리적 구조의 영구적 조립품(assembly)이다. 자석으로서의 의미는 사람과 제도들의 유인력과 관계된다.

도시는 문화적 정체성(cultural identity)을 가지고 있다. 이는 과거에는 도시의 긍지와 지배자의 권력을 표현한 거대 광장과 거대한 건축기념물과 관련되었다. 최근에는 스포츠클럽, 역사공간 또는 상업지역에 보다 초점을 두고 있다. 또는 일정 입지나 구조는 도시거주민이나 외부인들에게 도시를 상징하게 된다. 그러나 이들 도시상징들은 도시정체성의 하나의 측면이다. 정작 많은 사람들에게 중요한 것은 도시를 '나의 장소'(my place) 즉 '나의 고향'(home)이라고 부를 수 있는 장소로서의 의미이다. 이들 집과 같은 상징들은 사회적・물리적인 안정(comfort)과 수용하고 가질 수 있는 장소로서의 소속감을 제공한다. 많은 사람들에게 도시는 이러한 집과 같은 느낌의 장소로서 거주에 대한 긍정적 감각을 창조하는 근린장소, 사회적 망, 그리고 보다 큰 도시의 혼합으로 인식된다(Healey, 2002: 1781).

도시의 지배적인 기능은 경제적(經濟的)인 것이다. 도시에는 사람과 경제적 활동이 공간적으로 집중되어 있다. 경제활동이 도시라는 제한된 공간에서 일어나기 때문에 발생되는 비용절감을 집적경제(agglomeration economies)라 하고, 이는 내부규모경제・산업 간 연계・지방화경제・도시화경제 등의 유형이 있는데, 이중 도시성장발전과 특히 관련된 것은 후자의 두 가지이다(Blair, 1991: 104～113). 지방화 경제(localization economies)는 특정산업의 생산비가 총산출고 증가에 따라 감소하는 경우에 발생한다. 이러한 경제적 혜택을 실현하기 위해서는 기업은 해당산업의 다른 기업들에 근접하여 위치하여 기업들이 클러스터(cluster)를 이루어 생산비를 절감할 수 있다. 지방화 경제는 중간투입재생산에서의 규모경제・노동시장경제・커뮤니케이션경제의 3가지 주요 이유 때문에 발생한다(Sullivan, 1990: 22～26). 도시화 경제(urbanization economies)는 개별기업의 생산비가 도시지역의 총산출고가 증가됨에 따라 감소할 때 발생한다(Sullivan, 1990: 26). 도시화경제는 지방화경제와 다음 2가지 점에서 차이가 있다(Sullivan, 1990: 26).

첫째, 도시화경제는 전체도시경제의 규모 때문에 발생하는 것이지, 특정산업의 규모 때문은 아니다. 둘째, 도시화경제는 특정산업의 기업에만 혜택을 주는 것은 아니고, 도시전체의 기업에 혜택을 준다. 도시화경제는 지방화경제와 같은 이유로 발생한다(Sullivan, 1990: 26~27). 상이한 산업의 기업들은 공동의 투입재 공급자를 공유하여, 기업서비스(은행·보험·부동산·호텔·건물관리·인쇄·교통)와 공공서비스(고속도로·대중교통·학교·소방)의 제공에 있어 규모의 경제를 실현할 수 있다.

Ⅱ. 도시발달과 도시화

1. 도시발달

(1) 산업혁명이전도시

(가) 고대도시

초기도시(初期都市)는 B. C. 5500년 무렵에 근동(近東) 특히 메소포타미아(Mesopotamia)유역에서 나타났고, 그 수세기 후 이집트의 나일강유역에서 도시생활이 이루어지고, 그로부터 얼마 지나지 않아 오늘의 파키스탄인 인더스계곡에 도시가 출현했다. 초기도시들은 대부분이 성벽으로 둘러싸여 있고, 도심에 사원·궁전·곡식저장창고를 포함한 성곽으로 이루어진 성채지역(citadel precinct)과 피라미드(pyramid)나 지구렛(ziggurat)과 같은 상징건물을 갖고 있었다(이하 정환용, 2006: 80~85).

서양의 대표적인 고대도시(古代都市)는 그리스와 로마에서 찾을 수 있다. 그리스의 도시는 도시 내의 종교적인 성역으로 신전이 있는 아크로폴리스(acropolis), 도심에 위치한 공공공간으로서 정치·경제생활의 중심인 아고라(agora), 그리고 주거공간의 3개로 구성되어 있다. 로마는 현재의 이란(Iran)에서 스코틀랜드(Scotland)에 이르는 거대제국으로 발전해나가면서 수많은 식민도시를 건설하였다. 수도 로마는 B. C.753 년부터 주위의 7개의 언덕에 위치한 마을들을 중심으로 자연적으로 형성·발달한 유기체적 도시로 A. D. 3세기에는 인구 1백만을 초과한 것으로 추정된다.

주나라부터 남북조시대까지를 고대중국이라고 부를 수 있는데, 고대도시의 형성에 가장 많은 영향을 준 것은 「주례 · 고공기」(周禮 · 考工記)이다. 도시는 직사각형의 성곽도시의 모습에 「좌묘우사 전조후시」(左廟右社 面朝後市)라 하여 도성의 중앙에 궁전, 그 좌측에 조상의 종묘, 우측에 토지신의 제단인 사직을 짓고, 그 뒤에 사당을 두고, 앞에는 조정 뒤에는 시장을 배치하도록 했다.

한반도에는 청동기에 부족국가 혹은 성읍국가(城邑國家)가 성립된 것으로 보인다. 이들 국가의 영토는 그리 넓지 못하고, 나지막한 구릉 위에 성을 쌓고 살면서 성밖의 평야에서 농경에 종사하는 농민을 지배해 나가는 정도의 소국들이었다. 이들 성읍국가가 연맹왕국이 되면서 본격적인 도성(都城)이 형성된 것은 삼국시대 이후라 할 수 있다. 삼국시대의 대표적인 도성은 고구려의 국내 · 평양 · 장안성, 백제의 웅진과 사비성, 그리고 신라의 경주를 들 수 있다.

(나) 중세도시

서양중세도시(西洋中世都市)의 일반적인 특색은 방어목적상의 미로형 가로망, 종교적 가치에서 연유한 미약한 위생관념, 그리고 무질서한 도시성장 등을 들고 있다. 성채도시는 사전에 정한 계획에 의해 건설되고, 직사각형의 모습에 격자형을 바탕으로, 도시 내 거주를 위해 주택과 토지에 대한 혜택을 제공하는 계획의 원칙을 가지고 있었다(이하 정환용, 2006: 85～88).

중세중국의 대표적인 나라는 수 · 당 · 송 · 원이고, 이 시대를 대표하는 도시는 당(唐)의 장안과 원(元)의 북경이다. 이 시대의 도시계획을 대표하는 장안(長安)은 궁성 · 황성 · 경성의 세 부문으로 이루진 성곽도시였고, 전성기에는 인구 100만을 수용한 세계 제1의 도시였다.

고려(高麗)는 태조 2년(A. D. 919년)에 개경으로 천도한 이후 90여년에 걸쳐 수도건설을 계속하였다. 전성기에는 10만 호의 주택에, 50만 이상의 인구를 수용했을 것으로 추정된다.

(다) 근대도시

도시발달사에 있어 르네상스시대는 15세기중엽에서 시작하여 18세기말까지의 기간을 말한다. 이 시대는 문학에서 싹터서 예술과 건축으로 표현되었으며 17세기에는 웅장한 도시건설로 유도되었는데, 그 전반을 르네상스, 후반을 바로크시대로 구분하기도 한다(이하 정환용, 2006: 88～90).

이 시대는 과학기술의 발달 특히 화약의 출현에 의해 도시 내의 가로가 확장되고 직선화되는 등 도시의 외형적인 모습에 많은 변화를 초래하게 되었다.

르네상스 도시설계의 구성요소는 직선광로(直線廣路), 격자형 가로(格子型 街路), 폐쇄광장(閉鎖廣場)을 들 수 있다. 설계시 고려사항은 대칭개념(對稱槪念), 원근이론(遠近理論), 건축물의 앙상블, 그리고 직선광로 끝에 기념건물 등의 배치로 차단된 전망 조성 등이다.

(2) 산업혁명이후의 도시발달

(가) 산업혁명과 도시계획

18세기 중반 이후부터 시작된 산업혁명은 영국에서 시작하여 유럽전역에 전파되면서 각지의 도시를 변모시키고, 도시와 농촌지역의 기본적인 속성을 변화시켰다(이하 정환용, 2006: 90～93). 특히 인구증가・생산력 향상・도시로의 인구집중・교통통신기술의 발달 등의 여건변화는 도시화를 촉진하고 도시의 물리적 형태의 변화를 가져오게 되었다. 공장규모의 확대는 직주분리(職住分離)와 노사(勞使)의 구별을 가져 왔으며, 교통통신의 발달은 교역의 범위를 확대함은 물론 도시지역의 확대도 초래했고, 건강과 안전에 대한 시설의 발달로 생활환경의 개선도 가져 왔다.

그러나 산업혁명에 의한 여건 변화는 과거에 경험하지 못했던 여러 도시문제(都市問題)를 발생시키기도 했다. 즉 대규모의 공업생산, 교역범위의 확대, 그리고 자본주의의 발달 등은 공장의 규모를 확대시키게 되었고, 이는 노동력의 수요증대를 초래하고, 이에 따라 주변의 농업노동력이 도시에 유입하게 되었다. 그러나 도시는 이들을 수용할 수 있는 시설을 충분히 확보하지 못했기 때문에 대체로 공장을 중심으로 불량한 과밀주거지역이 형성하게 되었으며, 낮은 보건위생상태・무질서한 건물・무정형의 도시발달 등의 모습을 나타내게 되었다.

산업혁명에 의해 나타난 공업도시의 심각한 도시문제에 대처하기 기존도시와는 상이한 새롭고 이론적인 지역사회 유형을 계획하는 입장과 각 문제들을 상호 연결된 전체로서 파악하기보다는 분리된 치유방안을 모색하는 두 가지의 상반된 접근이 나타났다. 전자(前者)를 이상주의자(Utopians)라고 하고, 후자(後者)는 도시에 새로운 보건규제나 서비스공급을 도입한 전문가와 행정가, 그리고 근대도시계획의 법적 바탕을 수립한 현실주의자들을 포함한다. 이상주의자의 제안은 구체적으로 실현되지는 못했지만 도시환경악화에 대한 관심을 제고시키는 계기가 되었고, 이의 결과로 영국에서는 1848년에 최초의「공중보건법」

(Public Health Act)이 통과되었다.

(나) 현대도시의 발달

20세기의 계획운동은 당시의 주요한 경제적 또는 사회적 문제에 대한 인식에 의해 영향을 받았다. 1900전후에 하워드(E. Howard)·게데스(P. Geddes) 등 현대계획운동의 개척자들은 과밀한 도시슬럼문제에 대해 저밀도의 중심도시재개발과 농촌지역에 새로운 전원도시나 전원교외를 건설하는 답을 제시하였다(이하 정환용, 2006: 94~102). 즉 이 계획운동의 기원은 주택개혁과 토지개혁운동으로 확산되어 나갔다. 계획된 분산정책은 전력과 저비용 대중교통 특히 전차 같은 새로운 기술들에 크게 의존하였다. 그러나 1925년을 전후하여 유럽본토에서는 건축부문에서 현대운동이 전개되었는데, 꼬르뷔제(Le Corbusier)를 비롯한 학자들을 대체로 양호한 대중교통과 연결된 계획된 통합부문으로서 고밀도 계획안을 제시하였다.

제2차 세계대전 이후인 1950년대에는 종합적인 전후재건활동에 따라 계획활동이 활발히 진행되었다. 이는 대공황과 전쟁에 의해 오랫동안 지연되었던 초기계획운동의 계속 또는 종료를 의미함은 물론 복지국가의 건설이라는 새로운 사회적 의제(social agenda)와 연계된 것이다. 1970년대에 들어서는 이전과는 다른 주장들이 등장하였다. 즉 종합적인 재건설·대규모개발·자동차이동은 대체로 나쁜 것으로 보았다. 환경보호는 기본적인 명령이고, 전문적 기술자들은 적이며, 상향적인 옹호유형의 계획을 요구하였다.

1975년 이후부터 2000년에 이르는 기간 동안에는 환경의제(environmental agenda)가 전면에 유지되는 한편, 세계화·새로운 지식경제, 그리고 네트워크사회(networked society)의 도래라고 하는 새로운 여건이 등장하게 되었다.

2. 도 시 화

(1) 개 념

도시화(都市化)란 도시적인 모습으로 변화되어 가는 과정을 의미하는데, 학문분야와 학자에 따라 각각 상이한 의미로 사용하고 있다. 인구학자는 도시의 인구나 밀도변화, 사회학자는 도시주민의 사회계층·의식구조·생활양식의 변화, 지리학자는 도시의 기능과 영향력의 공간상 변화, 그리고 경제학자는 도시의 산업구조의 변화에 각각 초점을 맞추어 설명하고 있다(이하 정환용, 2006:

148～149).

도시화의 개념은 행태적·구조적·인구적 측면으로 구분하여 고찰할 수 있다(Lampard, 1967: 519～520). 행태적 개념(behavioral concepts)은 사회환경이나 지역에 관계없이 특정형의 행태와 사고를 도시적이라고 본다. 구조적 개념(structural concepts)은 주어진 지역 내의 산업이나 직업의 변화상황에 1차적 관심, 즉 농업사회에서 비농사회로의 변화에 관심을 둔다. 인구적 개념(demographic concepts)은 도시화를 인구집중이라고 보고, 인구와 공간이라는 두 개의 변수에 관심을 갖는다. 대체로 도시화 과정은 물리적·공간적·사회적·정치적·경제적 변화를 수반하는 전체적 변모(total transformation)이며, 이는 하나의 도시적 과정(urban process)으로 이해할 수 있다.

(2) 요　인

도시화는 왜 발생하는가? 이는 인간생산성의 기술적 향상과 함께 일정한 상수요인(constant factors)이 도시집중(urban concentration)에 기여했기 때문이다(Davis, 1965: 8). 하나의 상수요인은 농업은 토지를 생산의 주요 도구로 사용하고 사람들을 생산활동에 종사하는 곳으로 분산하게 하지만, 제조업·상업·서비스업은 토지를 단지 부지로 사용할 뿐이다. 더욱이 농산물에 대한 수요는 서비스나 제조업의 수요보다 탄력성이 낮다. 생산성이 증가함에 따라 제조업과 서비스업은 보다 높은 임금으로 보다 많은 인력을 수용할 수 있다. 비농활동은 토지를 부지로 사용할 뿐이기 때문에 그들은 근접하여 위치할 수 있고, 공간마찰의 최소화는 노동분화를 가져온다. 동시에 농업기술이 향상되고, 농업의 자본비용(capital costs)이 높아짐에 따라 노동력이 덜 필요할 뿐 아니라 경제적으로 더욱 부담이 된다. 때문에 농업인구의 일정부문은 다른 부문의 고임금에 비해 상대적인 불이익을 받게 된다(Davis, 1965: 8). 이러한 관점에서 농촌인구의 도시이동을 설명할 수 있다.

도시화는 다양한 요인의 상호작용에 의해 발생되지만, 대체로 농촌지역이 가지고 있는 제약요인이 농촌인구를 도시로 이동하도록 촉진하도록 하는 한편, 도시가 가지고 있는 요인이 매력으로 작용하여 농촌인구를 도시지역으로 유인하는 상호작용관계에 의해 이루어진다고 설명하는 경우가 많다. 여기서 압출요인(pushing factors)은 농촌생활수준의 낮고 단조로움, 좁은 토지에의 인구밀집,

농경자원의 한계, 만성적 식량부족, 적은 고용기회, 농업노동의 계절성, 저수준의 농업구조개선사업, 사회적 불안 등을 들 수 있다. 유인요인(pulling factors)은 도시의 매력, 높은 생활수준, 다양한 레크레이션, 정비된 의료시설, 높은 교육의 기회, 높은 취업의 기회, 그리고 높은 문화수준을 들 수 있다.

도시화의 속도를 결정하는 요인은 경제성장과 개발, 기술변화, 총인구의 급격한 성장, 농촌에서 도시로의 대규모 인구이동, 그리고 일부국가에서는 도시에서의 농촌지역으로의 인구이동의 5가지 요인에 의해 결정된다(Balchin, et al., 2000: 1).

(3) 추　　세

18세기 초에는 오직 2.2.%만이 도시에 거주하였다. 때문에 1850년까지는 근본적으로 도시사회인 국가는 지구에 없었고, 1900년까지는 오직 영국만이 도시사회라고 할 수 있었다(이하 정환용, 2006: 149～150).

1950년에는 개발도상국의 도시거주인구는 전체의 20%미만이었으나 선진국은 55%이었고, 2025년에는 선진국인구의 84%, 그리고 개도국의 57%가 도시에 거주할 것으로 추정되었다(Frey and Zimmer, 2001: 18). 1950년에는 세계도시인구의 60%가 선진국, 40%가 개도국에 거주했으나, 개도국 거주인구가 증가하여 1975년에는 약 50%이상이 되었고, 그리고 2025년에는 80%를 점할 것으로 추정되었다. 한국의 도시화추세는 1970년 말에 50%를 기록하고, 1990년에 80%를 기록했으며, 2010년에는 90%에 이를 것으로 전망되고 있다.

도시화의 역사적 발달추세를 살펴보면 대체로 "S"자형의 곡선을 나타내고 있다. 즉 "S"자의 밑에서 처음 구부러진 면까지는 도시화율 25%이하인 초기단계(initial stage)로 농업위주의 전통사회에 속한다. 다음 단계는 도시화가 급격하게 진전되는 시기로 이때의 도시화율은 25～75%에 이르는 가속단계(acceleration stage)로 제조업중심의 경제적 특성을 나타냈다. 마지막은 도시화가 완만하게 진전되거나 감소되는 단계로 종착단계(terminal stage)로 볼 수 있고 도시화율은 75%를 넘어서고 있으며, 서비스산업의 중요성이 증가된다.

선진국 특히 미국을 중심으로 대도시지역보다는 대도시가 아닌 지역의 인구증가가 두드러지게 나타나는 현상을 도시화의 하나의 전환점으로 간주되고 이를 역도시화(counterurbanization)라고 한다. 이러한 추세를 설명하는 데 단절이론(clean-break approach), 계속이론(continuation approach), 순환이론(cyclic approach)의 3가지 접근이 있다.

(4) 단　　계

도시화의 진전과정을 종합적으로 검토해 보면 일정한 단계에 걸쳐 성장발달하고 있다고 보고, 이의 규명을 위한 연구노력이 많이 진행되고 있는데, 최근에 유럽의 도시발달과 관련하여 의미있는 연구들이 나타나고 있다(이하 정환용, 2006: 152~154).

① **도시화 단계**(stage of urbanization)　　농촌인구가 증가하고 이용 가능한 농업용지가 부족한 경우, 잉여노동력이 발생하고 소득수준이 하락하게 된다. 이때 공업부문의 고용이 시작되면 이러한 공업활동이 전개되는 도시지역으로 인구집중이 일어나고, 농촌지역의 상대적 인구감소가 발생한다. 이러한 초기적 도시화는 유럽지역에서는 산업혁명이후 나타나게 되었다. 이러한 농촌에서 도시로의 인구이동은 근대적 개발을 옹위하고 있는 특정도시, 즉 국가적 대도시로의 인구집중이 두드러지게 나타난다. 도시의 공간적 형태는 교통시설과 교통기관의 이용가능성에 의해 좌우되고, 노동자 주거지는 공장에 근접한 지역에 밀집되어 열악한 주거환경의 정빈가 주요한 도시문제가 되었다.

② **교외화 단계**(stage of suburbanization)　　공업화의 진전에 따라 공장은 도시 내의 여러 지역에서 가동되고, 경제구조의 가속적 진보가 이루어지며 도시화는 계속되는 단계이다. 주민들은 소득증가에 따라 보다 양호한 주거환경과 쾌적에 대해 높은 관심을 갖게 된다. 그리고 발달된 교통시설과 버스와 자동차의 도입은 주거입지를 공간적으로 확대하게 했으며, 이에 따라 쾌적한 환경의 널찍한 주거지역을 도시에 포함할 수 있게 되었다. 이 단계에서 새로운 교통기관의 혜택으로 공장들도 도시외곽지대로 이전할 수 있게 되었다. 이 단계는 주민들은 거주는 외곽에서 직장은 도심에서 구하게 되며, 따라서 당면하는 도시문제는 대량통근교통문제와 도시평면확산(urban sprawl)이다.

③ **반도시화 단계**(stage of deurbanization)　　후기산업사회로의 진전에 따라 제 3차산업 종사자수의 비중이 높아지고, 소득향상이 계속되며, 자가용이용의 증가추세에 따라 직장근처나 공공교통시설 이용가능성 등은 주거입지선정에 있어 큰 의미를 갖지 못하고, 계속 악화되는 도시환경을 피하여 쾌적한 생활여

건을 제공하고 농촌지역의 생활서비스공급도 개선됨에 따라 도시 밖에서 생활하는 사람의 수가 증가한다. 따라서 중심부의 쇠퇴, 유휴화 현상이 초래된다.

④ **재도시화 단계**(stage of reurbanization) 서구에서 대도시의 도심부의 재개발 사업의 도입, 교통여건의 개선, 주거수준의 회복, 보행자 몰의 조성, 사회하부구조의 개선 등의 조치를 통해 기능활성화 방안을 모색하고 있다. 이러한 조치들이 사람들로 하여금 대도시에 계속 거주하도록 설득하거나 도시 밖의 사람들을 유인하는 역할을 수행할지는 확정해서 말하기 어렵다. 다만 대도시의 반도시화 추세와 함께 재도시화도 장래의 도시화의 하나의 대안이 될 것으로 여겨진다.

Ⅲ. 도시구조와 구성

1. 공간구조와 조직이론

도시공간구조(urban spatial structure)는 도시형태와 도시상호작용을 조직원칙에 의해 결합시킨 것이다. 따라서 도시공간구조(都市空間構造)는 도시의 형태와 기능 양면에서 이의 내부질서논리는 무엇이며, 활동 간의 기능연계는 어떻게 되어 있으며, 무엇과 누가 입지를 결정하고 상호연결시키는가? 하는 질문들을 다루어야 한다(이하 정환용, 2006: 169~171).

공간조직이론(空間組織理論)은 다음의 4가지 문제유형과 이에 관련된 이론적 접근을 모색해야 한다. 첫째는 '무엇(what)'에 관한 기술적 접근(descriptive theories)으로, 공간활동의 현재의 배분패턴을 확인하고 기술하는 데 도움을 주는 개념구조와 작업적 수단을 제공해 주는 데 목적이 있다. 지리학자들의 연구의 거의 대부분 이 범주에 속하고, 인간의 정주패턴을 기술하는 많은 문헌들도 여기에 속한다. 둘째의 문제는 '왜(why)' 현재의 패턴이 존재하는가? 하는 것이다. 이는 실증적 이론(positive theories)으로 공간패턴을 이미 확립된 요인들이나 작용력을 바탕으로 하는 연역적 방법이나 경험적 증거에 의한 일반화를 추구하는 귀납적 방법으로 설명하는 데 목적을 둔다. 세 번째 문제는 '어떻게 되어야 하는가(what ought to be)?'하는 것으로, 공간조직에 있어 적정한 정주패턴에 대한 이론들로 규범적 이론(normative theories)으로 볼 수 있다. 여기서 제시하는 규범과 적정수준은 네 번째 이론인 통제이론(control theories)의 지침과 준거를 제공해 주고 있다. 통제적 접근방법은 사전에 설정된 목표를 달성하기 위해 공간조직에 어떻게 개입하고 변화를 유도할 것인가? 하는 문제와 관련된다.

2. 도시구성

(1) 접근이론

공간적 현상으로 도시를 설명하는 데는 계획이론・기능이론・규범이론의 3범주의 이론이 있다(Lynch, 1981: 37～50; 이하 정환용, 2006: 177～179). 첫째, 계획이론(planning theory)으로 어떻게 도시발달에 관한 복잡한 결정들이 이루어졌는가에 초점을 두는 것으로, 일반적으로 결정이론이라고 불린다. 도시는 가정, 기업, 도시정부의 관련부서, 개발업자, 투자가, 규제 또는 보조기관 등과 같은 여러 행위자에 의해 건설・유지된다. 이들은 서로 다른 이해관계를 갖고 있고, 때문에 의사결정과정은 복수적이고 부분화되어 있으며 의사결정과정에서의 역할과 기능도 상이하다. 이들은 대체로 자신의 이익을 증대시키기 위한 단일목적의 행위자이고 그들이 결과적으로 구축해 나가는 도시의 형태에 관해 종합적인 견해를 갖지 못한 경우가 많다. 그러나 이러한 여러 행위자들의 개별적인 견해와 결정들이 모여서 전체적인 도시의 구조와 형상을 이루게 된다.

둘째, 기능이론(functional theory)은 보다 도시에 초점을 두어, 왜 도시가 특정한 형태를 갖추며, 이 형태가 어떻게 기능하는가? 를 설명한다. 도시정주의 공간패턴에 관한 지금까지의 대부분의 이론은 도시기능에 관한 것으로 "도시는 어떻게 작용하는가?"(How does city work?)에 관한 것이다. 이러한 도시발달과 기능에 관한 주요 이론들은 도시를 어떻게 생각하는가? 하는 중심이미지에 따라 여러 접근이론으로 나눌 수 있는데, 주요한 것은 다음과 같다.

도시는 역사적 과정의 침전물이다. 도시는 인간집단의 생태체계이다. 도시는 재화의 생산・분배공간이다. 도시는 구성인자 간의 상호유인・반발하는 힘의 역학관계에 의해 공간이동과 기능배분이 이루어진다. 도시는 상호영향관계를 맺고 있는 많은 개인・집단・기관들의 반복되는 의사결정의 누적적인 산물로서 연결된 의사결정체계이다. 도시는 집단 간의 갈등의 잔재이고, 주변지역과의 지배관계에 의해 모양지워지는 갈등의 장소이다.

셋째, 규범이론(normative theory)은 인간가치와 정주형태와의 사이의 일반화된 연계를 다루고 있으며, 우리가 볼 때 어느 것이 좋은 도시인가? 하는 것이 주요한 관심사다. 규범이론에는 우주론적 이론(cosmic theory)·기계모형(machine model), 그리고 유기체 이론(organic theory)의 세 가지가 있다. 이들 이론은 하나의 줄기에서 분리되어 나왔고, 많은 점에서 상호연계되고 상호보완적이다.

(2) 구성방식

린치(K. Lynch)는 도시형태의 모형을 다음 몇 가지로 요약 제시하고 있다(Lynch, 1981: 373~389; 이하 정환용, 2006: 180~182).

성형 또는 방사환상형 도시(star: loop system with radial)는 고밀도·복합용도의 단일중심과 이 중심에서 방사형으로 외부지역과 연결하는 4~8개의 주요 교통로로 구성되어 있다. 이 도심을 중심으로 하는 동심도로가 횡적인 연결을 하고, 이들 방사·환상도로가 교차되는 지점들을 중심으로 일정간격으로 제2의 중심들이 형성된다. 전체적으로 주요 교통로를 연한 지역에 고밀도의 토지이용이 이루어지고, 개발권 밖의 중심에서 주변지역에 이르는 선형의 공간은 공간녹지로 활용된다.

선형도시(linear city)는 교통선이 연속되거나 서로 평행되게 토지이용이 이루어져서 전면은 생산·주거·상업·서비스의 고도이용이 있고, 후면은 저위의 이용이 되도록 한다. 그리고 이 교통선에 약간 벗어나도 쉽게 농촌녹지공간에 접할 수 있다. 새로운 성장은 교통로의 연장을 통해 수용할 수 있으며, 지배적인 중심이 없고, 모든 지역이 각종 서비스·직업·녹지에 쉽게 접할 수 있다.

격자형도시(rectangular grid city)는 도시를 직각의 도로로 나누어 동일한 블럭(block)으로 만들며, 어떤 방향으로도 확장할 수 있으며, 변화와 성장은 내부와 외부 어느 쪽으로도 가능하다. 이상적으로 이 형태는 경계도 없고 중심도 없으며, 모든 지점이 동등한 접근성을 갖고 같은 부지모양을 갖게 된다. 그러나 실제로는 계층적 격자(도로의 계층화), 지형을 고려한 변형된 격자형이 만들어지고 있다.

중심도시가 일정한 거리에 제한된 규모의 위성커뮤니티군에 옹위되는 것이 위성도시(satellite city)의 개념이다. 1924년의 암스테르담 국제도시계획회의에서 도시계획수법의 하나로서 제시할 만큼 성형구성과 비교하여 도심은 유지되지만 방사상도로에 의해 확산되지 않고, 성장은 중심지역과 분리된 커뮤니티에 전달된다. 위성도시는 모도시와 넓은 농업지대로서 분리되고, 위성도시는 녹지대로 둘러싸인 경우가 많다.

제 3 절 관리환경의 변화

21세기 초의 도시환경은 모든 영역에서 구질서가 파괴되고 새로운 옷을 갈아입고 있다. 카멜레온(chameleon)처럼, 도시는 시간 · 장소 · 문화, 그리고 환경의 변화여건을 수용하고 있다. 이러한 추세는 경제 · 환경 · 문화, 그리고 기술적 힘에 의해 추진되고 있다. 여기서는 오늘의 핵심단어(key words)로 떠오르고 있는 세계화, 정보화, 그리고 포스트모더니즘을 중심으로 도시계획에 미치는 직 · 간접적인 영향을 검토하기로 한다(이하 정환용, 2006: 25～32).

Ⅰ. 세 계 화

1. 의 의

세계화(globalization)는 현세대의 특징을 나타내기 위해 가장 많이 쓰는 용어 중의 하나이지만, 사용하는 사람에 따라 상이한 의미를 갖고 있다. 경제학자(economists)는 완전히 통합된 세계시장(world market)으로 향하는 단계로 본다. 정치학자들은 전통적인 영토주권국가의 개념에서 벗어나 세계질서 속에서의 비정부권력(nongovernmental power)의 출현을 언급한다. 경영학자들은 세계화를 경계없는 세계(borderless world)에 적용하고 있다.

세계화의 원인은 무엇이고 결과는 무엇인가를 구별하기 어렵다. 주요한 원인(原因)으로는 공산주의의 붕괴, 경제 · 군사 · 문화적인 면에서의 미국의 지배, 텔레커뮤니케이션과 컴퓨팅의 발달, 금융체제의 탈규제와 교역 · 거래율 · 투자에서의 자유화, 다국적기업의 성장, 그리고 이민을 들 수 있다(Richards and Smith, 2002: 124～126).

2. 영　　향

(가) 긍정적 영향

세계화는 경제활동의 공간적 통합, 자본의 이동, 인구이동, 선진기술의 발달, 세계각지에 확산되는 변화하는 가치와 규범 등 다양한 과정을 포함한다. 세계화는 사람, 정부, 그리고 비정부기구(NGO) 간에 연계(connection)와 협력(coordination)을 촉진해 오고 있다. 세계적 접근성(global accessibility)의 증가는 인간발달의 커다란 긍정적 단계이다. 세계화는 새로운 문화의 기반구축이 되지만, 모든 국가가 세계화에 동일한 영향을 받는 것은 아니다(Farazmand, 1999: 514~515).

(나) 부정적 영향

세계화의 부정적 영향도 많다. 이는 국가의 주권의 쇠퇴, 민주주의에 대한 제약, 지역사회의 상실, 세계권력구조의 집중, 기업과 정보조직엘리트의 증가된 집중, 저개발국의 세계권력에의 의존도 증가를 들 수 있다(Farazmand, 1999: 515~517).

3. 도시에의 영향

세계화는 도시거버넌스에 다음 몇 가지의 주요한 영향을 주고 있다(Kearns and Paddison, 2000).

① **도시 간의 치열한 경쟁**　　세계화는 도시 간의 경쟁이 보다 치열하게 되어, 도시들은 스스로를 투자자들에 팔기 어렵게 한다. 이러한 장소전쟁(place wars)은 도시거버넌스를 복지국가모형(welfare-state model)에서 경제개발모형(economic development model)으로의 변환을 가져온다. 이러한 경쟁적 세계에서 도시정부는 보다 기업적으로 변모한다. 이러한 역할변화는 지방복지주의와 갈등을 야기한다.

② **명확한 도시문화의 발달**　　기업투자를 유치하기 위한 경쟁의 일부로서, 세계문화(global culture)를 지향하는 경향이 도시의 지방문화(local culture)를 개발하는 노력으로 나타난다. 이에 따라 관광과 내부투자를 유인하기 위해, 문화자체를 상품화하는 경향이 증가한다.

③ **국가경제에서 도시경제의 분리**　　도시들은 중앙정부가 그들을 돕고 그들

의 장래를 맡기기에는 능력이 부족하다고 생각하는 견해가 나타난다. 때문에 그들은 국가경제와의 연계를 어느 정도 풀고자 한다.

④ **국제무대 지향** 도시는 월경적 협력과 초국경적 네트워킹으로 국제무대로 지향한다. 가끔 도시는 재정수단이나 권력을 위한 로비를 위해 주요한 의사결정중심에 관료를 파견하기도 한다.

⑤ **세계도시의 출현과 도시의 네트워크화** 세계화에 따라 세계경제에서 높은 수준의 기능을 획득한 도시들은 성공적일 수 있다. 세계경제는 재정과 기업의 집중이 이루어지고 있는 제한된 수의 도시를 만들어 냈고, 이러한 세계경제는 지구도시(global cities) 또는 세계도시(world cities)를 만들어 냈다.

Ⅱ. 기술발달과 정보화

1. 의 의

정보의 저장과 유통이 기하급수적으로 증가하고 있는 새로운 시대를 후기산업사회(D. Bell)·정보시대 또는 정보경제(M. Porat)·지구촌(M. McLuhan)·단절시대(P. Drucker)·제3의 물결(E. Toffler) 등으로 부르고 있다. 이 시대의 특징은 상품화된 정보의 생산과 소비활동이 이루어지는 과거에 유례가 없는 새로운 사회이다. 사이먼(H. Simon)은 정보사회(information society)의 출현에 대해 인간의 지적역사에서 전환점에 이르렀으며, 이를 문자(written language)와 인쇄물(printed book)에 이은 제3의 정보혁명(third information revolution)이라고 부를 수 있다고 했다.

정보부문(information sector)은 기업의사결정, 공공의사결정 그리고 계획에서 중요한 역할을 한다. 정보와 커뮤니케이션 기술의 발달은 의사결정을 높은 신속성과 신뢰성, 신축성과 적응잠재력, 그리고 조직과 소통력의 특징을 나타낸다.

자본주의 자체를 공업시대(industrial era)에서 정보시대(informational era)로 본질적인 진보를 가져오게 된 것은 인터넷(internet)이라 부르는 새로운 커뮤니케이션 하부구조, 서로 다른 전자기기 간의 상호의존성의 증대, 문자화된 정보, 그리고 이의 정보연대에서의 기본산업에의 새로운 적용이라는 네 가지 요소에 의해 촉진되고 있다(Hall, 1998: 945～956).

원격통신(telecommunication)은 디지털 컴퓨터와 매체기술의 결합에 의해 사회 모든 부문에서의 활용이 높아질 뿐 아니라, 원격통신망에 컴퓨터와 디지털 매체를 연결한 서비스와 하부구조를 다루는 텔레메틱스(telematics)라는 새로운 관심분야가 등장하기에 이르렀다(Graham and Marvin, 1997: 2～3).

2. 정부와 국가에의 영향

① **정보의 공개** 정보에 대한 보다 자유로운 접근은 점차 관료문화를 변화시킬 것이다. 사람들이 다양한 정보에 접할 수 있게 됨에 따라 정부는 더 정직해 질 것이다. 일단 사람들이 어떤 쟁점에 대해 반대편의 주장을 접하게 되면 정부의 일방적인 선전은 설득력을 잃을 것이다.

② **시민의 발언권** 정부는 그들이 원하든 원치 않든 정부정책에 대해 어떤 생각을 하는지 더 많이 알게 될 것이다. 인터넷과 다른 통신기술의 향상으로 로비활동비용이 낮아질 것이다. 로비스트들은 마우스를 한번 클릭하여 국회의 모든 구성원에게 메시지를 전달할 수 있다. 한편 로비스트활동에 불만을 가진 유권자들은 전자우편을 통해 정치인에게 자신의 의견을 빠르게 보낼 수 있다. 한편 너무 많은 전자우편 등은 타자한 구식편지가 보다 더 설득력을 갖게 되는 현상도 나타난다.

③ **직접민주주의** 전통적인 민주주의는 보통 몇 년에 한번씩 투표하여 자신의 의사를 반영하지만 그 결과는 아주 미미한 영향을 미치는 데 불과하다. 이러한 불만을 해결할 수 있는 수단으로 인터넷을 이용한 투표방식이 직접민주주의의 의미를 강화하는 방향으로 작용할 수 있을 것이다. 도시 또는 지역전체의 특성을 감안하여 특정한 문제해결을 위한 가상선거구를 획정하여 투표할 수 있을 것이다. 또한 선출직 전체를 없애는 것도 가능할 것이다. 그러나 전자투표는 다음의 문제를 먼저 해결해야 할 것이다. 첫째, 주민투표의 내용작성이 명확하고 공정해야 한다. 질문내용의 표현에 따라 응답내용이 달라질 수 있다. 둘째, 복잡성을 가진 문제에 대한 응답을 기피하는 유권들에 대해 어떠한 태도를 취하는가, 소외계층은 상대적으로 참여도가 낮은데 이에 대한 대책은 있는가, 유권자가 진정으로 전자투표를 원하는가 등을 파악해야 한다.

3. 도시에의 영향

① **전자도시** 현대도시는 건물 · 교통망의 물리적 밀집이나 경제 · 사회 · 문화생활의 중심지일 뿐 아니라, 원격통신과 텔레메틱스(telematics)의 전자중심(electronic hubs)으로서의 역할을 수행한다(Graham and Marvin, 1997: 3). 도시는 광섬유 · 구리전선 · 무선 · 마이크로웨이브 · 위성통신망으로 연결된 '거대한 비가시적 거미집(gigantic invisible cobwebs)'으로 채워지고 있다(Graham and Marvin, 1997: 3).

정보통신의 중심지로서의 도시의 중요성이 증대됨에 따라 정보도시(intelligent city) · 텔레토피아(teletopia) · 전자도시(e-topia) 등과 같은 다양한 형태의 정보산업도시의 개념이 등장하고 있다. 기존도시에서도 도시하부구조로서 정보와 통신의 기반을 구축하는 작업이 도시의 성장발전에 중요한 의미를 갖게 되었다. 그러나 최근에 도시경제에 새로운 정보와 커뮤니케이션기술이 대량유입됨에 따라 도시경관은 급격하게 변화하고 있다. 지능건물(intelligent buildings) · 텔레포트(teleports) · 광섬유망(fibre optic networks) · 기타의 하부구조들이 정보도시(information city)의 주요한 구성부문이 되고 있다(Hepworth, 1991: 29).

② **도시구조** 정보통신기술은 거리의 소멸(death of distance)의 원인이 되었다. 이에 따라 거리의 비용이 없어진다면, 도시실체의 전체적인 관념에 변화가 올 것으로 보인다. 이러한 변화는 두 가지의 상이한 규모에서 나타날 것으로 보인다. 하나는 세계 전지역에 비 접촉적인 배후지역이 분산되어 있는 세계도시(global cities)의 출현이고, 다른 하나는 준도시(exurban)환경에서의 도시적인 생활과 직장현상의 증가에 따른 도시지역의 분산을 들 수 있다(Cohen, et al., 2002: 33).

텔레커뮤니케이션은 도시발달에 상반된 영향을 미쳤다(홀, 1999: 241～242). 도시중심부에서는 기능들의 분산을 촉진하였다. 오늘날 공간적으로 분산된 공장 · 사무실 · 연구개발부서의 네트워크는 더욱 정교한 통신네트워크와 연결될 수 있다. 이러한 시스템의 이용가능성과 고도화는 앞으로 계속 진전될 것이다. 고용의 분산과 재택근무의 발달은 중심도시와 교외간의 통근수요를 감소시키고 통행을 시간과 관련하여 더욱 유연하게 해 주며 러시아워 동안에 도시교통하부시설의 부담을 완화시켜줄 것이다. 그러나 정보기술은 도심부의 상대적 중요성을 제고시킴으로써 집중현상도 발생할 수 있음을 제시하는 연구도 나타난다.

결과적으로 텔레커뮤니케이션은 경제활동의 집중과 분산을 동시에 유발한다(Wheeler, et al., 2000: 8).

③ **교 통** 재택근무(home based telecommuting)가 보편화되어 통근통행에 변화를 가져오게 되고, 전파공간(cyberspace)에서의 상호접촉이 증대될 것으로 보여 과거와는 상이한 공간구조와 교통통신형태가 될 것으로 보인다. 통신이 교통을 대체하는 효과를 가져 올 것으로 보인다. 그러나 반대로 그래햄과 마빈(S. Graham and S. Mrabin)은 커뮤니케이션이 교통을 감소시키기보다는 증가시킬 수 있다고 다음 3가지 이유를 제시한다. 첫째, 원거리통근자들은 그들의 직장에서 보내는 날과 시간이 줄어들지만 그들을 직장에서 멀리 떨어진 장소에서 살 수 있게 만들어, 총교통거리는 실제로는 상승할 것이다. 둘째, 통근에 의해 절약한 시간은 쇼핑, 레크레이션과 같은 다른 목적으로 사용될 것이다. 텔레커뮤니케이션은 교통의 목적을 바꾸지만, 교통의 양과 빈도에는 영향이 적다. 셋째, 혼잡을 줄임으로써, 텔레커뮤니케이션은 과거에는 거주하기 부적합한 지역을 거주가능하게 하는 유발효과를 가져온다(Wheeler, et al., 2000: 9).

④ **도시사회** 정보통신기술의 발달은 기존에 존재했던 사회·경제적 불평등을 강화하는 방향으로 지속될 것이다. 현대경제는 디지털기술을 안락하고 유용하게 사용하는 사람들과 이를 이용하지 못할 뿐 아니라 신뢰하지 않는 사람들로 구분할 수 있다. 후자는 전파공간(cyberspace)의 주민이 되기를 거부하는 사람들이다. 실제로 이러한 정보에의 접근의 필요성을 느끼고는 있지만, 이에의 접근이 용이하지 않은 빈곤하고 상대적으로 권력이 없는 사람들이 많다. 컴퓨터관련 제품가격이 많이 하락하고 있지만, 인터넷 접근을 위한 장비구입에는 상당한 자금이 요구되는 상황에서 빈곤층은 사용하기 곤란하다(Wheeler, et al., 2000: 9). 그 결과 정보네트워크로부터 배제된 공간이나 사회집단, 즉 정보빈곤층(information underclass)이 모여 사는 전자게토(electronic ghetto)를 형성하게 될 것이다.

⑤ **산업활동** 선진경제는 재화의 생산과 처리에서 정보의 생산과 처리로 변화되고 있으며, 이에 따라 제조업 중심에서 서비스 중심 경제로 바뀌게 되었다. 제조업 중심의 2차 산업이 주로 교통비의 중요성이 강조된 데 비해 서비스 중심의 3차 산업은 정보에 대한 접근성이 주요 입지인자로 부상하고 있다. 정보기술은 도시의 산업과 서비스활동의 입지선택의 폭을 증대시키고 있으며, 이는 고용분포를 중심지에서 주변지로 이동시키는 효과를 가져온다. 정보와 지식중

심의 기술과 작업은 도시활동 간의 보다 긴밀한 통합을 가져오는 한편, 텔레워킹(tele-working)이 가능하게 했다. 원격통신망의 확대는 시장을 국내에서 국제적으로 확대하는 결과를 가져와 도시들 사이에 지역과 국제적인 경쟁을 유발하게 되었다. 원격통근 · 원격회의 · 이메일(e-mail)기술의 발달은 가정과 직장, 도시와 농촌의 차이를 경감시키게 되었다(Moss, 1987: 534).

Ⅲ. 포스트모더니즘

1. 의　　의

포스트모더니즘(postmodernism)은 모더니티(modernity)에 대한 공동의 불만으로부터 발흥한 것이다. 포스트모더니즘(脫現代)은 처음엔 문학과 예술을 중심으로 논의되기 시작한 용어지만 점차 그 영역을 확대하여 인간의 삶과 관련된 거의 대부분의 영역이 직 · 간접으로 영향을 받고 있으며, 때문에 20세기 후반 이후를 특징짓는 시대정신이며 세계관이 되었다(이하 정환용, 2006: 29～32).

포스트모더니즘은 해체적(解體的), 반기초주의(反基礎主義), 비쌍대적(非雙對的), 그리고 다원성(多元性)과 상이성(相異性)의 촉진의 특성을 갖고 있다(Milroy, 1991: 183). 여기서 해체적(deconstructive)은 전통적인 신념에 회의적인 거리를 두거나, 보다 적극적으로는 이에 대체할 수 있는 가치를 도출한다는 의미이다. 반 기초주의(anti-foundationalist)는 진리의 기초로서 보편성을 제거하는 것을 말하며, 비쌍대적(nondualistic)이란 진리와 의견, 사실과 가치 간의 분리를 포함한 이원론을 위태롭게 하는 주관성과 객관성의 분리를 거부하는 감각이다.

2. 도시에의 영향

1980년이후 새로운 형태의 도시가 등장하고 있으며 이의 특징에 관해서는 학자들 간에 차이가 있지만, 대체로 새로운 도시는 형태상 분절적이며, 구조적으로 무질서하고 이전 도시들과는 다른 도시화과정에 의해 형성되었다는 데 대해서는 대체로 동의하고 있다(홀, 1999: 126).

도시화의 포스트모던형태가 모던행태를 대체하는 범위와 그 실제적 본질은 도시마다 상이할 것이다. 이들 두 도시화 과정들은 서로 밀접한 관련성을 가지면서 독특한 결과를 만들어 낼 것이다(홀, 1999: 127). 포스트모던적인 도시화 속에서도 많은 도시들이 근대적 구조를 간직할 것이다.

〈표 1-1〉 모던도시와 포스트모던도시의 특성대비

도시 / 특성	모 던	포스트 모던
도시 구조	동질적인 기능적 지구제	무질서한 다결절 구조
건축·경관	기능적 건축양식: 건축양식의 대량생산	절충주의적 꼴라쥬 양식: 스펙타클, 기이함
도시정부	관리주의적: 필수 서비스의 공공공급	기업주의적: 필수 서비스의 시장공급
경 제	공업기반: 대량생산, 규모경제, 생산기반	서비스산업기반: 유연생산, 소비지향적
도시 계획	총체적으로 계획된 도시: 사회적 목적공간	미학적 목적으로 설계된 공간적 분절
문화와 사회	계층분화: 집단의 내적 동질성 정도가 큼	분절화된 생활양식: 소비패턴에 의한 집단분화

자료: 홀, 1999: 128～132.

3. 부문별 영향

(1) 정 치

현대국가는 주권(sovereignty), 영토성(territoriality), 단일법 지배(single rule of law), 민족성(nationality), 중앙집권(centralization), 단일국방(unilateral defence), 통일관료제(unified bureaucracy), 정책자율성(policy autonomy), 자율적 과세(autonomous taxation), 복지(welfare) 등의 특성을 갖고 있다. 그러나 포스트모던 국가는 비배타적 주권과 영토성, 협동적 또는 다중의 법 지배, 다중 국방(multilateral defence), 공유된 시민(shared citizenship), 다문화주의(multiculturalism), 분권(devolution), 비관료적·비단일적 복수적 정책, 공동과세(shared taxation), 그리고 초국가적 복지(transnational welfare) 등의 특징을 가지고 있다.

(2) 행 정

1970년대와 1980년대에 발생한 포드주의 위기에 따라 도시가 조직되고 관리되는 방법에 변화가 있었다. 포드주의 정치·행정체제는 공공부문의 제도적 조직의 신축화라는 의미에서 새로운 도시거버넌스의 요소로 보완되었다. 이러한 변환은 관리주의(managerialism)에서 기업주의(entrepreneurialism)로, 복지(welfare)에서 노동복지(workfare)로, 또는 신공공관리에 따른 공공부문의 전환을 의미한다(Astleithner and Hamedinger, 2003: 53～54).

1980년대 이래로 공공부문의 규모·범위·방법에 대한 공격이 제기되어왔다(Hughes, 1998: 9). 첫째, 정부는 너무 많은 희소자원을 소비할 정도로 너무 거대하다는 점과 함께 공공부문의 규모(scale)가 공격받고 있다. 정부의 지출을 축소하는 것은 거의 일반화되고, 공공부문의 감축된 사용이 전통적으로 공공서비스가 많았던 국가들에서도 나타나고 있다. 둘째, 정부의 범위(scope)에 대한 논의가 있어왔다. 정부는 자체적으로 너무 많은 활동들에 관여해왔고, 대안적인 제공수단도 많이 존재했었다. 이러한 견해에 대한 반응으로, 과거의 정부활동들 중 많은 것이 민간부문에 되돌려졌다. 셋째, 인기 없는 사회조직의 형태가 되어가는 관료제와 함께 정부의 방법(methods)에 대한 공격도 지속되었다.

(3) 경　　제

포스트모더니즘의 경향은 경제분야(經濟分野)의 여러 국면에 걸쳐 그 징후가 나타나기 시작하였다. 이 가운데서 제조업의 쇠퇴와 서비스업의 증대와 같은 현상은 주목할 만하다. 경제적 생산에서는 단일품종 대량생산에서 다품종 소량생산, 그리고 주문생산형태로의 변환을 나타내 포드주의에서 포스트 포드주의로의 이행을 보이고 있으며, 소비에서도 대량소비보다 고가품의 소량소비, 근검절약보다 과소비의 현상이 나타나게 되었다.

스턴버그(E. Sternberg)는 포스트포드주의 또는 포스트모던 경제와 사회의 특성을 다음 8가지로 요약하고 있다(Lever, 2001: 274).

첫째, 부의 창조과정에서 지식이나 정보의 가치를 높게 둔다.

둘째, 민간과 사회생활의 모든 영역에서 소비자주의를 확장하는 경향이 있다.

셋째, 생산·재정·분배·인구이동·교역에서 세계적 상호의존적 특성을 갖는다.

넷째, 국가번영의 기반으로서 전략적 비교우위를 개발하기 위해 산업·정부·노동간에 국가적 연합을 하는 신 중상주의를 확인할 수 있다.

다섯째, 다국적 기업과 금융기관의 성장은 새로운 세계적 전문가에 의해 운영되고, 이들이 생산과 소비패턴을 형성하게 된다.

여섯째, 새로운 생산원리·전문화된 생산단위·분산된 관리·다양한 기술과 노동력으로 특징되는 유연적 전문화가 새로운 생산체계가 된다.

일곱째, 새로운 사회운동이 윤리집단·여성·환경집단에 보다 큰 관심을 갖는 인간화된 자본을 가져온다.

마지막으로, 포드주의의 특징이 되는 기술막료와 소비자주의를 배격하고 공동체 · 사회 · 종교적 가치와 전통이 성장을 대체하게 된다.

(4) 경　영

관리주의 양식은 (민간투자의 유인보다) 국가잉여의 배분을 강조하고, (기업세계의 선도부문으로 받아들이고 있는 보다 신축적이며, 덜 형식화되고, 조직화된 접근보다) 서비스의 공급에 있어 관료적 조직형태가 지배하고, (부의 창출과 경쟁적 성공이라는 기업적 가치와 구별되는) 사회복지이념의 지배라는 3가지 특징으로 정의할 수 있다(Griffiths, 1998: 42). 그러나 1970년대의 경기후퇴는 관리적 거버넌스의 경제적 기반을 제거함에 따라, 중앙정부들은 도시의 사회적 지출에 대한 감축압력에 직면하게 되었다. 동시에, 대부분의 서구의 오래된 도시들의 제조업의 급격한 수축, 전업 · 남성 · 노동자 고용의 감축은 생산 · 소비 · 재생산의 지방적 사회관계에서 구조화된 밀착의 붕괴를 가져왔다. 결과적으로 과거에 당연하게 받아들여졌던 것(종신고용, 직업기술의 상대적 내구성, 가정 내에서의 역할 구분, 공식 · 비공식 사회망에 의해 제공되었던 지지체제의 안전성 등등)들이 사회의 지형에서 분해되었다. 같은 과정의 일부로서, 관리주의 거버넌스를 촉진하고 적법화했던 지방정치문화가 약화되었다. 경제적 및 문화적 기반의 상실에 따라 관리주의는 새로운 접근에 길을 넘겨주어야 했다.

관리주의의 위기에서 등장한 도시거버넌스 모드로서 기업주의(entrepreneurialism)는 도시의 번영과 일자리와 투자를 창출하는 도시의 능력개선과 관련된 정치적 문화이다. 때문에 기업정책의 목표는 일자리를 창출하고, 지방의 조세기반을 확충하고, 새로운 투자형태를 유인하는 성장지향적인 것이다(Hubbard and Hall, 1998: 5).

기업도시(entrepreneurial city)는 다음을 암시한다(Painter, 1998: 260～261).

· 도시는 기업활동의 환경　　도시는 민간기업의 입장에서 투자와 위험부담 활동을 위한 컨테이너 또는 입지에 불과한 것으로 보인다. 때문에 현재의 도시가 과거보다도 더 기업적이라면, 이는 민간기업의 성격이 변화(보다 독점적이고, 보다 높은 수익을 위한 높은 위험의 수용)되고 있기 때문이다.

· 도시주민 간의 증가된 기업주의　　기업도시들은 많은 부문의 주민들이 기업적이 되었다. 이는 중소기업창업의 수가 증가되는 것으로 볼 수 있다.

· 공공부문에서 민간부문활동으로의 전환　　기업도시는 민간부문에 의해 수행되는 도시경제활동의 양이 증가되는 도시로 정의할 수 있다.

· 도시생활에서 기업에 호의적인 가치와 의미로의 전환　　도시생활이 기업적인 문화와 관련되는 내용이 증가하고 있다.

· 도시정치와 관리가 공공서비스의 관리와 지방복지서비스의 제공에서 내생적인 민간기업의 발전을 위한 내부투자와 지원을 유인하기 위한 경제적 경쟁력, 장소마케팅의 제고로의 전환

(5) 환　경

환경문제의 심각성은 전체사회를 심각하게 위협하고 있다. 인구폭발, 에너지자원의 고갈, 개발이라는 미명하의 환경파괴는 지구전체의 심각한 문제가 되고 있으며, 도시전체에도 부정적인 영향을 미치고 있다. 따라서 지속가능개발은 새천년의 토지이용과 환경에 관한 공공정책을 수립하는 기본 틀이 되고 있다.

지속가능도시개발(sustainable urban development)은 도시의 장기적인 사회와 생태적 건강을 제고하는 개발이라고 정의할 수 있으며, 이러한 개념정의에 의한 도시개발의 방향은 다음을 포함해야 한다(Wheeler, 1998: 439～443).

① **조밀 · 효율적 토지이용**　　토지는 가장 중요한 제한된 자원이기 때문에 기건축지역의 토지이용효율성을 높여서 보다 녹지가 많고, 안전 · 쾌적 · 생활가능한 지역으로 만들어야 한다.

② **자동차저감 · 접근성제고**　　현 교통체계는 오염 · 혼잡 · 교외확산 · 생태파괴 · 사회분화와 같은 도시문제를 야기하고 있다. 보다 지속가능한 도시교통이 되기 위해서는 근접에 의한 접근, 현 교통위계의 개편, 수요감소 원칙에 근거해야 한다.

③ **효율적 자원이용 · 오염과 폐기물감소**　　지속성으로의 지향은 인간사회의 에너지와 자원의 흐름에 보다 관심을 기울이며, 보다 현명한 자원사용이 되도록 계획하는 것이다.

④ **자연체계의 회복**　　도시의 많은 지역이 인공적이지만, 아직도 거의 대부분의 입지는 원래의 생태체계로 재생할 수 있는 요소가 많다. 이러한 회복노력은 거주성, 생태적 건강, 그리고 도시지역의 전체적 지속성에 도움이 된다.

⑤ **양호한 주택과 생활환경** 품위 있는 인간의 삶이 유지될 수 있는 주거 공간을 확보한다는 것은 매우 중요하다.

⑥ **건강한 사회생태** 건강하고 지속적인 사회생태를 제고하기 위해서는 인간사회, 기회, 그리고 권한을 제고할 수 있는 모든 기회를 추구하는 것을 의미한다.

⑦ **지속가능경제** 인간과 자연체계에 장기적인 건강을 제공하는 경제는 회복경제, 인간중심경제, 그리고 지방중심경제가 되도록 해야 한다.

⑧ **지역사회참여와 개입** 지방과 지역의 민주주의의 함양은 도시지속성의 중요 요소인데, 이를 위해 보다 개방적인 지방정치과정, 계획에서의 주민참여가 제고되어야 한다.

⑨ **지방문화와 지혜의 보전** 도시지역의 문화적 전통은 지역의 활력을 제공하고, 지방문화·역사·지혜는 지속성을 가미해주기 때문에 보전해야 한다.

참고문헌

정환용, (2006), 「도시계획학원론」(서울: 박영사).

홀(Hall, T.: 유환종 외, 역), (1999), 「현대도시의 변화와 정책」(서울: 푸른길).

Astleithner, F. and Hamedinger, A., (2003), "Urban sustainability as a new form of governance: obstacles and potentials in the case of Vienna," *Innovation,* 16; 1(2003): 51～75.

Balchin, P., Isaac, D. and Chen, J., (2000), *Urban Economics: A Global Perspective*, N. Y.: Palgrave.

Bevir, M., Rhodes, R. and Weller, P., (2003), "Traditions of governance: Interpreting the changing role of the public sector," *Public Administration*, 81; 1(2003): 1～17.

Blair, J., (1991), *Urban & Regional Economics*(Boston, MA: Irwin).

Cohen, G., Salomon, I. and Nijkamp, P., (2002), "Information-communications technologies(ICT) and transport: does knowledge underpin policy?," *Telecommunication Policy*, 26(2002): 31～52.

Davis, K., (1965), "The urbanization of the human population," LeGates, R. and Stout, F., (eds.), (2000), *The City Reader*(London: Routledge), 3～13.

Farazmand, A., (1999), "Globalization and public administration," *Public Administration Review*, 59; 6(nov/dec, 1999): 509～522.

Frey, W. H. and Zimmer, Z., (2001), "Defining the city," Paddison, R. (ed.), *Handbook of Urban Studies*(London: Sage), 14～35.

Graham, S., (1994), "Networking cities: telematics in urban policy-a critical review," *International Journal of Urban and Regional Research*, 18; 3(1994): 416～431.

Graham, S. and Marvin, S., (1997), *Telecommunications and the City*(London: Routledge).

Griffiths, R., (1998), "Making sameness: place marketing and the new urban entrepreneurialism," Oatley, N., ed., *Cities, Economic Competition and Urban Policy*(London: Paul Chapman), 41～57.

Hall, P., (1998), *Cities in Civilization*(N. Y.: Pantheon Books).

Hannigan, J., (1995), "The postmodern city: A new urbanization?," *Current Sociology(*Trend Report), 43; 1(Summer 1995): 150～205.

Harpham, T. and Boateng, K., (1997), "Urban governance in relation to the operation of urban services in developing countries," *Habitat International,* 21; 1(1997): 65～77.

Healey, P., (2002), "On creating the city as a collective resources," *Urban Studies*, 39; 10(2002): 1777～1792.

Hepworth, M., (1991), "Planning for the information city: the challenge and response," Fox-Przeworski, J. et al., (eds.), *Urban Regeneration in a Changing Economy*(Oxford: Clarendon Press), 24～52.

Hubbard, P. and Hall, T., (1998), "The entreprendurial city and the 'new urban politics'," Hall, T. and Hubbard, P., (eds.), *The Entreprendurial City*(Chichester: John Wiley & Sons), 1～23.

Hughes, O., (1998), *Public Management & Administration*(N. Y.: Macmillan Press).

Kearns, A. and Paddison, R., (2000), "New challenges for urban governance," *Urban Studies*, 37; 5/6(2000): 845～850.

Kickert, W., (1993), "Complexity, governance and dynamics: Conceptual explorations of public network management,"Kooiman, J., (ed.), *Modern Governance*(London: Sage), 191～204.

Kjær, A., (2004), *Governance*(Cambridge: Polity).

Latham, A., (2003), "Urbanity, lifestyle and making sense of new urban cultural economy: Notes from Auckland, New Zealand," *Urban Studies*, 40; 9(2003): 1699~1704.

Lynn, L., (1998), "A critical analysis of the new public management," *International Public Management*, 1; 2(1998): 107～123.

Mathiasen, D., (1999), "The public management and its critics," *International Public Management Journal*, 2; 1(1999): 90～111.

Moss, M., (1987), "Telecommunications, world cities, and urban policy," *Urban Studies*, 24; 6(1987): 534～546.

Murphy, P., (2000), "Urban governance for more sustainable cities," *European Environment*, 10(2000): 239～246.

Osborne, S. and McLaughlin, K., (2002), "The new public management in context," McLaughlin, K., et al., (eds.), *New Public Management*(London: Routledge), 7～14.

Painter, J., (1998), "Entrepreneurs are made, not born: Learning and urban regimes in the production of entrepreneurial cities," Hall, T. and Hubbard, P. (eds.), *The Entrepreneurial City*(Chichester: John Wiley & Sons), 259～273.

Paskaleva-Shapira, K., (2002), Innovative partnerships for effective governance of sustainable urban tourism, Sut-Governance, Forschungszentrum, Karlasurhe, Germany.

Pierre, J., (2000), "Introduction: understanding governance," Pierre, J. (ed.), *Debating Governance*(Oxford:

Oxford Univ. Press), 1～10.

Pierre, J. and Peters, B., (2000), *Governance, Politics, and the State*(London: Macmillan).

Rakodi, C., (2003), "Politics and performance: the implications of emerging governance arrangements for urban management approaches and information systems," *Habitat International*, 27(2003): 523～547.

Richards, D. and Smith, M., (2002), *Governance and Public Policy in the United Kingdom*(Oxford: Oxford Univ. Press).

Stivers, C., (2003), "Administration versus management," *Administration & Society*, 35; 2(2003): 210～230.

Sullivan, Arthur M., (1990), *Urban Economics*(Boston: Irwin).

Wheeler, J., Aoyama, Y. and Warf, B., (2000), "Introduction: City space, industrial space, and cyberspace," *Cities in the Telecommunications Age*(N. Y.: Routledge), 1～17.

제 2 장

관리제도

제 1 절 도시제도

도시제도(都市制度)란 광의(廣義)로는 한 국가의 도시관련제도전반, 즉 자치단체의 종류・행정계층구조・중앙과 지방과의 관계・지방의회와 집행기관 등을 포괄하는 의미를 지닌다. 협의(狹義)로는 지방자치단체의 내부조직만을 의미한다.

도시자치단체(都市自治團體)란 도시지역에서 공공정책을 결정하고 집행할 수 있는 권한을 행사하는 공공단체를 말한다. 이는 보통자치단체와 특별자치단체로 구분할 수 있다(이하 정환용, 2006: 529～532).

Ⅰ. 보통자치단체

1. 구성방식

보통자치단체(普通自治團體)는 행정계층조직을 근거로 기초단체와 상급단체(광역단체 혹은 중간단체)로 구분한다. 이들 보통자치단체의 구성방식(構成方式)은 수평적 방식과 수직적 방식으로 나눌 수 있다(박수영, 2002: 274～275).

수평적 구성방식(水平的 構成方式)은 획일형과 변용형이 있다. 획일형(劃一型)은 단체의 규모와 관계 없이 기초단체가 되기 위한 요건과 법적 지위를 동일화하여 조직하는 유형이다. 이는 프랑스와 북구제국의 기초단체 구성방식이다. 변용형(變容型)은 기초자치단체의 권한과 지위를 인구규모 등에 따라 구분하는 조직유형이다. 이는 영국 · 미국 · 독일 · 우리나라에서 취하고 있는 형태이다.

수직적 구성방식(垂直的 構成方式)은 기초자치단체강화형과 상급단체강화형으로 구분한다. 전자는 기초단체가 상급단체보다 일차적으로 행정책임과 권한을 더 부여받는 조직형태이다. 후자는 기초단체보다 상급단체에 더 많은 권한과 책임을 부과하는 방식이다. 중앙집권적인 대륙계 국가에서 주로 채택한다.

2. 우리나라의 구성

우리나라의 보통도시자치단체는 특별시, 광역시, 그리고 일반시제로 구성되어 있다. 1949년 「지방자치법」을 제정하여 오늘의 시제(市制)를 도입하고, 시의 요건을 법률로서 정하는 한편(법 제7조), 수도의 기능을 고려하여 그 지위 · 조직 · 운영상 특례를 인정하는 특별시(特別市) 제도를 도입했다(법 제161조). 1962년의 「서울특별시행정에 관한 임시조치법」에 의해 도(道)와 동등한 법적 지위로부터 장관급 시장으로 격상하여, 국무총리직속하에 두도록 했다.

광역시(廣域市)에 대한 구체적인 기준은 법제화되어 있지 않지만, 인구 100만 이상의 대도시를 기존의 도(道)관할 하에서 정부직할로 하는 직할시 제도로부터 시작하여 1995년에 광역시로 명칭을 변경하여 오늘에 이르고 있다. 광역시로 지정된 도시는 부산(1963), 대구(1981), 인천(1981), 광주(1987), 대전(1988), 그리고 울산(1997)이다.

일반시제는 (일반)시, 도농통합형태의 시, 그리고 읍으로 구성되어 있다(「지방자치법」 제7조). (일반)시(市)의 기준은 그 대부분이 도시형태를 갖추고 인구 5만 이상이 되어야 한다. 도농통합형태의 시는 시와 군이 통합된 지역으로 인구 5만 이상의 도시형태를 갖추고 있는 군 또는 인구 2만 이상의 도시형태를 갖춘 곳이 2개 이상의 지역의 인구가 5만 이상인 군(이 경우 군의 인구는 15만 이상), 국가정책으로 도시가 형성되고 도의 출장소가 설치된 지역으로 그 지역의 인구가 3만 이상이고 인구 15만 이상의 도농복합형태의 시의 일부분인 지역에 지정한다. 읍(邑)은 그 대부분이 도시형태를 갖춘 인구 2만 이상의 지역에 지정한다. 다만 인구 2만 이하라도 군사무소 소재의 면, 읍이 없는 도농통합형태의 시에서 그 면 중 1개 면에 지정할 수 있다.

Ⅱ. 특별자치단체

1. 개　　념

특별자치단체(特別自治團體)는 보통자치단체와는 별도의 구역을 단위로 하여 보통지방자치단체를 보완하고, 특수한 행정수요에 효과적으로 대응하기 위해 설치되는 도시행정조직체이다. 이 자치단체는 보통자치단체의 구역이나 복수의 관할권이 미치는 구역에 설치되어 한정된 목적이나 기능을 수행하는 자치단체이다.

미국에는 학교구와 비학교 특별구가 있는데, 이중 대부분이 학교구이다. 일본의 특별자치단체는 특별구·지방자치단체조합·재산구·지방개발사업단의 4개 종류가 있다(박수영, 2002: 310～321).

2. 우리나라의 특별자치단체

우리나라에는 지방자치단체조합과 지방공기업조합의 두 가지가 있다. 지방자치단체조합(地方自治團體組合)은 지방자치단체의 권한에 속하는 특정사무의 일부 또는 전부를 공동처리하기 위해 관계지방자치단체 간에 협의로서 성립되는 법인이다(「지방자치법」 제149조). 이 조합은 권한은 포괄적이라기보다는 특정적이며, 구성원은 주민이 아니라 조합원이다. 자치단체 간의 상호협력방식이라는 점에서는 행정협의회와 비슷하나, 독자적인 법인격을 갖는다는 점에서 차이가 있다. 지방공기업법은 지방공기업에 관한 사무를 공동으로 처리하기 위해 지방공기업조합(地方公企業組合)을 설치할 수 있도록 관련규정을 두고 있다.

제2절　도시정부

Ⅰ. 의　　의

1. 개　　념

지방정부(local government)는 지방의 공공문제를 해결하고 주민의 복리를 증진하기 위하여 헌법적인 지위를 부여받은 실체로서, 주권국가 내의 일부 지역을 기반으로 하여 구성된 자치적 관할체이다(이달곤, 2004: 11). 따라서 도시정부(都市政府)는 도시문제를 해결하고 주민의 공공복리를 증진하기 위한 자치적 관할체라고 할 수 있다. 환언하면, 도시정부(urban government)는 도시지역에서 정부개입에 의한 감독·재정·계획·집행을 하는 공공부문기관이다(Davey, 1996: 47). 도시정부는 도시개발의 전체적인 형상을 만들고 도시생활의 질을 제고하기 위한 정부의 개입을 통합하는 역할을 수행한다.

2. 기　　능

(1) 정부의 기능

머스그레이브(R. Musgrave)는 중앙정부는 안정적 경제의 유지, 소득의 제공과 분배, 그리고 재화의 적절한 생산이라는 3가지 기본기능을 수행한다고 했다. 이러한 기능은 도시정부의 기능을 이해하는 데도 중요하다(Blair, 1991: 487～488).

대체로 정부는 다양한 역할을 수행하고 있어 그 범위를 쉽게 측정하기 어렵다. 정부를 중심으로 수행하는 공공부문의 역할이 전체 경제와 사회에 영향을 미친다고 말하는 것도 과장이 아니다. 정부의 규제·과세·허가·하부구조·기준·고용조건 등이 민간시장에서의 결정에 영향을 준다. 정부는 소득재분배역할도 한다. 그리고 공공부문은 학교·병원·환경·대중교통·법과 질서·도시계획·복지서비스의 질 등과 같은 정부서비스 및 주민들의 생활수준결정에 중요한 역할을 한다(Hughes, 1998: 82).

세계은행(World Bank)은 1997년 「개발보고서」(Report on Development)에서 정부의 임무 중 핵심적인 것은 법의 기반확립, 거시경제의 안정을 포함한 왜곡되지 않는 정책환경의 유지, 기본적인 사회서비스와 하부구조에의 투자, 취약한 것의 보호, 그리고 환경보호의 5가지 기본적 과업을 포함한다고 지적하고 있다(Hughes, 1998: 101). 앤더슨(J. Anderson)은 보다 실용적인 측면에서 정부가 수행하는 기본기능(基本機能)으로 다음 7가지를 들고 있다(Hughes, 1998: 101～104).

① **경제적 하부구조의 제공**　　정부는 현대자본주의체제의 만족할 만한 운영을 위해 필요한 기본적 제도·규칙·장치들을 제공한다. 여기에는 재산권의 보호·계약의 강제·표준통화·교량형·특허·저작권의 제공·법과 질서의 제공을 포함한다.

② **각종 집단재화와 서비스의 제공**　　일부 공공재는 전체사회에는 유용하지

만, 개인들에게는 사용량에 따라 지불하기 어려운 면이 있다. 이는 일단 누구에게 제공하면 모두가 이용할 수 있다. 이는 국방·도로와 교량·홍수방지·하수처리·교통통제체제와 기타 하부구조 등을 포함한다. 이들 재화들은 광범한 사용, 개별성, 비배제성의 특성을 가지고 있는 공공재이다.

③ **집단갈등의 해소와 조정** 정부존재의 기본적 이유의 하나는 정의·질서·안정을 추구하는 데 있어 사회에서 발생하는 갈등의 해소와 개선의 필요이다. 이는 경제적 강자에 대한 약자의 보호도 포함된다. 이를 위해 정부는 어린이 노동법, 최소임금법 등을 통해 형평의 착취를 근절하고자 한다.

④ **경쟁의 유지** 경쟁은 민간부문에서 언제나 스스로 존재하지는 않기 때문에, 기업들이 경쟁할 수 있도록 유도하는 정부의 행동이 요구된다. 그러나 무제한적 경쟁은 경쟁의 파괴를 가져오기 때문에 경쟁자들은 합병이나 병합을 통해 경쟁을 종식시킨다. 이에 따라 적절한 규제가 없는 경우, 회사들은 카르텔을 형성하거나 그들의 제품과 가격고정을 위해 시장진입을 제약한다. 때문에 민간부문의 경쟁을 개선·유지하기 위해 정부행동이 요구된다.

⑤ **자연자원의 보호** 경쟁력은 자연자원의 낭비적 사용을 촉진하고, 자연환경의 훼손을 방치하며, 장래세대를 위한 이익들에 관심을 가질 수 없게 한다. 이러한 시장활동으로부터의 환경피해는 외부성과 시장실패의 교과서적인 사례이다. 따라서 정부만이 환경폐해를 줄일 수 있다.

⑥ **재화와 서비스에 대한 최소한의 접근제공** 시장의 운영은 종종 사회적으로 수용하기 어려운 결과인 빈곤·실업·영양실조 등을 가져올 수 있다. 노약·문맹·기타 여러 가지 이유의 존재는 시장경제로부터의 추출되는 부작용을 가져온다. 따라서 대부분의 경제학자들은 빈곤을 감소시키기 위한 정부의 역할에 동의한다.

⑦ **경제의 안정** 경제에는 호경기에는 불경기가 따르는 경기순환이 항상 존재한다. 정부행동은 예산·금융정책을 통해 이를 경감시킬 수 있다.

(2) 기능변천

1980년대까지의 주도적인 가정(假定)은 정부가 정책을 작성하고 집행하며 개발목표를 실현하는 데 관리상 권위와 능력을 가졌다는 것이었다. 이를 도시적 맥락으로 바꾸면, 개발에 대한 정부주도의 접근은 공공부문조직들이 도시개발을 계획하고 관리할 수 있으며, 중앙정부와 지방정부 간, 그리고 정부의 행정부서와 반자치적 공공부문기관들 간의 역할과 책임의 적절한 배분에 초점을 둔 논의였다. 이러한 시각에서 론디넬이(D. Rondinelli)는 수행이 기대되는 도시정부의 과업을 다음과 같이 제시하고 있다(Davey, 1996: 47; Rakodi, 2003: 524~525).

① 도시의 효율적 운영을 위해 필수적인 하부구조의 제공
② 인적자원개발, 생산성 개선 그리고 생활수준을 제고하기 위한 서비스의 공급
③ 지역사회의 복지와 도시인구의 보건과 안전에 영향을 미치는 사적활동의 규제
④ 도시지역에서 생산적 활동을 유지하고 사적기업의 효율적 활동을 허용하는 서비스와 시설의 제공

1980년대 중반에 이르러 많은 지방정부에서 저성과성, 서비스제공의 실패, 전통적 도시계획의 비효율성 등을 보여 전통적인 행정적 접근보다는 관리적 접근을 옹호하게 되었다(Rakodi, 2003: 525). 아울러 주변환경의 변화에 따라 도시행정에도 변화가 나타나게 되었다. 즉 새로운 관리형태, 시민과 정부 간의 새로운 관계, 민관부문과 비정부부문 간의 관계, 새로운 도시정책결정과정이 나타나고 있다(Lynn, 1998: 108). 이러한 변화와 함께 가상조직(virtual organization)과 망화조직(networked organization)에 힘입어, 직접관리의 쇠퇴・관료로부터 시민으로의 권력천이・커뮤니티와 민주적 책임성의 재탄생・성장과 효율성의 보증자역할 등을 강조하는 문헌이 많이 등장하고 있다(Lynn, 1998: 109).

전체적으로 도시정부는 기업처럼 운영되어야 한다는 요구가 증가하고 있다. 이는 비용효율적이고, 과업에 비추어 가급적 소규모이고, 경쟁적이며, 기업적이고, 소비자를 기쁘게 하는 데 기여해야 한다는 의미이다(Box, 1999: 19). 정부를 기업처럼 운영한다는 것은 공공관리자들이 집단적인 담론의 과정을 통해, 대중을 지배하는 시민(citizens)이라기보다는 봉사받는 고객(customers)으로 간주해야 한다는 의미이다(Box, 1999: 22). 기업적 정부(entrepreneurial government)는 서비스공급자들 간의 경쟁(competition), 관료제로부터 지역사회로 통제를 전이함에 의한 권능시민(empower citizens), 결과(outcomes)의 강조, 규칙과 규제를 임무

(missions)로 교체, 공공서비스를 선택하는 고객(customers)으로서 의뢰인에 대한 재정의, 문제의 예방(prevent), 지출보다는 돈벌이(earning money) 강조, 분권화된 (decentrialized) 권위, 관료적 장치를 시장장치(market mechanisms)로 대체, 그리고 지역사회문제와 관련된 모든 부문의 촉매화(catalysing all sectors)에 의해 직접공급을 대체하는 등의 10가지 특성을 나타낸다(Bailey, 2001: 340).

이러한 새로운 여건에서는 새로운 도시관리형태가 기대된다. 즉 도시정부가 제공자(provider)에서 능력부여자(enabler), 주민을 위한 행정(working for people)에서 주민과 함께하는 행정(working with people)으로, 생산자주도(producer driven)에서 소비자주도(consumer driven)로, 계층(hierarchical)에서 분절(fragmented)로, 기능적 분리(functional seperation)에서 통합된 협력(integrated collaboration)으로 각각 바뀌고 있다(Healey, 1999: 184～185).

3. 정 당 성

(1) 논　　거

중앙정부의 기능을 분할하여 지방정부가 수행하도록 하는 경제적 근거(經濟的 根據)가 무엇인가? 여기에는 클럽이론과 티부가설이 있다.

(가) 클럽이론

여러 사람이 같은 양의 재화를 함께 소비할 때 소비에 참여하는 사람이 많아질수록 각 개인이 얻는 편익이 줄어드는 경우가 있는데 이러한 특성을 가진 재화를 클럽재(club goods)라고 한다.

수영장을 예로 들면, 수영장의 규모가 클수록 그로부터 얻어지는 편익이 늘어나지만 건설비용도 증가한다. 한편 회원이 많을수록 건설비용에 대한 일인당 부담비용은 줄어들지만, 정체로 인해 수영장으로부터 얻는 편익도 줄어든다. 이 점들이 고려되어 수영장의 최적규모와 회원수가 정해진다(임봉욱, 2004: 623～624).

대부분의 공공재의 경우 회원수가 증가할 때 그에 따르는 정체현상 때문에 소비집단의 규모가 무한히 커질 수는 없다. 이것이 바로 중앙정부의 기능을 분할해야 하는 핵심적 이유이다(임봉욱, 2004: 627).

(나) 티부가설

지역사회의 최적인구와 지방공공재의 최적공급이 되도록 하는 최적의 지역사회의 형성가능성에 대해 티부(C. Tiebout)는 각 개인은 자신의 효용을 극대화하는 지방공공재와 조세의 조합을 제공하는 지역사회를 찾아가는 소위 발에 의한 투표(voting with the feet)에 의해 최적지역사회가 구성될 수 있다고 주장한다. 이러한 티부가설에 의하면 각 개인들이 효용을 극대화하기 때문에 각 지역사회는 지방공공재를 효율적으로 공급하여야만 하고, 그렇지 못하면 개인들은 지역사회에 머물지 않는다(이준구, 2004: 687; 임봉욱, 2004: 629~630).

각 지방정부가 독자적으로 세금징수와 지방공공재의 공급에 관한 결정을 내리는 분권화된 체제에서 효율적인 자원배분이 달성된다는 것이 티부가설의 결론이다(이준구, 2004: 689).

티부가설은 지역사회 사이의 경쟁을 통해 지방공공재가 효율적으로 공급될 수 있어야 한다. 이 가설이 성립되려면 서로 다른 지역사회가 많아야 하고, 충분한 경쟁이 보장되어야 한다. 또한 개인들이 지역사회 사이에서 자유롭게 이동하는 것이 제한받지 않아야 한다. 그리고 규모에 대한 보수의 증가가 이루어지지 않아야 한다. 티부가설의 실패의 원인은 시장실패의 원인과 유사하다(임봉욱, 2004: 631).

(2) 기본가치

듀프레(S. Dupre)는 지방정부를 정당화(正當化)하는 가치(價値)로 자유(liberty), 참여(participation), 효율성(efficiency)을 제시한다.

(가) 자　　유

지방정부는 개인의 자유를 제고할 수 있다. 그러나 지방기관의 이익은 개별시민의 이익과 일치하는 것은 아니다. 대체로 지방정부의 정당성의 하나는 단순하게 개인이익과 가정이익으로 인식되어 있는 이들 이익들에 대한 관심을 제고하는 역할을 한다는 점이다

자유(自由)에 높은 가치를 부여하는 자유시장학파는 지방정부를 자유시장과 정치적으로 같은 의미로 본다. 그들은 지방정부는 자유시장 자체처럼 효과적이지 않지만, 서비스가 민간기업에 의해 제공될 수 없다면 지방정부는 차선이고, 중앙정부는 거의 언제나 개인자유에 위협적이라고 생각한다. 즉 지방기관들은 그들이 제공하는 서비스에 대해 상호경쟁하기 때문에 그들 서비스들에 대한 질과 효과성을 제고한다.

(나) 참 여

지방정부는 두 가지 전통에 의해 발달되어 왔다. 첫째, 지방정부는 높은 자치를 가진 일련의 대의기관으로 볼 수 있다. 둘째, 지방정부는 국가서비스를 효율적으로 제공하는 일련의 기관이라고 볼 수 있다. 민주적인 관점에서 지방기관들은 개인들이 자신의 정부에 대해 진정으로 참여할 수 있기 때문에 중앙정부에 비해 우월하다.

지방정부의 참여가치(參與價値)는 의심의 여지 없이 자유보다 강력한 의미로 출현한다. 지방정부의 가치로서 참여는 다음 3가지 측면과 관련된다. 첫째는 정치적 교육자로서 지방정부의 역할은 자립정부의 수단으로 시민들을 교화한다. 둘째는 지방정부는 민주주의의 훈련장으로서의 역할을 한다. 마지막으로 지방정부는 안정되고 조화로운 국가, 보다 나은 사회의 양육장으로서의 역할도 수행한다.

(다) 효 율 성

효율적(效率的)인 서비스 제공자로서 지방정부는 생산자와 소비자 간의 불균형을 조정하는 역할 뿐 아니라, 시장이 없는 공공서비스에 대한 수요에 반응하는 대안적 기반이다.

4. 도 구

대부분의 정부개입은 다음 4가지의 이용가능한 경제적 도구(經濟的 道具)들을 통해 이루어진다(Hughes, 1998: 84).

(1) 정부제공

예산형태를 통한 정부의 직접제공은 정부활동의 주요한 부분을 이루고 있다. 예산부문은 일반정부활동으로 과세에 의해 자금지원되는 정부의 영역을 포함한다. 이는 도로·교육·보건·사회복지와 같은 비시장 재화와 서비스를 제공하는 것이다(Hughes, 1998: 85).

예산을 통해 정부에서는 경제에서 공공활동의 수준, 소득과 부의 합리적 배분을 결정하고, 경제활동의 전체적 수준에 대한 일정한 통제를 제공한다. 이들은 보통 분배·배분·안정화를 위한 정책들로 기술된다(Hughes, 1998: 85~86).

(2) 보　　조

민간부문은 특정한 재화나 서비스를 제공하지만, 정부로부터 일정한 지원을 받는다. 재원은 공공부문이지만, 상세한 행정은 민간부문에서 이루어지고 정부는 해당 재원이 승인된 절차에 따라 사용되고 있는가를 모니터하는 것과 주로 관련되어 있다(Hughes, 1998: 87～88).

(3) 생　　산

생산(production)은 정부가 시장에서 판매하기 위한 목적으로 재화와 서비스를 생산하는 활동을 말한다.

제공과는 달리, 생산은 정부예산과는 별도로 이루어지고, 사용자들이 민간부문에 의해 제공되는 품목들과 동일하게 부담한다(Hughes, 1998: 88).

(4) 규　　제

규제(regulation)는 민간경제에서 특정한 활동들을 허용하거나 금지하기 위해 국가가 사용하는 강제적 권력과 관계된다.

Ⅱ. 기관구성

도시정부의 구성은 의결기관과 집행기관이 엄격히 분리되어 있는 기관대립형, 양 기관이 통합되어 있는 기관통합형, 양 유형이 절충된 절충형 그리고 주민총회형으로 구분할 수 있다(박수영, 2002: 296～303).

1. 기관통합형

기관통합형(機關統合型)은 지방의회에 의결기능과 동시에 집행기능을 통합시킨 형태이다. 이 구조에서는 의원 중 다수를 점한 정당이 행정집행의 책임을 지며, 의회의 각 위원회가 행정 각 부문의 집행기관의 역할을 수행한다.

이 유형에는 영국의 의회형(議會型)과 미국의 위원회형(委員會型)이 있다. 의회형(parliamentary system)은 지방의회의 각 분과 위원회별로 사무국이 설치되어 집행업무를 수행한다. 위원회형(commission system)은 주민의 공선에 의해 선출된 소수의 위원으로 위원회를 구성하고, 위원회별로 보통 3～5인의 입법·행정기능을 집중시키는 형태이다.

2. 기관대립형

기관대립형(機關對立型)은 시장주의(市長主義) 또는 수장제(首長制)로 불리운다. 즉 집행기관인 시장과 의결기관인 의회가 상호견제균형하여 지방행정을 수행한다. 이 유형은 시장-의회형 그리고 시장-관리인형, 시장-행정관리형의 3가지로 세분할 수 있다.

시장-의회형(市長-議會型)은 입법기능은 의회에, 집행기능은 주민에게 책임을 지는 시장에 의해 이루어진다. 이는 한국・프랑스・서독・일본・미국 등 많은 나라에서 채택하고 있다. 이 유형은 강시장-의회형과 약시장-의회형으로 세분할 수 있다. 전자는 시장이 도시행정의 모든 책임을 갖고, 예산안의 편성집행권을 가지며, 의회에 대해 거부권을 행사할 수 있다. 의회는 시장에 비해 상대적으로 하위적 지위를 갖는다. 후자는 의회가 입법기능은 물론 인사권・예산권을 보유하며 시의 일반행정의 여러 분야에 관여한다. 시장은 제한된 인사권을 행사한다.

의회-관리인형(議會-管理人型)은 의회가 정책결정의 권한과 행정의 최종적인 통제권을 행사한다. 의회가 행정전반에 걸쳐 책임을 지는 관리인을 임명하여 고도의 식견과 전문성이 요구되는 일반행정을 담당하도록 한다.

시장-행정관리관형(市場-行政管理官型)은 강시장-의회형의 변용형으로, 강시장 아래서 요구되는 고도의 식견과 전문성을 요구하는 행정수요를 행정관리관을 임명하여 대처하는 대신, 시장은 기본적인 정책결정과 정치활동에 전념한다.

3. 절 충 형

절충형(折衷型)은 의결기능과 집행기능을 따로 두지만 서로 대립하지 않는 유형이다. 여기에는 참사형과 의회-이사회형의 두 가지가 있다.

참사(參事)형은 주민에 의해 선출된 시・읍・면의 대의원회가 중요사항을 결정하고, 명예직 전임의 참사회원으로 구성되는 참사회가 시・읍・면의 대의원 중에서 호선된 시장(의장)하에서 집행기능을 수행한다. 독일의 일부 시・읍・면의 내부조직형태에서 볼 수 있다.

의회(議會)-이사회(理事會)형은 카나다의 일부지방에서 채택하고 있다. 당해 자치단체의 전 구역을 선거구로 하여 공선된 시장 및 4인의 이사(controller)가 이사회를 구성하고, 이사회의 장이 시장이 된다. 이사회가 정책형성업무를 담당하고, 의회가 이를 심사·승인한다.

4. 주민총회형

주민총회형(住民總會型)은 입법기능은 주민총회에 부여되며, 행정집행기능은 주민총회에서 선임된 위원회에서 수행한다. 미국의 동북부 일부와 스위스에서 그 예를 발견할 수 있다.

Ⅲ. 정부유형

골드스미스(M. Goldsmith)는 지방정부의 제1차적인 추구목표에 따라 3가지 유형으로 구분하고, 여기에 부연하여 최근의 추세를 감안한 새로운 모형으로서 다른 하나의 가능성을 제시한다(Goldsmith, 1992: 395~396).

1. 고객/후원자모형

지도자와 지도받는 사람들 간의 관계처럼 고객 또는 후원자체제에 기반한 지방정부의 존재는 정치학문헌에서는 잘 알려진 것이다. 그러한 특성은 미국지방정부에서 19세기말~20세기초에 형성된 것으로, 지방정치지도자들은 그들의 지지자들에 호의(직업과 기타 혜택)를 전할 것을 기대하는 것과 관련된다.

고객/후원자 기반의 지방정치유형은 프랑스, 이태리, 스페인의 일부, 그리고 최근에는 그리스와 터키에서 특징적으로 나타난다. 지방정치가들의 제1차적인 의무는 그들의 선거구민에게 특정한 재화와 서비스를 제공하고, 그들의 지역사회의 이익이 상급정부에 잘 대표되고 보호되는 것으로 본다.

2. 경제개발모형

미국에서 발간된 도시관련문헌의 대부분은 이 두 번째 유형을 지지하는 것들이고, 미국·카나다·호주는 성장머신(growth machine)모형에 매우 근접한 국가들이다. 이들 국가에서는 지방정부의 항구적 과업은 지역사회의 경제적 건강을 제고하는 것이다. 즉, 제고주의(boosterism)를 일반적인 사회사조로 기술하는데 사용되었다.

3. 복지국가모형

이 모형에서는 형평 및 배분과 관련된 국가적 규범과 연계된 효율적 서비스공급의 가치는 교육·주택·교통과 같은 복지국가서비스의 생산자와 공급자로서 활동하는 지방정부의 성장과 운영을 형상화한다.

독일·네덜란드·영국·스칸디나비아 제국 등의 나라에서는 복지국가를 구성하는 광범위한 집단소비재의 제공에 대해 1945년 이래로 관심을 가져왔다. 이들 국가에는 두 가지의 추가적인 특징도 포함된다. 첫째, 국가정치에서 지방정치가들에 상대적으로 낮은 비중을 두었다. 둘째, 이들 국가의 지방정부체제는 지방기반으로 존재하지만 국가에서 조직된 매우 전문화된 관리들이다.

4. 시장권한부여모형

앞에서 언급한 이들 세 가지의 모형 이외에 최근에 영·미를 중심으로 시장권한부여모형이 출현하고 있다. 대처와 레이건시대의 이론적 바탕에서 도출한 이 모형은 지방정부는 서비스의 생산에서 민간부문에서 독자적 또는 협력적으로 서비스를 생산함으로써 보다 저렴한 공급이 가능하다고 강조한다.

이 모형은 좌·우익에서 모두 제고된 것이다. 우익에서는 그러한 지방정부는 보다 광범한 소비자선택이 가능도록 하며, 좌익의 입장에서는 지방수준에 권력과 활동을 상당히 분산하기 때문에 시민성(citizenship)을 제고한다고 주장한다.

제 3 절 계획제도

Ⅰ. 법 제

1. 의 의

(1) 기 능

법은 도시계획과 개발에 있어 다양한 의미를 내포하고 있다. 일반적으로 도시법(urban law)이란 도시지역의 경제·사회문제와 관련된 법제도의 규정을 총괄하여 연구하는 분야이다(이하 정환용, 2006: 536∼537).

도시법(都市法)은 도시정부체계를 규정하고, 도시계획체계와 토지개발규제를 확립하며, 도시계획가와 관리자의 권력을 제한한다. 다시 말하면, 이러한 법적 장치를 통해 도시계획 또는 개발과 관련된 개인과 기관들의 행위를 규제할 수 있으며, 법의 범위 안에서의 행위를 보장 또는 적법화하여 효과적으로 도시계획과 개발활동을 수행할 수 있도록 하는 지지역할을 한다.

(2) 접근방법

최근까지 계획법의 연구는 토지이용규제의 법적 측면에 집중해 왔다. 그러나 계획에 대한 접근태도의 변화에 따라 계획법에 대한 접근자세에도 변화가 나타났다. 이러한 계획에서의 주요한 변화는 1960년대에 나타났는데, 계획에 관한 전문성이 토지이용에만 선입견을 갖기보다는 '새로운 종합성'을 추구하게 되었다(이하 정환용, 2006: 537～538).

복합체계로서 도시는 경제·정치·토지이용·주택·보건·교육·문화·교통·시설·유통·폐기물처리·재정·설계 그리고 법과 같은 하부체계로 구성되어 있다. 즉 법체계는 도시의 중요한 하부체계(下部體系)이다.

이러한 도시법접근(都市法接近)은 도시문제의 원인과 해결에 있어 법의 역할을 제시하고 추구하는 법의 제 원리를 규범적·쇄신적 계획과 연결한다. 그리고 이러한 접근은 문제를 정부권력과 사유재산권으로 이해하는 대신에 도시문제라는 관점에서의 접근을 의미한다. 예를 들면, 주택관련법은 주택보유를 개선 또는 악화시키는 역할을 하고, 고용법은 실업을 유발 또는 경감하며, 복지법은 빈곤을 창조하거나 경감을 하는 것과 같이, 도시법도 도시문제의 발생시키거나 완화하는 역할과 관련된다. 때문에 도시법에 대한 접근은 법원리보다는 도시문제에 초점을 두고, 정적인 규칙보다는 과정으로서의 법을 다루어야 한다.

2. 계획법의 이념

법의 역할과 기능에 대한 시각은 3개의 상호대립되는 철학 또는 이념에 바탕을 두고 있다. 즉 법은 개인재산과 이를 위한 제도를 보호하기 위해 존재하고 사용되어야 한다고 주장하는 전통적 보통법접근(traditional common law approach), 공익의 증진을 위해 법이 존재하고 해야 한다는 정통행정·계획적 접근(orthodox public administration and planning approach), 그리고 법은 공공참여의 증진을 위해 존재해야 한다고 보는 급진 또는 인본주의적 접근(radical or populist approach)으로 구분할 수 있다(McAuslan, 1980: 2~6; 정환용, 2006: 538~539).

(1) 사유재산이념

계획의 역사적 기원은 19세기 중반의 도시근로자계층의 열악한 생활환경개선을 위한 노력으로서 사유재산(토지와 주택)의 사용을 통제하고 규제하는 권력의 획득과 관련된다. 그러나 법에 의해 인가된 정부의 규제조치는 도시지역의 재산소유자에게는 환영받지 못할 조치로 간주하여 그들은 자신들의 재산권침해에 대해 법원이나 변호사의 도움을 추구할 뿐 아니라 재산권보호에 관한 관련규정에 관심을 갖게 되었다.

이러한 사유재산권보호(私有財產權保護)에 대한 관심증가는 두 가지 측면에 영향을 미쳤다. 첫째는 19세기까지는 경찰력의 법적 사용과 토지의 보유·소유는 친밀한 관계를 유지하여 개인재산의 보호는 헌법적 명령으로 수호되었다. 둘째는 실제적인 면에서 법의 전반적인 이념은 개인재산, 이의 이용·거래를 강조하게 되었다.

정부행위에 대해 도시토지소유자에게 보호를 제공해야 한다는 이 원칙은 보통법적 입장인 사유재산이념(private property ideology)을 형성하게 만들었다. 이에 따라 사유재산소유자의 권리를 보호·방어하는 원칙들과 적절한 한계(법관의 신념·이념에 의해 정의) 내에서 정부권력을 유지할 필요성 등이 계획법에 대한 법원의 주요한 관심이 되었다.

(2) 공익이념

두 번째 이념은 행정관리들이 법에 대해 이해하고 있는 공익이념(public interest ideology)이다. 여기서는 법은 필요하면 개인토지소유자의 사적이익에 반하더라도 공익증진을 위한 행동계획으로서의 뒷받침과 적법성을 제공하는 역할을 수행해야 한다고 주장한다. 이 공익이념(公益理念)은 법이 행정가에게 광범한 권한을 부여하여 그들의 행위를 적합하게 하고, 어떠한 배상이나 소청도 제공하지 않도록 한다. 아울러 배상도 하위기관에서 상급기관으로, 지방에서 중앙으로와 같이 행정체제 내에서 이루어지도록 한다.

이러한 체제 내에서 토지소유자의 권한을 보호하기 위한 특별한 규정도 만들어질 수 있지만, 경험에 의하면 이는 사법적 관여를 줄이거나 법원에의 접근을 억제하는 목적의 규정으로 이용되는 경우가 많다. 그리고 법원으로 하여금 공익을 위해 취한 정부행동에 대해 토지소유자를 보호해야 할 범위에 한계가 있음을 인정하도록 한다.

(3) 대중참여이념

법이 대중참여(大衆參與)를 높이기 위한 장치라는 주장은 앞의 두 개의 이념과 경쟁적인 관계에 있지만, 가장 최근에 발달된 덜 정리된 이념이다. 계획과정에서 참여의 권리를 제공하는 장치로서 법을 보는 이 견해는 재산권 때문이 아니라 민주주의와 정의라는 보다 추상적인 원리에 바탕을 두고 있다.

이는 토지개발이나 환경의 변화에 영향을 받게 될 사람이나, 어떠한 이유에서든 간에 영향의 결과나 이익에 대해 관심을 갖는 사람들은 계획의 결정에 참여해야 한다는 것이다. 이 대중참여이념(public participation ideology)은 공익이념처럼 재산소유자의 특별한 지위를 부인하고 민주적 의사결정과정에서 관계되는 많은 사람들의 이익의 하나처럼 간주해야 한다고 주장한다. 그리고 이 이념은 공무원들이 자신의 견해와 가정의 옳고 그름을 판단하는 기준으로서 공익이념에 대해서도 거부적인 견해를 갖고 있다. 즉 공무원들은 시민들과 완전한 토론과 대중과의 지속적인 협의를 통해서만 행동해야 한다고 주장한다.

3. 도시계획법제의 발달

우리나라의 도시계획법제의 발달은 법제의 제정시기와 내용을 고려하여 조선시가지계획령시대(1934년～1961년), 도시계획법시대(1962년～2001년), 그리고 현재의 국토계획법시대로 구분하여 설명할 수 있다(이하 정환용, 2006: 540～546).

(1) 조선시가지계획령시대

근대적 도시계획법제의 출발은 1934년 일제에 의해 제정·시행된「조선시가지계획령」으로 1962년에「도시계획법」이 제정되기 이전까지 사용되었다. 이 계획령은 도시계획법과 건축법이 혼합되어 있는 사업위주의 계획법으로 민간의 권익을 무시한 강제적이며 중앙중심의 계획내용으로 이루어졌다.

(2) 도시계획법시대

1962년에 제정된 「도시계획법」은 일제의 법제도를 청산하고 새로운 도시계획 체계를 확립했다는 점에서 우리나라 도시계획의 전환점이 되었다. 도시계획법은 시대여건의 변화에 따라 대체로 10년 주기로 대폭적인 개정작업이 이루어졌다.

1970년대에는 공업화에 따라 도시화가 진전됨에 따라 발생되는 도시문제에 효과적으로 대처하기 위해 구역제를 도입하였으며, 도시계획입안권을 건설부장관에서 시장·군수로 변경하고, 지방도시계획위원회의 설치규정 등의 내용을 개정하였다.

1980년대에는 민주화·전문화의 요구를 도시계획에 반영하기 위해, 지금까지의 정부주도하의 도시계획의 문제점을 보완하기 위해 도시계획에 대한 주민참여기회보장, 도시계획의 효율성 전문성 확보와 주민의 재산권에 대한 적절한 보호를 기하여 도시계획사업시행과 사소유권보호와의 조화를 강구하여 도시계획에 대한 공신력을 제고하려는 것이 법개정의 목적이었다.

1990년대에는 광역화·자치화라는 시대적 흐름을 반영하고, 개발밀도를 미시적으로 통제하겠다는 의도로 광역계획과 상세계획의 개념을 도입했다.

2000년 1월 28일 공포된 「도시계획법」은 순수계획법으로서 의미를 부여했고, 같은 날 「도시개발법」을 제정하여 도시개발에 관해 기존의 「토지구획정리사업법」 및 도시계획법상의 도시개발사업에 관한 규정을 통합하여 종합적 체계적인 도시개발을 위한 법적 기반을 마련하였다.

(3) 국토계획법시대

종전의 계획법에서는 국토를 도시지역과 비도시지역으로 구분하여 도시지역에는 「도시계획법」, 비도시지역에는 「국토이용관리법」으로 이원화하여 운영하였다. 그러나 국토의 계획적·체계적인 이용을 통한 난개발방지와 환경친화적인 국토이용체계를 구축하기 위하여 도시계획법과 국토이용관리법을 통합하여 「국토의 계획 및 이용에 관한 법률」을 제정·공포(2002년 2월 4일)하여 시행(2003년 1월1일)하게 되었다.

Ⅱ. 계획체계

1. 의　　의

계획체계(planning system)는 계획작성에서 개발통제에 이르기까지 계획수준을 선택하고 관리하는 장치이다. 이러한 과정은 목표설정 · 정책작성 · 상담과 참여 · 공식적인 갈등해소 · 개발통제 · 집행, 그리고 결과의 평가에 이르는 모든 과정을 포함한다(이하 정환용, 2006: 33).

도시계획체계(都市計劃體系)란 도시계획과 관련된 법 · 실제 · 과정 · 기관, 그리고 전문가들과 관련된 장치들을 의미한다. 이 체계는 도시공간조직의 전략과 원리 그리고 토지이용과 건축형태를 나타내는 계획작성기능(plan-making function), 토지취득과 하부구조의 정비 · 구축과 개발활동에 이르는 개발기능(developmental function), 그리고 건축의 위치와 형태 · 현존건물의 활동변화의 통제와 관련된 규제기능(regulatory function)으로 구성되어 있다.

2. 공간계획체계

공간계획(空間計劃)은 계획대상의 공간범위와 계획내용에 따라 국토계획 · 지역계획 · 도시계획 · 지구계획 · 단지계획 등으로 분류할 수 있다(이하 정환용, 2006: 34~35). 이들 계획들 간의 상호위계는 대체로 보다 넓은 공간을 대상으로 하는 계획이 상위계획, 보다 좁은 지역을 대상으로 하는 계획이 하위계획이라고 볼 수 있다. 계획내용면에서는 상위계획일수록 추상적 · 일반적 · 종합적인 성격이 강하고, 하위계획일수록 구체적 · 특수성 · 부분적인 특성을 갖고 있는 경우가 많다. 그리고 상위계획일수록 사회 · 경제적 측면에 중점을 두는 데 비해, 하위계획일수록 물적측면을 강조하고 있다.

우리나라의 주요 공간계획은 「국토기본법」에 의한 국토계획, 「국토의 계획 및 이용에 관한 법률」에 의한 도시계획, 그리고 「건축법」에 의한 건축계획을 들 수 있다. 국토공간의 이용 · 개발 및 보전을 다루는 국토계획(國土計劃)은 국토종합계획 · 도종합계획 · 시군종합계획 · 지역계획 및 부문별계획의 5개 종류로 구분하고 있다(「국토기본법」 제6조). 여기서 시군종합계획(市郡綜合計劃)은 특별시 · 광역시 · 시 또는 군의 관할구역을 대상으로 하여 당해지역의 기본적인 공간구조와 장기발전방향을 제시하는 계획으로서「국토의 계획 및 이용에 관한 법률」에 의하여 수립되는 도시계획(都市計劃)을 지칭한다.

3. 도시계획체계

(1) 구성체계

우리나라의 도시계획은 특별시·광역시·시 또는 군의 관할구역에 대하여 수립하는 공간구조와 발전방향에 대한 계획으로서 도시기본계획과 도시관리계획으로 구분하고 있다[「국토의 계획 및 이용에 관한 법률」(이하 "법") 제2조 제2호]. 도시기본계획(都市基本計劃)은 도시계획의 기본방향을 제시하는 최상위 계획이며, 이를 바탕으로 보다 구체적인 내용의 도시관리계획(都市管理計劃)이 수립되며, 마지막으로 이를 집행하기 위한 집행계획의 3계층의 도시계획체계를 이루고 있다. 이러한 기본체계와는 별도로 필요시 광역계획구역에 광역도시계획(廣域都市計劃)을 도시계획으로 결정할 수 있도록 했다.

광역도시계획이 수립되어 있는 지역에 대하여 수립하는 도시기본계획은 당해 광역도시계획에 부합되어야 하며, 도시기본계획의 내용이 광역도시계획의 내용과 다른 때에는 광역도시계획의 내용이 우선한다(법 제19조 제2항)고 규정하여 광역도시계획이 도시기본계획의 상위계획임을 분명히 했다. 그리고 도시기본계획은 도시관리계획수립의 지침이 되는 계획이라고 규정하였다(법 제2조 제3호).

(2) 광역도시계획

도시화가 진행되고 도시가 평면적으로 확대됨에 따라 정치·행정단위로서 도시는 구역을 넘어서 외연적으로 확산되어 나가는 광역도시화(廣域都市化)가 진전되고 있다(이하 정환용, 2006: 42～48). 이에 따라 행정상 도시경계가 설정되어 있어도 교통발달·정보통신망의 연결 등에 의해 인접지역과의 기능상 연계가 이루어져 경계를 초월한 도시서비스공급이 이루어지고 있다.

광역도시화현상은 국토공간상·개발전략상 여러 변화를 가져오게 되고, 이러한 당면문제들을 어떻게 개발·관리할 것인가 하는 것은 도시행정의 중요한 과제의 하나가 되고 있다. 즉 지금까지의 개별도시문제로서의 접근에서 인접도시들을 하나의 도시권으로 묶어서 광역적인 연계개발의 차원에서 도시문제에 임해야 할 필요성이 증대되고 있다. 광역도시계획(廣域都市計劃)은 광역계획권의 장기발전방향을 제시하는 계획으로, 광역계획권에 대해 수립한다(법 제2조 제1호).

(3) 도시기본계획

도시기본계획(都市基本計劃)은 상위계획과 정책을 수용 해석하고 주민의 욕구를 수렴하여 바람직한 도시의 미래상을 구현하기 위해 거시적인 시각에서 도시의 장래를 조명하고 필요한 계획적 행동노선을 설정하는 계획으로, 하위계획의 틀을 제공할 뿐 아니라 관련계획의 지침제공의 기능을 수행하고 있다(이하 정환용, 2006: 48～55).

「국토의 계획 및 이용에 관한 법률」에서는 도시기본계획을 도시의 기본적인 공간구조와 장기발전방향을 제시하는 종합계획으로서의 도시관리계획수립의 지침이 되는 계획이라고 말한다(법 제2조 제3호).

(4) 도시관리계획

도시관리계획(都市管理計劃)은 일반적으로 10년을 계획기간으로 하는 중기계획(中期計劃)이다(이하 정환용, 2006: 56～66). 이 계획은 지역·지구·구역에 관한 계획, 도시기반시설에 관한 계획, 도시개발사업에 관한 계획, 그리고 지구단위계획 등을 일관된 체계로 종합화하여 단계적으로 집행할 수 있도록 구체적으로 제시·표현되는 물적계획(物的計劃)이며, 계획결정이 개별 시민의 건축행위를 규제하는 법적 구속력을 수반하는 법정계획(法定計劃)이다.

도시관리계획은 상위계획인 광역도시계획 및 도시기본계획의 지침을 수용·발전시키는 적응계획(adaptive planning)과 실제의 집행계획을 위해 계획자원을 구체적으로 나눈다는 의미에서는 배분계획(allocative planning)의 성격을 갖고 있다.

(5) 지구단위계획

지구단위계획(地區單位計劃)은 계획대상도시의 시가지 또는 시가지예정지구를 대상으로 물적환경을 정비하기 위한 계획이다(이하 정환용, 2006: 66～76). 이 계획은 도시구역 전체를 대상으로 하는 도시기본계획과 도시관리계획에 비해 도시의 구성부문인 지구에 대해 상위계획의 내용을 구체적으로 집행하는 계획으로서 개개의 건축물과 시설들을 도시계획에 결합시키는 역할을 담당하고 있다. 대부분의 도시개발사업은 신도시개발사업을 제외하고는 도시전체에 대한 개발보다는 도시의 일부분에 대한 개발사업이 주를 이루고 있다. 때문에 지구단위개발이 도시개발의 핵심을 이루고 있다 하겠다.

지구단위계획은 미시적·국지적 단위의 상세한 계획으로 도시 내 일정구역의 토지이용을 합리화하고 도시의 기능·미관 및 환경을 효율적으로 유지·관리하기 위해, 도시계획의 내용을 구체화하며 토지이용, 도시기반시설, 건축물 등에 관한 계획을 일체적이고 종합적으로 수립하여 도시건설을 합리적으로 유도·관리하는 데 목적이 있다.

지구단위계획은 제1종 지구단위계획과 제2종 지구단위계획으로 구분한다. 제1종 지구단위계획은 토지이용을 합리화·구체화하고, 도시 또는 농·산·어촌의 기능의 증진, 미관의 개선 및 양호한 환경을 확보하기 위하여 수립하는 계획이다. 제2종 지구단위계획은 계획관리지역 또는 개발진흥지구를 체계적·계획적으로 개발 또는 관리하기 위하여 용도지역의 건축물 그 밖의 시설의 용도·종류 및 규모 등에 대한 제한을 완화하거나 건폐율 또는 용적률을 완화하여 수립하는 계획이다(법 제49조).

Ⅲ. 계획조직

1. 계획기관의 기능과 조직

(1) 기 능

현대의 계획기관(計劃機關)은 도시정부의 집행기구의 일부분이다(Levy, 1997: 87). 그러나 조직단위의 범주를 계선(line)활동과 막료(staff)활동으로 구분한다면, 도시계획은 일부는 계선, 일부는 막료활동으로 구성된 혼합된 계선-막료기능(mixed line-staff function)으로 이루어진다.

지방계획기관은 다양한 업무를 수행하고 있지만 주요한 기능(機能)은 다음과 같이 요약할 수 있다(Pickford, 1968: 526).

① 지역사회 개발목표의 확립
② 도시의 성장과 개발에 관한 연구
③ 개발계획의 작성
④ 계획에 대한 대중적 이해와 수용의 제고
⑤ 타 정부기관과 사적 집단에 대한 기술서비스 제공

⑥ 도시성장에 영향을 미치는 개발활동 간의 조화
⑦ 토지이용규제의 관리

(2) 조 직

계획기관의 내부조직(內部組織)은 다양하기 때문에 모든 상황에 부합되는 단일모형을 발견하기는 어렵다. 계획기관의 조직은 규모, 도시의 조직구조 내에서 계획기관의 위치, 커뮤니티의 계획에 대한 욕구 등에 의해 영향을 받는다. 계획부서는 기능・과정・시간・지역에 따라 구분할 수 있다(Spencer, 1979: 75; Howard, 1968: 549). 기능(機能)에 의한 부서구성은 계획기관을 관계되는 주요 도시기능에 따라 조직하는 것으로, 토지이용・교통・위락 등으로 계획기관을 조직하는 것이 이의 예이다. 계획기관을 운영하는 데 필요한 과정(過程)이나 기술에 의해 조직할 수도 있다. 시간(時間)에 의한 구성은 계획기관을 업무와 관련된 시간의 범위에 따라 장기・중기・단기 등으로 내부부서를 구성하는 방식이다. 그리고 계획기관을 책임지는 주요 지리적 공간단위(空間單位)에 따라 조직하는 것으로, 중심업무지역・근린지역계획・임항계획 등으로 부서를 구성하는 것이 예이다.

계획부서조직시 계획기관을 세분하는 것은 개인의 책임을 명료화하여 능률성을 제고하고 전문화를 통해 기술개발을 촉진할 수 있으며, 주민들이 관련업무 종사자에 보다 쉽게 확인・접촉할 수 있으며, 장기적인 업무분담의 계속성을 보호하는 장점이 있다(Spencer, 1979: 74~75). 그러나 이러한 장점에도 불구하고 계획부서의 세분은 융통성이 결여되고, 부서 간 협조가 어렵게 만드는 등 단점도 따르기 때문에 지나친 부서의 세분은 바람직하지 않다.

2. 한국의 계획관련기관

(1) 중앙정부

중앙정부에서 도시계획 관련 부처는 건설교통부와 행정자치부이다(이하 정환용, 2006: 533~534).

건설교통부(建設交通部) 산하의 1실 6본부 1단 중에서 도시관리와 관련된 업무는 국토균형발전, 생활교통, 주거환경의 3개 본부와 직・간접적인 관련을 맺고 있다. 행정자치부(行政自治部)에서는 산하 6개 본부 중 지역균형발전지원본부가 지방도시개발・관리와 관련을 가지고 있다.

(2) 지방정부

지방자치단체의 경우 도시계획관련 주무부서는 단체에 따라 차이가 많다(정환용, 2006: 534). 서울특별시는 도시계획국, 광역시에서는 도시교통국·도시건설국·도시주택국 등의 다양한 명칭이 사용되고 있다. 도(道)에서는 건설교통국 산하의 과(課)에서, 일반시 또는 군에서는 도시과에서 도시계획 및 도시개발 업무를 수행하고 있다.

제 4 절 도시정책

Ⅰ. 의 의

1. 개 념

도시정책(都市政策)이란 도시지역에 대한 정부의 활동이라고 할 수 있다(이하 정환용, 2006: 546~547). 도시정책은 도시화와 도시성장의 규모·속도·입지·형태에 영향을 미치고 도시화와 도시성장과 함께하는 문제들을 완화하기 위한 정부의 시도라고 정의할 수 있다. 도시정책의 계획과 집행에 공공지출의 많은 부분이 소비되고 있다. 때문에 이를 정당화하기 위해서는 긍정적 효과들을 제시하고, 공공의 지지를 획득해야 할 필요성이 있다.

도시정책에 대한 정당성은 경제적·사회적·행정적·정치적·문화적 이유 등에서 찾을 수 있다. 경제적 이유는 형평과 효율성에 관한 것이다. 산업과 공간구조 변화에 따라 발생되는 비용의 많은 부분은 대도시지역에 집중되어 나타날 가능성이 많으며, 도시지역은 사회문제가 집중되고 있는 대표적인 곳이다.

2. 필 요 성

국가도시정책(國家都市政策)만이 안정적·장기적으로 모든 부문을 고려하여 도시를 보호할 수 있는데, 이는 다음 몇 가지 이유 때문이다(Savitch and Kantor, 2003: 1024~1026).

첫째, 오직 중앙정부만이 국가전체에 동일한 영향을 주는 최소임금·사회안전망같은 민감한 규제를 제공할 수 있다. 이들은 계층 간의 격차를 완화시킬 뿐 아니라, 도시노동시장 간에 서로 경쟁하는 것을 둔화시킬 수 있다. 국가보조금은 모든 도시들에 공공자원의 최소수준을 보장한다.

둘째, 국가정책은 지역과 지역사회기반 노력의 성공에 필요조건이다. 지역전략의 장점이 무엇이든 간에, 정부는 경제정책으로서 지역의 협력을 보다 많이 수용할 수 있도록 운영한다. 이러한 경우, 지역규모의 세금과 직업경쟁은 단지 지방적 규모에서 경제적 라이벌의 형태를 바꾸는 것이다.

셋째, 국가도시정책은 도시의 사회적 선택을 증가시키는 새로운 제안(initiative)을 촉진할 수 있다. 지난 30여 년 동안 지방경제가 보다 경쟁적이 됨에 따라 중앙정부들은 도시들 스스로 재활성화할 수 있도록 정책적 지원을 제공할 수 있다.

넷째, 중앙정부는 도시들이 보다 광범한 개발전략을 추구할 수 있도록 재정 및 정치적 자원에 동등한 접근이 가능하도록 한다. 이에 따라 빈곤한 도시들도 스마트성장·집중개발·근린보전·도심활성화 등의 정책을 결합할 수 있게 한다.

다섯째, 오직 중앙정부투자만이 도시가 진정하게 필수적인 것으로 만들 수 있다. 중앙정부는 지방·도·지역의 경계를 넘어서서 광대한 자원을 통제할 수 있다.

많은 국가들이 도시정책을 시험해 왔지만 성공적인 정책은 거의 없었는데, 이는 잘못 계획된 정책, 부적절한 집행, 실현 불가한 목표 등의 이유도 있지만 많은 경우는 도시정책이 국가경제정책과 유리된 데 그 원인이 있다(Richaradson, 1987: 227). 성공적이며 효과적인 국가도시정책은 공간요소와 국가 경제사회정책과 통합하여야 한다(Richaradson, 1987: 240).

3. 기본과제

도시공공정책과 관련하여 5가지의 기본적인 문제가 제기된다(Lineberry and Sharkansky, 1974: 184～189).

① **어떤 선택이 왜 이루어지는가** 공공정책의 작성은 대안 간의 선택과 관계된다. 모든 선택에는 정치적 요인이 개입되고, 자원과 관련되며, 비용이 관여한다. 모든 선택에는 기회비용이 따른다. 무슨 정책을 선택했는가하는 문제와 함께 왜 어떤 정책은 선택하고 다른 정책은 선택하지 않았는가 하는 것도 관심사다.

② **누가 혜택을 받고, 누가 손해를 보는가** 공공재는 한사람의 소비가 다른 사람의 소비에 영향을 주지 않는다. 그러나 순수한 공공재적인 성격을 갖는

도시정책은 매우 제한되어 있다. 때문에 각각의 정책 대안에 대해 누가 혜택을 받고, 누가 손해를 입는가를 묻게 된다.

③ **자금조달에의 차별성은 무엇인가** 공공자금의 지출과 관계되지 않은 공공정책은 거의 없다. 공공예산의 총규모와 바람직한 조세부담의 문제는 도시정치체계의 중심적 과제이다. 공무원들은 주로 예산작성에 관심을 집중하게 된다.

④ **공공정책의 영향은** 공공정책의 산출은 반드시 목표의 성취는 아니다. 지방정부에 의해 제공되는 서비스가 문제에 대해 의도된 영향을 주기도 하지만, 의도하지 않은 효과(파급효과)를 가져올 수 있다.

⑤ **어떻게 정책을 평가할 것인가** 정책은 다음 두 가지 주요 문제를 평가한다. 즉 정책에 의해 추구된 목표가 사회적인 목표에 비추어 바람직한가와 정책이 기술된 목표를 실제 달성했는가? 하는 점이다.

Ⅱ. 정책의 유형

로위(T. Lowi)는 정책을 분배・규제・재분배정책으로 구분하였다. 피터슨(P. Peterson)은 개발・할당・재분배정책으로 범주화하였다. 이는 로위의 분배정책과 재분배정책을 수용하고 새로운 정책유형으로서 개발정책을 추가한 것이다.

1. 규제정책

규제정책(regulatory policy)은 시민과 기업들의 행태를 통제하기 위한 직접적이고 개방적인 시도와 관련된다. 익숙한 규제정책의 형태는 범죄・매춘・방역・택시・식당・자동차교통의 규제와 관련된 법령들이다. 규제정책은 건축기준과 지역제의 유지와 확장을 수립하는 것이다(Herson and Bolland, 1998: 208～209).

모든 규제정책(規制政策)은 일부 사람들과 집단들이 다르게 취급되게 만드는데, 어떤 사람들은 무엇을 하지 못하도록 제약하고 어떤 사람은 하도록 한다. 그것이 강효하기 때문에, 규제정책은 언제나 갈등과 협상을 만든다(Herson and Bolland, 1998: 209).

2. 분배정책

분배정책들(distributive policies)은 시민들 간에 정부의 서비스와 자원을 분할

하는 것이다. 쓰레기수거 · 거리포장 · 경찰 및 소방 등은 가장 일반적인 분배정책형태의 하나이다. 분배정책들은 시민들 간에 혜택을 균등하게 배분하는 것들과 혜택과 지원을 집단이나 지역들을 선정하여 지원하는 것으로 세분할 수 있다(Herson and Bolland, 1998: 209).

분배정책(分配政策)들은 규제정책들보다 종종 더 심각한 정치적 갈등을 초래하는데, 이는 의도가 무엇이든 간에 분배정책은 모든 사람들이 완전하게 공정하고 균등하다고 합의할 수 있는 원칙에 의해 운영될 수 없기 때문이다. 보다 어려운 문제는 다른 모든 지역들이나 근린에 비해 특정 지역과 근린의 수요를 측정하는가 하는 것이다(Herson and Bolland, 1998: 209).

3. 재분배정책

재분배정책(redistributive policy)는 정부의 자원을 하나의 사회 및 경제 집단에서 다른 집단으로 재분배하는 것을 추구한다. 보통, 이 재분배는 보다 부유한 계층에서 가장 열악한 계층으로의 이전이 이루어진다.

소득세는 재분배정책(再分配政策)의 기본적인 장치이다. 형평과 사회적 정의—모든 사람들의 공평한 몫—는 사회의 각 구성원들이 합리적으로 위엄있고 건장한 생활을 유지하는 데 필요한 관점에서 일정한 최소수준을 갖기를 요구한다(Herson and Bolland, 1998: 210).

4. 개발정책

개발정책(development policy)은 도시의 경제적 성장과 번영을 보장하는 데 목적이 있다. 익숙한 개발정책의 사례는 도시에 새로운 산업을 유인하고 중심업무지역을 활성화하기 위해 스포츠경기장 또는 회의장을 구축하는 제안들이다(Herson and Bolland, 1998: 211). 도시에 산업을 유치하고 낙후지역을 재개발하고, 도시를 활성화시키는 정책이 핵심을 이루고 있다.

개발정책(開發政策)들은 추가적인 과세(또는 채권발행)를 요구한다. 개발정책들은 전체도시에 좋기 때문에 추진된다. 그러나 종종 누가 혜택을 받고 누가 지불해야 할 것인가 하는 문제에 봉착한다(Herson and Bolland, 1998: 211).

Ⅲ. 도시개발전략

1. 의　　의

지난 20여 년간 많은 개도국들이 국가정주패턴의 변화를 위해 여러 유형의 공간정책을 채택하고 있다. 이러한 도시정책목표(都市政策目標)는 국가에 따라 다르지만 기본논제는 대도시지역에의 과도한 인구집중에 따른 부정적 효과를 감소시키고, 국토공간에서의 사회경제적 기회의 지리적 균형의 성취, 국가경제성장률을 유지하고 따라서 생활수준의 효과적 증가, 국토자원의 보전, 그리고 지역 간 결속유지 등의 다양한 목표가 제시되고 있다(이하 정환용, 2006: 548~550). 여기서 유의할 사항은 대부분의 국가에서 도시정책목표를 진정한 공간목표(종주성의 경감·중간도시의 제고·도농이주의 감소 등) 대신에 경제적 효율성, 경제개발의 촉진, 형평의 개선, 정치적 안정과 국가안보의 유지, 환경폐해의 저감, 그리고 국가통합의 촉진 등과 같은 일반적 사회목표에 더 높은 비중을 두고 있다는 점이다.

2. 구　　분

국가도시개발전략(國家都市開發戰略)은 중심/변경패러다임에 의해 집중전략과 분산전략으로 구분할 수 있다(Richardson, 1985: 22).

집중전략(集中戰略)은 중심지역 내에서의 존재를 강조하고 있으며, 이는 자발적으로 방법(유형 Ⅰ)과 대도시개발계획에 의하는 방법(유형 Ⅱ와 Ⅲ)으로 구분할 수 있다. 대도시개발계획유형은 대도시지역 내에서 대도시교통체계에 의해 연결되는 접촉적인 다중심 유형(Ⅱ)과 종주도시의 영역에서 떨어진 형태(Ⅲ)로 나눌 수 있다(참조 <표 2-1>).

분산전략(分散戰略)은 공간적 분산의 정도와 도시규모에 따라 나눈 것이다. 대항도시(countermagnets)전략의 배경에는 수위도시를 향한 극화(極化)에 대항하는 극화전략의 형태이다. 거점개발(growth centers)전략은 거점이 그의 주변에 파급효과를 창출하지 못하기 때문에 최근에 선호도가 떨어지고 있다. 개발축(development axes)접근은 개별거점의 제한된 생존력을 극복하기 위한 의도이다. 지역대도시(regional metropolis)는 하나 또는 둘의 주요지역이 국가 인구분배정책에서 중요한 역할을 한고 있다는 생각에 바탕을 둔 것으로, 이 지역의 대도시에 우선권을 부여하여 성장을 촉진하여 주변지역에 파급효과가 미치도록 한다. 도청(provincial capitals)전략은 준국가계획을 강화하고 행정분산을 제고하는 것으로 이 전략은 경제적이라기보다는 행정적, 정치적이다. 이 전략은 잠재력을 무시하고 모든 도청의 개발을 촉진하기 때문에 비효율적이다. 중간도시(secondary cities)전략은 경제적 잠재력을 준거로 일정한 도청과 도청 아닌 지역을 공간적으로 선정하는 것이다. 소서비스 중심(small service centers)과 농촌개발(rural development)은 최대한의 인구분산책으로 농촌여건을 매력있게 하여 도시지역으로의 인구유출의 유인을 최소화하는 것이다.

〈표 2-1〉 국가도시개발전략

구분	개발전략	특 징
집중 전략	Ⅰ. 자유 방임(laissez-faire)	아무것도 하지않음
	Ⅱ. 다핵 개발(polycentric deveopment)	대도시권 내에 부심, 위성도시건설
	Ⅲ. (leapfrog decentralization)	대도시권 밖에 도시중심건설
분산 전략	Ⅳ. 대항 도시(countermagnets)	수위도시에 대항되는 도시건설
	Ⅴ. 거점(growth centres)	개발 중심
	Ⅵ. 개발축(development axes)	개발 회랑(corridors)
	Ⅶ. 지역대도시(regional metropolis)	Ⅳ와 Ⅹ의 결합
	Ⅷ. 도청(provincial capitals)	지역적 핵심도시 개발
	Ⅸ. 중간도시(secondary cities)	도수준의 핵심도시들의 개발
	Ⅹ. 소서비스중심(small service centres)	농촌중심도시
	ⅩⅠ. 혼합(hybrids)	혼합된 개발전략

자료: Richardson, 1985: 23.

3. 고려사항

도시화전략수립시 고려되어야 할 사항은 자원을 전국적으로 골고루 분산시키는 것은 비효율적이고, 낙후지역에 대한 대책은 그 지역이 갖고 있는 성장잠재력에 바탕을 두어야 하며, 국토공간전략의 공간규모는 획일적으로 논할 수 없다는 점이다. 그리고 대부분의 경우 신도시개발은 성장하는 대도시문제를 해결하는 데는 비효율적이고 자원낭비적이다. 그러나 대도시주변 통근거리 내에 위성도시나 주택도시를 개발하는 것은 별개의 문제라는 사실이다.

개발도상국의 공간정책에서 확인할 수 있는 주요 교훈(教訓)은 다음과 같다(Richardson, 1987: 209～218).

첫째, 공간정책은 수위도시와 핵심도시의 극화력이 약화되고, 혼잡비가 발생하는 개발의 중간단계에 개입하는 것이 효과적이다.

둘째, 도시와 농촌정책은 보완적이지 대안적 관계는 아니다.

셋째, 수위도시의 성장완화정책은 타당하고 효과적이다.

넷째, 중소도시의 제고는 최근공간정책의 주요 과제이다.

다섯째, 인구억제는 매우 효과적인 도시화 정책이다.

참고문헌

박수영, (2002), 「도시행정론」(서울: 박영사).

이달곤, (2004), 「지방정부론」(서울: 박영사).

이준구, (2004), 「재정학」(서울: 다산).

임봉욱, (2004), 「공공경제학」(서울: 지샘).

정환용, (2006), 「도시계획학원론」(서울: 박영사).

Bailey, S., (2001), "Cities and services: a post-welfarist analysis," Paddison, R., (ed.), *Handbook of Urban Studies*(London: Sage), 336～350.

Blair, J., (1991), *Urban & Regional Economics*(Boston, MA: Irwin).

Bollens, J. and Schmandt, H., (1965), *The Metropolis*(N. Y.: Harper & Row).

Davey, K., (1996), "The structure and functions of urban government," Davey, K. (ed.), *Urban Management*(Aldershot: Avebury), 47～102.

Goldsmith, M., (2001), "Urban governance," Paddison, R., ed., *Handbook of Urban Studies*(London: Sage), 325～335.

Healey, P., (2002), "On creating the city as a collective resources," *Urban Studies*, 39; 10(2002): 1777～

1792.

Herbson, L. and Bolland, J., (1998), *The Urban Web*(Chicago: Nelson-hall).

Howard, J., (1968), "The local Planning agency: Internal Administration," Goodman, W. and Freund, E., (eds.), *Principle and Practice of Urban Planning*(Washington, D. C.: ICMA), 546~563.

Hughes, O., (1998), *Public Management & Administration*(N. Y.: Macmillan Press).

Levy, J., (1997), *Contempory Urban Planning*(N. J.: Practice-hall).

Lineberry, R. and Sharkamsky, I., (1974), *Urban Politics and Public Policy*(N. Y.: Harper & Row).

Lynn, L., (1998), "A critical analysis of the new public management," *International Public Management*, 1; 2(1998): 107~123.

McAuslan, P., (1980), *The Ideologies of Planning Law*(Oxford: Pergamon Press).

Pickford, J., (1968), "The local planning agency: organization and structure," Goodman, W. and Freund, E., (eds.), *Principles and Practice of Urban Planning*(Washington, D. C.: ICMA), 523~545.

Rakodi, C., (2003), "Politics and performance: the implications of emerging governance arrangements for urban management approaches and information systems," *Habitat International*, 27(2003): 523~547.

Richardson, H., (1985), *Population Distribution and Urbanization: A Review of Policy Options*(Nairobi,: UNCHS).

______, (1987), "Wither national urban policy in developing countries," *Urban Studies*, 24; 3(June 1987): 227~244.

Savitch, H. and Kantor, P., (2003), "Urban strategies for a global era," *American Behavioral Scientist*, 46; 8(April 2003): 1002~1033.

Spencer, J., (1979), "Planning agency management," So, F., et al., (eds.), *The Practice of Local Government Planning*(Washington, D. C.: ICMA), 61~89.

제 3 장

도시거버넌스

제 1 절 개 요

Ⅰ. 의 의

1. 개 념

거버넌스(governance)의 개념은 구조적인 면과 과정적인 면의 검토를 통해서 명료화할 수 있다(Pierre and Peters, 2000: 14).

(1) 구조적인 면

거버넌스를 위한 4개의 구조적 장치는 스스로의 방법으로 사회와 경제의 방향을 제시한다(Pierre and Peters, 2000: 14～21).

① **계 층 제**　거버넌스 문헌들 중 상당수는 거버넌스의 모형으로서 계층제에 대해 비판적이다. 계층제(階層制)는 높은 표준화된 공공서비스, 포드주의경제, 통제된 시장과 일반적인 국가권력이 존재하는 시절에 적절한 제도적 질서이다. 현재는 공적 통제대신에 보다 작은 규모·신축성·다양성·비공식 거래를 강조하고, 시장과 국가 간의 권력공유를 강조한다.

② **시　장**　거버넌스의 장치로서 시장(市場)이 가장 효율적이고 공평한 배분장치로 본다. 또한 시장은 시민들로 하여금 소비자의 권력을 행사할 수 있는 힘을 부여하는 것으로 믿는다. 그리고 경제주체들은 시장에서의 기본적 장치의 왜곡 없이 공동의 문제를 해결하기 위해 상호협력할 수 있다고 본다.

③ **네트워크** 　거버넌스의 가장 익숙한 형태의 하나가 정책네트워크(policy networks)이다. 그러한 네트워크는 다양한 행위자—국가기관·조직된 이해관계 조직 등—가 주어진 정책부문에 포함된다. 정책네트워크는 공공과 민간의 이익과 자원의 조화를 촉진하고, 이러한 관점에서 공공정책의 집행에서 효율성을 제고한다.

④ **공 동 체** 　공동체(共同體)는 최소의 정부개입으로 그들의 공동의 문제를 해결할 수 있다는 생각이다. 공동체적 거버넌스는 공동체의 합의적 이미지를 구축하고, 구성원들의 집단적 문제에 긍정적으로 개입한다는 견해이다. 정부는 이러한 문제들을 해결하기에는 너무 비대하거나 관료적이라고 믿는다. 더욱 중요한 것은 정치적 갈등을 관리하기 위한 도구로서 출현한 정부는 그러한 갈등들을 배양하거나 조장한다고 공동체주의자들은 주장한다. 이러한 문제들의 공동체적 해결은 정부 없는 거버넌스의 조직이라고 본다. 공동체적 거버넌스는 커다란 공공관료제의 배양 없이 공동의 문제를 해결할 수 있고, 공동체에 시민정신을 배양할 수 있다고 주장한다. 이 입장은 정부와 시장가운데서 제3자적 입장을 견지한다.

(2) 과정적인 면

거버넌스 접근은 공적인 제도적 장치보다, 과정적이며 결과에 초점을 두는 경우가 많다. 과정적인 면에서 거버넌스는 방향잡기와 조정의 기능을 수행한다.

방향잡기(steering)는 거버넌스의 핵심적 이론이다. 여기서 두 가지의 관련된 문제가 제기된다. 첫째는 법적 권력에 기반한 권위가 줄어드는 상황에서 국가가 아직도 사회를 방향잡기할 능력이 있는가 하는 점이다. 둘째는 무슨 목적으로 국가가 방향잡기하는가 하는 문제이다. 거버넌스의 많은 문헌들은 누가 거버넌스의 목표를 결정짓는가에 대해 언급이 적지만, 이는 관련 행위자들 간의 관계가 중요 관심사이다(Pierre and Peters, 2000: 23).

거버넌스는 경제나 산업의 부문들간의 조정(coordination)과 관련되는 경우가 많다. 그리고 거버넌스는 어떻게 민·관, 통제경제행위들 간을 조정하는가를 모색한다(Pierre and Peters, 2000: 23).

2. 사용영역

거버넌스는 다음 5개의 영역에서 주로 사용하고 있다(Hirst, 2000: 14～19; Rhodes, 2000: 55～63).

① **경제개발** 효과적인 경제근대화의 필수적 구성요소로서 좋은 거버넌스(good governance)를 국제개발기관들과 서구정부들이 광범하게 옹호하고 있다. 개발경제학자들은 개발을 자유시장창출·투자촉진·적절한 거시경제정책수용의 문제가 아니고, 제도적 문제로 인식하였다. 동적 경제는 적절한 법률·사회적 제도와 가치에 의해 지지된다. 때문에 좋은 거버넌스는 민간경제활동에 도움이 되는 효과적인 정치적 구조의 창출을 의미한다.

② **국제기관과 레짐** 특정한 중요한 문제는 국가수준의 행동만으로는 통제될 수 없다. 예로서 지구온난화·오존파괴와 같은 세계환경문제, 세계무역과 국제재정시장의 규제 등과 같은 것을 들 수 있다. 정부 없는 거번너스, 국제적 레짐, 민간정부기관들의 성장, 국가의 쇠퇴 등의 인식은 국제기관·국가 간 합의, 공동의 상업적 관행에 대한 광범한 토의를 가져왔다.

③ **기업거버넌스** 이는 영·미 회사들에서 주로 발흥된 것으로, 분산된 주식소유와 적극적인 주식시장, 다른 한편으론 항구적인 전문적인 관리를 강조한다. 기업거버넌스(corporate governance)는 관리의 행동에 책임과 투명성을 제고하기 위해 사용되고 있는 표어이지만, 회사의 주요 수혜자인 주식소유자들이 회사의 기본적 구조를 근본적으로 변경함이 없고, 관리들이 그들을 대신하여 정책을 만들 것을 요구한다.

④ **신 행정** 이의 사용은 1980년대 초의 신 행정전략의 성장과 관련된 것이다. 이는 거버넌스의 문제는 행정과 공공부문에서 두 가지의 정책적 입장을 제시한다. 하나의 문제는 공적으로 소유된 기업이나 공공서비스의 민영화와 관련하여 제기되는 것이며, 다른 하나는 공공부문에서의 상업적 관행과 관리유형을 도입하는 것이다. 신 행정(新 行政)은 기업경영(corporate management)과 시장화(marketization)의 두 가지 의미가 있다. 기업관리란 성과조치, 결과에 의한 관리, 화폐가치, 그리고 소비자의 근접성을 통해 공공부문에 민간부문경영기법을 도입하는 것과 관련된다. 시장화는 계약제·준시장·소비자선택을 통해 공공서비스제고에 유인구조를 도입하는 것과 관련된다.

⑤ **협력적 활동** 다섯 번째의 사용영역은 1970년대 이래로 보다 집권화되고 계층적인 회사적 대표의 쇠퇴로서 성장한 네트워크, 파트너십, 그리고 숙려적 포럼(deliberative forum)을 통한 협력적 활동의 새로운 관행과 관련된다. 이러한 협상적인 사회적 거버넌스는 주로 도시·지역 그리고 산업부문의 미시·중간수준에서 많이 발견된다. 이는 노동조합·무역협회·기업·NGO·지방기관대표·사회기업·지역사회집단 같은 다양한 범주의 행위자를 포함한다.

3. 논 거

거버넌스는 다음의 여건변화 속에서 출현하였다(Pierre and Peters, 2000: 54～67; Stoker, 1998: 39～40).

(1) 국가의 재정위기

거버넌스 출현은 1980년대와 1990년대의 정부능력 특히 재정자원능력의 쇠퇴에서 촉진되었다. 경제적 위기에서 거버넌스는 다음 3가지 이유에서 매력적인 철학적·정치적 전략이 되고 있다. 첫째, 공공서비스공급활동에 민간활동주체와 조직화된 이익이 관여되어, 정부는 심각한 재정제약상황 하에서도 그들의 서비스수준을 유지하고자 시도해왔다. 둘째, 거버넌스에 대해 재정제약의 시기에도 대중성이 증가되는 이유는 공공부문에 민간부문행위자들과 관리적 사고를 포함하는 참여적 성격에 기인한다. 셋째로 국가의 경제적 위기상황에 공격받고 있는 공공서비스의 생산과 공급의 적법성과 관련된다. 정부가 완만한 관료제와 집단적 정치적 사고와 동일시되는 시기에, 민간부문경영사고와 공공서비스공급의 다양화의 결합은 매력적인 전략으로 등장되고 있다.

(2) 시장으로의 이념적 변환

거버넌스 발흥의 또 다른 설명은 정치적 사고와 이념패턴의 변화를 가져오는 광범한 구조적 세력에 초점을 두는 것이다. 새로운 거버넌스의 방법은 어떻게 정부가 행동해야 하는가에 대한 선호나 견해의 변환을 반영하는 것이다.

자유와 보수적 사고의 혼합인 신우익(New Right)은 자유에 대한 개입을 핵심가치로 하고 책임을 제고하고자 하는 바람이 결합된 혼합물이다. 이러한 시장중심적 사고로의 이념적 변환은 우익의 정치적 성공에 대한 반응이며, 대규모관료제를 통한 정부제공의 전통적 형태에 대한 대안적 개입에 대한 새로운 사고를 반영하는 것이다.

(3) 세 계 화

세계화(世界化)는 사회와 경제를 방향잡는 정부의 전통적 능력에 대해 직·간접적인 영향을 광범하게 가져오고 있다. 일부는 권위가 국내기관에서 국제기관으로 옮기는 것과 같은 직접적인 효과가 있다. 다른 효과는 규제, 과세 그리고 사회정책의 초국가적 조화와 같은 간접적이며 보다 덜 강력한 장기적 효과가 있다.

(4) 정부의 실패

거버넌스 출현의 4번째 설명은 국가의 성과에 대한 평가에서 나타난다. 대부분의 자유주의자들은 국가의 성과에 대해 실망하고 있다. 강한 국가와 이에 따른 높은 지출은 국가 스스로가 구축한 이미지이었다. 그러나 국가의 재정위기와 큰 정부(big government)에 대한 실망은 이러한 견해를 바꾸기에 충분했다. 정부는 적정하게 서비스를 공급할 수 없으며, 너무 비대하고 고가라고 생각한다.

거버넌스는 국가에 대한 비판의 논리적 반응이다. 기능의 민관협력과 자원의 공동동원의 강조는 사회에서 국가의 특성을 감소시키는 수단의 하나이다. 집단적 문제들은 소멸되지 않았고, 정부가 일정부문은 해결할 수 없는 것도 있는 것으로 증명되었기에 다른 해결책을 모색해야 한다.

(5) 신공공관리의 출현

거버넌스에 대한 관심증가의 5번째 설명은 신공공관리(新公共管理)라는 이름으로 요약되는 공공서비스 생산과 공급에서의 관리혁명(managerial revolution)에서 찾을 수 있다. 공공서비스의 생산과 공급에 대한 신공공관리접근은 대부분의 서구국가의 관료적 전통과는 반대되는 것이다.

이러한 신공공관리는 두 가지 서로 다른 방법으로 신거버넌스를 촉진했다. 첫째, 국가는 자신들의 조직에 대한 일정한 직접적 통제를 포기한다. '관리자가 관리하도록 한다'(letting the managers manage)는 말처럼 공공서비스의 시장기반적 개혁의 철학이 밑바탕에 깔려 있다. 둘째, 신공공관리는 투입통제는 덜하지만, 평가와 성과를 강조한다.

(6) 사회적 변화와 복합성의 증가

서구와 미국의 현대정치에서 나타나는 가장 현저한 특징의 하나는 제3의 물결에 이르게 되었다는 점이다. 여기서 제1의 물결은 정치적 토론을 위한 제도적 구조의 발달과 참정권 등을 확대하는 의회개혁을 포함한 정치적 민주주의의 발달에 의해 지배되었다. 제2의 물결은 정치적 엘리트들이 주로 조세·보건·사회정책 등을 포함한 분배와 재분배의 문제들에 주로 관심을 보였다. 현재의 제3의 물결은 비록 경제적 문제가 중요해도 탈물적(postmaterial) 문제가 지배적 역할을 한다.

제3의 물결은 참여제고·환경보호·여성문제 등과 같은 현대사회변화를 반영한 문제의 유형이다. 이들 문제의 복합성 증가는 새로운 전문성이 요구되고, 정부는 외부의 지식원에 보다 의존하게 된다. 이러한 새로운 거버넌스는 국가로 하여금 그러한 전문성과 지식원에의 계속적인 거래를 보다 많이 요구한다.

(7) 거버넌스의 새로운 근원

거버넌스에 대한 현재의 관심에 대한 7번째 설명은 지역과 국제거버넌스의 중요성증가와 관련된다. EU와 같은 지역기구와 WTO와 IMF같은 국제기구의 영향력 확장은 전후시기의 가장 중요한 제도적 변화의 하나이다. 이러한 기관들의 출현은 사회과학자들로 하여금 지역 또는 국제기관들이 국가 또는 준국가정부들과 어떻게 관련되는가를 개념적으로 보다 심도있게 검토하게 만들었다. 이러한 분석들은 거버넌스라는 용어로 나타나고 있다.

(8) 전통적 정치책임성의 유산

거버넌스 출현의 마지막 설명은 한편으론 정치적 조정과 노젓기의 새로운 형태와 다른 한편으론 정치적 책임성을 강조하는 채널과 도구로서의 유산 사이의 긴장에서 찾을 수 있다. 민주이론은 권력과 책임이 유권자의 통제 아래 있기 위해서는 동일한 행위자에게 위치해야 한다는 입장이다. 거버넌스는 정치과정에 책임이 없는 행위자들을 초대하여 연계를 맺기 때문에 책임과 권력 간의 관계가 약간 모호하다. 그러나 거버넌스에서는 시민들이 소비자선택이나 이해관계자주의(stakeholderism)를 통해 전통적인 채널이 아닌 다른 방법으로 책임을 행사할 수 있다.

Ⅱ. 거버넌스의 유형

1. 개념발달에 의한 분류

OECD에서는 공공거버넌스의 발달단계와 최근의 개념발달을 고려하여 과정, 회사, 시장, 그리고 네트워크 거버넌스의 4가지 유형으로 구분하고 있다(Considine and Lewis, 2003: 133~134).

(1) 과정모형

관료유형인 과정거버넌스(procedural governance)의 핵심속성은 규칙과 절차, 감독에의 높은 의존, 과업과 결정들이 잘 활자화될 것으로 기대하는 것으로 정의할 수 있다. 이는 법에 의한 행정이며, 엄격한 감시와 높은 기준에 부응하는 일상적인 행정서비스를 이상으로 삼는다. 이러한 관료제의 과정모형은 1970년대 중반에 그 대중성이 감소되기 시작했다.

(2) 기업모형

1980년대에 공공기관을 기업경영자에 의해 운영되는 회사처럼 보는 기업모형(corporate governance)이 등장했다. 이 모형은 조직의 버팀목을 목표에 두고 종합적인 성과-측정 레짐에 의해 조직이 인도되어야 하며, 관리자에 의해 설정된 목표에 대해 반응해야 한다고 생각한다. 관리개선프로그램 · 목표지향계획체계 · 프로그램예산개혁 등은 이러한 기업거버넌스의 이상에서 발견된다.

(3) 시장모형

공공조직에의 조화라는 전통적인 형태의 자리에 최근 준시장(quasi market)을 도입하는 시장거버넌스(market governance)가 등장했다. 이는 1990년대의 이상형이 되었으며, 가끔 계약주의 · 기업적 정부라고도 불리운다. 이 모형은 보다 큰 신축성, 감소된 계획, 적어진 규제를 추구한다.

(4) 네트워크모형

회사와 시장유형에 추가하여 네트워크모형을 확인할 수 있다. 행위자 체제에의 나타나는 조화의 딜레마에 대한 교정수단으로서 정부는 외부기관들에 계속 의존하지만, 이들과 강력한 전략적 협력관계를 형성한다. 경쟁과 계약의 신뢰성은 협력행동에 의해 보완한다. 이 네트워크거버넌스(network governance)는 고객 · 공급자 · 생산자들이 공동생산자로서 함께 연계되는 모형이다.

2. 제도적 시각에서의 분류

피에르(J. Pierre)는 제도적 시각에서 핵심참여자의 구성 · 거버넌스의 목표 · 목표달성수단 · 모형의 결과라는 4가지 변수를 고려하여, 거버넌스를 관리 · 회사 · 친 성장 · 복지의 4가지 유형으로 구분하여 설명하고 있다(Pierre, 1999: 377~389).

(1) 관리거버넌스

관리거버넌스(managerial governance)는 민간경영기준에 따른 산출성과를 강조한다. 이 거버넌스는 엘리트의 정치개입에 대신하여 전문가의 참여를 강조하고, 때문에 이 모형의 슬로건은 "경영자가 경영하게 하자"라는 것이다. 따라서 이의 핵심참여자(核心參與者)는 공공서비스의 생산과 공급을 하는 조직의 경영자(managers)이고, 소비자만족이 핵심기준이기 때문에 소비자(comsumer)도 중요하다. 이 거버넌스의 목적(目的)은 공공서비스의 생산과 공급에서의 효율성제고에 있고, 소비자들에게 생산자와 공급자의 진정한 선택을 제공할 수 있도록 하는 데 있다. 이들 목표를 달성하기 위한 핵심전략(核心戰略)은 공공서비스생산과 공급에서의 민간부문관리전략의 도입이다. 관리거버넌스는 그의 서비스를 보다 고객에 맞추고 다양화하는 방법으로 관리할 수 있음을 보여주어 공공부문에 자신감을 회복시켜주는 목적이 있다고 할 수 있다.

관리거버넌스의 도구(道具)는 선정된 공공재화의 제공을 위해 이익추구조직과 계약하고, 공공부문에 경영자의 모집을 위한 전략, 공공부문 내 그리고 공사부문 간의 경쟁형태의 도입 등과 같이 다양하다. 신공공관리의 체계적 평가가 없고 공공서비스에서의 관리혁명이 분명해가고 있다. 관리거버넌스는 서비스생산에서 효율성을 증가시키는 데 도움을 주어왔다.

(2) 기업거버넌스

기업거버넌스(corporatist governance)는 도시정치과정에서 사회집단과 조직화된 이해당사자들을 포함하기 위한 정치적 · 민주적 체제로서 지방정부를 묘사한다. 정책심려(政策深慮)는 이들 이해당사자들 간의 협상과정으로 보고, 지방정부는 합의와 조화된 공·사행동의 도구로 본다. 평가의 핵심적 준거는 어떠한 지방정부와 도시정치가 참여적 지방민주주의의 이상을 반영하는 것인가 하는 점이다.

기업거버넌스의 주요 목적(目的)은 조직구성원의 이익이 도시서비스와 정책을 형성하는 것을 보장하는 것과 같이 배분적이 되도록 하는 데 있다. 이 모형은 지방정부와 조직화된 이익에 의한 프로그램과 행동을 조화시키는 데 초점을 둔다.

도시정치과정에 모든 주요 행위자들과 이해당사자들이 참여하도록 하는 것이 도시정치선택에서 수용가능한 높은 수준의 시민사회를 만드는 것이다. 때문에 심려과정이 지루하고 완만하더라도 집행은 다른 거버넌스모형보다 유연하게 되는 경우가 많은데, 이는 핵심적인 사회의 행위자들이 정책과정에 관련되었기 때문이다.

(3) 친성장거버넌스

친성장거버넌스(progrowth governance)는 지방경제를 제고하기 위해 조화된 공·사 행동들의 구조화를 모색한다. 공·사 간의 협력은 시청과 도심기업엘리트 간의 경제성장에 대한 공유된 이익에 의거한 것이다. 이 모형은 4개의 거버넌스모형 중에서 최소의 참여를 가져온다. 대중참여는 근린재개발과 다른 배분적 조치들과 같은 경쟁적인 지방정부지출선택을 가져와 친성장전략(親成長戰略)을 정치화하기 때문에 대중참여는 선택사항이 될 수 없다.

친성장거버넌스의 전형적인 참여자(參與者)는 지방경제제고에 대해 이익을 공유하고 있는 도심엘리트와 고위선출공무원을 포함한다. 비록 대부분의 행위자들이 성장에 대해 직·간접적인 이익을 가지고 있지만, 친성장거버넌스는 엘리트거버넌스모형이다. 제한적 참여(制限的 參與)는 거버넌스에 배분적 목표가 주입되는 것을 방지하기 위해 필요하다. 친성장거버넌스의 지배적인 목표(目標)는 경제적 성장이다. 이상적으로 이 성장은 장기적이고 지속되어야 한다. 그러한 성장의 근원은 지난 수십 년 사이에 토지기반의 제조업에서 지식집약적인 소규모기업으로 변해오고 있다.

지방경제의 제고는 도시계획, 지역 및 중앙정부로부터의 자원동원, 하부구조개발과 같은 다양한 지방정부도구(地方政府道具)를 가지고 있다. 다른 중요한 도구는 투자를 유인하는 도시에 대한 긍정적 이미지의 구축이다. 더욱 중요하게 친성장거버넌스는 제도화된 민관파트너십에 기반한다. 지방정치선택은 지방경제의 성장과 관련하여 차이가 있다. 어쨌거나, 정치적 선택과 경제적 성장 간의 관계는 경제에서의 구조적 변화가 지방경제에 대하여 미치는 영향과 비교하면 미약하다.

(4) 복지거버넌스

복지거버넌스(welfare governance)는 가능한 최대의 범위로 국가가 공급자, 권능자, 또는 양자를 포함한 기능을 수행하는 것을 기대한다. 도시정치지도력은 도시에 대한 보상적 프로그램을 제공하는 국가에 크게 의존한다.

복지거버넌스의 주요 참여자(參與者)는 지방과 중앙정부의 관료들이다. 지방과 중앙기관 간의 연결은 선정된 도시들을 지원하기 위한 도구(道具)가 될 수 있다. 단기목표는 지방경제를 유지하기 위해 국가자금을 유입하는 것이다. 장기목표는 보다 불분명하다. 복지거버넌스의 급진적 지향은 민간자본과의 재배분 및 최소거래를 강조한다.

복지거버넌스는 정부의 상층부와의 네트워크구축을 모색한다. 이들 네트워크는 정치적, 행정적, 또는 양자 모두일 수 있다. 복지거버넌스는 장기적으로는 지속할 수 없다. 쇠퇴하는 도시에 대한 계속되는 지원은 더 이상 선택사항이 아니다.

제 2 절 민관파트너십

Ⅰ. 의 의

1. 개 념

민관파트너십(public-private partnership)은 도시거버넌스의 중요한 형태가 되고, 민관파트너십개발은 도시정책과 정부의 일반적인 주제가 되고 있다(Rubin and Stankiewicz, 2001: 136). 민관파트너십이 인기를 얻기 시작한 것은 1980년대로, 도시재개발의 영역에서 새로운 협력의 형태로 등장했고, 이는 하부구조·환경·고용과 교육사업 등의 다양한 정책영역에서 적용되고 있다(Kouwenhoven, 1993: 119).

민관파트너십은 두 가지 동인(動因)에 의해 출현했다(Kouwenhoven, 1993: 121~122). 첫째는 재정적 · 경제적 동인이다. 이는 정부의 투자를 위한 재정능력의 제약과 관련된 것이다. 재정적자에 직면한 정부에서는 민간부문의 투자재원은 중요한 의미를 갖는다. 둘째는 정부의 경영적 · 전략적 동인이다. 이는 정부의 기능을 보다 효율적이며 효과적으로 수행될 수 있도록 하는 노력과 관련된다.

민관파트너십은 다음의 특징(特徵)을 가지고 있다(Peters, 1998: 12~13; Rubin and Stankiewicz, 2001: 135).

> 첫째, 둘 또는 그 이상의 행위자들이 관련되고, 그 중 적어도 하나는 공공기관이다.
> 둘째, 각 참여자는 주역(principal)으로서 참여한다. 이는 각 참여 행위자들은 다른 권위에 의하기보다는 자신을 위해 스스로가 주체가 되어 협상할 수 있음을 의미한다.
> 셋째, 협력은 장기적이며, 지속적인 관계와 관련된다.
> 넷째, 각 행위자는 진정한 상호관계로서 각 참여자는 일정한 (물적 또는 비물적) 자원을 이전한다.
> 다섯째, 모든 행위자들은 결과에 대해 공동의 책임을 갖는다.

2. 논 거

민관파트너십은 민간기업이 공공시설의 재정, 소유 그리고 운영에 관련하는 것으로, 민간기업이 정부서비스를 요금을 받고 공급하는 단순한 민영화와는 다르고, 민간기업이 투기적 바탕에서 시설들을 재정지원하고 소유하는 보다 높은 사업적 위험부담을 안고 있다(Crosslin, 1991: 16). 민관파트너십은 정부입장에서는 조세부담 없이 필요한 시설을 확보하는 대안적 수단이고, 민간기업의 입장에서는 새로운 시장을 확대하는 경영기회로 간주하는 일종의 윈-윈(win-win)전략이 전제되어 있다(Crosslin, 1991: 16).

민관파트너십의 논리적(論理的) 바탕은 다음 7가지에서 찾을 수 있다(Bailey, 1995: 32~37).

① **시너지**(synergy)　민관협력의 주요한 이유의 하나는 둘 이상의 부분이 함께 일함으로서 따로 따로 하는 것보다 더 큰 성과를 얻을 수 있다는 점이다. 이는 이윤창조와 비상업이익과의 결합을 의미한다. 즉 민간부문 관점에서는 일정한 상업적 혜택이 시장이율 이하의 보조금 제공 등을 통해 비영리 부문에

양도됨으로써 개발이 가능하게 되며, 공공부문의 경우는 협력을 통해 추가적인 사회적 혜택을 제고할 수 있다.

② **변환**(transformation) 변환은 하나의 파트너가 다른 파트너의 세계관·행태·우선순위에 따라 변화하는 노력과 관련된다. 민관협력은 목표에 대한 거래와 협상의 장인데, 이를 통해 상호변환이 이루어진다. 민간부문은 효율지향적이고 장기적인 공공부문에 시장지향적인 민간부문 목표를 추가할 수 있게 한다. 반대로 공공부문은 민간부문에 대해 보다 사회적이고 장기적인 목표를 추구하도록 한다.

③ **예산확대**(budget enlargement) 자원제약을 받는 공공부문기관과 보조금 또는 위험감소를 추구하는 민간기업이 공동 벤처를 구축함으로써 예산에 대한 부담을 줄일 수 있다. 예산확대에 대한 협상이 다양한 개발제안의 구축에 있어 중요사항이 되고 있다.

④ **개발기회확대**(unlocking land and development opportunities) 도심지의 경우, 복잡한 소유패턴을 보여 재개발에 필요한 토지를 충분히 확보하는 데 어려움이 따른다. 이 경우 민관협력을 통해 개발용지를 보다 용이하게 확보할 수 있으므로 개발의 기회가 확대된다.

⑤ **장소마케팅 제고**(place-marketing and promotion) 민관협력은 경제개발에 대한 관리자적 접근에서 기업가적 접근으로의 변환을 의미한다. 여러 종류의 협력은 국가자본의 유인에 초점을 맞추고 공공부분투자배분에 경쟁력 체계를 제고하는 데 연계되어 있다. 그리고 이러한 협력을 통해 특정지역의 속성을 제고하거나 마케팅할 수 있다.

⑥ **하부구조와 개발에 대한 협력**(co-ordination of infrastructure and development) 협력은 하부구조와 계획을 제공하고, 개발을 제고하며, 협력을 촉진하는 데 공·사 부문이 협력하는 것을 의미한다. 그리고 협력을 통해 의사결정자에게는 급박한 사업을 가능하게 한다.

⑦ **신뢰구축과 위험 최소화**(confidence-building and risk minimization) 공공부문이 개발잠재력의 제한을 받거나, 개발산업이 불경기일 때, 신뢰구축과 위험 최소화는 협력에 중요한 과업이 되고 있다. 부문간의 협력은 장기계획에서 신뢰구축에 중요하다.

Ⅱ. 방　　법

1. 전제조건

성공적인 민관파트너십이 되기 위해서는 다음의 요소를 포함해야 한다(Lister, 2000: 228).

① 상호신뢰, 보완적인 힘, 상호책임성, 공동의사결정, 쌍방적 정보교환
② 명료하며 조정된 목표, 비용과 혜택의 균형배분, 성과를 측정하고 모니터하기 위한 성과인사들과 장치, 책임의 명료한 구획, 분쟁조정과정
③ 주고받기(give-and-take)와 함께 공동인식과 상호성의 관념
④ 상호지지와 건설적 옹호
⑤ 재정문제의 투명성과 타 파트너의 인식

2. 유　　형

민관파트너십과정은 네트워크 내의 자원・권력・정보의 흐름을 포함하여 협력의 성격과 협력자들 간의 관계에 대한 이해가 중요하다. 더욱 중요한 것은 민관파트너십의 효과성에 대한 종합적인 고려의 필요가 있다는 것이다.

민관파트너십은 다음 4가지 모형을 확인할 수 있다(Paskaleva-Shapira, 2002: 37).

① **특별협력**(ad hoc collaboration)　　각 기관들끼리 공식적인 공동 아젠다가 없는 조직상 특성을 나타낸다. 협력은 외부압력의 결과로서 형성된다.

② **과정 파트너십**(process partnership)　　이 모형에서는 공동의 개발전략에는 동의하지만, 공식적인 조직통합은 없다.

③ **결합된 서비스 공급**(combined service delivery)　　이 모형에서는 협력을 형성하는 조직들은 전략작성의 관점에서는 명확히 구별되지만, 서비스공급은 결합되고 공동소유의 협력기관에 이전된다.

④ **공식 파트너십**(formal partnership)　　이는 조직적, 전략적, 그리고 서비스공급수준에서의 완전 통합을 포함한다.

Ⅲ. 한 계

민관파트너십의 발달은 지방지역사회에 권능(empowerment)을 주고, 대의의 형태를 폭넓게 하고, 새로운 형태의 전문성을 끌어내며, 편협한 정당정치적 분화를 넘어 보다 협력적인 전략적 의사결정을 가져오는 장점이 있지만, 이에는 다음의 비판(批判)도 따른다(Bassett, 1996: 541～542).

첫째, 비록 민관파트너십들이 도시에 따라 규모·수·조직이 다르다고 해도, 그들은 특정적이며, 시장지향적 아젠다에 따라 지방이익을 절단하여 대표한다.

둘째, 민관파트너십은 재산주도적(property led) 개발, 장소마케팅 등과 같은 특정한 목적과 활동의 스펙트럼에 초점을 맞추는 경향이 있다. 이러한 형태의 개발은 지방의 경쟁성과 경제성장의 파급효과를 가져온다는 점을 강조하고 있으나, 경험적 사례들은 성장의 혜택보다는 비용이 많은 것을 발견할 수 있었다.

셋째, 일부는 새로운 기업엘리트와의 연대성과 권력집착을 우려한다. 새로운 협력조직과 관련된 많은 기업인들은 지방자본이 붕괴됨에 따라 자신들의 지위가 훼손된 전통적인 도시엘리트와 같은 서로 다른 경제적 배경을 가진 사람들이다. 이러한 의미에서 협력의 형성은 새로운 기업엘리트를 형성하게 된다.

넷째, 일부는 새로운 기업아젠다의 일관성에 대한 의심도 제기한다. 많은 협력은 결정적일 수도 있는 어려운 선택을 피하고, 중요사항에 대한 대한 합의가 부족한 경우가 있다. 마케팅이나 경제개발전략이 협력의 비전에 기술되어 있는 한, 주요한 이념적 차이나 이익의 갈등은 나타나지 않는다. 그러나 투자우선순위, 하부구조제공, 실제적인 입지 등과 같은 중요한 문제가 발생할 수 있다.

다섯째, 임무기술에 나타난 높은 목표와 자원이 서로 맞지 않는 경우도 있다. 협력의 지도자팀은 큰 야욕을 가지고 있지만 지방기업들이 이용할 수 있는 자원은 매우 제한되어 있는 경우도 있다.

마지막으로 중첩되는 민관협력의 양산은 지방정책 진전과 지방정치의 분절화를 가져오는 문제가 있다.

제 3 절 레짐이론

Ⅰ. 의 의

1. 개 념

레짐이론(regime theory)은 1980년대 중반이후 도시정치학연구의 전면에 나타났다(Stoker, 1995b: 54). 도시정치분석에서 처음 등장했을 때, 레짐(regime)이라는 단어는 미국도시정부의 강력한 선출공무원과 최고행정가들의 집단(circle)을 기술하는 데 사용되었다가 그 개념이 확대되어 오늘에 이르고 있다(Harding, 2000: 54).

스톤(C. Stone)은 레짐(regime)을 거버닝의 결정과 집행에 있어 공공과 민간부문이 서로 자기이익에 근거하여 협력하도록 하는 비공식적 장치(informal arrangements)라고 정의한다(Ward, 1996: 428). 조직적 수준에서, 레짐은 집단적 의사결정참여자들의 상호작용을 인도하는 일련의 규칙・규범・과정들의 집합체로 구성되어 있다(Cline, 2000).

레짐개념은 스톤(C. Stone)의 「레짐 정치학」(Regime Politics, 1989)이 발간된 이후 본격적으로 논의되고 있다(Painter, 1998: 262). 그는 아틀랜타(Atlanta, Georgia)시에 대한 제2차 세계대전이후의 거버넌스는 도시정부의 공식적 조직구조 밖의 핵심적인 개인과 조직행위자의 역할 특히 그러한 행위자들과 정치가들 간에 발달된 비공식적 관계에 대한 적절한 무게를 두지 않고는 이해할 수 없다고 주장했다(Painter, 1998: 262). 1990년대에는 레짐이론을 도시의 정치적 동학성을 이해하는 렌즈로서 분석의 확대를 가져왔다(Imbroscio, 1998: 233).

2. 중 요 성

도시레짐이론(urban regime theory)에서는 지방정부의 효과성이 비정부행위자들의 협력과 비정부자원과의 결합에 크게 의존한다고 생각한다. 정부의 과업이 복잡해짐에 따라, 다양한 비정부 행위자들의 협력이 요구된다. 즉, 사회적 변화와 갈등에 반응하기 위해, 정부와 비정부행위자들의 행위를 촉진하고 그들 스스로 권능을 갖도록 하기 위해 레짐을 형성하는 것이 장려되고 있다(Stoker,

1998: 43).

도시레짐이론은 도시정치에서 공공・민간・비영리공공체 부문들 간의 관계에 초점에 둔다. 이 이론은 도시정치에서의 강력한 행위자로서 민간부문을 확인하고, 다른 부문들과 함께 그것의 명확한 파트너십 또는 함축적인 연합을 추적하기 위한 시도이다(Rubin and Stankeiwicz, 2001: 134). 국가에 따라 약간의 차이가 있지만, 일정한 형태의 공공과 민간 간의 협력의 필요성은 대부분의 국가에 존재한다. 투자에 대한 도시 간의 경쟁증가와 지방의사결정에서의 기업역할 증대는 도시레짐영역을 점차 형성하고 있다. 국가 내의 분산과 변환되는 책임, 증가되는 재정제약, 이익과 비이익 조직 양쪽을 이용한 민영화된 서비스의 개발 등이 지방정부의 복합성을 높이고 있다(Stoker, 1995b: 54). .

Ⅱ. 이론의 내용

1. 발달배경

도시정치에서의 행위자・이해관계・권력자원・영향력의 작용관계를 다루는 도시정치이론(都市政治理論)은 1950년대부터 엘리트이론과 다원론이 대립되어 오다가, 1970년대 이후 기존의 지배적인 이론에 대비한 새로운 이론으로서 성장머신론(growth machine theory), 레짐이론(regime theory) 등이 등장하고 있다. 이들 이론들의 핵심은 '누가 지역사회를 지배하는가?'에 대한 것이다(Judge, et al., 1995: 4). 엘리트이론에 의하면, 도시정부는 유사한 생각을 가지고 있는 비교적 소수의 사람들에 의해 지배된다고 주장한다. 다원주의이론은 정치권력이 고도로 계층화되며 독점화되는 것을 거부하고, 권력은 분산되어야 한다고 주장한다(Judge, et al., 1995: 5).

1980년대 중반에 등장한 레짐이론은 다원주의와 엘리트이론의 논의초점에 변화를 가져 왔다. 이 이론에서는 사회적 통제에서 사회적 생산으로, 누가 지배하는가에서 어떻게 공적 목표들이 달성되는가에 대한 문제로 관심이 바뀌었다(Judge, et al., 1995: 6). 다원주의-엘리트주의의 이원론을 넘어서, 레짐분석은 '누가 지배하는가'에서 '행동 또는 거번의 능력'의 분석에 보다 많은 관심을 가지는 '사회적 생산의 관점'의 개발로 옮기고 있다(MacLeod and Goodwin, 1999: 507;

Elander, 2002: 192).

도시레짐이론은 자유민주주의에서 정부는 많은 인간의 욕구와 수요를 만족시키기 위해 시장에 의존해야 한다고 주장하는 신다원주의적(neopluralist) 입장을 취한다. 생산적 자산은 본질적으로 민간의 수중에 있기에, 정부관리자는 시정결정에 대한 권위가 없다. 기업들이 사회적으로 필요한 기능인 일자리 및 재화와 서비스의 제공 등과 같은 기능을 수행하는 데 있어, 국가는 명령이 아닌 유인책을 사용해야 한다. 이러한 주장을 지방수준에 적용한다면, 도시레이짐이론가들은 정치력의 보유와 거버닝은 서로 구별해야 한다고 주장한다. 지방정치력을 독점한다고 해도, 성공적인 정치연합이 거버닝을 필연적으로 하는 것은 아니다. 선출된 지도자가 법적인 과업이상의 어떤 것을 수행하기 위해서는 강력한 이익집단 특히 기업공동체의 지원이 필요하다. 거버닝 연합(governing coalitions)은 이러한 상호지지관계를 규칙화한다. 그들은 그것이 재정·인사·토지와 건물과 같은 물적인 것이든 정치·규제·정보자원과 같은 무형적인 것이든 간에 다양한 자원에 접근하고 공급하는 데 함께 한다. 어떠한 단일 조직이나 집단도 이들 자산들을 독점할 수 없고, 이들 자본보유자들을 연결하는 명령의 결합구조가 없다. 때문에 거버닝 레짐은 구성원들 간의 비공식적 협상과 무언의 이해를 통해 구축된다(Harding, 2000: 55).

2. 성장연합과 성장머신

(1) 성장연합

도시성장연합(urban growth coalitions)은 주로 미국학자들에 의해 사용된 것으로, 지방의존적 기업엘리트·지방공무원·노동조합들이 퇴락한 도시의 활성화 또는 도시경제성장을 제고하기 위해 토지기반의 연합을 형성한 것이다. 비록 그들 행위자들이 대립적인 목표를 가지고 있다고 하더라도, 그들의 지역이 전체적으로 성장한다면 그들은 공동으로 수익을 얻게 될 것이다(Terhorst and Ven, 1995: 343). 성장연합의 명제는 성장으로부터 혜택을 받는 개발업자·공급시설회사·언론매체·정치가 중의 동조자들과 함께 연금생활자들(rentiers)이 개발정책을 도출하는 연합을 형성한다. 연금생활자들은 보다 집약적 또는 값비싼 개발을 주장하여 도시에서 그들이 소유한 토지와 재산의 가치를 제고하기 위한 과정의 중심에 있다(Stoker, 2000: 95). 도시레짐 또는 연합들은 다양한 이익집단들로 구성되어 있지만, 그러한 레짐들의 주요한 행위자들(players)은 지방기관이나 도시정부자체를 제외하고도 부동산이해당사자 · 연금생활자들 · 시설집단들 · 대학들 · 기업집단 · 무역협회, 그리고 지방매체 등이다.

제2차 세계대전 이후, 미국의 오래된 중심도시들은 중 · 고소득집단들의 대규모 교외화와 함께 경제적 몰락 · 재산가치하락을 경험해오고 있다. 주변 교외지역을 병합하기 위한 정치력이 결핍되어 있어, 도시들의 조세수익은 감소되어오고 있다. 이러한 문제들에 대처하기 위해 지방기업과 지방공무원의 제휴가 이루어졌다. 이들 도시성장연합은 그들의 재산가치는 물론 그들의 지방성에 대한 민간투자와 연방 및 주 지출을 유인하는 데 주로 관심을 가졌다(Terhorst and Ven, 1995: 345). 도시행위자들이 거버넌스의 도전에 대처하고 집단적 행동을 위한 여건을 조성하기 위한 핵심적인 방안이 성장연합을 형성하는 것이다(Stoker, 2000: 94).

성장연합의 개별구성원들은 특정한 재산개발에 관련될 수도 있지만, 연합자체는 성공적인 기업입지로서 도시이미지 제고를 통해 달성할 수 있다는 점에 관심을 갖는다. 연합들은 지방기관들이 개발정책을 작성하고, 재정을 위해 외부에 로비하고, 기업이익을 협의 · 획득 · 지지하는 데 기업적 의사결정수단을 제공하는 역할을 한다(Adams, 1994: 149). 성장연합은 도시에서 관찰되는 연합들 중의 하나에 불과하다. 다른 연합들은 환경보호와 성장규제를 위해 형성하기도 한다(Stoker, 2000: 95).

(2) 성장머신

머신(machine)이란 단일의 지도자, 우두머리, 또는 잘 조직된 파벌(clique)에 의해 통제되는 계층조직이다. 많은 도시 · 교외 · 농촌지역들은 다양한 정치가들이 스스로의 지지기반을 갖는 파벌적인 머신유형의 정치에 의해 운영되고 있다(Judd and Swanstrom, 2002: 52).

성장머신(growth machine)에는 적극적으로 도시성장을 추구하는 세력 뿐 아니라 부차적인 동조세력까지 포함한다. 성장추구세력에는 지주 · 부동산중개업자 · 금융업자 · 건설업자 등이 포함되고, 부차적 동조세력은 지역대학 · 문화기관 · 노동조합 · 전문가집단 등이 포함된다. 정치가들은 자신의 명성이나 경력관리가 지역의 개발과 밀접한 관련이 있기 때문에 성장기구의 요구에 민감하게 반응한다.

도시는 수백만의 이민자들과 소수계층의 유인처가 되고 있다. 이러한 맥락에서, 최근의 이민자들, 윤리적·인종적 소수자들이 백여 년 전에 지배적이었던 것과 유사한 정치적 머신을 구축하는 것이 자신들에 혜택을 줄 수 있는가 하는 질문이 생기게 된다. 도시머신(urban machines)에서는 빈곤한 이민자들과 경제적 엘리트들이 서로 어떤 것을 포기하고 어떤 것을 반대급부로 받게 되는 거래를 하게 된다. 기업엘리트들은 지방정부에 대한 통제를 후원노동자집단의 통제 하에 두고, 일부는 부유층의 후원에 의한 소득에 의해 유지되는 노동자 계층의 윤리적 정치가들에게 양보한다. 반대급부로 머신정치가들은 기업이 혼자 남도록 약속한다. 타협은 시장과 공공영역 간의 명확한 분리 하에 영향의 영역을 구분하는 것을 인식하는 것과 관련된다. 이러한 타협은 불평등이 부수적으로 나타나는 자본주의와 대중민주주의간의 긴장을 관리하는 데 중요했다. 그러나 종국에는 정치적 머신과 그들의 윤리적 지지자들은 큰 거래를 포기하고 반대급부로 받는 것도 거의 없었다. 머신정치가들은 저소득계층에 유리한 정책보다는 도시서비스와 하부구조의 비용을 팽창시키는 정책을 추진했었다(Judd and Swanstrom, 2002: 71).

오늘의 도시거주자들은 머신으로부터 큰 기대를 갖지 않는다. 이는 1세기 전의 공업도시처럼, 현대도시들도 빈궁한 사람들이 많고, 머신조직을 지지하는 잠재적 선거기반이 존재한다. 그러나 오늘의 정치가들은 머신조직을 구축하고 유지하기 위해 필요한 후원과 물질적 보상을 모을 수 있는 것은 매우 어렵기 때문이다. 또한 도시서비스들은 관료화되어 있고, 공적고용체계가 확립되어 있기 때문에 개인적 또는 정치적 관계에 의한 후원은 더 이상 어려운 상태이다(Judd and Swanstrom, 2002: 71).

3. 레짐의 종류

스토커(G. Stoker)와 모스버지(K. Mossberge)는 레짐의 목표, 참여자의 동기, 목표개발을 위해 사용된 방법, 레짐 내 이익 간의 관계와 조화, 그리고 지방과 국가 양면의 광범한 정치환경과의 관계에 의해 조직·도구·상징레짐으로 구분하였다(Bassett, 1996: 548; Stoker, 1998: 44~45).

조직레짐(organic regimes)은 하부구조로서 현상유지(care-taker)·독점적(exclusive)・전통적 레짐(traditional regime)으로 세분된다. 조직레짐들은 안정상태의 유지를 추구한다. 그들의 핵심참여자들은 지역에서 오랫동안 함께 살면서 공동의 이해관계를 형성하고, 정치적 이해를 공유한다. 따라서 참여자들은 공동의 전망・경험・시각을 보유한다. 레짐 밖은 국외인(outsiders)으로 제외한다.

도구적 레짐(instrumental regime)은 특정한 개발프로젝트주위에 형성되는 재산기반의 협력이다. 이 레짐은 구체적 결과를 바라는 단기적 목표에 의해 움직이는 참여자들로 구성되어 있다. 레짐들의 공동목표는 선택적인 물질적 장려책의 이용가능성에 의해 제공된다. 그들의 관계는 정치적 파트너십에 의해 특징지워지고, 협상・거래・제도구축의 과정은 공동의 이익들을 명료화하는 데 필요하다.

상징적 레짐(symbolic regime)은 급격한 경제적 변화에 반응하고, 이미지구축프로젝트나 정부자금획득을 위한 로비를 위해 지방의 지지를 구축하는 데 초점을 둔다. 여기의 하부유형은 진보레짐(progressive regime)과 도시재개발레짐(urban revitalisation regime)을 포함된다. 상징적 레짐은 이념적 또는 이미지구축에 대한 관심에서 발달한다. 그들의 목적은 변화적이고, 표현적인 것에 관심을 갖는 참여자들에 의해 지배된다. 참여자들의 공동목표는 상징의 조작을 통해 달성된다.

Ⅲ. 레짐의 개발

레짐구축을 위해서는 4가지 구성요소를 검토해야 한다(Stoker, 1995a: 389~395).

1. 참여자 동원

특정한 레짐의 분석을 위해서는 먼저 참여자들의 참여이익의 구성에 대해 알아보는 것이 필요하다. 이에 대한 관심은 기업의 역할을 논의하는 데 특히 중요하다. 소기업 대표 또는 대기업관리인이 주도적 역할을 하는가? 재산・소매・제조업・시설・재정・서비스 등에서 어떤 부문의 기업이 지배적인가? 재산로비(property lobby)와 관련한 민간부문은 소유자, 계약자, 서비스공급자의 3개 부문으로 구분할 수 있다. 여기서 상이한 이익의 보다 상세한 특화에 바탕을 둔 여러 레짐의 유형을 구별하는 것이 요구된다.

레짐에의 참여동인(參與動因)으로 3가지를 확인할 수 있다. 첫 번째 동인은 구체적 결과에 대한 것이다. 이 요인과 관련된 영향은 회사나 기업의 관점에서는 분명하다. 특히 정치가나 기술관료들은 협력(partnership)을 통해 공공지지를 획득하고, 일이 이루어지거나 그들의 경력이 더해지는 것으로 볼 수 있다. 지역사회집단은 '그것이 우리에게는 무엇을 주는가?'라는 관점에서 참여할 수 있다. 둘째는 지방기업들은 그들의 지방성을 그들의 중요한 활동영역으로 보며, 그들의 갱신을 위해 지방의 적극적인 지원을 추구한다. 지방정치가・관료・지역사회조직들은 그들의 지방성에 의존한다. 세 번째 동인은 이념과 상징정치의 문제들과 관련된다. 정치와 정책작성은 가치・의도・상징적 보상과의 소통에 관한 것이다. 민간부문의 지도자들은 그들의 지방성과 회사책임감을 동시에 갖는다. 정치가들은 그들 지역의 실업과 경제적 쇠퇴의 영향에 대해 큰 관심을 가질 수 있다. 지방기술관료들은 정치가와 관심을 공유할 것이다.

2. 목표에 대한 공감개발

복합적이고, 분절된 세계에서 어떻게 선택이 이루어지고 협력이 이루어질 수 있도록 할 수 있는가. 참여자의 동인에 맞추어, 레짐 내의 목표에 대한 공감을 개발하는 데 3가지 방법을 확인할 수 있다. 스톤(C. Stone)은 선택적인 물질적 유인책(selective material incentives), 공유된 시각에 대한 유기체적 기반(organic base), 그리고 상징의 전략적 조작(strategic manipulation)에 대한 관심을 제시한다.

선택적 유인책들은 집단목표를 지지하기 위해 관리하는 개별적 보상과 처벌체제를 제공하여 문제의 해결책을 제공한다. 이 유인책들은 레짐의 확립과 유지에 필수적이다. 일반적으로 분절되고 불확실한 세계에서 선택적 유인책은 목표에 대한 공감을 확립하는 강력한 장치를 제공한다.

일부 경우에 공유된 전망(展望)을 갖도록 하기 위한 유기체적 기반(organic base)이 있을 수 있다. 키팅(M. Keating)은 프랑스의 많은 도시에서 강한 시민공동체의 감각이 있음을 주목했다. 강한 지방주의와 공동체 확인의 유사한 패턴은 영국 내에서 수행되었던 일부 지방성연구에서도 발견된다. 장소와 지역사회의 감각은 사회경제적 힘이 이의 유지를 도운 역사의 산물이다. 어쨌거나, 경제적 붕괴와 반공업화는 이러한 정체성의 유기체적 감각을 훼손한다. 이러한 유

기체적 기반의 붕괴는 전략적이며 신중한 상징의 사용필요성이 제기된다

상징의 전략적 사용(strategic use of symbols)은 목표에 대한 공감을 확립하는 세 번째의 장치이다. 정치적 언어와 상징적 보상은 정치의 중심이다. 정책은 문제를 심각히 받아들인다는 메시지의 전달로 설계될 수 있다. 정치는 그들의 사유가 정당했음을 국민에게 전달하는 상징적 보상을 배분할 수 있다. 정치가들은 결과의 성취를 통해서가 아니라 신념의 표현을 통해 지지한다. 레짐 내의 참여를 동인하는 성장과 경쟁의 상징력은 협력구축과 공동목표감을 유지하기 위해 성공적으로 조작된다.

3. 이익의 조화

레짐유형을 구별하는 다른 요인은 관련된 이익들 간에 조화되고 수합된 합병의 질이다. 레짐연합은 합병의 형태이며 정책선택과정에서 갈등을 표출하는 경우도 있다. 여기서 제기되는 문제는 다양한 파트너들의 이익들 간에 타협과 조화를 이루는 것이 합병의 질을 파악하는 데 중요한 의미를 갖는다는 것이다.

손더스(P. Saunders)는 이 문제에 대해 세 가지 차원을 제시한다. 첫째, 합병의 파트너는 적극적인 정치조직이 거의 요구되지 않은 이익의 정체성에 매우 근접한 정치적 교감(political communion)을 갖는다. 그들은 동일한 전망·경험·접근을 공유하고, 각각은 서로를 잘 이해한다고 확신한다. 정치적 교감은 현상유지(caretaker)나 관리(maintenance)유형으로 기술된 레짐의 특성이 있다. 그러한 레짐에서는 이익들은 현재의 지위에서 상대적으로 만족하고, 현재의 질서를 유지·관리를 추구한다. 두 번째 입장은 정치적 파트너관계(political partnership)라는 말로 포착된다. 여기에 파트너들 간의 이익의 조화는 상대적으로 높지만, 이익의 갈등과 불일치는 전면에 처하게 된다. 그러한 상황에서 공동이익을 확인하는 보다 명시적 시도가 비공식적 협상을 요구하게 되고, 상호수용할 수 있는 방향으로 특정문제가 해결될 수 있도록 보장하는 회유적 전략개발이 요구된다. 세 번째 상황은 경쟁적 합의(competing agreement)라는 말로 포착된다. 그러한 경우에는 파트너들 간에 상대적으로 이익의 낮은 조화가 있지만, 함께 일하며 공동의 목표를 달성하는 요구는 아직 있다. 여기서는 공동관심사를 가지고 있지만 깊고 공유된 이해가 부족하다. 레짐 내에 상당한 갈등의 수준이 있고, 이의 방향에 영향을 주는 경쟁이 있다. 일부 파트너들은 상대적으로 참여하고자 하지

않는다. 일부는 그들이 불평등한 파트너이지만 외부인보다는 체제에 보다 영향력을 갖고 있다는 생각으로 레짐에 참여한다.

4. 정치환경과의 관계형성

레짐관계의 정치적 환경은 지방성 내의 관계와 지방성 이상의 관계의 두 가지 면에서 검토할 수 있다. 지방성 내에서, 레짐은 포함(inclusion)과 제외(exclusion)의 스팩트럼 사이의 전략을 채택할 수 있다. 레짐정치는 엘리트들 간의 합의구축과 광범한 지방정치공동체의 관리에 초점을 맞추고 있기 때문에 모든 레짐은 제외의 정도를 실제화할 수 있다. 구체적 결과와 선택적 유인책에 초점을 두는 레짐은 제외에 높은 전략적 중점을 둔다. 느슨한 방법으로 개발된 레짐은 보다 광범한 대중참여를 요구하는 표현적 관심이나 정책들은 정치적 환경을 관리하기 위한 보다 내포적인 전략을 개발할 필요가 있다.

제 4 절 네트워크관리

Ⅰ. 의 의

1. 개 념

(1) 정책네트워크

정책네트워크는 공공정책작성과정에 관련된 상호의존적인 행위자들 간의 관계패턴(patterns of relations)을 말한다(Kickert, et al., 1999: 6). 네트워크(networks)에서의 행위자들은 그들 스스로는 목표를 달성할 수 없기 때문에 상호의존적이 된다. 이러한 상호의존성은 여러 행위자들에 대한 자원의 배분, 그들이 추구하는 목표, 자원의존성에 대한 그들의 인식에 관한 것이다(Kickert, et al., 1999: 6).

학자들은 영화산업(film industry)을 네트워크거버넌스의 사례로 인용하는 경우가 많다(Jones, et al., 1997: 916). 영화스튜디오・프로듀서・감독・영사기・기타 계약자들이 영화를 만드는 데 다양한 조합(combinations)에 의해 가입・해체・재가입하게 된다. 이러한 네트워크의 관리는 상호작용의 관리(managing of interactions)

라고 말할 수 있다(Klijin and Teisman, 1999: 105).

(2) 네트워크관리

공공관리에 대해 전통적인 조직 내 접근과 네트워크접근을 구별할 필요가 있다. 전통적인 시각에서는 관리자를 조직이라는 전체체계 또는 조직의 일부와 관련된 체계통제자(system controller)로 본다. 이 시각에서는 관리를 조직의 목표설정(계획), 조직의 구조 및 설계(조직), 그리고 업무의 수행(인도)이라는 3가지 주요 활동으로 구성되어 있다고 본다. 그리고 관리는 명료한 권위적 구조에 기반한 하향적 활동이라고 본다.

그러나 네트워크상황에서는 단일의 중심적 권위, 계층적 명령, 단일의 조직목표는 존재하지 않는다. 어떠한 행위자도 다른 행위자들에 대해 일방적인 통제를 할 수 있도록 충분히 노젓는 능력을 갖지 않는다. 네트워크관리는 조직간 활동이다. 관리에 대한 하향적 또는 종합적 시각은 생산적이지 못하다고 본다. 관리자가 그의 노젓는 자원을 도출할 수 있는 명료한 권위구조도 없다. 이 네트워크관리에서 관리자들은 관련된 다양한 행위자들의 상이한 인식·선호·전략을 다루는 데 있어 복합적인 상호작용여건과 전략을 도출해야 함을 의미한다. 네트워크관리는 행위자들 간의 상호작용과정을 제안·촉진하고, 보다 나은 조화를 위해 네트워크장치를 구성 및 변경한다(Kickert, et al., 1999: 10～11).

2. 발생배경

네트워크(networks)의 개념은 1950년대 후반에 사회인류학과 사회학에서 개인의 행동은 개인적 태도에 귀속되는 것이 아니라 관계적 기회와 제약의 연계된 여건에서 발생되는 것이라는 지적을 바탕으로 출현했다. 최근에는 이 개념이 기업과 관련학문분야에 도입되어 빠르게 대중화되고 있다(Benassi, 1995: 269).

20세기는 계층정부관료제가 공공서비스를 공급하고 공공정책목표를 수행하는 데 사용된 지배적인 조직모형이었다. 공공관리자들은 자유재량 없이 획일적으로 전문적이지만 매우 일상적인 과업을 수행하도록 했다. 그러나 오늘날같이 복합성이 증가되고 있는 사회에서는 공무원들이 새로운 거버넌스모형을 개발하는 것을 강요한다. 21세기가 당면한 도전은 지난 어느 때보다 다양하고 복합적인 상황에 처해 있다. 전통적인 계층적인 정부모형으로는 이러한 복합적이고 변화하는 시대의 수요에 충족하지 못한다. 즉, 명령과 통제과정, 좁은 작업제한, 내부성찰문화와 운영모형으로 작용하는 경직된 관료체제는 조직경계를 초월하는 문제에는 잘 적응하기 어렵다(Goldsmith and Eggers, 2004: 7).

조직 간 네트워크처럼 조직을 넘어선 관리가 증가하고 일반화되는 이유는 다음 5가지이다(Agranoff and McGuire, 2001: 24).

> 첫째, 복합적인 문제들을 다루는 정책들은 이의 집행을 위해 네트워크구조를 요구한다. 유순한 문제(tame problems)는 쉽게 정의되고 산뜻하고 기술적인 해결책으로 쉽게 분해할 수 있지만, 사악한 문제(wicked problems)는 해결책이 없고 오직 일시적이고 불완전한 해소만이 있다. 이러한 사악한 문제들은 전통적인 관료적 정책작성과 집행보다는 사회적 이익의 다양성에 따라 합의와 협력이 요구된다
>
> 둘째, 협력구조(collaborative structures)는 대중이 보다 많은 정부의 활동과 보다 작은 정부의 개입을 동시에 요구되는 때에 특정문제영역에서 요구할 수도 있다. 대중이 특정한 공적문제에 대한 행동을 요구하는 때에는 다수의 행위자들이 협력을 통해 이룰 수 있기 때문에 그러한 요구를 충족하기 위해 함께 협력하게 된다.
>
> 셋째, 정책목표에서는 결여될 수도 있는 네트워크를 정치적 명령이 끌어 낼 수도 있다. 행정가는 광범한 영향을 미치기 위한 정치적 요구와 함께 보다 명료하며 집중된 정책을 위한 기술적 필요를 균형화하고자 한다.
>
> 넷째, 정보는 조직 간 협력과 관련기관들과의 관련성을 제도화하기 위해 생산되고 축적된다.
>
> 다섯째, 다양한 명령계층은 관리네트워크를 위한 추가적인 압력을 제공한다. 경제개발·복지와 같은 강력한 정치적 영역처럼, 상이한 프로그램들은 상이한 의도·재원·우선순위·기준, 그리고 목표이해관계자들을 가지고 있다.

네트워크에 의한 정부는 공공부문의 지형을 변화시키는 제3자 정부, 제휴정부, 디지털혁명, 소비자수요와 같은 4가지의 영향력 있는 추세를 나타낸 것이다(Goldsmith and Eggers, 2004: 9～23).

① **제3자 정부**　정부고용자들에 대신하여 민간기업들과 비영리조직을 사용하여 서비스를 제공하고 정책목표를 완수하는 경향이 증가되고 있다. 정부기관들 간의 계약·상업화·민관파트너십·아웃소싱·민영화 같은 제3자 서비스 공급은 네트워크거버닝추세의 중심적 구성요소이다.

② **연합정부** 제한된 시각을 가진 내부성찰적 정부관료가 민간기업과 서비스공급을 계약하는 때에는, 시민들은 좁고 고립된 채널을 통해 서비스를 공급받게 된다. 이러한 문제는 정부의 다양한 수준과 기관들이 보다 통합적인 서비스를 제공하기 위해 제휴하는 네트워크 정부로 인도한다. 연합정부는 계층적 정부에 팽배한 연통(stovepipes)을 해체하고 기관들이 보다 낫게 정보를 공유하고 그들의 노력을 조정하도록 하는 것이다.

③ **디지털혁명** 코즈(R. Coase)는 조직규모는 정보수집비용에 의해 결정된다고 주장했다. 그는 대기업조직은 재화와 서비스의 조성·판매·배분에 관련된 거래비용(去來費用) 때문에 존재한다고 했다. 기업들은 이러한 거래비용을 최소화하기 위해 존재한다. 주어진 기능을 수행하는 데 거래비용이 높으면 높을수록, 다른 기업들이 그 기능을 수행하도록 계약하기보다는, 조직이 스스로 기능을 수행하고자 한다. 이를 위해 기업들은 그들이 필요한 모든 정보의 획득·검색·저장을 위해 대규모 계층구조를 구축한다. 이러한 코즈의 이러한 주장은 계층적 정부와 20세기 전반부의 민간부문의 성장을 설명하는 데 유용했다.

이메일(e-mail) 등과 같은 기타 커뮤니케이션기술과 함께, 인터넷(internet)은 조직경계를 넘어선 파트너들과 무한정으로 보다 양호하고, 빠르고, 저렴하게 커뮤니케이션하고 협력하도록 만들고 있다. 여행·회합·문서교류·커뮤니케이션 같은 파트너관계에서의 전통적 비용은 급격하게 감소되고 있다. 최근의 기술진보는 조직들이 과거에는 가능하지 않았던 방법으로 외부 파트너들과 실시간으로 협력할 수 있게 한다. 이러한 기술발달은 네트워크조직형태를 강하게 선호한다.

④ **소비자수요** 시민들은 재화를 다양한 채널들을 통해 구입할 수 있기를 기대하고, 민간기업의 규모가 성장함에도 불구하고 소비자들은 그들의 선택에 대해 보다 많은 통제를 기대한다. 이러한 선택수요에 대한 반응은 다른 형태의 정부를 요구한다. 서비스공급에 있어서 다양화와 고객화가 중요할수록, 더 많이 네트워크가 선택된 공급형태가 될 것이다.

3. 특 성

로데스(R. Rhodes)는 시장·계층·네트워크기능을 중심으로 하는 3가지 유형의 관리구조(governing structure)를 대비하여 설명하고 있다(Kjær, 2004: 41～42). 시장(market)은 경쟁을 통해 그리고 거래의 수단으로서 가격을 통해 운영된다.

계층(hierarchies)은 거래수단으로 권력을 사용하고, 명령과 통제의 체인(chain)에 의존한다. 네트워크(networks)는 호혜성과 신뢰에 기반하고 있다. 시장에 의한 해결을 믿는 사람들은 정부는 최소화해야 한다고 주장한다. 그들은 개인은 효용극대자들이고, 공공관료제는 비효과적이고 공적관료들은 집단재보다는 자신의 재화를 위해 행동하는 임대추구자로 보는 경제모형을 구축한다. 반대로 조정적 문제에 대해 정부개입을 호의적으로 생각하는 사람들은 가치배분에 있어서 시장을 비판하고 공공재를 제공하는 데 시장의 실패에 초점을 둔다. 다른 시각에서는 전통적인 계층적 도구들은 현대사회에서는 진부해 가고, 시장역시 종종 실패하기 때문에 정부는 서비스를 공급하기 위해서는 네트워크(networks)에 의존해야 한다고 주장한다(Kjær, 2004: 43).

〈표 3-1〉 거버닝구조

관리유형 / 지 표	시 장	계 층	네트워크
관계의 기저	계약과 재산권	고용관계	자원거래
의존의 정도	독립적	의존적	상호의존적
거래수단	가격	권위	신뢰
갈등해소와 조정수단	입씨름과 법원	규칙과 명령	외교
문화	경쟁	종속	호혜적

자료: Kjær, 2004: 42.

Ⅱ. 네트워크관리전략

거버넌스에 대한 접근의 하나인 정책네트워크접근은 정책과정의 매우 상호작용적 성격을 명시한 한편, 이 과정이 발생되는 제도적 환경을 강조한 것이다. 이는 네트워크 관리에 두 가지 의미를 제시한다. 하나는 관리가 성공적이기 위해서는, 게임이나 상호작용과정에 대한 제안을 시도하거나 지지하기 위해서는 행위자들 간의 상호의존성, 그들의 관계, 그리고 그들의 상호작용을 인도하는 규칙 등과 같은 제도적 인자들을 고려해야 한다는 것을 의미한다. 둘째, 네트워크관리전략을 위한 두 개의 개입점이 있다는 의미이다. 상호작용과정에 직접적으로 영향을 주기 위한 목적의 전략들에 추가하여, 네트워크관리는 간접적으로 협력하기 위한 조건을 개선하기 위해 네트워크의 구조와 문화와 같은 제도적 맥락을 지향할 수 있다. 때문에 두 가지 형태의 네트워크관리를 확인할 수 있는데, 네트워크 내에서의 상호작용을 관리하는 소위 게임관리(game management)와 네트워크를 구성하는 제도적 장치의 구축 또는 변경하는 네트워크구조화(network structuring)를 확인할 수 있다(Kickert and Koppenjan, 1999: 46~47; Klijin and Teisman, 1999: 105).

1. 게임관리

게임관리(game management)는 게임에서의 상호작용과정에 영향을 주고 촉진하는 것을 지향한다. 여기서는 게임과 관련된 행위자들의 인식, 게임에 참여하는 행위자들의 수와 유형, 선수들(players)이 운동하는 장치를 목표로 할 수 있다(Klijin and Teisman, 1999: 105~106).

상호작용을 노젓는 것으로 생각되는 네트워크관리는 특정한 문제나 이슈를 다루기 위한 네트워크를 활성화하는 것(네트워크활성화), 상호작용을 지지하기 위한 특별조직장치의 확립(배열화), 해결책·문제·당사자를 함께하는 것(거래), 공동행동을 위한 긍정적 여건의 제고(촉진), 그리고 갈등관리(협상과 중재)와 관련된다(Kickert and Koppenjan, 1999: 47~51).

(1) 네트워크활성화

네트워크활성화(network activation)는 특정한 문제를 해결하거나 목표를 달성하기 위해 상호작용과정이나 게임을 시작하는 것과 관련된다. 이러한 맥락에서 특정한 문제나 특정한 과정을 행결하기 위해 필요한 당사자들만 확인하고 활성화하는 선택적 활성화(selective activation)가 중요하다. 네트워크에서의 연결점의 활성화와 관련하여, 중요한 문제는 누가 관련되어야 하고, 누구는 관련되지 않아야 하는 것이다. 이 활동의 성공은 관련된 문제에 대한 의사결정에 시간과 자원을 투자하여 참여하도록 초대된 사람의 흔쾌한 참여에 의존한다. 제공되는 정보와 관련하여 어떤 정보를 얼마나 주느냐가 중요한 문제이다(Kickert and Koppenjan, 1999: 47).

(2) 상호작용의 배열

공동문제해결은 행위자들이 게임에 참여결정하는 것을 가정한다. 그러한 결정은 위험 없이 이루어지지 않는다. 여기서 행위자들은 그러한 위험들이 최소화된다면 협력적 전략을 보다 선택하고자 한다. 그 목적을 위해, 그들은 신사협정, 협동합의, 계약, 공동모험, 또는 새로운 법규제정 등에 의해 그들의 상호작용을 정리해 갈 수 있다. 이들은 그들의 상호작용을 규제하는 합의와 규칙을 공식화한다(Kickert and Koppenjan, 1999: 48).

배열의 요소는 어떻게 행동이 갈등상황에서 취해져야 하고 상이한 의견은 어떻게 해결되어야 하는가를 가리키는 갈등규제장치를 제공한다. 게임관리는 상호작용의 개발과 과정을 촉진하는 특별장치를 만드는 것을 지향할 수 있다(Kickert and Koppenjan, 1999: 48).

(3) 거　　래

중재로서 네트워크 관리는 중재자(broker)의 역할을 취하는 것을 의미한다. 정책과정이 느슨하게 연결된 구조로 분절된 결과, 문제들 · 해결책 · 참여들이 서로 상대적으로 독립적으로 발전하기 때문에 이들을 함께하는 데 필요한 의제구축과 의사결정이 필요하다(Kickert and Koppenjan, 1999: 48).

거래자역할은 네트워크 내에 있는 다양한 아이디어 · 통찰력 · 해결책들을 꺼내고 이용하는 데 기여하지만, 그러한 노력이 없으면 문제해결에 동원할 수 없다는 데 그 중요성이 있다. 이러한 다양성의 조성은 관련된 사람들이 수용할 수 있는 해결책을 발견하는 데 용이하도록 만든다(Kickert and Koppenjan, 1999: 49).

(4) 상호작용촉진

게임관리는 상호작용과정에서 전략적 합의구축에 양호한 조건을 만들 수 있다. 그러한 사례에서는 네트워크관리자는 촉진자(facilitator)로서 행동한다. 촉진자는 과정에만 전적으로 초점을 두고, 회동장소와 시간이 합의되도록 하며, 대화의 질을 모니터하며, 이해를 제고하기 위해 설계된 질문에 개입한다. 합의구축여건을 촉진하기 위해, 촉진자는 워크숍의 조직, 조서의 수행, 브레인스토밍의 조직, 역할개입의 제안, 집단적 이미지구축제고 같은 많은 기법들을 사용할 수 있다(Kickert and Koppenjan, 1999: 49).

(5) 조정과 중재

조정(mediation)과 중재(arbitration)는 갈등이 존재하고 상호작용과정이 스스로 곤경에 처해 있음을 발견한 때에 집행된다. 조정(mediation)의 명료한 특징은 참여집단들에 의존하여 특정한 결과에 이르도록 하는 책임이다. 조정은 갈등에 개입되지 않고 관련된 갈등당사자들과 직접적인 연관이 없도록 하는 하나의 당사자에 의해 집행된다. 과정 중에 독립적 지위는 유지된다(Kickert and Koppenjan, 1999: 50).

중재는 당사자들이 갈등해결을 위해 제3자를 요구한다. 이는 당사자들이 제소했을 때 발생한다. 관련된 당사자들의 단점은 갈등은 더 이상 그들의 수중에 있지 않고, 과정은 지루하고 고가이며, 재판관은 효과적 해결책을 도축하기 위한 지식과 전문성을 사용하지 않는다는 것이다(Kickert and Koppenjan, 1999: 50～51).

2. 네트워크구조화

네트워크구조(network constitution)는 네트워크를 변화시키는 데 목적이 있다(Klijin and Teisman, 1999: 105). 네트워크구조는 인식의 근본적 재구성(reframing)을 지향하지만, 네트워크에 있는 행위자들이나 제도적 장치에 영향을 주고자 하는 목적을 가지고 있다(Klijin and Teisman, 1999: 106).

기존 네트워크 내에서 문제해결이 불가능하다면, 네트워크를 교정하는 것을 고려할 수 있다. 그러나 네트워크와 관련된 조직을 다목적구조로 재구성하는 데는 위험이 따를 수 있다. 즉, 조직구조는 특정한 과업에 이상적인 규모로 반응하는 경우가 거의 없고, 대체로 특정과업과 관련하여 상호작용하는 과정에서 바람직한 조직형태가 구성되는 것이 일반적이다. 그리고 재조직(再組織)은 고가이고 시간소모적이다(Kickert and Koppenjan, 1999: 51).

이러한 주의에도 불구하고, 협력을 재고하는 여러 방안을 검토할 수 있다(Kickert and Koppenjan, 1999: 51～53).

첫째로, 네트워크 내의 자원분화에 영향을 주어서 결국 행위자의 지위를 변경하여 공식정책에 영향을 주는 수단이 가능하다. 공식정책에서, 행위자는 네트워크관리자로서 조직을 인도하는 사람으로 지명할 수 있다.

두 번째 전략변수는 네트워크 내에서 이루어지는 상호의존적인 구조와 결정에 의해 형성된다. 여기서 고려되는 것은 네트워크 내의 단위의 수와 그들의 상호관계이다. 너무 많은 행위자들은 너무 높은 조정비용이 요구되지만, 최소의 네트워크가 최선은 아니다. 장래발전의 불확실성 때문에 여분의 관계는 필수적이다.

변화하는 관계 · 자원 그리고 규칙에 추가하여, 네트워크관리는 네트워크 내에서의 현존 가치 · 규범 그리고 인식의 변화를 의미할 수 있다. 내부화과정(internalization proceses)으로, 관리자는 바람직한 방향으로 목표집단의 가치와 이익을 정의하는 방향으로 노저을 수 있다.

네 번째는 보다 극적인 방법으로 행위자들의 준거의 틀(frames of reference)에 도전하는 개입으로 그것을 재구성(reframing)하는 것이다. 이는 패러다임의 변환에 비유할 수 있고, 인식 · 행태 · 관계의 변화를 가져온다.

네트워크구성은 특정방향으로 네트워크에 영향을 주는 방향으로의 가능성이 낮다. 대신에 네트워크관리는 동원과 갈등, 그리고 혼란에 의한 관리(management by chaos)와 관련된다. 예를 들면, 리차드슨(J. Richardson)은 기존 네트워크는 새로운 연합(new coalitions)이나 대안적 이슈네트워크로 세분할 수 있다고 지적한다. 그러한 동원으로, 기존 네트워크의 폐쇄적인 흐름에 압력을 부과할 수 있고, 압력이 받아진다면 개방적인 모습으로 분리할 수 있다.

참고문헌

Agranoff, R. and McGuire, M., (2001), "Big questions in public network management research," *Journal of Public Administration Research and Theory*, 11(2001): 295～326.

Bailey, Nick, (1995), *Partnership agencies in British urban policy*(London: UCL Press).

Basset, K., (1996), "Partnerships, business elites and urban politics: New forms of governance in an English city?," *Urban Studies*, 33; 3(1996): 539～555.

Benassi, M., (1995), "Governance factors in a network process approach," *Scandinavian Journal of Management*, 11; 3(1995): 269～281.

Castells, M., (2000), *The Rise of the Network Society*(Oxford: Blackwell).

Cline, K., (2000), "Defining the implementation problem: Organizational management versus cooperation," *Journal of Public Administration Research & Theory*, 10; 3(2000): 551～570.

Considine, M. and Lewis, J., (2003), "Bureaucracy, network, or enterprise: Comparing models of governance in Australia, Britain, the Netherlands, and New Zealand," *Public Administration Review*, 63; 2(March/April 2003): 131～140.

Crosslin, R., (1991), "Decision-support methodology for planning and evaluating public-private Partnership," *Journal of Urban Planning and Development*, 117; 1(March, 1991): 15～31.

Elander, I., (2002), "Partnerships and urban governance," *UNESCO 2002*, 191~204.

Goldsmith, S. and Eggers, W., (2004), *Governing by Network*(Washington, D. C.: Brookings).

Harding, A., (2000), "Regime formation in Manchester and Edinburgh," Stoker, G., (ed.), *The New Politics of British Local Governance*(London: Macmillan), 54~71.

Hirst, P., (2000), "Democracy and governance," Pierre, J. (ed.), *Debating Governance* (Oxford: Oxford Univ. Press), 13~35.

Imbroscio, D., (1998), "Reformulating urban regime theory: the division of labour between state and market reconsidered," *Journal of Urban Affairs*, 20; 3(1998): 233~248.

Jewson, N. and MacGregor, S., (1997), "Transforming cities," Jewson, N. and MacGregor, S., (eds.), *Transforming Cities*(London: Routledge), 1~15.

Jones, C., Hesterly, W. and Borgatti, S., (1997), "A general theory of network governance: Exchange conditions and social mechanisms," *Academy of Management Review*, 22; 4(1997): 911~945.

Judd, D. and Swanstrom, T., (2002), *City Politics: Private Power and Public Policy*(N. Y.: Longman).

Judge, D., (1995), "Pluralism," Judge, D., Stoker, G., and Wolman, H., (eds.), *Theories of Urban Politics*(London: Sage), 13~34.

Kickert, W., Klijin, E.-H., and Koppenjan, (1999), "Introduction: a management perspective on policy networks" and "Conclusion: strategies for network management," Kickert, W., Kiljin, E.-H., and Koppenjan, (eds.), *Managing Complex Networks*(London: Sage), 1~13 and 166~191.

Kilburn, H., (2004), "Explaining U.S. urban regimes: a quanitative comparative analysis," *Urban Affairs Review*, 39; 5(2004): 633~651.

Kjær, A., (2004), *Governance*(Cambridge: Polity).

Klijin, E-H and Teisman, G., (1999), "Strategies and games in networks," Kickert, W., Kiljin, E.-H., and Koppenjan, (eds.), *Managing Complex Networks*(London: Sage), 98~118.

Kouwenhoven, V., (1993), "The rise of the public private partnership: A model for the management of public-private cooperation," Kooiman, J., ed., *Modern Governance*(London: Sage), 119~130.

Linder, S., (2000), "Coming to terms with the public-private partnership," Vaillancourt, R., (ed.), *Public-Private Policy Partnership*(Cambridge, Mass.: The MIT Press), 19~35.

Lister, S., (2000), "Power in partnership? An analysis of an NGO's relationships with the partners," *Journal of International Development*, 12(2000): 227~239.

MacLeod, G. and Goodwin, M., 1999), "Space, scale and state strategy: rethinking urban and regional governance," *Progress in Human Geography*, 23; 4(1999): 503~527.

Painter, J., (1998), "Entrepreneurs are made, not born: Learning and urban regimes in the production of entrepreneurial cities," Hall, T. and Hubbard, P. (eds.), *The Entrepreneurial City*(Chichester: John Wiley & Sons), 259~273.

Paskaleva-Shapira, K., (2002), Innovative partnerships for effective governance of sustainable urban tourism, Sut-Governance, Forschungszentrum, Karlasurhe, Germany.

Peters, B., (1998), " 'With a little help from our friends': Public -private partnerships as institutions and instruments," Pierre, J., (ed.), *Partnerships in Urban Governance*(London: Macmillan), 11~33.

Pierre, J., (1999), "Models of Urban Governance," *Urban Affairs Review*, 34; 3(Jan. 1999): 372~398.

______, J. and Peters, B., (2000), *Governance, Politics, and the State*(London: Macmillan).

Rhodes, R., (2000), "Governance and public administration," Pierre, J. (ed.), *Debating Governance*(Oxford: Oxford Univ. Press), 54~90.

Rubin, J. and Stankeiwicz, G., (2001), "The Los Angeles Community Development Bank," *Journal of Urban Affairs*, 23; 2(2001): 133~153.

Stoker, G., (1995a), "The comparative study of urban regimes," Pierre, Jon, ed., *Urban and Regional Policy*, The international library of comparative public policy 2, (Hunts, England: Edward Elgar), 384~399.

______, G., (1995b), "Regime theory and urban politics," Judge, D., et al., (eds.), *Theories of Urban Politics*(London: Sage), 54~71.

______, G., (1998), "Public-private partnerships and urban governance," Pierre, J., (ed.), *Partnerships in Urban Governance*(London: Macmillan), 34~51.

______, G., (2000), "Urban political science and the challenge of urban governance," Pierre, J., *Debating Governance*(Oxford: Oxford Univ. Press), 91~109.

Terhorst, P. and Ven, J., (1995), "The national urban growth coalition in the Netherlands," *Political Geography*, 14; 4(1995): 343~361.

제 4 장

정책과정

제 1 절 정책목표

Ⅰ. 정책문제

1. 의 의

(1) 중 요 성

문제의 확인은 정책과정의 첫 단계로서 중요성이 있으며, 문제의 정의는 문제가 무엇인가를 인지하고, 그 문제의 원인 · 구성요소 · 결과 등에 관하여 잠정적인 진단을 내리는 과정이라고 할 수 있다(Alexander, 1992: 75; 정환용, 2001: 299～300).

문제정의(問題定義)는 다음 세 가지 점에서 중요성(重要性)을 갖는다. 첫째, 문제정의는 목표설정(目標設定)의 전제조건이다. 정책목표의 결정을 위해서는 정책문제의 정확한 파악이 반드시 선행되어야 한다. 둘째, 문제정의는 문제해결책(問題解決策)을 내포하고 있다. 그러나 현실적으로는 문제의 실체를 정확히 파악하기도 전에 문제해결을 모색하는 경우가 많다. 이는 문제에 효과적으로 대처하지 못하게 하는 요인의 하나가 된다. 셋째, 문제정의는 갈등 또는 경쟁관계에 있는 목표와 수단의 우선순위(優先順位)를 판단할 수 있게 한다. 따라서 문제정의는 문제에 따라 발생될 수 있는 집단 간의 갈등과 대립을 타협, 협정하는 근거가 될 수 있다.

(2) 개념정의

정책문제(政策問題)란 정책에 의해 추구되는 개선에 비추어 실현되지 않은 욕구·가치·기회를 말한다(드레이, 1990: 32~40; 정환용, 2001: 300~302). 문제는 다양한 의미를 함축하고 있으나, 상황·괴리·기회로 요약하여 파악할 수 있다.

상황(狀況)으로서의 문제는 행동에 앞서 어떤 사고를 필요로 하는 준비된 반응이 결여된 상태를 의미한다.

괴리(乖離)로서의 문제는 현재의 상태와 바람직한 상태 사이의 괴리를 문제라고 보는 입장과 괴리 자체는 문제가 아니고, 해결할 수 없는 괴리가 문제라고 보는 두개의 입장을 포함한다. 문제를 목표와 연결하여 목표달성의 장애요인(障碍要因)이라고 규정할 수 있고, 이는 정책주체가 추구하는 정책목표와 그가 인지하는 정책환경에 대한 이미지 사이의 긴장관계(緊張狀態)라고 풀어서 이해할 수 있다.

기회(機會)로서의 문제란 객관적인 상태가 아니라 사람의 마음 속에 있는 분석적 축조물이라는 견해로, 문제를 개선의 기회로 생각하는 입장이다. 이는 문제를 주어진 기회를 실현할 수 있는 여러 수단들 간의 선택의 문제로 볼 수 있다.

(3) 특　　성

문제는 상호의존성(相互依存性), 주관성(主觀性), 인위성(人爲性), 그리고 동학성(動學性)의 특성을 갖고 있다(Dunn, 1994: 140~141; 정환용, 2001: 302~303).

첫째, 상호의존성(interdependence)이란 한 영역의 문제는 다른 영역의 문제에 영향을 미치고 있음을 나타낸 것이다. 실제로 문제는 독립적 실체가 아니라 문제의 전체적인 체계 속의 일부를 이루고 있다. 때문에 문제의 체계는 분석적 접근 — 문제를 구성요소나 부분으로 분해하는 방법 — 으로는 해결하기 어렵거나 불가능하다. 어떤 경우는 하나의 문제를 푸는 것보다 관련된 여러 문제들을 동시에 다루는 것이 효과적일 경우가 있다.

둘째, 주관성(subjectivity)이란 문제가 발생되는 외부적 여건이 주관적인 선택으로 정의, 분류, 설명, 그리고 평가되는 것을 말한다. 문제는 객관적인 의미도 있지만 주관적인 성격이 강하다.

셋째, 인위성(artificiality)이란 인간이 어떤 문제상황을 바꾸고자 하는 열망에 대한 판단이 있을 때만 가능하다는 의미이다. 문제는 주관적인 인간판단의 산물이고, 문제는 객관적인 사회여건의 법적 정의에 의해 수용된다. 문제는 그것을 정의하는 개인과 집단을 떠나서는 존재할 수 없고, 이는 본래부터 문제를 가지고 있는 사회는 없다는 의미이다.

마지막으로 동학성(dynamics)의 특성은 문제에 대한 여러 정의가 가능한 것과 마찬가지로 주어진 문제에 대한 해결책도 다양하다는 의미이다. 따라서 문제와 이의 해결책은 항상 유동적이고, 문제는 해결된 상태로 존재하지 않는다.

2. 분석단계

문제의 확인·분석활동은 주요 영역의 정의, 문제와 욕구의 나열, 문제와 욕구에 관련된 여건의 확인, 그리고 여건의 원인확인의 단계로 구분할 수 있다(정환용, 2001: 307~308).

문제와 욕구의 분석단계는 단기문제와 장기문제로 구분하여 접근하는 것이 바람직하다. 단기적 문제해결(短期的 問題解決)은 3단계로 구분할 수 있다. 제1단계는 문제분석단계로서 현장조사에서 도출된 문제들을 최초로 나열하는 작업이다. 제2단계는 문제해결을 위한 목표와 목표 간의 상호관계, 계층화 작업에 초점을 둔다. 제3단계에서는 목표를 전략으로 바꾸는 단계이다.

문제와 욕구가 체계적으로 조사되고 나면, 문제에 대처하고 욕구에 충족하기 위해 어떤 목표가 추구되어야 할 것인가를 명료하게 확립해야 한다. 이는 직접적으로 목표의 상세화와 연결된다. 목표가 정의되면, 마지막 과업은 정책을 수립하는 데 영향을 주는 제한조건을 확인하는 작업이 요구된다.

문제의 파악은 문제의 원인, 결과 그리고 이들 간의 인과관계를 파악하는 것을 의미하고, 이를 위해서는 문제의 개괄적 파악·문제의 심각성 파악·문제발생의 원인 파악·문제의 미래상황예측의 4가지 작업을 포함한다. 문제의 개괄적 파악은 문제를 구성하고 있는 요소들의 개괄적 구조를 파악하는 작업을 의미한다. 문제의 심각성 파악은 문제의 규모·범위·강도를 중심으로 문제의 중요성과 심각성을 파악한다. 문제발생의 원인 파악은 문제발생의 원인, 원인 간 관계, 원인과 결과 간의 인과구조를 파악하는 것을 말한다. 치유적 목표의 경우 문제해결이 그 내용이므로, 문제가 미래에 어떠한 모습이 될 것인가를 파악하는 것이 대단히 중요하다.

Ⅱ. 정책목표

1. 의　　의

(1) 개　　념

목표(goal)란 장래에 달성하고자 하는 바람직한 최종상태를 말한다. 즉 정책집행의 결과로 달성될 것으로 기대되는 최종상태(最終狀態)의 여건이나 상호관계를 의미한다. 따라서 정책목표는 정책에 의해 달성하고자 하는 바람직한 미래의 상태를 의미한다(정환용, 2001: 314~318).

목표설정(目標設定)의 중요성(重要性)은 ① 정책작성의 방향을 제시하고 집행과정에서의 행동지침, 집행결과 및 성과를 평가하는 준거가 되고, ② 목표설정은 정책문제를 명료화하고 창조적인 문제해결을 유도할 수 있으며, ③ 목표에 근거한 정책은 주민의 지원과 긍정적 활동을 유도할 수 있고, ④ 목표설정은 지역사회의 계층별 욕구와 가치를 파악할 수 있으며, ⑤ 목표설정은 참여자에게 정책문제와 정책방향을 제시함으로써 장기적인 교육적 가치를 갖기 때문이다(Smith and Hester, 1982: 2~3).

(2) 요　　건

목표가 정책의 개발・집행・평가의 제 과정에서 실효성 있는 지침 또는 준거로서의 기능을 다하기 위해서는 다음 몇 가지 요건(要件)을 구비해야 한다(김신복, 1999: 108~110; 정환용, 2001: 315).

① **비괴리성**　설정된 목표(stated goal)와 실제목표(real goal) 사이에 괴리가 있어서는 안 된다. 공식적인 목표는 이상적이고 합리적인 목표를 표방하지만 실제 계획을 통해서 달성하려는 목표는 다른 경우가 있다. 표방된 목표와 실제목표 간에 차이가 있어서는 안 된다.

② **적 합 성**　목표는 해결해야 할 문제나 지향하는 미래 상황에 비추어 타당성이 있어야 한다. 이는 목표의 적합성과 적절성을 의미한다. 여기서 적합성(appropriateness)은 여러 요소 중에 가장 바람직한 요소를 목표로 선정했는가

하는 점이고, 적절성(adequacy)은 목표의 수준이 적정하게 설정되었는가를 의미한다.

③ **내적 일관성** 목표들 사이에는 내적 일관성(internal consistency)이 있어야 한다. 종적인 면에서 상·하위 목표 간에 목표-수단의 연쇄관계가 형성되어야 하며, 횡적으로도 목표들 간에 상충되지 않아야 한다.

④ **실 제 성** 목표는 구체적이고 실제적(practical)이어야 한다. 추상적이고 모호한 목표를 구체적이고 작업적 형태로 변환시키는 작업이 정책이 당면한 중요한 과제의 하나이다. 목표가 지나치게 추성적이거나 애매모호하게 되면 대안의 탐색이나 정책의 집행·평가에서 적절한 기준이 될 수 없으며 혼란을 야기할 수 있다.

⑤ **타 당 성** 목표는 인적·물적 자원 등의 제약요인에 비추어 실현가능한(feasible) 것이어야 한다. 실현가능성이 없는 목표는 결국 실패로 끝날 뿐 아니라 자원의 낭비마저 초래하게 된다.

(3) 구 조

(가) 종적 관계

목표는 책임과 관심이 어떻게 구분되고 주어진 시간 내에 개인의 바램을 얼마나 넓고 또는 좁게 보느냐에 따라, 수단(means)과 목표(ends)의 역할을 동시에 하는 이분적인 성격을 갖고 있다(Young, 1966: 79; Chadwick, 1978: 126; 정환용, 2001: 315~317). 이를 목표-수단 연계(end-means chain)관계라 한다. 각 목표는 목표의 계층구조상에서 보다 상위목표의 수단적 역할을 수행함과 동시에, 보다 하위목표에 대해서는 상위목표로서 기능을 하게 되는 관계를 나타내는 말이다. 즉 하위목표는 상위목표를 달성하기 위한 수단이 된다. 따라서 정책은 수단을 목표와 연결시키는 지적과정으로 목표는 포괄적이고 추상적인 목표를 구체화하는 과정에서 여러 계층의 하위목표들이 등장하고 따라서 목표 간에 종적 연계관계가 형성되게 된다.

목표체계의 위계구조(位階構造)에서, 상위목표(上位目標)일수록 추상적·일반적·가치함축적인 성격이 강하며, 하위목표(下位目標)일수록 구체적·특수적·실제적인 면이 강하다. 그리고 목표의 위계에 따라 하위목표에 접할수록 보다 구체적이고 명료한 시간적 범위가 주어지는 것이 보통이다.

(나) 횡적 관계와 우선순위설정

목표 간에는 횡적(橫的)으로도 경쟁적(競爭的)인 관계에 있는 경우가 많다(유훈, 1992: 220~221; 정환용, 2001: 317~318). 이러한 상호모순, 대립상태에 있는 목표 간의 관계에 우선순위(優先順位)를 부여하여 목표 간의 관계를 조정하고 중점적으로 추진할 목표의 우선순위를 결정하는 것이 목표설정에서 중요한 의미를 갖게 된다. 상호 대립적인 목표들 간의 우선순위를 부여하기 위해서 고려할 수 있는 기준은 본질적 기준, 수요, 필요성, 편익 등을 생각할 수 있다.

본질적 기준(本質的 基準)은 잠재적 기회가 성숙된 것, 해결이 가능한 문제에 우선순위를 부여하는 방법이다. 목표로서 기회가 성숙하지 못한 것이나 달성불가능한 목표는 제외시키고 나머지 목표 중에서 우선순위를 부여하는 방법이다. 사용자나 고객의 수요(需要)가 높은 사업이나 계획에 우선순위를 부여한다. 필요성(必要性)은 문제의 보편화정도, 문제의 영향, 영향집단의 규모와 대상, 정치적 관심도와 관련된 것이다. 그리고 편익(便益)은 비용-편익 분석에 의한 사회적 편익이나 경제적 편익이 얼마인가 하는 것이다. 실현가능한 목표 중에서 능률성과 공평성을 고려하여 우선순위를 정하는 것이 요구된다.

2. 설정과정

목표설정활동이 이루어지는 체계기능으로서 목표설정은 목표확인(目標確認), 명료화(明瞭化), 순위화(順位化)의 3단계로 구분 진행된다(Smith and Hester, 1982: 25; 정환용, 2001: 319).

목표확인(goal identification)은 개인과 지역사회의 가치와 잠재력을 면밀히 검토하는 단계이다. 이 과업에서는 생활에서의 선입견(先入見)과 침잠(沈潛)된 기본적 욕구(基本的 慾求)를 도출하는 것은 대단히 어렵지만, 성공적인 목표설정은 이러한 작업에서 출발한다. 주민과 기관들이 갖고 있는 꿈과 긍정적 반응으로부터, 이들이 계획에 거는 기대의 실마리를 찾을 수 있다.

목표의 명료화(goal clarification)는 첫 단계에서 감각과 감정으로 확인한 목표를 보다 완전하게 이해하고 기술하고자 하는 것이다. 목표는 ① 명료한 설정으로 관찰자에게 알려진 목표, ② 관련 개인과 집단과 이들과 접촉한 관찰자에게는 명료하지만 전체적으로는 표현되지 않고 감춰진 목표, ③ 소유하고 있는 개인과 집단의 잠재의식 속의 목표의 세 가지의 지각수준의 하나를 점유하게 된다. 이러한 측면에서 보면 목표의 명료화는 목표를 구체적으로 표면화시키는 노력이라고 할 수 있다.

목표의 우선순위화(goal prioitization)는 일정 기준에 의해 목표를 조정하고 질서를 부여하는 과정이다. 우선순위설정 작업은 목표의 명료화작업과 표현되지 않고 잠재적인 목표를 명료화함으로써 과업의 어려움의 일부를 완화할 수 있다. 우선순위설정에 있어 최종순위는 기술적 타당성과 목표달성비용이 반영되는 경우가 가끔 있다.

제 2 절 정책결정

Ⅰ. 의 의

의사결정(decision-making)은 일련의 경쟁적인 대안 중에서 하나를 선택하는 것이다. 대안(alternatives)이란 목표달성을 위한 가능한 행동노선(courses of action)을 의미한다(정환용, 2001: 370～371). 공공부문에서의 의사결정과정들은 행정관료·압력집단을 포함한 이해당사자들 간의 상호작용의 결과로서 발생되는 복합적인 사회적 현상이고, 상이한 문제인식과 갈등적 가치를 가진 이해당사자들의 네트워크와 관계되며, 계량화하기 어려운 거대한 평가준거군과 관련되고, 수개월에서 수년의 기간에서 발생되는 장기적인 과정으로서의 특징이 있다(Papamichail and Robertson, 2003: 203).

정책대안(政策代案)은 다음의 속성(屬性)을 가지고 있다(Mayer, 1985: 150～152). 첫째, 대안적 행동노선(行動路線)은 소극적으로 서로 관계되는 명료한 행동군으로 정의할 수 있다. 이는 하나의 행동노선의 수용은 다른 행동군을 채택할 수 없게 하는, 대안들 간의 상호 배타적 관계를 의미한다. 둘째, 대안은 단일행동노선의 상이한 강도의 형태를 취할 수도 있다. 마지막으로 행동노선군이 모두 목표달성에 긍정적 효과를 가져오고 상호배타적이 아닐 수도 있다. 즉 하나의 대안의 채택은 다른 대안의 수용을 제한하는 경우가 없이 전체 대안을 수용할 수도 있지만 이용가능한 자원의 제약 때문에 제한된 수를 선택하는 경우가 많다.

정책대안이 처음부터 완벽하게 작성되어 최초안이 최종안으로 선택되는 경우는 드물고, 최초에는 포괄적인 안이 구상되었다가, 점진적으로 대안의 내용이 수정, 변경 또는 새로운 내용이 첨가되어 구체화되는 경우가 대부분이다. 따라서 대안작성과정을 목표-수단의 연쇄과정(end-means chain)이라고 부르는 이유도 여기에 있다.

정책대안작성은 한마디로 여러 개의 대안 가운데 설정된 목표를 가장 효과적으로 실현시킬 수 있는 최종안을 찾아내는 과정이다. 대안(代案)의 수(數)는 가용자원(시간・노력・인력 등), 잠재적 제약요인(물리적・정치적・사회적 제약 등), 그리고 계획가의 상상력 등의 요인에 의해 제한된다. 이 단계는 정책과정에서 가장 창조적 단계(創造的 段階)이다. 대안작성이 창조적인 성격을 갖는 것은 대안작성자에게 정책목표의 달성을 위해 두 개 이상의 방안을 생각하도록 하고, 이러한 요구는 쇄신적 지혜를 통해 이룰 수 있으며, 보다 많은 대안을 도출할수록 보다 최선의 해결방안을 도출할 수 있다고 보기 때문이다.

Ⅱ. 정책작성

1. 작성과정

정책개발(政策開發)에는 두 가지의 접근방법을 생각할 수 있다(정환용, 2001: 371～373). 첫째는 선형기법(線型技法)으로 대안의 작성(generation)-정련(elaboration)-평가(evaluation)의 과정이 선형적으로 이루어져 하나의 대안이 최종적으로 선택되는 방법이다. 두 번째 접근방법은 순환적 접근(循環的 接近)으로 각 순환은 대안의 작성-정련-평가로 이루어져, 이것이 다음 단계 순환의 결정과 재구성의 바탕이 된다.

정책작성과정은 4단계로 구분할 수 있다(Mayer, 1985: 152～156).

① **정책문제의 개념구조의 구축** 정책작성은 정책문제에 대한 개념적 구조(概念的 構造)를 구축하는 것으로부터 시작하는 것이 유용하다. 이러한 구조는 계획가에게 바람직하지 못한 여건을 형성하고 있는 요인들 또는 바람직한 상황의 발생을 저해하는 요인들을 체계적으로 표현하게 하여, 현재의 여건을 명료화할 뿐 아니라 교정이 요구되는 적정한 행동을 확인할 수 있게 한다.

② **문제해결을 위한 대안적 행동의 도출** 대안도출(代案導出)은 모형에서의 방해요인 또는 유지요인을 나타내는 현재행동의 확인 또는 새로운 행동의 설계

와 관련된다. 이 단계는 창의성(創意性)을 극대화하기 위해 비교적 자유분방하고 제약 없이 진행한다. 시간제약 등을 제외하고는 도출대안의 수는 제한이 없는 것이 보통이다. 이 단계가 계획과정에서 중심적 위치를 차지하고 있다.

③ **적합성의 관점에서 대안들의 선별** 상상력과 시간이 허용하는 범위에서 대안이 도출되었으면, 계획가는 이들 중에서 유망한 대안들을 선별(選別)해야 한다. 정책과정의 다음 단계(대안평가)에서 각 대안평가를 위해 상당한 시간과 노력이 요구되기 때문에, 대안의 수는 분석에의 이용가능한 자원에 따라 3~6개로 줄여야 한다. 대안의 선별을 위한 기준(基準)은 자원의 이용가능성(availability of resources), 기술의 이용가능성(availability of technology), 의사결정체의 가치체계와의 적합성(value acceptability), 그리고 목표에의 적합성(adequacy)의 준거에 의한다.

④ **적합한 대안의 서술화** 대안이 관리 가능한 갯수(個數)로 줄여지면, 마지막 단계는 각 대안에 대해 서술화(敍述化)를 발전시키는 것이다. 이 서술은 만개(滿開)한 설계를 기대하는 것은 아니지만, 집행단계와 연결된다. 그리고 각 서술은 예상되는 비용과 편익을 적절히 추정할 수 있도록 충분한 상세성(詳細性)을 갖추어야 한다.

2. 작성기법

정책작성에는 문헌검토, 비교연구, 현존 지식과 경험의 조사, 그리고 구조화된 집단과정의 4가지 기법유형이 유용하다(Mayer, 1985: 156~160; 정환용, 2001: 375~376).

문헌검토(文獻檢討)는 정책문제의 상세화에 관한 현재의 지식과 경험을 평가하는 데 가장 쉽고 자주 사용하고 있는 기법이다. 비교연구(比較硏究)는 비교적 새롭고 체계적인 지식이 없는 정책문제에 대한 해결대안을 도출하는 데 가장 유용한 방법이다. 관련된 문헌이나 사례를 발견하기 어려울 때 조사(調査)는 대안적 행동을 도출하기 위해 사용할 수 있다. 마지막으로 구조화(構造化)된 집단과정(集團過程)은 앞의 세 가지 방법과 연계되어 사용하는데, 관계문헌이나 모형이 없을 때 특히 유용하다. 이 방법은 동적이고 상호 작용적이기 때문에 쇄신적 또는 창조적 사고를 촉진하는 데 유용하다.

정책작성에는 많은 방법들이 있다. 한편으로는 경험을 통한 전통적 지혜를 바탕으로 한 것으로 매우 직관적인 브레인스토밍(brain-storming), 집단토의를 사용하는 델피(delphi)방법, 그리고 문제에 대해 중간적인 답을 추구하는 반논리적(semi-logical) 접근방법 등이 있다. 다른 한편으로는 매우 체계적이며 수리적 방법에 의해 문제해결방안을 모색하는 결정이론(decision theory)이 있다. 이들 방법은 상이한 목적을 가지고 있고, 상이한 요구를 하고 있기 때문에 실제적용에는 여러 방법의 혼합에 의한 보완이 요구된다.

Ⅲ. 정책선택

1. 결정이론

의사결정이론(decision making theory) 또는 의사결정모형(decision making model)은 어떻게 대안선택이 이루어지는가에 관계되는 것이다(이하 정환용, 2001: 380～388). 의사결정모형(意思決定模型)은 관심의 초점이 개인적 차원의 의사결정분석으로부터 집단적 차원의 의사결정분석이 있고, 인간의 합리적 능력을 완전히 신뢰하는 합리모형으로부터 인간의 합리성을 거의 인정하지 않으려는 극단적인 비합리모형인 쓰레기모형에 이르기까지 다양하다. 여기서는 합리모형과 현실모형으로 이분하여 주요 결정모형을 검토하기로 한다(이하 정환용, 2001: 190～199. 380～388).

(1) 합리모형

① **총합모형** 합리모형(rational model)은 정책결정에 있어 최대한의 합리성을 추구하는 모형이다. 이 모형은 정통적인 주류 정책모형으로, 합리적 종합적 모형(comprehensive rational model)·총합적 방법(synoptic model), 또는 근원적(root) 접근이라고 한다. 이 모형은 계획가가 완전한 정보를 바탕으로 종합적 분석과 최적의 대안선택이 가능하다고 보는 당위적이고 이상적인 접근방법이다.

② **부분점증모형** 부분점증모형(disjointed-incremental model)은 린드블룸(C. Lindblom)이 합리적 종합적 모형의 한계를 인정하고 이에 대해 대체모형으로서 제기한 이론이다. 이 접근방법은 인간의 지적능력의 한계와 의사결정의 기술적인 제약을 감안한 현실적이며 보수적인 접근방법으로, 모든 대안을 고려하기보다는 한정된 대안을 추출하여 평가하고, 최적의 대안을 기대하지 않을 뿐 아니

라 선정된 결정사항에 대해 계속적인 평가와 조정을 추구하고 있다.

③ **혼합주사모형** 에찌오니(A. Etzioni)는 총합모형과 부분점증모형을 타협하기 위해 혼합주사(mixed scanning)접근방법을 제시하였다. 이 모형을 사용하는 결정자는 근본적인 결정과 지엽적인 결정을 구별한다. 근본적(根本的)인 결정에 있어서는 결정자의 목표를 달성하기 위한 대안을 광범하게 모색하나 합리모형과 달리 세부적인 문제는 생략한다. 그러나 지엽적(枝葉的)인 결정은 근본적인 결정에 의하여 설정된 테두리(context) 안에서 점증적으로 이루어지게 된다는 것이다.

④ **만족모형** 마치(J. March)와 사이먼(H. Simon)에 의해 주장된 만족모형(satisficing model)의 특징(特徵)은 제한된 합리성(bounded rationality)에 기초하고 있다. 의사결정자는 자신의 외부환경에서 일어나는 모든 문제를 완전히 이해하는 것은 불가능하므로 이것을 간소화시켜 인식하게 되며, 여러 목표나 문제 중에서도 자기와 관련된다고 느끼는 지극히 일부분만을 관심의 대상으로 삼는다.

⑤ **최적모형** 최적모형(optimal model)은 드로(Y. Dror)가 제시한 것으로, 총합모형(總合模型)과 연속적 한정적 비교방법에 기초하는 점진모형(漸進模型)의 혼합(混合)을 주장하고 있다. 이 모형은 혼합주사모형과 유사하나, 양자의 단순한 합계적인 혼합이 아니라 합리성과 초합리성을 동시에 고려하는 최적성(optimality) 중심의 규범적 최적모형(規範的 最適模型)을 제시하고 있다는 점에서 합리모형에 보다 가깝다.

(2) 현실모형

① **연합모형** 연합모형(coalition model)은 사이버트(R. Cybert)와 마치(J. March)가 제시한 것으로 회사모형(firm model)이라고도 불리운다. 이 모형은 만족모형을 발전시킨 것으로 조직에서의 의사결정에 적용시켜 만족모형의 적용범위를 확대시켰다는 데 의의가 있다. 의사결정과정이 복수의 대립되는 목표, 희귀자원에 대한 경쟁, 다른 갈등과 모순이 있는 상황에 나타나는 상황에서는 가장 강력한 지위에 있는 사람이 의사결정을 지배하게 된다. 의사결정자는 이러한 경향을 알고 있더라도 단지 정치에 관여함으로써 의사결정과정을 관리 또는 조작하는 행동을 할 수 있을 뿐이다. 정치적 과정은 개인적인 이해들을 결합하여 집단적으로 혜택이 되는 대안을 제시하게 되며, 이러한 연합모형은 막후협상을 통해 이루어지는 경우가 대부분이다. 이 모형의 주요한 특징은 갈등의 불완전

한 해결, 불확실성의 회피, 문제중심적 탐색, 조직의 학습, 그리고 표준운영절차(SOP: Standard Operation Procedure)의 사용으로 정리할 수 있다.

② **공공선택모형** 부케난(J. Buchanan)에 의해 개발된 공공선택이론(公共選擇理論)은 정책결정을 둘러싼 정치적 과정을 경제학적 방법들을 적용하여 설명한다. 이 이론은 도시정책을 수요와 공급의 관점에서 파악한다. 수요는 집단적 조직과 행위를 통한 개인들의 주장(voice)으로 표출되며, 이는 관련 당사자들의 경제적 이기심과 관련되어 있다. 합리적인 개인들은 자신의 이익을 추구하지만 적절한 유인이 주어지지 않으면 집단적 이익을 추구하지 않는다. 그래서 정책결정시 중심적인 문제는 어떻게 하면 개인의 다양한 선호들을 관련된 모든 사람에게 해를 끼치지 않는 집단적 선택으로 모아가느냐 하는 것이다. 공공선택이론에서 도시정부는 그러한 집단적 선택을 도출해 내기 위한 하나의 의사결정 규칙을 만드는 일을 하고, 정책과정은 대부분 경제적 이익이 주된 내용을 이루는 개인의 선호에 기초를 둔 사회적 의사결정에 이르는 절차에 불과하다.

③ **쓰레기통 모형** 쓰레기통 모형(garbage can model)은 합리모형 등과 같이 체계적으로 대안을 선택하는 것이 아니라, 쓰레기통 속의 쓰레기처럼 뒤죽박죽으로 엉켜 있는 상황하에서 어떻게 결정이 이루어지는가에 초점을 두는 이론이다. 이 모형은 혼란한 상황, 즉 조직화된 혼란상태(organized anarchies) 속에서 어떠한 결정행태를 나타내게 되는가에 초점을 두고 있다. 공·사조직 불문하고 조직의 목표와 선호에 있어 일관성이 없고, 결정체계 간에 혼란상태에 놓여 있거나, 복합적이고 급격한 변화가 일어나는 사회현상의 경우, 시행착오에 의존하거나 과거의 경험·필요성에서 우연히 얻은 교훈에 의해 정책을 결정하게 된다는 것이다. 이 모형에서는 갖가지의 쓰레기가 우연히 하나의 쓰레기통 속에 모여지듯이 문제·해결책·선택기회·참여자의 흐름이 서로 다른 시간의 통 안에 들어와서 우연히 동시에 한 곳에서 모두 모여지게 될 때 비로소 결정이 이루어지는 것으로 본다.

2. 선택과정과 기준

(1) 선택과정

정책의 선택과정은 보고서 작성(報告書 作成), 외부검토(外部檢討), 내부검토(內部檢討), 대안수정(代案修正), 그리고 주민에 환류(還流)의 5단계로 구성되어 있다(Mayer, 1985: 176～180; 정환용, 2001: 388).

정책선택의 출발은 의사결정자에게 어떻게 대안을 요약·정리하여 제출할 것인가 하는 보고서준비(report preparation)단계이다. 여기에는 대안별로 문서와 구두보고서를 포함해야 하지만 도표와 지도를 가급적 많이 사용하여 추상적 사고와 복잡한 관계를 간략·명료하게 제시해야 한다.

의사결정자는 대안에 대해 의사결정체계에 있는 주민으로부터 공적검토나 논평을 완화하기 위해서 외부검토(external review)를 받기를 원한다. 외부검토에는 많은 기법이 동원되지만, 가장 일반적으로 사용되는 것은 공청회이고 시민조언위원회 등도 사용된다.

의사결정자는 외부검토와 계획안의 검토를 통해 의사결정에 이르게 되는데, 내부검토(internal review)는 대안의 모든 분석내용을 종합 검토하여 의사결정할 필요성이 제기된다. 이를 위해 샤레트(charrette), 델피(delphi), 명목집단법(nominal group method) 등의 집단기법들이 활용된다.

네 번째 단계는 수정(修正)의 확인인데, 여기서는 목표로 변환되지 못한 가치, 목표의 우선순위가 주어지지 못한 조건, 평가되지 못한 수요, 고려되지 못한 대안 등을 중점 검토하여 수정한다. 여기서 계획가는 생략된 내용에 대한 평가에 의사결정자를 도와준다.

마지막 단계는 외부검토(external review)에 의해 제시된 내용이 정책안에 어떻게 반영되었거나 되지 못했나를 참여자에게 제시하는 단계이다.

(2) 선택기준

(가) 일반적 고려사항

정책선택에 있어 몇 가지의 상호관련된 문제(問題)에 접하게 된다(정환용, 2001: 388～389). 누구의 수요·가치 그리고 기회가 문제가 되고 있는가? 어떤 대안이 이들을 만족하는 데 이용가능한가? 어떤 목표가 달성되어야 하고 어떻게 측정되는가? 목표달성에 소요되는 비용은 어느 정도인가? 어떤 제약요인이 — 재정적·법적·행정적·정치적 — 이의 달성을 제약하는가? 여기에는 비용이나 혜택에 포함되어야 할 부수효과, 파급효과, 예측하지 못한 결과들은 없는가? 비용과 혜택의 가치는 시간에 따라 어떻게 변하는가? 예측된 변화가 얼마나 확실히 나타나는가?

정책대안선택에서는 일정한 평가기준(評價基準)을 만족시켜야 한다. 이러한 평가기준의 예는 어떤 안이 최대의 순혜택을 제공하는가?, 어떤 안이 투자대비 최대 순이익을 제공하는가?, 정치적 저항이 최소인 대안은 어떤 것인가? 어떤 것이 가장 좋은 기술적 해결안인가? 등에 관한 것이다(Patton and Sawicki, 1986: 261). 단순하게는 기술적 또는 경제적 해결안을 선택하는 경우가 많지만, 최적의 기술적 해결책이 정치적으로 수용하기 어려운 경우가 있고, 최소비용의 해결안이 바람직하지 않은 측면효과를 유발할 수도 있다. 한 집단에게 중요한 기준을 충족시킨 대안이 다른 집단에 중요한 기준을 충족시키지 못하는 경우가 있다.

정책을 설명하고 선택하는 과정에 많은 문제(問題)에 직면하게 된다. 분석가는 기술적 문제 뿐 아니라 정치적 반대와 의도하지 않은 결과에 직면할 수도 있다. 그리고 비용과 혜택의 측정은 정치적 조작에 개방되어 있고, 형평의 문제도 고려해야 한다. 이러한 모든 문제를 고려한 기법이 존재하지 않기 때문에 어려움이 있다. 정책 중에서 고객과 의사결정자가 선택할 수 있도록 결과는 설명형태와 함께 도표로 나열해야 한다(Patton and Sawicki, 1986: 261～262).

(나) 세부적 선택기준

민간부문의 선택의 기준이 주로 이윤극대화(profit maximization)인 데 비해 이를 공공선택에 그대로 적용하기는 어렵다. 이는 민간선택에서의 기준인 이익·혜택·기회에 대한 개념을 공공선택에 그대로 적용하기 어렵기 때문이다. 어떤 선택이든 간에 가능한 결과에 대한 일정한 지식에 근거하고 있지만, 어떤 상황에서는 불확실성의 여건 하에서 진행되는 경우도 있다. 여기서 가능한 결과에 대한 지식을 극대화하고, 불확실성을 극소화하는 노력을 바탕으로 대안을 비교하여 선택 즉 결정하게 된다(Roberts, 1980: 48).

정책 선택을 위한 평가기준으로 던(W. Dunn)은 효과성, 효율성, 적절성, 형평성, 반응성, 그리고 적합성의 6가지 지표를 제시했다. 한편, 채드윅(G. Chadwick)은 타당성(feasibility), 효과성(effectiveness), 성취수준(level of performance), 자원(resources), 보전(conservation), 영향(incidence), 불확실성(uncertainty)의 7개 필수적인 국면을 제시한다(정환용, 2001: 390～391).

제 3 절 정책집행

Ⅰ. 의 의

1. 개 념

정책이 선택되면 집행문제에 이르게 된다. 집행(執行)이란 일반적이고 추상적인 정책을 위계에 따라 점차적으로 연역화하여 구체화시켜 행동(行動)에 옮기는 과정이라고 정의할 수 있다. 보다 간략하게는 집행은 정책(政策)을 행동(行動)에 연결(連結)하는 것이라고 이해할 수 있다(정환용, 2001: 403~404).

정책에 대해 일반 주민들은 회의적 시각을 갖는 경우가 많은데, 이는 많은 정책이 작성되었지만 기대했던 만큼 성과를 이루지 못한 데 그 원인의 일부가 있다. 이는 지금까지의 정책에 대한 주요 관심은 정책작성과 작성된 정책의 평가에 초점을 두었기 때문이다. 즉, 집행은 정책작성과 평가의 두 개 과정 사이에 빠진 고리(missing link)가 되었다. 이러한 문제점을 인식하여 1970년 이후 집행에 대한 관심이 고조되고 있다.

2. 영향요인

정책집행은 정부의 행정기관이 그의 내·외부 조직구조 속에서 각종 절차에 입각하여 필요한 자원을 동원해서 정책목표를 달성해 가는 활동이라고 할 수 있다. 여기서 정책집행에 영향을 미치는 요인들은 내부요인과 외부요인으로 구분하여 고찰할 수 있다(안해균, 2004: 425).

정책집행에 영향을 미치는 내부요인(內部要因)은 정책목표·자원·조직구조·집행담당자, 그리고 집행절차를 들 수 있다(안해균, 2004: 425~434). 정책목표가 명확하게 정의되어야 정책집행이 용이해져서 성공을 거둘 가능성이 높아진다. 자원 없이 정책이 집행될 수 없기 때문에 자원의 질과 양 그리고 자원관리가 집행에 영향을 미친다. 정책집행기관의 구조적 특성도 정책집행의 성공여부에 영향을 미치는데, 일반적으로 민주적인 집행구조가 다른 조직에 비해 효과성이 높다. 정책집행에 임하는 집행자의 태도가 적극적이냐 소극적이냐 또는 법규 중심적이냐 문제해결 중심적이냐 등에 따라 정책집행의 성공여부가 좌우된다. 그리고 정책집행이 제도화된 절차에 따라 합리적으로 집행되느냐 여부도

성공적인 집행에 영향을 미치지는 요인이 된다.

정책집행은 행정기관이 외부환경(外部環境)과의 상호작용에 의해 이루어지기 때문에 이에 영향을 주는 사회경제적 여건을 비롯하여 여러 요인들이 집행에 영향을 미친다.

Ⅱ. 집행과정과 방법

1. 집행과정

1970대 중반까지의 집행과 집행평가에 대한 접근방법은 주로 선형(linear) 또는 하향적(top-down)인 것이었다(Alexander and Faludi, 1989, 130). 이는 정책을 일정시점까지 완성하고, 정책에 부응한 결과가 도출되었는가에 따라 집행을 평가하는 접근방법이다. 그러나 정책내용이 집행 중에 수정 또는 변환된다는 점을 고려하여 선형적인 접근을 수정하여, 점진적으로 집행과정을 순환적(circular), 반사적(reflexive), 또는 협상적(negotiative) 과정으로 이해하게 되었다(Alexander and Faludi, 1989: 130).

집행단계(執行段階)는 학자에 따라 차이가 있다. 레인(M. Rein)은 지침개발 · 자원배분 · 감시단계로, 존스(C. Jones)는 해석 · 조직 · 적용단계로, 리플리(R. Ripley)와 프랭클린(G. Franklin)은 자원확보 · 해석과 기획 · 조직 · 편익과 서비스의 제공 · 감시와 환류의 단계로 각각 구분하고 있다(유 훈, 1992: 282～284).

2. 집행방법

집행방법(執行方法)은 광범하다. 전통적인 법적, 행정적, 그리고 규제적 집행도구가 있으며, 보다 효과적인 비공식적 방법도 있을 수 있다. 정책집행을 위한 단일의 도구나 방법이 있는 것은 아니다. 집행의 진수는 바람직한 목표를 달성할 수 있는 일련의 행동과 개발전략의 통합조정(orchestration)에 있다(Wilson, et al., 1979: 155).

집행방법을 직접행동(直接行動), 규제방법(規制方法), 그리고 간접방법(間接方法)으로 나누어 고찰하기로 한다(Wilson, et al., 1979: 156～207; 정환용, 2001: 412～414).

① **직접집행행동**(direct implementation actions)　정책집행은 계획된 변화를 위해 직접적인 노력을 수행하는 방법과 계획된 변화를 유인하는 두 가지 방법으로 구분할 수 있다. 후자는 간접적인 방법으로 적극적인 규제나 소극적인 유인정책이 포함된다. 직접집행행동은 전자의 범주에 속하는 노력이다.

공공부문에 의해 공간개발이 이루어지는 경우를 예로 들면, 정부가 각종 개발사업에 경비를 지출하면서 정책을 직접 집행하는 것을 말한다. 정부의 경비지출방법은 직・간접적인 다양한 형태의 보조화를 포함한다. 여기서는 공공토지취득, 공공건설, 그리고 개발지원의 3가지의 주요한 정부지출의 형태를 생각할 수 있다(Wilson, et al., 1979: 156～167).

② **규제적 접근**　규제적 접근(regulatory approaches)은 계획에 대한 행위의 규범으로서의 공식적인 지위를 부여하여, 그 실현을 강력하게 뒷받침하는 방식이다(김신복, 1992: 192). 정책은 아주 구체적이고 세부적인 목표, 수단, 일정까지를 제시하여 그 자체가 집행단계에서 엄격한 지침이 된다.

일반적으로 통제 또는 규제란 목표성취를 위하여 미리 세워 놓은 정책과 기준에 업무실적이 일치하도록 보장하고, 그 정책 및 기준과 실적 사이에 차이가 났을 때 그 원인을 규명하며 아울러 시정조치를 취하는 기능이다. 전통적으로 정책작성은 바람직한 모습의 쇄신적인 창조보다는 바람직하지 못한 것의 발생의 예방에 초점을 두고 있다. 따라서 개발통제도 긍적적 과정보다는 부정적인 규제적 측면에 초점을 두어 온 것으로 볼 수 있다(Crowther, 1983, 147).

공간개발의 경우, 개발통제는 개인이 특정지역에서 특정활동을 하지 못하도록 하거나, 다른 지역에서 특정 활동을 하도록 유도하는 것이다. 광범하게 이러한 통제를 달성할 수 있는 장치는 토지이용 지역제(land use zoning)와 계획기준(planning standard)의 두 가지가 있다(Hobbs and Dolings, 1981, 128～129).

③ **간접적인 유인책과 억제책**　세 번째 범주는 민간개발에 간접적인 영향을 주는 공공정책을 말한다. 이러한 간접적인 유인 또는 억제책(indirect incentives and disencentives)이 규제나 직접개입 조치보다 효과적인 경우가 많다. 여기에는 공공투자・공공재정・과세・개발유인정책이 있다(Wilson, et al., 1979: 199～207). 직접적인 규제에 의해서가 아니라 유인체계의 조정을 통해서 간접적으로 유도하는 방식이다. 정책이 의도하는 방향이나 정책내용과 합치되는 행위에 대해서는 적절한 보상을 제공하고 상반되는 경우에는 불이익을 받도록 하여 정책목적의 달

성을 유도한다.

Ⅲ. 집행관리

1. 관리접근

집행에 대한 관리접근이 공공정책의 행정에서 주도적인 운영패러다임이 되고 있다. 공공부문의 관리가 보다 기업적이 되도록 노력하고 있기에, 과거에 민간부문의 방법들로 생각되었던 기법들이 채용되고 있다. 여기서는 작업관리, 기업관리, 인사관리의 3가지 관점에서 고려하기로 한다(Parsons, 1995: 473).

(1) 작업관리

1950년대에 미국정부에서는 폴라리스(Polaris) 미사일계획을 관리하기 위한 기법으로 CPM(Critical Path Method)와 PERT(Project Evaluation and Review Technique)를 채택했다. 양 방법은 네트워크 속에서 대규모프로젝트를 관리하기 위해 채택한 방법으로, 이들은 네트워크분석(network analysis)이라고 알려지고 있다. CPM과 PERT의 목적은 집행의 단계를 구성하는 활동들(activities)과 사상들(events)의 네트워크를 통제하여 프로젝트의 집행을 통제하기 위한 것이다. CPM은 적시에 프로젝트의 성공적인 집행에 중요(critical)한 그들 활동들을 확인하기 위한 목적의 방법이다. 네트워크는 프로젝트의 시작과 하나의 중요한 활동에서 다른 활동으로 이동하는 데 관련된 추정시간을 나타내는 것으로 도형화한다. PERT는 중요활동들(critical activities)의 기간이 불확실한 것을 단정하는 방법이다. PERT체계는 하나의 활동에서 다른 활동으로 이동하는 가장 가능한 기간, 주어진 활동에 대한 기간의 가장 낙관적(최단) 예측, 그리고 기간의 가장 비관적(최대) 예측이라는 불확실성에 대한 3가지 유형의 계산에 바탕을 둔 프로그램이다. PERT분석은 프로젝트의 완성주위에 높은 불확실성이 있는 경우에 사용된다(Parsons, 1995: 474).

(2) 기업관리

집행에 대한 기업관리(corporate management)는 민간부문에서 발달되었다가 공공부문의 관리자들에 의해 채택되었었던 구조이다. 기업관리모형은 목표・계획 · 조직 · 지시 · 통제의 순환을 통한 전략적 과정에서 관리문제를 분석하는 것을 강조한다(Parsons, 1995: 475～476).

정책은 목표를 정의하고 이를 달성하기 위한 전략을 개발하는 과정과 관련된다. 이 모형의 핵심단계는 조직의 내부 강점과 약점, 그리고 외부 기회와 위험을 확인하는 소위 SWOT분석이다. 이 검토를 목표들은 통해 SWOT의 관점에서 필요한 전략들에서 고려된다. 여기서 핵심적 고려는 조직의 구조와 이의 인력에 대한 전략의 관계이다. 성공적인 집행을 위해서는 조직구조의 채택이 요구된다. 전략이 구조를 형성하고, 바꾸어 구조가 전략을 형성한다. 기업접근(corporate approach)은 조직의 임무달성을 촉진하는 조직구조 · 문화 · 유형에 높은 우선순위를 부여한다. 행동계획의 집행을 위한 모니터링은 어떻게 목표가 달성되며 성공을 촉진하기 위해서는 어떤 문제들에 대처해야 하는가에 대한 관리에 환류하게 된다(Parsons, 1995: 476).

기업관리는 많은 선진국들에서 비용절감, 화폐가치와 보다 기업지향적 문화가 분명했던 1980년대 이후의 환경에서 특히 새로운 공공부문관리에서 영향력 있는 접근이 되어왔다(Parsons, 1995: 476).

(3) 인적관리

기업관리접근의 문화적 측면은 공공부문에서 관리주의의 또 다른 중요한 측면인 사람의 관리를 취하게 한다. 기업관리의 진수적 방법은 목표의 수립과 확립이다. 어떻게 공공조직과 서비스에 있는 사람들이 최대의 중요성을 가지고 집행을 요구받는 이들 목표들에 반응할 것인가? 성과평가와 목표에 의한 관리라는 두 가지 기법이 목표에 의한 집행, 성과평가와 관리의 인적 측면을 개선하는 데 사용되어 왔었다. 성과평가(performance appraisal)는 조직의 목표와 개인의 잠재력개발의 맥락에서 성과(performance)의 측면에서 평가하는 방법이다. 목표에 의한 관리(MBO: Management by objectives)는 명료하고 잘 정의된 목표를 수립하도록 관리자와 관리받는 사람 간에 목표가 합의되는 기법이다(Parsons, 1995: 478).

2. 탈선예방

(1) 의 의

정책이 작성되고 그 내용이 알려지면, 반대의 견해가 나타나고 상호대립이 심화되며 정책에 영향을 주게 된다. 이 시점에서 주고받기(give-and-take)가 시작되고 협상이 수반되고, 정책은 수차례 수정(修正)을 거쳐 결국 정책은 승인(承認)되고 집행(執行)이 시작된다. 그러나 이렇게 수정된 정책은 새로운 이해관계자들을 만족시키지는 못하여 그들을 중심으로 또다시 정책의 집행을 방해하고 여기서 새로운 협상이 시작되고 새로운 수정이 도입되게 된다. 그러나 이미 집행이 진행 중이기 때문에 그러한 변화는 정책의 지연(遲延)과 비용(費用)의 추가를 요구하게 된다. 이러한 상황은 새로운 반대(反對)와 계획의 지연을 가져온다. 이렇게 되어 수정된 것은 처음의 개념과는 상이한 모습을 보이게 되고 이는 누구도 만족시키지 못하게 된다. 이와 같이 여러 상황에 의해 정책이 수정, 변경됨은 물론 지연, 반대되어 본래의 정책과는 다른 모습으로 집행되는 정책의 탈선현상을 초래하게 된다. 여기서 정책탈선(policy derailment)은 가치 있는 과업의 포기나 가치 없는 과업의 수행으로 정의할 수 있다(Benveniste, 1990: 230; 정환용, 2001: 414～417).

(2) 탈선유형

정책탈선(政策脫線)은 다음 7가지 유형(類型)으로 요약할 수 있다(Benveniste, 1990: 230～232)

① **끊임없는 수정에 의한 탈선** 정책의 원초 생각과 개념이 모든 사람의 요구에 맞게 수정(修正)되고, 재협상하며 바뀐다. 최종 산출물은 원초 의도와는 현저히 달라지고, 더욱 중요한 것은 기술적으로 건전하지 못하기 때문에 욕구충족에 실패하게 된다.

② **끊임없는 연기에 의한 탈선** 많은 부문에 대해 반대집단은 정책집행의 연기(延期)를 위해 가능한 수단을 다한다. 정책이 최종적으로 집행되었을 때에는 본래문제에 대한 해결이 아니고 상황이 되어 버린다. 집행한 것은 너무 적을 일을 너무 비싸게 그리고 너무 늦게 한 것이 된다.

③ **대량소멸에 의한 탈선** 정책이 출발선상에서부터 실족 익사한다. 반대

측에서는 정책을 단순히 파괴하여 소멸(消滅)시킨다. 심각한 문제이지만, 이 경우에 할 수 있는 일이 별로 없다.

④ **백상(white elephant) 탈선** 　달성할 수 없는 목표나 잘못된 해결책의 추구에서 기인한다. 고가의 흰 코끼리 작전을 추구하지만 결국은 달성할 수 없는 목표임을 알게 된다.

⑤ **적재(piling on)에 의한 탈선** 　정책이 진행되는 동안에 너무 많은 과업(課業)을 추가적으로 부과한다. 이에 따라 더 많은 이해관계자들이 자신의 욕구충족을 위해 계획을 이용한다. 수행해야할 과업들이 너무 많아 관리할 수 없을 뿐 아니라 정책자체가 비틀거리게 된다.

⑥ **과도한 시간과 비용에 의한 탈선** 　집행이 본래 생각했던 것보다 훨씬 어렵고 복잡하다. 목표는 달성할 수 있지만 원래 생각했던 것보다 훨씬 비용(費用)이 많이 든다. 비용이 증가하고 추가적인 자원이 요구됨에 따라 반대측이 날뛰게 된다. 예상되는 혜택이 증가되는 비용보다 적을 때는 정책이 탈선하게 된다.

⑦ **관료화에 의한 탈선** 　정책활동은 계속되지만 계획자체가 사소한 것이 되어간다. 관료적 규칙(官僚的 規則)이 정책활동의 규범이 되어간다. 형식과 문서가 결과보다 더 중요해진다.

(3) 예방조치

정책의 탈선을 방지하기 위해서는 보다 나은 계획(計劃), 협상(協商), 그리고 유인책(誘引策)의 사용이 중요하다(Benveniste, 1990: 234～259).

① **보다 나은 계획** 　효과적 계획은 담대해야 하지만 아울러, 철저한 사고(思考)에 기반하여 이루어져야 한다. 집행되도록 하기 위해서는 계획에 높은 주의가 요구된다. 네트워킹(networking)과 융화구축도 중요하지만, 이것만 가지고는 충분하지 않다. 여러 형태의 탈선은 갈등에 의해 발생하고, 처음에는 바람직하고 가능하다고 생각되었던 것이 바람직하지 않거나 불가능한 것으로 판명되는 이유 때문에 발생한다.

② **협　　상** 　협상(negotiation)은 대립되는 이해관계에 있는 사람 간의 합의에 대한 논의와 관련된다(Hoch, 1994: 188). 협상(協商)은 여러 측면을 갖고 있다. 한편으론 바람직한 자원과 지지를 얻기 위해 협상하고, 다른 한편으론 불가능한 과업을 회피하기 위해서 협상한다. 여기서는 계획탈선의 사전예방책으

로서 협상을 내실화하기 위해서는 사업계획을 단순화하고, 신뢰망을 구축하며, 약속을 준수하는 노력이 중요하다.

③ **권위의 위임, 유인책, 그리고 위험부담** 계획가는 협상시 제안할 유인책이 거의 없다고 생각하는 경우가 있다. 실제로 계획가들은 막료로서 일하기 때문에 운영상 책임을 갖지 않는다. 그리고 계획가에게는 계획에 반대하는 사람을 수용하기 위해 필요한 자원을 사용을 위해 위임된 권위도 거의 없다. 따라서 계획가들에게는 제시할 유인책도 없고 출현하는 반대에 대해 타협에 도달할 수 있는 빠르고 효과적인 길이 없다. 그러나 이는 장기적으로 낭비적이다. 사업계획들은 계획가들의 지연처리에 의해 일탈하고, 탈선하고, 무한정 연기될 수도 있기 때문이다. 긍정적 유인책은 부정적 유인책보다 효과적이다. 계획이 관리적 과업이라면 계획가에게는 권위(權威)의 위임(委任)이 있어야 하고, 보다 강력하고 의미 있는 유인책(誘引策)에 접근이 가능해야 한다. 계획가는 그들과 협력하거나 도와주는 사람들에게 자원을 제공하고 일정한 지위를 부여할 수 있어야 한다. 이를 통해 계획가의 효과성을 증대시킬 수 있다.

3. 갈등관리

(1) 의 의

시민사회의 기반이 확고해지고, 지방자치의 본격시행에 따라 각종 도시개발사업의 시행과 관련하여 개발주체와 해당주민 및 관련 시민단체들 간의 대립과 갈등이 발생하여 의도한 대로의 정책집행이 효과적으로 이루어지지 못하는 경우가 많이 발생하고 있다.

갈등관리(葛藤管理)란 이해관계자 간에 발생하는 역기능적인 갈등을 제거・해결함은 물론 순기능적인 갈등을 유지 또는 자극하는 활동을 말한다(천대윤, 2005: 39; 나태준・박재희, 2004: 24).

(2) 갈등해소모형

갈등해소에는 3가지 모형이 있다(Cross and Rosenthal, 1999: 564～566).

① **배분적 거래**(distributive bargaining) 배분적 거래모형은 노동협상영역에서 기원했고, 고정된 자원을 나눌 때의 행태군으로 기술할 수 있다. 이 모형은 승/패 또는 제로섬(zero-sum)획득분쟁으로 인식된 갈등들을 다루는 데 있

어, 경쟁적(competitive) · 입장기반적(position-based) · 합의지향적(agreement oriented) 접근이다. 협상자들은 상대방을 일련의 양보를 통해 합의에 도달하여야 하는 적수로 본다. 배분적 거래의 목적은 일방적 획득의 극대화이고, 각 당사자는 고정된 파이(pie)에서 가능한 최대량을 획득하고자 노력한다. 때문에 한 당사자의 획득은 다른 당사자의 동등한 양의 손실이 된다. 이 과정은 정보통제, 불투명한 커뮤니케이션, 고정된 입장, 그리고 공공연한 위협의 전략들과 관련된다. 이 모형은 독자이익의 극대화라는 협상자의 단일목표, 두 당사자는 과거의 역사도 없고 미래의 관여도 없는 것처럼 서로 갈등적 상호작용을 한다는 점에서 다른 두 모형과 대비된다(Cross and Rosenthal, 1999: 564).

② **통합적 교섭**(integrative bargaining) 1970년대 후반들어 갈등해소에 있어 배분적 거래보다 통합적인 접근에 대해 보다 많은 이론적 관심을 갖게 되었다. 이 모형도 노동협상의 영역에서 주로 기원했지만, 현재는 집단 간 갈등해소에서 가장 빈번히 사용되는 모형의 하나이다. 통합적 거래는 윈/윈(win/win) 또는 상호획득적 분쟁으로 보이는 갈등을 다루는 협력적(cooperative) · 이익기반적(interest-based) · 합의지향적(agreement-oriented) 접근이다. 이는 확대된 파이모형(expanded pie model)으로, 대안들의 확대를 목적으로 하여 공동의 문제해결과정을 통해 이용가능한 이익을 증가시키는, 주어진 자원 이상의 이용가능성을 검토한다. 협상자들은 배분은 물론합계의 증가를 위해서도 노력한다. 통합거래과정은 양보작성과 상호유익한 대안탐구의 양자와 관련된다. 단순하게 말하면, 협상자들은 자신들 앞에 놓여 있는 것보다 나은 제안을 추구한다. 이러한 시각에서 협상자들은 상대방을 서로의 공평한 이익을 추구할 수 있는 동반자로 본다. 이 모형의 공동기법은 문제의 명료한 정의, 정보의 개방적 공유, 가능한 해결책의 탐구를 포함한다. 이 모형의 선택결과는 상호에게 최대획득을 가져온다(Cross and Rosenthal, 1999: 564～565).

③ **상호작용적 문제해결**(interactive problem solving) 상호작용적 문제해결은 일반적으로 학자-실무자들에 의해 시행되는 제3자 협상 또는 비공식적 중재의 형식이다. 이 비전통적, 비정부적 제3자 접근은 분석적 대화(analytical dialogue), 공동의 문제해결, 그리고 갈등의 변환을 강조한다. 그것은 상이한 정체성과 관련된 당사자들의 기저에 있는 동기 · 수요 · 가치 · 위험의 탐색을 포함한 갈등을 가져오는 문제와 이슈의 보다 심도 있는 분석을 촉진하기 위한 것이다.

상호작용문제해결모형은 각 당사자의 정치적 수요와 위험을 분석하고 상호유리한 해결을 어렵게 하는, 각자가 당면한 제약을 논의하는 것으로부터 시작한다. 이 접근의 목표 중 하나는 상대방이 승리하기 위해 투쟁하기보다는 상호해결하는 문제로서 갈등을 보도록 하는 것을 돕는다. 이 모형은 당사자들이 합의에 이르도록 하는 데 초점을 덜 두는 반면에, 커뮤니케이션과정의 개선·서로의 입장이해의 증대·상대방이 자신들의 목표와 우선순위의 재조정, 그리고 최종적으로 보다 창조적인 문제해결을 유인하는 데 보다 관심을 갖는다(Cross and Rosenthal, 1999: 565~566).

(3) **제3자 과정**

제3자 과정(third-party processes)은 갈등해소를 위해 보다 전통적이고, 법원지행적인 접근방법들보다는 덜 적대적이 되도록 설계된다. 누가 옳고 누가 그르다는 것을 결정하는 대신에, 이 과정은 갈등에 대한 협력적(collaborative), 합의구축적(consensus-building) 접근방법을 강조한다. 갈등은 논쟁의 당사자들에 의해 해결되는 상호문제로서 구조화된다. 제3자의 도움을 받아 당사자들이 갈등을 정의하고, 대안을 만들고, 기준을 수립하며 상호수용할만한 합의에 도달한다(Purdy, 2000: 321).

제3자 방법에 의한 분쟁해소기법에는 다음의 여러 종류들이 있다(Purdy, 2000: 322~324).

① **중재**(arbitration) 중재(仲裁)는 가장 잘 알려진 제3자 논쟁해결기법이다. 이 방법은 다른 제3자 기법보다 사법과정과 유사한데, 이는 중재자가 재판관처럼 기능하는 것이 필수적이기 때문이다. 즉 중재자는 증거를 검토하고, 당사자들의 주장을 청취하고, 결정을 준다. 이 중재과정은 두 당사자들에 국한하고 주장과 결정을 위한 엄격한 시간제한을 설정한다. 일부의 사례에서는 이 기법이 공개적으로 당사자들이 그들의 이익을 토의하고 상호 합의할 수 있는 해결을 허용하는 다른 제3자 기법보다 바람직하지 않는 경우도 있다(Purdy, 2000: 322). 중재역시 갈등 당사자들이 합의하고 인정할 때 효력이 발휘된다.

② **조정**(mediation) 조정(調停)이란 중립적 위치에 있는 제3자가 분쟁당사자의 동의를 얻어 분쟁당사자들이 협상을 통해 자발적으로 분쟁을 해결하도록 도와 주는 분쟁해결방법이다. 중립적인 제3자, 즉 조정자는 논쟁자들이 그

들의 이익을 확인하고, 대안을 개발하는 것을 돕고, 모두가 수용할 만한 해결책을 만드는 것을 돕도록 구조화된 과정을 따른다(Purdy, 2000: 322~323). 조정에는 자율성, 중립성의 원칙이 작용한다. 자율성은 조정자가 당사자 간 문제해결에 개입은 하되, 최종적인 결정을 내리고 해결책을 제시할 수 있는 권한은 갖지 않는 것을 의미한다. 중립성은 조정자가 어느 한 편을 들어서는 안 된다는 것이다. 항상 중립적인 입장에서 갈등당사자 간 상호소통만을 돕는 것이 조정자의 역할로 갈등당사자들과 신뢰는 조정의 성패의 핵심요소이다.

③ **촉진**(facilitation) 촉진(促進)은 중립자의 지원으로 목표에 대한 합의에 이르거나 문제를 해결하도록 분기된 견해를 가진 개인과 집단들에 대한 협력적 과정이다. 촉진자는 회합이나 협상과정 중에 주로 관심을 가지고 당사자들을 설계하고 아젠다에 따르고 보다 효과적으로 의사소통하는 데 도움을 줄 수 있다. 다른 제3자 갈등해소기법들보다 촉진은 당사자들 간의 보다 나은 작업관계에 초점을 갖고 있다(Purdy, 2000: 323).

④ **규제적 협상**(regulatory negotiation) 규제적 협상 또는 협상된 규칙제정은 규칙제정의 초기단계에 영향받는 당사자들의 참여를 확대하기 위한 시도로서 개발되었다. 이의 목표는 영향받는 당사자들이 보다 수용가능한 규칙을 개발하는 것이다(Purdy, 2000: 323).

⑤ **과정상담**(process consultation) 과정상담(過程相談)은 발생되는 제3자가 과정이벤트에 대해 인지하고, 이해하고, 행동하는 것을 도울 때 발생한다. 과정상담의 목표는 당사자들 간의 의사소통을 개선하기 위한 것이고, 갈등이 특히 감정적이거나 심각할 때 종종 사용된다. 갈등의 문제나 실체에 관계되는 중재자와 조정자와는 달리 과정상담자들은 언재 어디서 회합이 이루어지고, 대화의 구조 등과 같은 과정적 문제에 대해서만 초점을 둔다. 과정 상담자들은 과정의 심판, 문지기, 계시원처럼 기능한다(Purdy, 2000: 324).

4. 모니터링

(1) 의 의

모니터링(monitoring)은 사업계획의 자원(투입)이 의도된 대로 관리되고 사용되었는가와 의도된 산출이 나타났는가를 사정하는 것과 관계되는 내부사업계획활동이다(Bamberger and Hewitt, 1986: 8). 이는 계획과 정책의 체계가 기술된 목적의 달성을 수행하고 있는가를 나타내기 위해 선정된 정보를 주기적으로 기술하는 것이다(Rose, 1979: 23). 모니터링과 평가는 현행 사업계획의 효율성과 장래 사업계획의 선택과 설계를 개선하기 위해 돕는 필수적 관리도구이다(Bamberger and Hewitt, 1986: 1). 모니터링은 사업의 진척, 집행 중 당면한 문제, 그리고 집행의 효율성에 관한 지속적인 반추를 제공하기 위해 설계된 내부적인 사업계획 활동이다.

(2) 종 류

모니터링은 성과(成果)모니터링과 과정(過程)모니터링으로 구분하는 것이 유용하다(Bamberger and Hewitt, 1986, 8). 성과모니터링(performance monitoring)은 사업계획의 투입요소가 승인된 예산과 시간계획에 따라 사용되고 있는가? 그리고 의도된 산출이 시의적절하게 그리고 비용-효과방법으로 산출되었는가를 사정한다(Bamberger and Hewitt, 1986: 8). 성과모니터링은 사업감독을 개선하기 위한 의도이고 사업성과의 주요 지표에 대해 계속적인 반추를 하여 문제를 검출하고 교정을 이룰 수 있는 정책의 관리에 필수적인 것이다. 과정모니터링(process monitoring)은 사업전달체계의 효율성과 효과성에 대한 관리에 반추를 제공하는 것이다(Bamberger and Hewitt, 1986, 8). 이 모니터링은 예상되는 혜택자에게 어떻게 계획이 인지되고 실제로 어떤 수준에서 이루어지는가를 분석하고, 정책기관과 혜택자 사이에 커뮤니케이션과 조직적 연계에 대한 효과성이라는 두 가지 측면에서 중요한 의미를 갖는다.

환경에 대한 불확실성의 정도와 정책통제의 정도와 관련하여 집행, 영향, 전략 모니터링의 세 가지 유형으로 구분할 수 있다(Rose, 1979: 23). 집행모니터링(implementation monitoring)은 가장 오랜 동안 시행된 것으로, 안정적이고 잘 이해하고 있는 환경과 높은 통제정도를 가정하고 있으며 단선적(unitary) 접근을 취한다. 영향모니터링(impact monitoring)은 개발계획(development planning)과 단선적 접근(unitary approach)에 관계된다. 집행모니터링과 영향모니터링은 상호작용적이고 가끔은 중첩적인 면이 있다. 전략모니터링(strategic monitoring)에 대한 연구는 불확실성에 대한 이해와 범주화, 그리고 학습과정과 적응적 접근을 지향하는 목표를 갖고 있다.

제 4 절 정책평가

Ⅰ. 의 의

1. 개 념

정책이 집행되고 나면, 계획대로 실행되고 있는가를 파악하기 위해 집행의 궤적을 추적해 보는 것이 중요하다. 정책평가(政策評價)의 필요성은 계획이 집행되는 과정에서나 또는 집행이 끝난 후에 계획이 설정된 목표대로 집행되고 있는가 또는 집행이 완료되었는가에 대한 분석이 필요하다(Mayer, 1985: 190; 이하 정환용, 2001: 419～420).

평가(evaluation)란 상이한 행동노선의 장단점에 대한 비교 평정(assessment)이다(Lichfield, et al., 1975: 4). 이러한 여러 용어 중에서 계획에서 가장 많이 사용하고 있는 평가(評價)를 나타내는 말은 evaluation 과 valuation의 두 가지가 있다. 전자는 비교되는 계획안의 전 과정을 옹위하는 개념이고, 후자는 과정의 일부분에 초점을 맞추는 활동이다(Lichfield, et al., 1975: 4). 평가(evaluation)는 가치화(valuing)의 행동으로, 기준을 의미하기 때문에 목적(objectives)과 연결된다(Chadwick, 1978: 260).

평가는 계획결정에 의해 영향을 받는 모든 개인, 집단의 복지의 변이를 측정해야 되는데 이를 평가의 종합성(綜合性)이라 한다. 이러한 평가는 지역사회 구성원 전체에 대해 정책의 영향에 관한 정보(情報)를 제공해 준다. 그리고 평가는 학습과정(學習過程)이라고도 하는데, 이는 특정 계획안의 장단점에 관한 증거를 찾기 위해 노력하고 보다 탁월한 대안의 창출로 유도하는 새로운 통찰이 획득되기 때문이다. 평가는 계획가와 정치가의 '가치'를 반영할 수밖에 없다. 정치가에 의한 평가는 전략적이기보다는 단기적이고, 재선에 관심을 갖고 있으나, 계획가에 의한 평가는 대안들의 전체적인 범위 내에서 그들의 부분적 가치와 판단에 크게 영향을 받는다(Bracken, 1981: 70).

2. 목적과 기능

(1) 목 적

평가는 누구의 입장에서 하느냐에 따라 그 의미가 다르다. 정책집행자의 입장에서는 자신의 정책집행행위에 대한 지지를 확보하기 위해 이루어지며, 정책결정자는 자신이 결정한 정책이 의도한 대로 집행되었으며, 그것이 사회집단이나 주민에 어떤 반응을 초래했는가를 파악하기 위해 정책평가를 한다. 순수과학자로서 정책분석가는 과학적인 방법을 통해 정책과정전반에 대한 지식을 창출하기 위해 정책평가를 시도한다(안해균, 2004: 464～465).

첼미스키(E. Chelmisky)는 여러 시각의 평가의 목적을 지식, 관리, 그리고 책임성의 3가지 관점에서 요약·정리하고 있다(노화준, 2004: 455～457; 안해균, 2004: 465～467; 정정길, 1998: 706～711)

① **지식의 관점** 정책이나 프로그램의 평가를 통하여 사회현상에 대한 새로운 지식을 발전시키고 장기적으로 이를 정책의 개발과 사회문제의 해결에 응용하고자 하는 것으로 한편으로는 정부의 문제해결능력을 높일 뿐 아니라 학문적 발전에도 기여하는 데 있다.

② **관리의 관점** 정책결정이나 집행과정에 필요한 정보를 제공하여 이들 과정이 바람직스럽게 추진되도록 하는 것이다. 정책의 집행과정이나 집행 후에 나타난 결과에 의해 획득한 정보를 환류시켜 효과적인 집행전략을 수립하거나 계획추진여부 및 내용의 수정 및 결정에 도움을 준다.

③ **책임성의 관점** 정책평가의 목적이 정책결정자나 프로그램의 관리자들로 하여금 효과성과 운영상의 질이라는 두 가지 측면에서 그들의 관할하에 있는 프로그램들의 가치에 대한 책임을 지도록 함으로써 정부자원을 최선의 방법으로 활용하도록 하는 데 있다.

(2) 기 능

평가는 정책과정에서 몇 가지 중요한 기능(機能)을 수행한다(Dunn, 1994: 405～406). 첫째, 평가는 정책의 성과에 대한 신뢰할 수 있고 가치 있는 정보를 제공해 준다. 여기서 정책성과는 정책활동에 의해 수요·가치·기회가 실현된 범위를 나타낸 것이며, 목표의 성취범위로 표현된다. 둘째, 평가는 목표선정의 기저에 있는 가치의 명료화와 비판에 기여한다. 목표의 정의를 통해 가치는 명료화되고, 제시된 문제와 관련하여 목표의 적정성을 체계적으로 검토했는가를 통해 가치는 비판된다. 셋째, 평가는 문제구성과 대안선정을 포함한 다른 정책과정에의 적용에 기여한다.

평가는 주로 장래 정책의 선택과 설계에 도움을 주는 데 주로 사용되고 있다. 평가연구는 정책이 의도한 영향이 산출된 정도, 정책에 의해 발생된 혜택의 배분, 그리고 다른 대안과 비교한 비용-효과의 산정에 초점을 둔다(Bamberger and Hewitt, 1986, 1).

평가작업은 여러 가지 요인에 의해 저항받을 가능성이 높다. 주요 저항요인(抵抗要因)은 다음과 같다(Posavac and Carey, 1985: 43～48).

① **사업관리자의 사업효과에 대한 과도한 기대** 사업관리자들은 사업의 긍정적 효과에 대해 확신을 가지고 있으나, 기대와 일치하지 않을 때에는 심한 불만을 갖게 되는데 이는 평가에 유익한 환경으로 작용하지 못한다.

② **사업의 중단가능성에 대한 우려** 평가의 결과가 부정적으로 나온다고 해도 문제가 되는 계획이나 정책이 종결되는 경우는 흔하지 않다. 그러나 부정적 평가결과의 활용여하에 따라서는 그 가능성을 전연 배제하기 어렵기 때문에 이러한 사업중단 가능성이 평가자들의 평가관련자료의 획득을 어렵게 한다.

③ **평가정보의 남용가능성에 대한 우려** 평가에서 얻어진 정보가 자신들에게 불리하게 작용될 수 있다고 생각하는 사람이 많다.

④ **평가무용론** 어떤 사람은 평가가 평가대상인 계획이나 정책에 어떠한 영향도 미치지 못한다고 주장한다.

⑤ **평가가 사업자금을 잠식한다는 비난** 사업에 투자할 자금이 평가에 투입되어 사업비가 줄어든다는 비판이다.

Ⅱ. 유형과 접근방법

1. 유 형

정책과정에서 여러 종류의 평가를 확인할 수 있다(Voogd, 1983: 16; 노화준, 2004: 458～459; 유훈, 1992: 388～395).

첫째는 정책집행전후(政策執行前後)의 시기(時期)와 관련하여 사전(ex ante)평가와 사후(ex post)평가로 구분할 수 있다. 전자는 계획안의 준비과정(foreward looking)에 초점을 맞추고, 후자는 정책집행시 일어날 일(backward looking)에 대해 중점을 둔다. 대안을 선택하기 위한 평가는 사전평가에 해당된다.

둘째, 평가시기(評價時期)에 따라 형성평가와 총괄평가로 구분할 수 있다. 형성평가(formative evaluation)는 정책의 집행과정중에 수행되는 것이며, 총괄평가(summative evaluation)는 계획의 종료후에 실시하는 사업의 효과에 초점을 두는 평가이다. 여기서 형성평가는 집행 도중에 집행의 관리와 전략의 수정·보충을 위한 것으로 과정평가와 중복되는 것이 많다.

셋째, 평가목적(評價目的)에 따라 과정평가와 영향평가로 구분할 수 있다. 영향평가는 사후평가, 총괄평가적 성격을 갖고 있다.

넷째, 평가자에 따라 자체평가, 내부평가, 외부평가로 구분할 수 있다.

그리고 마지막으로 접근방법(接近方法)에 따라 유사평가, 공식평가, 그리고 결정이론적 평가의 3가지로 나눌 수 있다(Dunn, 1994: 406~414). 여기서 유사평가(pseudo-evaluation)는 계획결과에 대한 신뢰할 만하고 타당한 정보를 산출하기 위한 기술적 방법으로 사용되나, 이 결과의 가치가 개인, 집단, 또는 사회전체의 가치에 대한 의문을 제기하는 것은 아니다. 공식평가(formal evaluation)는 정책결과에 대한 신뢰할 만하고 타당한 정보를 생산할 수 있는 기술적 방법으로 사용되지만 이 결과는 정책결정자나 사업관리자에 의해 공식적으로 알려진 정책-프로그램 목표의 기반에서 평가하는 방법이다. 결정-이론적 평가(decision-theoretic evaluation)는 여러 이해당사자들이 명료하게 가치평가한 정책결과에 대한 신뢰할 만하고 타당한 정보를 산출하기 위한 기술적 방법으로 사용되고 있는 방법이다.

2. 접근방법

정책평가의 접근방법은 평가에 따라 얻고자 하는 정보의 내용과 실험적 방법, 목표지향적 방법(目標指向的 方法), 의사결정적 방법(意思決定的 方法), 사용자지향적 방법(使用者指向的 方法), 그리고 감응적 방법(感應的 方法)으로 나눌 수 있다(노화준, 1996: 458~467).

① **실험적 접근방법**(experimental approach) 이 방법은 평가영역에 실험과학적 원리를 적용하려는 시도이다. 이 방법은 정책의 집행과 함께 작용하리라고 생각되는 외재적 요인들을 통제하고 정책의 영향을 분리함으로써 특정한 정책이나 프로그램의 임팩트를 보편화하려는 것이다. 이 접근방법은 실험대상자들을 무작위방법으로 실험집단과 통제집단으로 배정할 수 있느냐의 여부에

따라 진실험적 방법과 준실험적 방법으로 구분된다.

② **목표지향적 접근방법**(goal-oriented approach)　이 방법은 정책에 의해 특정한 목표들의 달성정도에 평가의 초점을 두는 방법이다. 이는 정책활동과 이의 결과로 얻어진 산출물 또는 결과들 간의 관계, 즉 목표와 활동 간의 논리적인 관계를 분명하게 한다.

③ **의사결정에 초점을 둔 방법**(decision-focused approach)　이 방법은 계획이나 프로그램 관리와 운영에 필요한 정보를 체계적으로 제공하는 것을 강조한다. 따라서 평가활동은 정책결정자나 집행자들의 의사결정 수요에 맞출 수 있도록 해야 한다.

④ **사용자지향적 방법**(user-oriented approach)　이 방법은 평가결과의 활용도를 높이는 데 초점을 두는 방법이다. 여기서는 평가결과의 활용도를 높이는 데 영향을 미치는 핵심적인 요소인 의사결정자의 참여, 정보의 적시성, 그리고 조직의 맥락에 대한 민감성 등에 대한 검토가 요구된다.

⑤ **감응적 접근방법**(responsive approach)　이 방법은 프로그램의 이해관계자들의 다양한 시각에서 문제를 이해할 때에만 의미 있는 평가가 이루어질 수 있다는 생각이 기반을 이룬다. 이 방법은 프로그램에 의하여 영향을 받은 사람들은 각자 고유한 방법으로 프로그램을 인지한다고 보고, 평가자는 이들 영향을 받는 사람들을 통해서 정책의 영향을 파악하려는 접근방법이다.

3. 평가항목과 방법

(1) 평가항목

평가의 설계에서는 다음 4가지 문제의 명료화 작업이 요구된다(Mayer, 1985, 191～193).

① **정책은 집행되었는가**　이는 어느 정도까지 정책이 집행되었는가? 하는 점이다. 정책의 실제집행에서는 원래 정책의 의도나 내용이 왜곡될 수 있다. 평가는 실제 발생된 효과만을 측정하기 때문에 실제집행된 내용과 계획에서의 의도를 차별화할 수 있다. 때문에 평가의 첫 번째 단계는 집행된 내용과 계획된 것의 일관성 또는 상위성을 결정해야 한다. 여기서 사용되는 기법은 프로그램 모니터링, 투입 평가, 과정 평가, 계획 대 성과 비교 등의 다양한 기법이 활용된다.

② **목표는 성취되었는가** 두 번째 질문은 목표는 어느 정도 성취되었는가 그리고 원하는 결과가 도출되었는가 하는 문제이다. 여기서 결과평가 또는 전후비교기법이 사용된다.

③ **프로그램은 효과적이었는가** 정책집행 후 관찰된 상황의 변화는 사용된 프로그램의 직접적인 효과였는가 에 관한 질문이다. 여기서 실험-준실험 설계기법이 사용된다.

④ **프로그램은 효율적이었는가** 발생된 효과와 비용의 비율을 파악하는 것으로 효과가 비용을 초과할 때 효율적이라고 본다. 비용-혜택 또는 비용-효과 분석이 사용된다.

(2) 평가기준

평가기준으로 나카무라와 스몰우드(R. Nakamura and F. Smallwood)는 목표달성(goal attainment), 능률성(efficiency), 주민의 만족(constituency satisfaction), 고객의 대응성(clientele responsiveness), 체제유지(system maintenance)를 들고 있다(유훈, 1992: 396～399). 수크만(E. Suchman)은 노력(effort), 성과(performance), 적절성(adequacy), 능률성(efficiency), 과정(process)의 5가지를 제시하고 있다(노화준, 1991, 60). 그리고 던(W. Dunn)은 효과성(effectiveness), 능률성(efficiency), 적절성(adequacy), 형평성(equity), 반응성(responsiveness), 적정성(appropriatness)을 적시하고 있다(Dunn, 1994, 405).

Ⅲ. 평가기법

평가기법은 여러 기준에 의해 구분할 수 있다. 정책집행 후 평가인 사후평가(ex-post evaluation)로 많이 쓰이는 기법은 전후비교, 유무비교, 실제 대 계획성과비교법, 실험모형, 준실험모형, 그리고 비용지향적 접근으로 구분하여 고찰할 수 있다(정환용, 2001: 433～435).

1. 전후비교법

전후비교법(before-and-after comparisons)은 가장 많이 쓰는 평가방법으로 계획이나 사업이 집행되기 전의 상황과 정책이 집행된 후의 여건을 비교하는 방법이다. 이 방법에서는 정책집행 전의 자료를 수집하고 계획의 목표와 관련 평가기준을 확인하는 단계가 따르지만 기본적으로 계획 전후의 변화는 계획에 의한 영향으로 간주하고 있기 때문에 계획에 의하지 않은 자연스러운 변화도 계획의 영향으로 간주하게 되는 단점이 있다.

2. 유무비교법

이 기법은 정책이 집행된 지역(또는 집단)과 비교대상지역으로 사업이 시행되지 않은 지역을 대비하여 사업의 영향을 확인하려는 기법으로, 전후비교법에서처럼 자연스런 변화는 제거할 수 있는 장점이 있으나, 비교대상이 되는 지역을 선정하는 데 따르는 문제점은 있다.

3. 실제 대 계획성과 비교법

이 기법은 실제적인 사업 후 자료를 사업집행 전에 설정한 목표와 비교하는 방법이다. 여기서는 일정기간에 대해 사전평가기준으로 목표를 설정하고 실제 발생된 성과에 대한 자료를 획득하여, 목표성과와 실제성과를 비교하고, 그 차이에 대해 사업계획 자체에서 발생된 것인가 또는 사업외 요인에 의해 발생된 것인가를 설명하는 과정을 취하게 된다.

4. 실험기법

정책집행의 영향을 평가하기 위해 사용하는 사회실험(social experiment)은 실험실이 아닌 사회라는 상황 속에서 행해지는 실험으로, 개념이나 기본논리는 실험실의 실험과 동일하다(정정길, 1998: 757). 사업전후비교의 한계를 극복하기 위해 사용되는 실험모형(experimental (controlled) models)은 영향평가 대상집단(실험집단)과 비교대상집단(통제집단)을 비교하여 영향의 정도를 파악하는 방법이다. 여기서 실험집단과 통제집단은 집행된 정책 이외에는 모든 조건이 동일하다. 따라서 두 집단이 동일하도록 하는 요인들은 통제하여 두 집단 간의 어떠한 차이도 집행된 정책의 결과로 간주한다. 여기서 정책의 순영향은 실험집단의 총 변화와 통제집단의 총 변화의 차이로써 추정된다. 이 방법의 어려움은 정책 이외의 모든 요인을 통제한다는 것이 현실적으로 불가능하다는 점에 있다.

실험설계의 유형은 통제변수의 통제 정도에 따라 변수의 완전통제가 가능하다고 보고 접근하는 진실험 설계(pure experimental design)에서 완전통제의 어려움을 인정하는 준실험(quasi- experimental design)에 이르기까지 여러 변형이 있다. 정책집행 전 대안 선택을 위해 사용된 비용—편익분석과 비용—효과분석과 같은 비용지향평가접근(cost-oriented evaluation approaches)이 영향평가에서도 사용될 수 있다.

참고문헌

김신복, (1999), 「발전기획론」(서울: 박영사).

노화준, (1996, 2004), 「정책학원론」(서울: 박영사).

안해균, (2004), 「정책학원론」(서울: 다산출판사).

유 훈, (1992, 2002), 「정책학원론」(서울: 법문사).

이달곤, (2000), 「협상론」(서울: 법문사).

정정길, (1998), 「정책학원론」(서울: 대명출판사).

정정길, 외 3인, (2004), 「정책학원론」(서울: 대명출판사).

정철현, (2001), 「행정의사결정론」(서울: 다산출판소).

정환용, (2001), 「계획이론」(서울: 박영사).

드레이(Drey, D.: 강근복 역), (1990), 「정책분석과 문제정의」, 한국학술진흥재단번역서 78, (서울: 대광문화사).

Alexander, E.., (1992), *Approaches to Planning*(Philadelphia: Gordon and Breach Science Publishers).

Alexander, E. and Faludi, A., (1989), "Planning and plan implementation: notes on evaluation criteria," *Environment and Planning B*, 16: 127～140.

Bamberger, M. and Hewitt, E., (1996), *Monitoring and Evaluating Urban Development Programs*, World Bank Technical Paper No. 53(Washington, D. C.: The World Bank).

Benveniste, G., (1990), *Mastering the Politics of Planning*(San Francisco: Jossey-Bass Publishers).

Bracken, I., (1981), *Urban Planning Methods: Research and Policy Analysis*(London: Methuen).

Chadwick, G., (1978), *A Systems View of Planning*(Oxford: Pergamon).

Chapin, F. and Kaiser, Edward J., (1979), *Urban Land Use Planning*(Urbana, Illinois: Univ. of Chicago).

Cross, S. and Rosenthal, K., (1999), "Three models of conflict resolution: Effects on intergroup expectancies and attitudes," *Journal of Social Issues*, 55: 3(1999): 561～580.

Crowther, S., (1983), "My hopes for planning," *Town & Country Planning*, May 1983, 146～149.

Dunn, W.,(1994), *Public Policy Analysis*(Englewood Cliffs, N. J.: Prentice Hall).

Hobbs, F. and Doling, J., (1981), *Planning for Engineers and Surveyors*(Oxford: Pergamon).

Mayer, R., (1985), *Policy and Program Planning: A Developmental Perspective*(Englewood Cliffs, N. J.: Prentice-Hall).

McAllister, D., (1982), *Evaluation in Environmental Planning*(Cambridge: The MIT Press).

Papamichail, K. and Robertson, I., (2003), "Supporting societal decision making: a process perspective," *Journal of Multi-criteria Decision Analysis*, 12(2003): 203～212.

Parsons, W., (1995), *Public Policy*(Aldershot, U.K.: Edward Elgar).

Patton C. and Wawicki, D., (1986), *Basic Methods of Policy Analysis and Planning*(N. J.: Prentice-hall).

Posavac, E. and Carey, R., (1985), *Program Evaluation: Methods and Case Studies*(N. J.: Prentice-Hall).

Roberts, M., (1980), *An Introduction to Town Planning Techniques*(London: Hutchinson).

Smith, F. and Hester, Jr., Randolf T. ,(1982), *Community Goal Setting*(Penn.: Hutchinson Ross).

Voogd, H., (1983), *Multicriteria Evaluation for Urban and Regional Planning*(London: Pion).

Wilson, J., Tabas, P. and Henneman, M., (1979), *Comprehensive Planning and the Environment: A Manual for Planners*(Cambridge, Mass.: Abt Books).

Young, R., (1966), Goals and goal setting, *JAIP*, 32; 2(March 1966): 76～85.

제 2 편
부문별 관리

제 5 장

토지관리

제 1 절 개 요

Ⅰ. 의 의

1. 토지의 특성

토지(土地)는 인간에게 생활공간을 제공하고, 물적 만족을 위한 원료를 제공하며, 인간의 마음 깊은 곳에 간직한 만족의 기회를 제공해 준다. 때문에 주택 및 토지소유는 개인의 가장 높은 목표 중 하나이고, 가계에서 가옥에 대한 지출이 단일항목 중에서는 가장 중요한 위치를 차지하고 있다. 아울러 토지는 기본적 자원이고 도시개발에서 중요한 요소이다. 많은 도시문제는 토지관리를 위한 장치로서 운영하는 데 하나 또는 둘 관련되어 있다.

토지라는 말은 쓰는 사람의 전망과 이익에 따라 지표(ground) · 토양(soil) · 부동산(real estate), 대지 등으로 다양하게 사용한다. 법적으로는 토지란 소유권이 작용하는 지표부문을 지칭한다(「민법」 제212조). 그러나 경제학자들은 토지를 자본과 자원의 개념과 대체하여 사용하기도 한다.

토지는 일반 경제제와는 다른 특성을 내포하고 있는데, 대체로 자연적 · 인문적 · 경제적 특성으로 나누어 고찰할 수 있다.

(1) 자연적 특성

자연적 특성(自然的 特性)은 고정성, 부증성, 영속성, 그리고 개별성으로 나눌 수 있다(이태교, 2001: 24~26).

토지의 가장 기본적인 특성은 지리적 위치의 고정성(固定性)이다. 부동성·비이동성으로 표현되는 이 특성은 부동산 거래와 지가형성을 국지화(局地化)하고, 토지의 개별성·비동질성·비대체성의 특성과 연결되며, 결과적으로 부동산시장을 매우 불완전하게 한다. 토지가 이동성이 없기 때문에 보유비용은 매우 낮으나, 일단 개발이 되면 다른 용도로 전환하기 어려워 전환비용이 높다.

부증성(不增性)은 토지는 다른 일반상품과는 달리 아무리 생산비를 투입하여도 그 절대적인 공급량을 늘릴 수 없음을 나타낸다. 이를 면적의 유한성·비생산성이라고도 한다. 도시화·산업화에 따라 토지에 대한 수요는 증가하지만 토지의 면적은 유한하기 때문에 지가는 계속 상승하여 토지투기와 소득분배의 불평등의 문제 등을 야기한다.

영속성(永續性)은 토지는 사용하거나 시간이 흘러도 소모·마멸되지 않는 특성을 지칭한다. 용도·형태·유용성·수익성은 변화하나 토지의 본질은 변하지 않는다. 영속성의 특성은 가치보전수단으로서 중요성을 가지며, 지대의 영속적인 제공을 가능하게 한다.

개별성(個別性)은 토지의 비동질성·이질성의 특성을 의미한다. 토지가 가지고 있는 자연적·인문적·경제적 특성의 결과로 모든 토지는 이질적인 모습을 보이게 된다. 이 특성은 재화로서 토지의 표준화를 어렵게 하고, 토지이용행위를 국지화한다.

(2) 인문적 특성

토지의 인문적 특성(人文的 特性)은 용도의 다양성, 병합분할의 가능성, 사회·경제·행정적 위치의 가변성을 들 수 있다(이태교, 2001: 26~27).

용도의 다양성(多樣性)은 일반재화와 달리 여러 가지 용도로 이용될 수 있는 융통성을 가지고 있어 두 개 이상의 용도가 경합한다는 것이다. 그러나 대부분의 부지들은 특정시점에 하나의 용도로 밖에 사용되지 못하기 때문에 이용에 따른 경쟁이 발생한다. 여기서 작용하는 토지이용의 기본원칙은 최대수익을 제공하는 토지이용의 원칙, 즉 최고최대이용의 원칙(principle of highest and best land use)이다.

병합분할(倂合分割)의 가능성은 토지는 이용주체의 목적과 편의에 따라 구획·분할하여 이용될 뿐 아니라 구획된 토지를 합필(合筆)할 수 있다. 병합·분할을 통해 토지의 최고최대이용이 가능하게 된다.

토지와 인간과의 관계에서 보면 토지는 부동·불변의 것이 아니라, 그 사회·경제·행정적 위치(位置)가 변한다. 사회적 위치의 가변성은 고급주택지·판자촌·혐오시설의 입지여부에 따른 근린의 여건변화 또는 사회적 환경의 악화 또는 개선이 그 예라 할 수 있다. 경제적 지위의 변화는 주변지역에의 사회간접자본의 투자정도, 경제성장·경기순환 등에 따른 토지부동산수급 및 유효성 변동에 따른 토지의 특성변화를 의미한다. 행정적 위치의 변화는 토지제도·토지이용계획·세제·규제·택지주택정책 등과 같은 정부의 정책변화로 토지부동산활동, 지가에 직간접적 영향을 주는 것을 말한다. 이러한 토지의 상대적 위치의 변화는 토지이용에 영향을 주고, 이는 지대와 지가에 영향을 주게 된다.

(3) 경제적 특성

토지는 다이아몬드의 단면처럼 다양한 측면을 내포하고 있다. 이중 중요한 것은 토지를 공간·자연·생산요소·소비재·상황·재산, 그리고 자본의 7가지 측면으로 볼 수 있다(Barlowe, 1978: 10~11).

공간(space)으로서 토지는 공간은 파괴되거나 증가되지 않기 때문에 그 양이 고정되어 있고, 비파괴적이다. 공간으로서 토지는 지표면 뿐만 아니라 입체적 공간을 의미한다.

자연(nature)으로서 토지는 자연환경과 매우 밀접한 의미를 갖는다. 이러한 의미에서 토지는 지형·기후·기상여건에 따라 조건지워진다. 인간은 자연으로서의 토지의 특성을 변경 또는 조정할 수 있다.

토지는 노동·자본·경영과 함께 생산요소의 하나이다. 토지를 생산요소(a factor of production)로 생각할 때는, 이는 자연이 제공하는 자원이라는 의미이다. 이 개념은 소비재(consumption good)로서의 개념과 밀접하게 연계되어 있다. 토지는 인간의 생산활동을 위해 보유하고 변경할 뿐 아니라 소비자재화로서 가치도 가지고 있다. 건축부지·주차장·주거지 등은 생산요소로 간주될 수 있을 뿐 아니라 소비재로 취급된다.

현대에서 상당한 중요성을 갖는 것은 상황(situation)으로서 토지의 개념이다. 이 개념은 시장, 지리적 특성, 다른 자원·지역과의 관점에서 본 입지와 관련된다. 이는 대부분의 토지의 가치와 이용이 이의 입지와 접근성에 의해 주로 결정될 뿐 아니라 현대경제에서의 입지요인의 전략적 중요성 때문이다.

재산(property)으로서의 토지의 개념은 부동산과 관련되고 법적 의미를 갖고 있다. 이는 소유권과 이용권의 행사와 따른 권리와 책임의 성격과 관련하여 지역의 개인·집단·주권과의 관계에 대한 것이다.

토지는 개인·기업·국가의 재산이므로 주요한 부의 원천이다. 토지의 유한성과 영속성은 가치보전의 수단으로서 중요한 의미를 가지게 되었고, 토지는 재산으로서의 의미를 갖는다. 토지의 과다는 개인이나 기업의 경제적 지위를 결정한다.

자본(capital)으로서 토지의 개념은 보다 현실적인 의미이다. 토지는 사회의 입장에서는 양의 고정성·내구성·자유재의 특성을 가지고 있지만, 개별투자자의 입장에서는 다른 자본재처럼 구입 또는 임대되어야 한다.

2. 토지의 수급

(1) 수　　요

인구(population)는 토지수요의 가장 중요한 단일인자이다. 총인구의 증가는 농업용지는 물론, 비농토지수요도 증가시킨다. 즉, 인구증가에 따라 집·자동차·냉장고 등 기타 소비재 등이 요구될 뿐 아니라, 새로운 학교·상가·도로·공원 등이 요구되며, 이는 많은 건축자재·지하자원·에너지·수자원이 요구된다.

도시의 인구가 증가됨에 따라 요구되는 토지자원의 양을 파악할 수 있다면 토지관리에 보다 효과적으로 사용할 수 있을 것이다. 다린-드래킴(H. Darin-Drakhim)는 도시인구 1인의 증가에 따라 190～336㎡/인(주택 70～136, 녹지 및 위락 40～56, 교통 및 도로 30～50, 산업 20～40, 서비스 10～14, 공공서비스 20～40㎡/인)의 토지가 요구된다고 추정하였다(Darin-Drakhim, 1977: 23～44).

인구특성에 영향을 주는 도시화·가구구성·교육수준·소득수준 등의 토지수요인자 또한 중요한 의미를 갖는다.

(2) 공　　급

토지의 공급은 물리적 공급과 경제적 공급으로 나눌 수 있다. 물리적 공급

(物理的 供給)은 토지자원의 절대량의 추가적인 공급을 의미한다. 이러한 의미에서 물리적 토지공급량은 현실적으로 고정되고, 한정되어 있다. 그러나 현재의 토지의 물리적 자원에 대한 분류나 적절한 명세서를 정밀 조사하여 토지이용에 참여를 높이는 작업이 필요하다.

일반적으로 토지공급이라 하면 각 용도에 따른 경제적 공급을 의미한다. 경제적 공급(經濟的 供給)은 주어진 시간과 장소에서 가격에 따른 특정목적의 토지사용을 의미한다. 경제적 공급의 증가는 현재 사용되고 있는 토지의 보다 집약적 이용, 토지이용제약요인의 제거, 토지생산물에 대한 소비억제 등의 방법을 뜻한다.

Ⅱ. 지대와 지가

1. 지　　대

지대(land rent)는 일반적으로는 토지와 건물을 사용함에 따라 재산소유자에게 지불하는 비용을 지칭한다. 그러나 경제적 의미로는 "토지자원에 대한 경제적 보수"를 말한다.

지대(地代)는 지가와 토지이용에 직접적인 영향을 준다. 토지자원의 이용자는 토지이용과 관련된 여러 대안 중에서 최대최고의 수익을 제공하는 대안을 선택하게 된다. 때문에 각 대안 간의 소득잠재력의 비교에 관심을 집중하게 된다. 여기서 대안 간의 비교는 지대삼각형(rent triangle)을 중복시킴으로써 얻을 수 있다.

2. 지　　가

이론적으로는 토지자원은 예상된 미래토지지대의 현재가치와 동등한 현재의 시장가격을 갖는 것을 기대할 수 있다. 현재시장가격의 결정은 예상된 장래의 토지지대의 양에 대한 추정을 요구하고, 미래의 특정시점까지 인식된 지대수익의 현재가치의 계산도 아울러 요구된다.

토지가격(土地價格)이 발생하는 요인은 효용, 상대적 희소성, 유효수요, 그리고 거래성을 갖기 때문이다. 효용(效用)이란 인간이 토지를 소유・사용함으로써 얻어지는 만족의 정도로 이는 쾌적성과 수익성과 상통하는 경우가 많다. 상대적 희소성(相對的 稀少性)은 일반적으로 인간의 욕망에 비해 욕망충족수단이 질·양적으로 유한하고 부족한 상태를 말한다. 토지의 경우, 토지의 절대량이 부족하고, 부증성의 특성이 있을 뿐 아니라 이용·사용에 여러 제약이 존재한다. 토지에 대한 구매력이 있어야 토지가격이 발생한다. 이와 같이 구매력에 입각한 수요를 유효수요(effective demand)라고 한다. 다른 요건을 다 갖추었어도 재화의 거래능력과 권리가 없을 때는 시장가치를 확보하지 못한다. 많은 경우 거래성(去來性)은 이동성과 관련되어 있으나, 부동산의 경우 독특성을 보인다.

지가(地價)는 경제발전에 따른 비농용지의 수요증가, 인플레이션에 대처하여 자산보호수단으로 화폐적 자산을 물적 자산인 토지론 전환시키려는 요인, 기술진보에 따른 농업생산성향상과 토지순수익의 증대, 토지에 대한 전통적 집착 등이 복합적으로 작용하여 상승한다.

Ⅲ. 토지관리

1. 개 념

토지관리(土地管理)란 토지정책목표를 달성하기 위한 공공정책의 운용이다(류해웅·성소미, 1998). 여기서 토지정책(land policy)은 토지의 이용, 계획, 가격, 그리고 혜택에 영향을 추구하는 정부의 활동들을 말한다.

모든 정부가 토지시장과 개발과정에 상이한 강도를 가지고 개입한다. 일반적으로 이러한 개입의 정당성은 비효율성을 감소시키고 형평성을 제고하는 데 있다. 토지정책은 형평과 효율성의 관점에서 구별할 수 있지만, 또한 개발의 통제와 제고의 관점에서도 구별하는 것이 중요하다. 통제(control)는 자유시장의 규제와 제약과 관련되고, 제고(promotion)는 바람직한 형태의 개발을 장려하는 것과 관련된다(Kivell, 1993: 124~130).

시장주의자들은 자유시장이 토지를 배분하도록 하는 것이 가장 바람직한 토지이용이 되기 때문에 정부개입(政府介入)은 불필요하거나 반생산적이라고 주장한다. 이는 완전시장과 균형된 소득배분의 여건 하에서는 분명한 사실이다. 그러나 시장실패와 소득의 불균형은 토지시장과 토지서비스와 관련하여 나타나고 있다. 그러한 적정여건이 존재하지 않는다면 토지배분에의 개입의 필요성이 제기된다(Whitehead, 1983: 109).

토지시장은 토지의 특성에 의한 불완전 경쟁시장의 특성을 나타내고, 외부성·공공재 등의 존재로 자원의 최적배분이 일어나지 않는 시장실패가 일어난다. 이러한 토지시장의 시장실패는 정부의 토지시장개입의 논리를 제공한다. 즉, 토지시장은 공공재·외부성·정보·시장력·시점 간 왜곡·불확실성·효용의존성·재배분상의 문제를 노출한다(Whitehead, 1983: 110∼115).

2. 정부개입수단

(1) 구 분

공공개입은 토지소유·이용·시장, 그리고 과세의 4가지 문제와 관련된다. 이에 대해 법적 조치, 재정적 통제, 그리고 직접적인 공적 행동의 3가지 유형의 조치가 관리에서 사용된다. 법적 조치(legal measures)는 민간토지시장의 작동에 대한 통제와 영향을 주는 법률과 규제의 형태를 취한다. 가장 일반적으로 취급하는 문제는 토지소유권, 토지소유패턴, 공공부문에 의한 토지개발, 그리고 민간토지에 대한 규제와 통제이다. 재정통제(fiscal measures)는 민간토지의 사용에 대한 통제와 규제에 사용되는 것이다. 이들 조치들은 토지개발에서 공공개발의 비용의 공제, 시설의 공적제공이나 사회의 구성변화에 따라 토지소유자에 발생되는 불로소득의 환수 등에 주로 사용한다. 그것들은 토지변경률에도 영향을 주기 위해 사용된다. 직접적인 공적행동(direct public action)은 토지시장에 공공부문이 직접적으로 참여하는 것으로 구체화된다. 그것은 토지이용의 배분에서 효율성과 형평성을 제고하기 위한 수단으로 사용된다. 공공참여는 하부구조제공, 토지의 취득, 토지서비스제공 및 개발의 형태를 취할 수 있고, 개발업자 및 재정가로서 관련될 수 있다(Garba and Al-Mubaiyedh, 1999: 270).

토지시장에 대한 정부개입방법(政府介入方法)은 직접방법, 간접방법, 그리고 소유 및 이용규제방법의 3가지로 나눌 수 있다(이태교, 2001: 60∼62). 직접개입방법(直接介入方法)은 정부가 토지에 대한 수요자나 공급자의 역할을 하여 가격을 통제하는 방법이다. 정부가 토지를 시장에서 매입하거나, 정부소유의 토지를 시장에서 매각함으로써 토지가격과 수급을 통제하는 방식이다. 이러한 시장기구를 통한 수급조정이외에 토지수용 등의 방법을 통해 강제취득하여 이를 개발하여 공급하는 방법도 있다. 이외에 가격통제를 통해 토지매매가 일정가격수준 이하에서만 거래되도록 하는 최고가격제가 있다. 간접개입방법(間接介入方法)은 시장기구를 통하거나 시장기구의 활성화를 통해 수급이 원활하게 이루어지도록 하는 방법이다. 여기에는 두 가지 유형이 있다. 하나는 토지시장과 결부된 경제적 동기를 직접적으로 조정하는 방법인데, 토지관련세금, 토지개발 및 이용에 관한 각종 금융지원이나 보조금을 들 수 있다. 다른 하나는 토지시장의 기능저해요인을 제거하는 방법으로, 토지거래에 필요한 양질의 정보제공체계구축, 지적 및 등기를 통한 토지소유권의 명확한 설정 등을 들 수 있다. 토지이용(土地利用) 및 소유규제(所有規制)는 개별토지이용자의 토지이용이나 소유가 사회적으로 바람직한 방향으로 유도하기 위한 법적, 행정적 규제조치이다. 예를 들면 용도지역제, 토지소유상한제, 농지소유허가제 등이 있다. 이 방법은 형식상 개인의 소유권을 법적으로 변경시키지 않는 범위 내에서 수행된다는 점에서 직접개입과 구별된다.

직접개입이 사회적으로 바람직한 방향으로 토지이용이나 소유를 유도하는 적극적인 방법이라면, 토지이용 및 소유규제는 사회적으로 바람직하지 못한 토지이용이나 소유를 억제하는 소극적인 개입이다.

(2) 선정시 고려사항

적정한 개입수단을 선정하는 데 다음의 문제를 고려하여야 한다(Whitehead, 1983: 119～126).

첫째, 정부는 개입할 때 단일의 목적을 가지는 경우는 드물고, 그들의 다수의 목표들은 갈등을 야기할 수 있다. 많은 개입기법들은 종종 상호양립할 수 없는 다중의 목표를 달성할 목적으로 도입하는 경우가 많다. 예를 들면 외부성과 기타 시장실패를 다루기 위해 토지과세가 도입되고 있다. 그러나 대부분의 과세는 이 목적을 직접적으로 수행하기보다는 수입을 제고하거나 소득재분배의 효과를 가져온다.

둘째, 정책들은 그들의 전체적인 가치를 감소시킬 부작용(side effects)을 종종 가지고 있다. 정부가 목표들을 구체화하고, 그들의 달성에 부합되는 정책을 설계할 수 있다고 해도, 바람직하지 못한 부작용이 목표들의 가치를 상당히 감소시킬 수 있다. 예를 들면, 개발이익환수는 배분목적, 투기감축 등 여러 목적에서 바람직한 조세형태이지만, 토지공급감축, 바람직한 토지이용의 지연, 조세회피를 위한 자원낭비 등의 부작용을 가져올 수 있다.

셋째, 정의와 적용의 기술적인 문제는 적정한 기법의 설계를 어렵게 한다. 개입접근을 운영정책도구로 바꾸는 것이 어려운 경우가 있다. 정부가 주로 민간의 혜택을 위해 공급하는 하부구조 및 공공서비스의 경우, 비용을 적정하게 반영한 가격구조를 결정하기 어려운 문제가 제기되는 사례를 볼 수 있다.

넷째, 정책이 작동되면, 영향을 받는 사람들이 정책의 효과성을 감소시키거나 그들 자신의 목표를 왜곡하기도 한다. 정부개입을 논의할 때, 정책을 집행하는 사람들이 그들의 능력을 다하여 기술한 정책달성에 최선을 다할 것으로 가정하지만, 현실에서는 그렇지 않다. 관리자의 보수는 성공적인 집행을 거의 반영하지 않고, 많은 기관들은 다른 주요 목표를 설정하여 이의 달성에 주력하게 된다. 여기서 목표와 현실 간에 괴리가 발생한다.

다섯째, 행정능력이 이의 실행을 제약한다. 이는 현재의 법 및 제도적 장치의 제약 때문에 기법선정에서 문제가 발생한다.

제 2 절 토지이용

Ⅰ. 의 의

1. 개 념

토지이용(land use)이란 토지공간에서 일어나는 제반 활동을 공간적으로 수용한 결과이다(이하 정환용, 2006: 239~240). 이러한 토지이용행위는 행위주체의 의사결정에 의해 이루어진 결과이고, 개별적인 의사결정에 의해 나타나는 토지이용행위는 불가피하게 다른 사람의 토지이용행위와 갈등을 유발하게 된다. 따라서 토지이용계획의 목적은 토지자원의 질서 있는 개발을 촉진하고, 사적인 토지이용에 따른 일정한 문제와 갈등을 최소화하며 토지자원에 대한 적정개발을 제고하고, 공공복지를 극대화하는 데 있다.

토지이용(土地利用)은 토지이용력에 의해 결정된다. 여기서 토지이용력(land use capacity)은 수익이나 만족을 만들어 내는 토지자원단위의 상대적 능력을 의미한다. 이 토지이용력은 접근성과 자원의 질에 의해 결정된다. 접근성(accessibility)은 토지자원의 입지, 시장과 교통시설의 위치, 다른 자원과의 관계의 위치와 관련된다. 자원의 질은 바라는 산출, 수익, 만족을 생산하기 위한 토지자원의 상대적 능력과 관련된다. 여기서 농업용지는 비옥도, 도시용지는 근린의 매력·건물의 미적 특성 등과 관련된다.

토지이용규제(土地利用規制)란 개별 토지이용자의 토지이용행위를 사회적으로 바람직한 방향으로 유도하기 위해 법적·행정적 조치에 의해 제한하는 각종 방법을 의미한다.

2. 목 적

토지이용규제의 경제적 목적(經濟的 目的)은 토지이용과 관련된 부(負)의 외부효과억제, 토지관련 공공재의 적정공급, 그리고 공공서비스 공급비용의 절감의 세 가지로 요약할 수 있다(이하 정환용, 2006: 264). 토지이용규제는 기본적으로 부의 외부효과를 간접적으로 통제하기 위한 가장 오래된 수단이다. 토지이용행위에 대한 간접규제를 통해 공간적 범위가 한정된 공해, 교통혼잡, 조화되지 않는 토지이용 등 여러 형태의 부의 외부효과를 간접적으로 통제하는 수단이다. 그러나 오늘의 심각한 환경오염 등의 문제는 간접적인 규제에 의해서는 사회적 적정 수준으로 억제하기 어렵기 때문에 직접적인 규제를 시도하고 있다. 성과지역제(performance zoning)는 오염량을 엄격히 설정, 규제하는 직접규제방식이다.

3. 규제수단

토지이용규제기법(土地利用規制技法)은 토지이용을 보다 효과적으로 조직하는 데 정부권력과 재정자원을 이용하는 유인책(incentives), 민간토지이용과 개발활동을 제약하거나 지시하는 데 정부권력을 사용하는 제약(restrictions), 그리고 시장력에 대한 유인책과 제약들의 효과적인 사용에 장애를 제거하는 관리개선(management improvements)의 3가지의 기본범주로 나눌 수 있다. 유인책에는 부지자체에 대한 직접금융은 물론 개발을 촉진하는 하부구조와 서비스의 제공을 포함한다. 그것들은 개발을 위한 토지의 구입, 강제적인 취득을 포함할 수 있다. 제약은 지역제, 세분할, 건축규제 그리고 슬럼 및 무허가취락과 같은 개발의 불허 및 이전을 포함한다. 관리개선은 토지정보관리, 개선된 조사 및 지도화, 토지이용과 관련된 의사결정의 정부 내 및 정부 간 조화 등을 포함한다(Courtney, 1983: 154).

토지이용규제와 통제의 가장 일반적인 형태는 지역제(zoning), 세분할 규제(subdivision regulations), 건축규제(building regulations), 정부기관의 승인(approval by government agencies), 그리고 도시계획을 들 수 있다. 여기서 앞의 세 가지 수단은 지역의 상이한 규모와 상세성의 수준을 나타내는 규제기법의 위계이다. 첫 번째는 전체도시의 일반적 구조에 적용되는 것으로 보통 최소의 상세성을 갖추고 있다. 두 번째는 인접부지와의 관계를 보다 상세히 나타내는 중간적 관계를 취급한다. 세 번째 수단은 가장 상세한 수단으로 각 부지가 허용하는 구조의 성격에 대해 통제하고, 허용한 이용을 포함하는 경우도 있다. 이 세 가지 도구는 상호 연관하여 사용되고, 동일한 의사결정집단에 의해 결정되는 것이 보통이다. 기관승인(agency approval)은 앞의 세 가지 통제에서 구체화된 규제의 집행방법으로 사용된다. 도시계획은 보다 종합적인 도구로서 도시개발과 관련된 투자, 취득, 과세 및 보조, 다른 직접적인 개입에 대한 보다 적극적인 정부의 권력과 관련된다(Courtney, 1983: 156~157).

Ⅱ. 용도지역제

1. 의　　의

용도지역제(zoning)란 도시를 지구(districts) 또는 지대(zones)로 나누는 개념이다(이하 정환용, 2006: 265). 이 수단은 토지이용을 합리적인 방향으로 유도하기 위해 토지의 용도나 기능을 계획 원칙에 부합하도록 유도하기 위해 마련한 법적, 행정적 장치이다. 이는 도시계획이나 토지이용계획이 채택되었을 때, 이 계획을 실행하는 데 필요한 도구로서 도시의 여러 형태의 토지이용과 개발의 적절한 공간을 마련함으로써 서로 합리적 개발이 이루어지도록 하는 수단이다.

용도지역제는 일반계획의 대체나 대안이 아니다. 일반계획은 지역사회의 특성을 형성하는 기본형태 · 일반 토지이용 · 유통 · 각종 시설들 간의 관계들에 대한 기본정책을 제시하는 데 비해, 지역제계획은 일반계획에서 제시한 목표들을 달성하기 위한 도구로서 토지의 이용에 적용되는 규제이며 제약이다.

2. 목 적

용도지역제(用途地域制)는 다양한 도시개발을 유형에 따라 분리함으로써 근린의 동질성을 추구하기 위해 구상된 것이다(이하 정환용, 2006: 265~266). 지역지구 규제의 논리적 바탕은 도시부동산시장에서 예상되는 비 경제를 예방하는 데 있다. 이 제도는 지역특성에 맞는 용도를 지정하여 다른 용도를 배제함으로써 해당 지역의 재산가치를 보호하려는 주목적과 부적절한 토지용도를 공간적으로 분리시킴으로써 공해나 재해, 교통 혼잡, 건물 과밀을 방지하려는 부차적 목적 아래 보호될 토지의 위계를 설정하기 위한 취지에서 시작된 제도이다(Wengert, 1983: 651)

그러나 최근에 와서는 이러한 목적 외에 현재의 비효율적인 토지이용상태를 개선하고 토지이용계획에서 제시한 발전방향으로 토지이용양태를 유도하기 위해 현재의 토지이용행위에 제한을 가하는 정책수단으로 활용되기에 이르렀다. 그리하여 오늘의 지역지구제는 토지이용의 효율성 제고, 집적이익의 증대, 위생 및 안전상 필요한 최저기준의 설정, 공공서비스를 위한 토지의 원활한 공급, 재산권보호 및 편익배분의 조정 등 여러 목적을 달성하기 위한 수단으로 이용되고 있다(이정전, 1989: 382).

3. 규제방법

용도규제는 허용용도(許容用途)의 규정방법에 따라 두 가지로 나눌 수 있다(이하 정환용, 2006: 267~268). 허용되는 용도만을 나열하는 적극적 체계(positive system)와 허용해서는 안 되는 용도만을 나열하는 소극적 체계(negative system)로 나눌 수 있고, 허용되는 용도의 성격의 배타성 여부에 따라 배타적 체계(exclusive system)와 누적적 체계(cumulative system)로 구분한다(조정제, 1990: 289). 적극적 체계는 용도의 규제가 강력해서 용도순화의 목적을 달성할 수 있다는 장점이 있는 반면에 신축성이 부족한 경직된 체계라는 단점도 있다. 소극적 체계는 운용상 융통성은 있으나 새로운 용도의 출현에 대한 방어력이 부족하여 용도의 혼합이 발생할 우려가 있다. 누적적 체계는 가장 양호한 용도를 최상위의 용도 지역으로 두고 순서대로 바람직하지 않은 용도가 허용되는 범위를 넓혀 가서 최하위의 용도까지 도달하는 방식이다. 배타적 체계는 전용적 체계라고도 불리는 것으로 동종의 용도에 의한 용도 순화를 추구하는 형태이다.

규제내용(規制內容)에 따라 용도·밀도·구조·기준규제 등으로 구분할 수 있다. 용도규제(use regulation)의 목적은 용도를 상이한 유형으로 분리하여 상호 조화되기 어려운 용도의 혼합을 방지하고 이러한 용도들이 요구하는 폭넓은 공공서비스시설을 보장하는 데 있다. 그러나 토지나 건물의 사용에 대한 허용된 용도로의 경직된 규제는 신축성을 결여하기 때문에 세분화된 지역 지구방식의 도입이 따르고 있다. 밀도규제(intensity regulation)는 정해진 토지에서 특정 용도의 양을 제한하는 것이다. 이의 구체적인 적용례가 용적률이다. 구조의 규제는 대지 크기, 정원 크기, 그리고 구조의 높이(height)와 용적(bulk)에 대한 규제는 주거성(livability)에 집단적으로 기여할 수 있는 질에 직접적으로 지향하고 있다. 각 지역의 인구밀도를 통제하고, 적절한 햇빛, 공기, 그리고 사생활을 보장하고, 어린이에게 안전한 놀이터와 어른들에게 위락 공간을 제공하고, 화재의 위험을 줄이고, 그리고 건강하고 안전한 환경의 유지를 시도하고 있다. 기준규제(performance standard)는 도시 내에서 발생되는 각종 환경문제에 효과적으로 대처하기 위해 특별한 기준을 정하여 각 지역·지구마다 적용함으로써 토지이용을 규제하는 방식이다.

Ⅲ. 한국의 지역제

우리나라의 도시 내 토지의 용도분류는 도시계획구역 안에서 토지를 현재의 토지이용상황, 앞으로의 토지이용방향 및 이미 지정된 토지용도분류를 충분히 고려하여 지역, 지구, 그리고 구역으로 구분 지정하고 있다(이하 정환용, 2006: 268～277).

1. 용도지역

용도지역(用途地域)은 토지의 이용 및 건축물의 용도·건폐율·용적률·높이 등을 제한함으로써 토지를 경제적·효율적으로 이용하고 공공복리의 증진을 도모하기 위하여 서로 중복되지 아니하게 도시관리계획으로 결정된 지역을 말한다[「국토의 계획 및 이용에 관한 법률」(이하 "법") 제2조 제15호].

용도지역은 건설교통부장관 또는 시·도지사가 지정 또는 변경하는데, 도시・관리・농림・자연환경보전의 4개 지역으로 구분하여 지정한다(법 제36조 제1항).

도시지역(都市地域)은 주거・상업・공업・녹지지역으로 구분하고, 이를 각각 세분하여 지정할 수 있다(법 제36조 제1항 제1호; 시행령 제30조). 관리지역(管理地域)은 보전・생산・계획관리지역으로 구분한다(법 제36조 제1항 제2호).

2. 용도지구

용도지구(用途地區)는 토지의 이용 및 건축물의 용도・건폐율・용적률・높이 등에 대한 용도지역의 제약을 강화 또는 완화하여 적용함으로써 용도지역의 기능을 증진시키고, 미관・경관・안전 등을 도모하기 위하여 도시관리계획으로 결정하는 지역이다(법 제2조 제16호).

용도지구는 12개[「국토의 계획 및 이용에 관한 법률」에서 10개(경관, 미관, 고도, 방화, 방재, 보존, 시설보호, 취락, 개발진흥, 특정용도제한), 동법 시행령에서 2개(위락, 리모델링)]로 구분하여 지정할 수 있고, 필요시 세분할 수 있도록 규정하고 있다(법 제 37조; 시행령 제31조).

3. 용도구역

용도구역(用途區域)은 토지의 이용 및 건축물의 용도・건폐율・용적률・높이 등을 제한함으로써 용도지역 및 용도지구의 제약을 강화 또는 완화하여 따로 정함으로써 시가지의 무질서한 확산방지, 계획적이고 단계적인 토지이용의 도모, 토지이용의 종합적 조정・관리 등을 위하여 도시관리계획으로 결정하는 지역을 말한다(법 제2조 제17호).

용도구역에는 개발제한・도시자연공원・시가화조정・수자원보호의 4개 구역을 지정할 수 있도록 했다(법 제38조~제40조).

Ⅳ. 지역제의 문제점과 개선방안

1. 문 제 점

토지이용계획과 규제기법으로서 용도지역제의 문제점(問題點)은 획일적 규제, 효율적 토지이용저해, 중복적 지정과 규제, 과잉지정, 형평상 불균형, 체계적이고 종합적 규제의 결여, 입체적규제의 결여 등의 문제점이 있다.

각 도시의 규모・성격・기능・여건 등의 차이에도 불구하고 전국적으로 획일적인 지역지구의 지정과 함께 동일한 기준과 규제조치를 적용함으로써 도시의 구조적, 기능적 특성이 전혀 반영되지 못하고 있다. 다양한 토지이용 양태를 몇 개의 유형으로 지정함으로써 기계적이고 일률적이 될 수밖에 없다. 현실여건의 변화에 대한 신축성을 잃고 현상유지 위주로 토지이용행위를 속박하는 데 치우친 나머지 토지의 효율적 개발 및 이용을 능동적으로 유도하지 못할 우려가 있다.

용도지역제는 인접한 토지에 대한 악영향을 해결하기 위한 것이나 이로 인해 토지의 효율을 억제하는 부작용을 가져온다. 토지이용상 변화가 성숙된 토지에의 적용이 어렵다. 지역지구의 중복지정으로 토지이용 규제의 다층화로 그 운영 및 시민생활에 혼란을 가져다주고 있다. 지나치게 많은 면적이 특정용도의 지역・지구 혹은 구역으로 지정될 우려가 있다.

지정면적이 넓음으로 인해 도시활동의 공간적 적정배분이 어려움은 물론 용도혼재현상을 배제하기 곤란하여 용도지역지정의 근본목적인 지역의 순화 및 각 지역의 특성을 반영할 수 있는 가능성이 적다. 지역지구규제는 외부경제가 비경제를 차감하고도 남을 수 있다는 점을 고려함이 없이 토지이용의 제약을 요구하고 있다. 제한된 규제는 특정 계층에는 영향이 적고 저소득층에는 영향이 많을 수 있다.

현재의 지역제 결정은 불평등하거나 부적절하다. 체계적・종합적 규제의 결여되어 용도지역과 시설물간의 연계성이 부족하다.

2. 개선방안

지역제의 시행상 문제점에 대처하기 위해서는 광역적 규제, 종합적 토지이용계획의 수립・시행, 효율적 토지이용과 개발을 유도할 수 있는 적극적・긍정적 규제, 미래지향적 규제, 고정된 토지이용규제의 개념 대신 신축적인 개선안을 모색해야 할 것이다. 지역제는 목표달성에 있어 계획가들이 기대하는 만큼 신축적이지 못하여, 여러 개선안들이 제시되고 있다. 이중 대표적인 것은 다음과 같은 것이 있다.

① **유동지역제**(floating zoning) 일반적으로 지역제는 일정지역에 대해 특정용도를 설정하지만, 구체적인 지점을 지정하지 않다가, 지구의 요건을 만족시키는 토지개발이용신청을 승인하면 승인시점에서 고정제(固定制)가 된다.

② **군집지역제**(cluster zoning) 전통적인 지역제가 주택 부지별 규제인데 비해, 이 제도는 일정 지구에 개발을 밀집시켜 나머지 지역은 공간녹지·위락·보전지로 남겨 두는 것으로 전체적인 개발밀도는 같으나, 개발지의 밀도는 상대적으로 증대되는 형태이다. 이는 공급시설비가 절감되고, 특정지역을 보호할 수 있고, 양호한 주거환경을 확보할 수 있다.

③ **이중지구지정제**(overlay zoning) 하나의 토지에 대해 2개의 용도지구로 지정하여 규제를 강화함으로써 특정한 목적을 달성할 필요가 있을 때 지정한다.

④ **계약지역제**(contract zoning) 용도지역변경에 있어 토지소유자의 개발계획을 승인해 주되 일정한 조건을 전제로 계약형식을 갖추는 것을 의미한다.

⑤ **상여지구제**(incentive or bonuses zoning) 토지개발업자가 지역주민이 필요한 각종 편익시설을 갖추어 주고(예: 녹지·도로 등) 그 대신 이에 대한 보너스(규제완화)를 받는다. 용도지역제도상 개발자에게 허용된 개발한도 이상의 개발권을 보너스로 부여하고 그 대신에 공공재의 공급을 유도하는 제도이다.

⑥ **개발권 이양제**(TDR: transfer of development right) 역사적 건조물이나 농지, 자연환경의 보전을 목적으로 개발을 제한하는 반대급부로서 지정용적과 실제로 이용하고 있는 용적과의 차이를 이 사용의 개발권으로 보고 이것을 다른 대지에 이전하는 것을 인정하는 제도이다.

⑦ **복합용도제**(MXD: mixed use development) 복합용도개발은 3개 이상의 토지이용을 추구하며 기능적인 면과 물리적인 면의 통합이 이루어진 관련계획과 조화가 이루어진 토지개발로 이의 논리적 바탕은 인간이 쉽게 다양한 활동들에 접근할 수 있도록 하는 인간척도에 바탕을 둔 설계, 도심의 활성화를 통해 도시전체를 활력 있는 생명체로 만드는 데 있다. 때문에 이는 서구에서 도심개발의 주요 수단으로 거론되고 있다.

⑧ **성과기준**(performance standard) 용도에 의한 규제가 적용되지 않고, 토지이용에 따라 주변에 미치는 영향을 규제하도록 하며, 구체적으로는 소음·

진동 · 악취 등 환경의 규제항목에 대해 일정기준을 정하여 이 기준에 부합하는 활동은 허용하고, 그렇지 못한 것은 불허하는 규제방식이다.

제3절 토지소유 및 거래

Ⅰ. 토지소유

1. 의 의

(1) 개 념

법률적 개념으로서 토지재산(土地財産)은 몇 가지의 중요한 특징(特徵)을 가지고 있다(Barlowe, 1978: 396～397). 첫째, 재산(property)은 목적물이라기보다는, "물적 목적물과 관련된 인간의 권리"이다. 재산의 속성은 물건의 사용에 따른 권리이지, 개인적 권리나 자유가 아니다. 둘째, 소유하려고 하는 전유적 가치목적물이라는 점에서 자유재와 대별된다. 셋째, 재산권은 절대적 권리(absolute right)가 아니라 배타적 권리(exclusive right)이다. 타인에 대해 배타적으로 사용하지만, 주권의 통제나 제약에는 언제나 종속된다는 의미이다. 이는 재산권은 재산의 보호의 권위와 능력을 보유하고 있는 주권의 동의나 허가를 얻어야 함을 의미한다.

법에서는 토지소유권(土地所有權)은 토지를 객체로 하여, 그 토지의 사용가치 및 교환가치를 전면적으로 향유할 수 있는 완전 물권으로 본다. 즉, 민법(제211조)에서는, 소유권의 내용에 대해, "소유권은 법률의 범위 내에서 그 소유권을 사용 · 수익 · 처분할 권리가 있다"라고 규정하고 있다.

(2) 중 요 성

도시관리에서 토지소유의 중요성(重要性)은 다음 몇 가지로 요약할 수 있다(Kivell, 1993: 94～95).

① 토지보유의 규모와 형상은 도시형태에 커다란 영향을 준다. 도시개발의 설계와 규모는 토지소유경계에 크게 영향을 받고, 재개발지역도 획지소유패턴에 의해 제약받는다.

② 토지매매시기는 도시개발의 성격에 영향을 준다. 이는 건축과 계획유형

과 함께 현재의 기술과 경제적 추진력을 반영할 수 있다. 기차시대의 주택과 자동차시대의 주택은 서로 차이가 있고, 19세기의 공업 또는 휴양도시와 20세기의 그것과는 차이가 있다.

③ 토지소유는 권력을 부여한다. 18세기 중반까지 대지주는 사회의 경제적·정치적 지도자이었다. 오늘날에도 서구에서 일부 전통적인 지주가문이 부유층을 이루고 있지만, 권력은 예전보다 약화되었다. 그러나 오늘날 대기업과 금융회사들은 광범하게 토지소유에 관심을 보이고 있다.

④ 토지소유자들은 도시계획정책에 상당한 영향을 줄 수 있다. 그들이 언제, 어떻게 토지를 매각하고, 언제 개발에 참여할 것인가에 의해 도시개발에 영향이 미치게 된다.

⑤ 토지소유를 국가 및 지방경제에서 생산과 소비부문 간의 관계로도 볼 수 있다. 전자에서는 토지를 상품으로 보고, 거래가치의 극대화에 관심을 보이는 개발업자들과 투기적 소유자들을 포함한다. 후자는 토지이용가치의 극대화에 큰 관심을 보이는 기업·소매회사·가구주·농부와 같이 특별한 목적으로 토지를 소유한다. 거래적 상품이 되는 것은 토지를 신뢰할 만한 자산으로 사용할 수 있기 때문이다.

⑥ 토지소유는 사회의 성격을 나타내기 때문에 중요하다. 자유시장경제에서 혼합경제 그리고 중앙계획정체에 이르기까지 토지의 소유와 거래는 서로 다른 사회의 핵심적인 특성이다.

2. 소유권의 내용

(1) 내　　용

재산권(財産權)은 여러 개로 분리할 수 있는 권리의 다발(bundle of rights)로 구성되어 있다. 여기서 개인이 소유하여 행사할 수 있는 가장 광범하고 완전한 소유권에는 소유(possess)·이용(use)·매매(sell)·분활(subdivide)·유증(devise)·지역(easement)·임차(lease)·저당(mortgage)의 권리가 포함된다(Barlowe, 1978: 398).

개인의 재산권은 사회관리를 위한 전체이익을 위해, 국가에 의해 제한되거나 조건지을 수 있다. 이와 같이 재산의 공공성의 특성 때문에 국가에 유보되어 있는 4개의 권리는 공공이용(public use), 조세(taxation), 규제(regulation), 그리고 몰수(escheat)에 관한 것들이다(Barlowe, 1978: 398).

(2) 분　　화

소유권분화(所有權分化)는 토지소유권의 각 기능이 분화되어, 서로 다른 주체에게 귀속되는 현상을 지칭한다. 이 역사적 배경은 게르만사회에서 찾을 수 있다. 로마와는 달리 게르만사회에서는 중앙권력이 형성되지 못하여 공동체중심의 토지총유(土地總有)개념에 의하여 관리처분권은 공동체에, 이용경작권은 구성원에 귀속되었다. 중세의 봉건적 토지소유에서도 관리처분권은 상급소유권으로 영주에, 이용경작권은 하급소유권으로 농민이 행사하였다. 근대에 들어와서도 독일 등을 중심으로 이러한 개념이 지속되었다.

개발권은 원래 소유권에 속하는 하나의 기능이나, 소유권에서 개발권을 분리하고, 그 개발권의 행사는 공적 규제의 대상이 되고 있다. 이를 개발권(開發權)의 분리(分離)라고 한다. 이러한 법적 조치는 영국에서 가장 먼저 입법조치하고, 미·불이 그 뒤를 따르고, 우리나라에서는 부분적으로 도입하고 있다.

3. 소유정책

(1) 개념변천

토지소유권개념은 역사와 더불어 변천해 온 것이다. 때문에 그것은 논리적 범주가 아니라 역사적 범주이다. 즉, 토지소유권개념은 개인주의(個人主義)에 바탕을 둔 로마법적 개념과 단체주의(團體主義)에 기초를 두고 발전한 게르만법적 개념이 시대의 사회·정치·경제적 여건에 따라 변화·발전해 오고 있다.

근대적 토지소유권은 사적·개인적·재산권이며, 추상적·절대적 무제한적 권리로 선언하고 법제화되었다. 시민사회에 있어 재산의 소유가 시민생활의 기초이고, 그 침해는 생명 그 자체에 대한 파괴를 가져온다는 전제 하에 소유권의 보장이 생활의 보장을 의미하고 따라서 봉건세력으로부터의 시민생활의 해방은 소유권의 해방을 필수불가결한 것으로 보았다. 이러한 근대적 자유소유권개념이 성립하자 그것이 계약과 결합하여 자본으로서 작용하게 되고, 이에 따라 자본주의가 급격히 발달하여 생산력의 비약적 증가와 부의 증대를 통한 경제적 번영을 초래해 왔다.

소유권의 불가침이나 계약자유의 원칙은 소수의 강자에게는 무제한의 자유였으나, 다수의 약자에게는 부자유를 의미하게 되었다. 이에 따라 개인주의와 자유주의의 사상을 수정하여 보다나은 복지사회를 건설하기 위하여 20세기에는 사회본위의 단체주의적 법사상이 대두되었다. 이러한 여건변화에 따라 토지소유권의 사회적 사상이 대두하였다. 즉 지금까지의 토지소유권의 자유·무제한적인 권리에서 공공의 이익을 위하여 소극적·예외적으로 제약을 받거나 의무를 수반하는 상대적 권리로 변환되었다. 이의 법적인 바탕은 1919년에 제정된 바이마르헌법의 내용을 통해 확인할 수 있다. 이 법에 의하면, 소유권은 의무를 지고, 소유권의 행사는 공공의 복리에 대한 봉사이어야 한다고 규정하였다(제153조 제3항).

(2) 소유권의 제한

토지재산권에 대한 법적 제한이 강화되면서 토지소유자가 토지를 사용·수익·처분하는 데 많은 제약을 받고 있다. 이러한 토지재산권제한의 근거는 실정법적 측면과 사회적 측면으로 나누어 검토할 수 있다(허재영, 1993: 48~51).

(가) 실정법적 근거

재산권의 자유에 대한 제한법리(制限法理)는 사법상의 신의성실의 원칙, 권리남용의 금지, 상린관계나 사적생활의 방지 등이 있다(허재영, 1993: 48).

재산권규제에 관한 우리나라의 실정법적 근거는 다음과 같다. 즉, 재산권의 행사는 공공복리에 적합하도록 제한을 받고(헌법 제23조 제2항), 국민의 모든 자유와 권리는 국가안전보장, 질서유지 또는 공공복리를 위해 필요한 경우에 한하여 제한할 수 있다(헌법 제37조 제2항)고 규정하고 있다. 그리고 국토의 효율적이고 균형 있는 이용·개발과 보전을 위해 필요한 제한과 의무를 부과할 수 있다고 규정하고 있다(헌법 제122조).

(나) 사회적 근거

사회적 현상에서 토지재산권의 규제에 관한 논리는 토지의 투기적 자본화 경향, 토지소유권과 이용권의 대립, 토지이용권 상호간의 대립, 그리고 토지이용의 공공성과 사회성 등과 같은 측면에서 검토할 수 있다(허재영, 1993: 49~51).

① **투기적 자본으로서 토지**　토지투기는 주요한 사회문제이다. 토지투기는 개인 간에 소득의 격차를 촉진하고, 공공용지의 확보를 곤란하게 할 뿐 아니라, 제품의 생산원가를 상승시키는 등의 사회문제를 야기한다.

② **토지소유권과 이용권의 대립**　지주와 자본가의 지위가 미분화되었을

때는 소유권과 이용권의 대립이 없으나, 양자가 분리되었을 경우 대립관계가 발생한다. 양자의 관계에 대해 종래에는 토지소유권의 배타성으로 이용권자에게 불리하게 작용했으나, 현대에 들어 이용권을 더 보호하기 위한 조치들을 많이 채택하고 있다.

③ **토지이용권 상호간의 대립** 대기업과 중소기업 간 또는 농촌과 도시 간의 토지이용의 대립이 발생한다. 따라서 토지이용질서의 합리화를 위해 소유와 이용에 제한을 가한다.

④ **토지이용의 공공성과 사회성** 토지는 개인적 소유의 대상임과 동시에 인류공존을 위한 생활권보장의 수단으로서의 의미도 갖는다. 따라서 토지이용은 공공성과 사회성에 부합되어야 하고, 이를 위해 이용과 소유를 제한할 수 있다.

(3) 토지공개념

① **개 념** 토지소유권의 공개념(公槪念)은 토지를 상품 또는 투자의 대상으로 파악하는 토지관 자체를 전환하고 토지를 인간생활이나 생산의 기반으로서 파악하는 토지관을 확립하고자 함에 있으며, 토지소유권의 공공성·사회성을 강조하는 개념이다. 헌법에는 모든 국민의 재산권은 보장된다고 규정하고 있지만, "재산권의 행사는 공공복리에 적합하도록 하여야 하며, 공공필요에 의해 재산권의 수용, 사용할 수 있다"라고 규정하고 있다(제 22조). 이는 사소유권의 대상인 토지도 본질적으로 다분히 공공적인 것이며, 따라서 토지소유권에 대해서도 공공적 의무를 부과하고 공익을 위한 제한을 가할 수 있음을 말하는 것이다.

② **배 경** 이 개념은 도시화·산업화에 따라 토지에 대한 수요는 증가되고 있지만 공급이 제한되어 있어 균형을 맞출 수 없기 때문에 한정된 토지자원을 효율적으로 관리·개발·이용하여야 하는 사회경제적 상황에 직면하여 토지의 공적 재산으로서의 기능을 강조하기 위해 등장하였다. 우리의 토지문제 여건은 토지공급의 절대적 부족, 지가의 급격한 상승, 토지자원배분의 비형평성, 개발이익의 사유화, 그리고 토지이용의 비효율성이 두드러지게 표출되고 있는 상황이다.

③ **변 천** 1988년 「8·8 부동산종합대책」에서는 토지의 공개념을 바탕으로, 택지소유상한제·개발부담금제·토지초과이득세제라는 소위 공개념 3법

을 도입하였다. 택지소유상한제는 1989년「택지소유상한에 관한 법률」이 제정·시행되다가, IMF환란이후 지가하락을 막기 위해 이 법을 폐지하여(1998. 9. 19), 택지거래를 활성화시키고 있다.

④ **정립방향** 토지공개념을 정립하기 위해서는 토지이용의 능률성이 제고되고, 토지자원배분의 형평성, 다른 정책과의 조화성, 그리고 토지자원의 보전이 이루어지도록 하여야 한다. 토지는 소유에 의의가 있는 것이 아니라 이용하는 데 참 뜻이 있다. 아울러 토지는 개인의 독점대상이 아니다. 개발이익은 사회로 환원하고, 국민에게 공평하게 분배될 수 있으며, 토지자원의 보전이 이루어지도록 토지소유권개념이 정립되어야 한다.

Ⅱ. 토지거래

1. 의 의

(1) 개 념

토지거래(土地去來)란 토지의 취득 및 양도처분을 목적으로 하는 경제주체 간의 경제행위이다. 법률적으로는 토지에 관한 권리의 변동, 즉 권리의 발생·변경·소멸을 일으키는 거래당사자 간의 유상행위(有償行爲)를 말한다(류해웅, 2000: 571～572).

토지거래규제(土地去來規制)란 토지의 합리적 이용을 유도하고, 토지투기와 지가상승을 억제하기 위해 토지거래에 공권력이 개입하여 일정한 공적 제한을 가하는 제도이다(류해웅, 2000: 573～577).

(2) 제도도입

정부는 1978년 8월 8일에 "부동산투기억제와 지가안정을 위한 종합대책"(8.8조치)을 발표하였는데, 여기에 양도소득세 등 토지세제의 강화, 토지거래 허가·신고제의 도입, 등기와 관련된 인감증명제도 및 관인계약서제도(실시시기는 유보)를 도입하였다.

1978년 12월「국토이용관리법」제2장 2에 "토지거래 등의 규제"를 신설하여, 투기적 거래가 성행하고 지가급상승지역에 대해서는 건설교통부장관이 규제지역으로 지정할 수 있도록 했다. 규제지역 내에서 일정규모 이상 거래시에는 시장군수에 신고하고 도지사의 허가를 얻어야 하며, 일정규모 이내 거래시에는 도지사에 신고를 하도록 했다.

1983년 부동산중개업법을 제정·실시하여 부동산중개업의 신고제에서 허가제로 변경하였다. 그리고 1988년 8월 10일에 "부동산투기억제종합대책"(8·10조치)을 발표하여, 관인계약서사용의 의무화하여, 유보된 조치를 시행하도록 했다.

(3) 규제의 내용

토지거래규제(土地去來規制)는 직접적 규제와 간접적 규제로 구분할 수 있다. 직접적 규제는 토지거래허가 신고제·농지매매증명제·임야매매증명제·택지초과소유허가제 등이 있다. 간접적 규제는 거래정보확보수단(인감증명제·관인계약서사용의무화·부동산등기의무화)·토지세제(취득·보유·양도과세)·시장관리(부동산중개업제도) 등을 포함한다.

2. 거래허가제

(1) 허가구역의 지정

토지거래허가제(土地去來許可制)는 토지거래허가구역으로 지정된 구역에서 토지거래계약을 체결하고자 할 경우 행정관청의 허가를 받도록 한 제도이다. 토지거래허가대상지역(土地去來許可對象地域)은 국토의 이용 및 관리에 관한 계획의 원활한 수립 및 집행, 합리적 토지이용을 위하여 토지의 투기적 거래가 성행하거나 지가가 급격히 상승하는 지역과 그러한 우려가 있는 지역에 대하여, 건설교통부장관이 5년 이내의 기간을 정하여 토지거래계약에 관한 허가구역(이하 "허가구역")으로 지정할 수 있다[「국토의 계획 및 이용에 관한 법률」(이하 "법") 제 117조 제1항].

건설교통부장관이 허가구역(許可區域)으로 지정하고자 하는 때에는 중앙도시계획위원회의 심의를 거쳐야 한다. 다만, 지정기간이 만료되는 허가구역을 다시 지정하고자 하는 때에는 중앙도시계획위원회의 심의 전에 미리 시·도지사 및 시장·군수 또는 구청장의 의견을 들어야 한다(법 제117조 제2항).

(2) 허가절차와 기준

허가구역 안에 있는 토지에 관한 소유권·지상권을 이전 또는 설정하는 계약을 체결하고자 하는 당사자는 공동으로 시장·군수 또는 구청장의 허가를 받아야 한다. 허가받은 사항을 변경하는 때에도 같다(법 제118조 제1항).

시장·군수 또는 구청장은 토지거래계약을 체결하는 목적이 자신의 주거용지로 이용하는 경우, 주민의 복지 또는 편익시설설치에 이용하고자 하는 경우, 허가구역거주자가 농·축·임·어업을 영위하기 위해 필요한 경우, 공익사업을 위해 토지를 수용 또는 사용한 자가 그 사업을 위하여 필요한 경우, 허가구역안의 거주자의 일상생활 및 통상적 경제활동에 필요한 것 등에 해당되지 않으면 허가해서는 아니 된다.

그리고 거래계약을 체결하고자 하는 자의 토지이용목적이 도시계획 및 그 밖의 토지이용 및 관리계획에 적합하지 않는 경우, 생태계보전 및 주민의 건전한 생활환경보호에 중대한 위해를 초래할 우려가 있는 경우, 그 면적이 토지이용목적과 적합하지 않는 경우에는 허가해서는 아니 된다(법 제119조).

(3) 허가구역관리

토지거래계약허가를 받은 자는 그 토지를 허가받은 목적대로 이용하여야 한다(법 제 124조 제1항). 시장·군수 또는 구청장은 허가받은 자가 허가받은 목적대로 이용하고 있는지 여부를 조사하여야 한다(법 제124조 제2항). 건설교통부장관 또는 시·도지사는 토지거래허가제도의 실시, 그 밖의 토지정책의 수행을 위한 자료를 수집하기 위하여 지가의 동향 및 토지거래상황을 조사하여야 한다(법 제 125조).

3. 선매제도

(1) 의　　의

공공사업을 효율적으로 집행하기 위해서는 중·장기적으로 계획적이고 원활한 공공용지의 취득이 필요하다. 특히 도시외곽지역의 무질서한 확산을 방지하고 개발용지를 미리 확보하기 위해 토지의 소유와 이용을 민간에게 방임하지 않고 공공기관이 취득하여 이를 계획적으로 이용하는 방법이 선매제도이다(허재영, 1993: 126).

선매제도(先買制度)는 토지거래허가제가 시행되는 지역에서 토지매매에 대한 거래허가신고가 있는 경우, 그 토지가 공공이용을 위해 필요한 경우와 허가받은 대로 토지이용이 이루어지지 않은 토지에 대해(법 제122조 제1항), 일반인의 사적 거래에 우선하여 공적 기관에서 매입할 수 있도록 하는 제도이다.

이 제도는 원래 독일·프랑스·스웨덴 등에서 인정하고 있는 제도이다(허재영, 1993: 127). 특히 프랑스의 선매제도는 장기정비구역(ZAD)과 도시선매권(DPU)으로 구분할 수 있다. 전자는 토지점유계획이 수립되어 있지 않은 지역(자연지역은 계획이 수립되어 있는 경우도 있음)에 대해 대규모개발을 위해 지정하고, 후자는 토지점용계획이 수립되어 있는 도시지역 및 장래시가화지역에 대해 사회주택이나 공공시설의 정비를 위해 지정한다.

(2) 효 과

선매제도의 기능은 단순히 공공용지의 확보수단에 그치지 않고 토지이용에 의한 계획적 규제를 매개하는 수단으로 중요한 의미를 가지고 있다.

초기의 선매제도는 사업시행구역의 토지투기를 방지하거나 용지를 취득하는 수단(사업선매)으로 주로 이용되었으나, 오늘에는 개발예정지의 개발권을 공유화하기 위한 토지비축수단으로 많이 활용되고 있다(허재영, 1993: 128).

제 4 절 토지과세

Ⅰ. 토지세이론

토지세(土地稅)의 경제적 효과는 효율과 이용의 양면에서 살필 수 있다(이정전, 1998: 207).

1. 형평의 측면

형평(衡平)의 측면에서의 토지세의 경제적 효과는 누가 토지세를 실질적으로 부담하게 되는가 하는 것을 파악하는 것이다. 법적으로는 토지세납부자는 토지소유자이기 때문에 토지세는 토지소유자가 부담하는 것으로 되어 있다. 그러나 법적 납세자는 실제적인 조세부담을 다른 사람에게 전가(shifting)할 수 있다. 조세의 사실상의 부담이 최종적으로 어떤 사람에게 낙착되는 것을 귀착

(incidence)이라고 한다(이정전, 1998: 207～208).

형평의 측면에서의 토지세 검토는 전가(轉嫁)와 귀착(歸着)을 파악하는 것이다. 만약 토지세가 전가되지 않는다면 납세자인 토지소유자는 토지를 소유하지 못한 자에 비해 상대적으로 부유할 가능성이 크기 때문에 토지세부과는 사회적 형평의 측면에서 매우 바람직할 수 있다(허재영, 1993: 274).

중농주의(F. Quesnay · A. Turgot,), 고전학파(A. Smith · D. Ricardo)와 신고전학파(A. Marshall · L. Walras)등의 학자들은 토지세는 전가하지 않고 그 전액이 토지소유자에게 귀착한다고 주장하였다. 이에 반해 페티(W. Petty)와 흄(D. Hume)은 모든 조세는 전가되는 경향을 가지며, 그 전가의 정도는 납세자의 경제적 지위에 달려 있으며 지주는 다른 어떤 사회계층보다 전가하는 능력이 강하다고 주장하였다(이정전, 1998: 217～238).

2. 효율의 측면

효율성(效率性) 측면에서의 논쟁점은 토지세가 토지이용 간 배분양태에 영향을 주는가 하는 것이다. 토지세이론에서 논의가 주로 형평의 측면에 치우치고 효율의 측면에 대한 논의가 상대적으로 소홀히 되었는데, 이는 토지세는 토지의 용도 간 배분에 아무런 변화를 주지 않는다고 많은 경제학자들이 생각했기 때문이다. 즉, 토지세는 중립적(中立的)이라는 것이다(이정전, 1998: 208).

전통적 견해에 따르면 토지세가 중립적이기 때문에 매우 바람직한 형태의 조세로 인정했다. 토지공급량은 물리적으로 고정되어 있으므로 토지세부과는 이 공급량을 변화시키지 않는다는 점, 특히 지대소득을 과표로 한 토지세는 토지생산물의 생산을 위축시키지 않으며 그 생산물의 가격에도 영향을 주지 않는다는 점, 그리고 토지이용면적에도 영향을 주지 않는다는 점 등에 주목하였다(이태교, 2001: 187; 박헌주 외 3인, 1998: 277).

이에 대해 비판적인 견해도 있다. 즉, 토지세는 비중립적이며 따라서 토지이용양태에 직접적으로 영향을 줄 수 있다. 예외적인 경우를 제외하고는 토지세는 대체로 자본의 회임기간이 긴 토지용도보다는 빠른 시기에 많은 소득을 올리는 용도를 선호하게 함으로써 토지이용도를 높이고 토지개발을 촉진하는 효과를 발생시킨다. 아울러 토지세는 지가상승을 억제하며 간접적으로 토지투기를 막는 효과를 수반할 것으로 기대된다(이정전, 1998: 280～281).

3. 종합적 해석

모든 토지에 동일한 세금을 부과하면 토지 간 용도변경이 가능하더라도 토지세는 다른 사람에게 전가되지 않고 또 중립성도 유지될 수 있다. 모든 토지에 동일한 규모의 토지세가 부과되기 때문에 토지세가 부과된다 하더라도 다른 용도로 토지가 전용될 가능성은 없기 때문이다. 즉, 토지세의 부과목적이 조세수입에 있다면 모든 토지에 동일한 세금을 부과하는 것이 가능하며, 이 경우 토지세가 전가되지 않으며 중립성도 유지할 수 있다. 그러나 토지세의 부과목적이 개발이익환수나 토지이용을 특정방향으로 유도하기 위한 것이라면 토지용도별이나 지역별로 세금의 크기를 달리해야 하고, 이 경우 토지세는 다른 사람에게 전가되고 토지세의 중립성도 성립되지 않는다(이태교, 2001: 190～191).

Ⅱ. 토지세제

1. 조세유형

토지과세(土地課稅)는 토지에서 얻어지는 연간소득이나 수익 또는 토지의 자산가치에 바탕을 두어 과세한다. 여기서 전자를 재산세(property tax), 후자를 수익세(betterment tax)라고 한다. 종합토지세는 전자, 양도소득세는 후자의 유형이다.

종합토지세(綜合土地稅)는 종전의 토지분 재산세와 토지과다보유세로 이원화되어 있던 토지보유과세를 일원화시킨 것으로, 투기용 토지소유자와 대토지 소유자에게 중과세하여 토지거래를 원활히 하고 지가를 안정하기 위한 목적으로 도입되었다.

양도소득세(讓渡所得稅)는 토지처분을 통한 이익을 환수하기 위한 장치로서, 토지양도시 발생하는 양도소득에 대해 부과하는 세금이다. 이 소득세의 도입목적은 자본이득의 사회적 환원을 통해 소득재분배강화 및 부동산가격의 안정에 있다. 이는 개발이익 또는 자본이득의 실현분에 대해 보편적으로 부과하기 때문에 조세저항이 적은 조세형태이지만, 양도소득세를 회피하기 위해 장기보유함으로써 토지거래가 활성화되지 않아 지가를 상승시키는 부정적 효과를 초래할 수도 있다.

2. 개발이익환수제

(1) 의 의

영국의 「보상과 개발이익에 관한 전문가 위원회」[The Expert Committee on Compensation and Betterment(Uthwatt Committee)]에서는 개발이익(betterment)을 "공공사업 또는 공공사업의 수행과 같은 적극적인 행위 또는 다른 토지에 대한 규약과 같은 소극적인 행위에 의해 발생되는 토지의 증가(增價)"라고 정의하였다. 이어서 "모든 개발이익은 사회에 의해 창출된다. 따라서 특정한 계획행위에 의한 증가와 지역사회의 일반적인 활동 또는 일반적 경제변영 등 다른 요인에 의한 증가를 구별하는 것은 비현실적이며 현실적으로 불가능하다"고 했다.

「개발이익환수에 관한 법률」에서는 개발이익을 개발사업을 시행함으로써 정상적인 지가상승분을 초과하여 개발사업시행자에게 귀속되는 토지가액의 증가분과 공공사업의 시행, 토지이용계획의 변경, 기타 사회 경제적 요인에 의해 정상지가상승분을 초과하여 토지소유자에게 귀속되는 증가액이라고 규정한다(제2조 제1호).

(2) 환수필요성

개발이익환수(開發利益還收)의 이론적 근거로는 불로소득론, 지대론, 부당이득론을 들 수 있다(이태교, 2001: 160~161).

불로소득론(不勞所得論)은 지대론(地代論)과 밀접하게 연결되어 있다. 리카르도의 차액지대론에 따르면 토지별 비옥도에 따라 생기는 이익의 차이, 즉 차액지대는 노동의 투입과는 관계없이 발생하는데 이 차액지대가 지주의 지대수입으로 전환되므로 지대수입이 불로소득이 된다는 것이다. 마샬(A. Marshall)은 토지의 소득인 지대는 개인이 수익을 얻기 위해 투자하는 자본이나 노동과는 본질적으로 다르기 때문에 제3종의 소득개념으로 분류하여야 한다고 했다. 이 제3종의 소득개념은 일반적인 경제발전으로 인해 발생한 이익이므로 개인이 사유화할 수는 없다고 하였다. 이러한 지대론과 불로소득론은 일반적인 사회, 경제적인 발전 때문에 발생하는 개발이익도 환수해야 한다는 입장이다(이태교, 2001: 160).

부당이득론(不當利得論)은 민법상의 부당이득조항과 관련되어 있다. 민법에서는 어떤 행위로 우연히 이득을 얻게 되었다 하더라도 이로 인해 다른 사람이 재산상의 손실을 보았다면 부당이득으로 간주되어 이를 환수할 수 있도록 되어 있다. 이 경우는 반드시 다른 사람의 재산가치를 하락시켰을 때에만 환수가 가능하다. 그러나 다른 사람의 재산가치를 하락시키지 않았어도 개발이익을 환수해야 한다고 주장하는 이론도 있다. 이는 공공개발행위에 의한 지가상승으로 얻은 이익은 직접적인 재산상 손실을 입은 자는 존재하지 않지만 타인의 재산이나 노력에 의해 부당이익을 얻었으므로 환수해야 한다는 것이다. 또 도시개발은 공공기관이 지출하는 공적자금에 의해 이루어지는데 이 공적 자금은 시민들의 세금에 의해 조달된다. 그런데 일반시민이 개발지역 인근의 토지를 구입하려면 높은 가격으로 구입해야 한다. 이러한 의미에서 타인의 손실이 존재하므로 개발이익을 부당이득으로 보고 환수해야 한다고 주장한다(이태교, 2001: 160~161).

(3) 환수방법

개발이익의 환수방법(還收方法)은 부과유형에 따라 원천적 환수형, 과세형, 부담금징수제, 시설정비부담금제로 구분할 수 있다.

원천적 환수형(源泉的 還收型)은 토지국유화(土地國有化)와 초과매수(超過買收)가 있다. 전자는 개발이익이 발생할 토지의 전부 또는 일부를 국유화 후 그것을 수요자에게 임대함으로써 그 토지에 발생할 개발이익을 환수하는 방법으로, 싱가포르 · 홍콩 · 스웨덴 · 네덜란드 · 노르웨이 · 핀란드 · 이스라엘 등에서 사용하고 있다. 후자는 공공사업의 필요량 이상으로 토지를 매입하여 개발 후 그 사업에 의한 증가를 반영한 높은 지가로 토지를 처분, 임대함으로써 공공사업에 의한 증가를 환수하는 방법으로, 프랑스와 서독에서 사용하고 있는 방법이다.

과세형(課稅型)은 과세를 통해 환수하는 방법으로, 과세시기에 따라 보유과세 · 처분과세 · 혼합과세로 세분된다. 부담금징수세(負擔金徵收稅)는 개발사업에 필요한 비용을 조달하고 토지증가의 환수를 목적으로 하는 방법으로, 부담자에 따라 개발자부담형 · 수익자부담형 · 개발권양도제로 구분된다.

시설정비부담금제(施設整備負擔金制)는 현금부담대신 공공시설의 설치 또는 공공시설용지를 제공하는 제도로, 영국의 조건부개발허가, 독일의 개발부담계약제, 프랑스의 협의정비구역제가 이에 해당된다.

우리나라에서는 적극적인 환수방법으로 비과세적 방법(국공유지 임대제 ·

환지의 감보제 · 수익자부담금제 · 개발부담금제 등)과 과세적 방법(토지보유과세 · 토지양도과세 등)을 사용하고, 소극적 환수방법으로 토지수용시 그 보상액에서 개발이익을 배제하는 방법을 사용하고 있다.

(4) 문 제 점

개발이익환수와 관련하여 제기되는 운영상 문제(運營上 問題)는 불완전 환수, 매수의 불공평성, 투기와 토지동결의 조장, 그리고 소득의 불공평한 배분과 사회적 불일치의 조성 등이 지적되고 있다.

논리적 문제(論理的 問題)로는 개발이익이 환수되어야 한다면 개발손실은 보상되어야 한다는 것이다. 여기서 개발손실(開發損失)은 개발로 인하여 발생하는 재산가치의 감소, 즉 부의 개발이익을 말한다. 개발손실은 침해가 직접적이고 구체적인 경우에 보상되어야 한다. 즉, 보상의 대상이 되는 개발손실은 첫째, 도시계획의 결정이나 변경으로 발생되는 손실, 둘째, 개발허가나 허가의 수정 · 변경에 의해 발생되는 손실, 그리고 공공기관의 직접적인 개발행위로 인하여 발생하는 손실이 포함된다(이태교, 2001: 177～178). 개발손실에 대한 법적근거는 헌법에서 규정한 "공공 필요에 의한 재산권의 수용 · 사용 또는 제한 및 그에 대한 보상은 법률로 하되, 정당한 보상을 지급하여야 한다"(헌법 제23조)는 내용이다. 현재 개발손실에 대한 보상은 소극적이지만, 개발제한구역의 지정과 장기미집행 도시계획시설의 설치를 위한 도시계획결정에 대해 헌법불합치결정을 계기로 크게 변화가 나타나고 있다(류해웅, 2000: 540).

3. 조세정책

토지소유자의 소득과 관계없이 부과하는 토지보유관련과세는 단기적으로 세액이 모두 자본화되어 소유자에게 귀착된다는 것이 통설이다. 따라서 보유과세(保有課稅)는 토지소유자의 소득을 감소시키고 자산가치를 하락시킴으로써 경제적 손실을 초래하게 한다. 그러나 보유과세의 전가정도는 토지시장의 수요곡선과 공급곡선의 탄력성에 달려있다. 토지공급이 완전히 비탄력적인 시장에서 보유토지를 급히 팔고자 하는 단기적 상황에서는 토지세가 전액 자본화되어 토지소유자에게 후전(後傳)된다. 반대로 공급이 완전히 탄력적인 경우에는 수요곡선이 이동하더라도 토지가격이 변동하지 않기 때문에 조세부과로 인한 토지수요감소는 거래량을 위축시킨다. 한편 수요곡선이 완전 탄력적인 시장에서는 과세분이 전액 자본화되어 토지가격과 거래량이 모두 하락할 수 있다. 마지막으로 이상의 세 가지가 복합된 시장으로 수급이 완전탄력적이거나 완전 비탄력적이지 않는 경우이다. 이 때에는 조세전가가 일어나며 보유자와 구입자의 행태는 가격에 민감해진다. 왜냐하면 조세부과는 토지가격에 부분적으로 전가되고, 일부는 자본화되기 때문이다. 따라서 토지보유세의 강화는 수요곡선보다 공급곡선의 이동효과가 더 크기 때문에 거래량의 감소에 미치는 영향이 크나 지가의 하락에 미치는 영향은 적다. 따라서 토지보유세의 중과는 소득배분측면에서 바람직하고 개발이익환수에도 바람직하다(박헌주 외 3인, 1998: 280).

양도소득세(讓渡所得稅)는 토지의 공급자가 법적 귀착자인 경우 과세는 부과시장의 시장특성에 따라 전전(前傳) 또는 후전(後傳)된다. 토지보유자가 자본이득을 극대화하려는 경우 수익극대화원리에 따라 가격이 상승할 때까지 토지공급을 연기함으로써 동결효과를 초래하여 토지시장을 위축시킨다. 이 경우 토지시장이 초과수요상태라면 과세액은 대부분 전전하여 지가를 상승시킨다. 따라서 양도소득세를 강화하면 개발이익을 환수하고 토지수요를 줄이는 데는 기여하지만, 토지공급의 동결효과가 커져 자가를 안정시키는 데는 기여하지 못한다(박헌주 외 3인, 1998: 280～281).

토지에 조세정책(租稅政策)의 기본방향은 토지의 효율적 이용촉진, 토지거래촉진, 토지가격의 장기적 안정화, 그리고 사회적 형평과 정의의 실현에 기여할 수 있도록 해야 한다. 이상적(理想的)인 과세형태(課稅形態)는 토지공급에는 긍정적이지만 수요는 유발하지 않으면서, 개발이익환수에는 효과적이지만 지가상승을 초래하지 않는 과세유형이다. 이러한 이상형에 근접한 형태는 보유세를 강화하는 정책이 필요하다.

참고문헌

류해웅, (2000), 「토지법제론」(서울: 부연사).

류해웅·성소미, (1998), 토지관리행정의 체계화에 관한 연구, 국토연 98-55, 서울: 국토연.

박헌주 외 3인, (1998), 토지정책의 전개와 발전방향, 국토총서5, 안양: 국토연.

박헌주 외 3인, (1998b), 토지의 공급확대 및 효율적 이용을 위한 정책방향연구, 국토연 98-29, 안양: 국토연.

이정전, (1989, 1998), 「토지경제학」(서울: 박영사).

이태교, (2001), 「토지정책론」(서울: 법문사).

정환용, (2006), 「도시계획학원론」(서울: 박영사).

조정제, (1990), 「도시경영」(서울: 법문사).

허재완, (1993), 「도시경제학」(서울: 법문사).

Barlowe, Raleigh, (1978), *Land Resource Economics*(Englewood cliffs, N. J.: Prentice-Hall).

Courtney, J., (1983), "Intervention through land use regulation," Dunkerley, H., (ed.), *Urban Land Policy*(Oxford: Oxford Univ. Press), 153～170.

Darin-Drabkin, H., (1977), *Land Policy and Urban Growth*(Oxford: Pergamon).

Garba, S. and Al-Mubaiyedh, S., (1999), "An assessment framework for public urban land management intervention," *Land Use Policy*, 16(1999): 269～279.

Harvey, J., (1992), *Urban Land Economics*(Hampshire: Macmillan).

Kivell, P., (1993), *Land and the City*(London: Routledge).

Roakes, S., (1996), "Reconsidering land value taxation," *Land Use Policy*, 13; 4(1996): 262～272.

Shoup, D., (1983), "Intervention through property taxation and public ownership," Dunkerley, H., (ed.), *Urban Land Policy*(Oxford: Oxford Univ. Press), 132～152.

Wengert, N., (1983), "Land use policy," Stuart S. Nagel, (ed.), *Encyclopedia of Policy Studies*(N. Y.: Marcel Dekker), 647～665.

Whitehead, C., (1983), "The rationale for government intervention," Dunkerley, H. and Whitehead, C., eds., *Urban Land Policy*(Oxford: Oxford Univ. Press), 108～131.

제 6 장

주택관리

제 1 절 개 요

Ⅰ. 의 의

1. 주택의 개념

주택(住宅)의 생산・소비・교환은 도시연구의 중심이 되고 있다. 사람이 어디에서, 무엇으로, 누구와 살고, 얼마나 비용이 드는가는 일상생활의 중심적 관심사이다(Forrest and Williams, 2001: 88). 아울러 주택은 사회안전(social security), 건강(health), 교육(education)과 함께 복지국가의 4가지 기둥 중 하나이다(Kemeny, 2001: 53). 주택은 다른 3개의 기둥들과는 달리 높은 자본강도를 가지고 있다. 이러한 의미를 갖고 있는 주택은 다음의 개념을 포함하고 있다.

① **거 소** 주택은 거소(shelter)이다. 모든 동물은 쉴 곳을 갖고 있다는 의미는 거처를 뜻한다. 이는 사람에게 기초적 욕구인 수면과 휴식기능을 제공한다. 거소(居所)의 이용가능성은 인간의 기본욕구이다.

② **프라이버시** 프라이버시(privacy)는 물리적 개념이라기보다는 사회적인 의미이다. 사회적 관습에 따라 차이가 있지만, 하나의 분리된 지붕 밑에서 생활을 같이 하는 집단은 같은 프라이버시를 갖고 있으며, 이를 하나의 가구(household)로 본다. 프라이버시는 거소의 수면기능에다 음식장만, 작업장소, 그리고 위락기능을 가미한 것이다. 프라이버시를 보장하기 위해서는 가구들을 분산시키는 것이 하나의 해결책이나 이는 매우 고가의 정책이다. 때문에 프라이

버시제공을 위해 녹지(open space)를 두는 방법과 담(wall)을 설치하는 방법을 사용한다.

③ 입 지 주택의 입지(location)는 일과 서비스나 시설들에의 접근기회를 제공한다. 도시입지에서 교통의 이용가능성과 비용은 입지의 질을 결정하는 주요 판단기준이다. 부유한 사람들은 최고의 주거지역에 집중하는 경향이 있다. 양호한 주택은 고소득의사결정자와 전문가들을 유인한다. 그리고 그들이 지역경제의 수레바퀴에 기름칠을 하는 역할을 한다. 그들이 다른 지역으로 이동하게 되면 기업들은 문을 닫게 된다. 인적자본이 현대기업의 주요자원이 되고, 이는 주거환경이 중요한 경제입지인자의 하나임을 의미한다. 숙련노동자들과 전문가들은 그들의 통근시간을 최소화하고자 하고, 기업들은 양질의 노동력을 유인·획득하는 데 유리한 곳에 입지하고자 한다(Weesep, 2000: 175).

④ **환경적 쾌적성** 근린의 자연환경은 물론 사회환경도 환경적 쾌적성(environmental amenities)을 결정하는 주요 요인이다. 지역이 가지고 있는 사회적 명성이 주요 판단기준이다. 근린은 거주자들의 생활의 질과 사회적 지위에 영향을 준다. 근린은 사회적 상호관계의 구조에도 중요하여, 어떤 사람은 혼합된 근린을 선택하고 어떤 사람은 그들 스스로의 유형 간의 삶이 보호되는 근린을 선호한다(Weesep, 2000: 175).

⑤ 투 자 도시주택은 주거지일 뿐 아니라 투자(investment)의 대상이다. 주택의 소유는 물리적·재정적 안정을 제공한다. 주택소유는 부의 상징일 뿐 아니라 부의 축적수단이다. 주택의 현저한 특징의 하나는 그의 경제적 가치이다. 그리고 주택에 대한 투자는 개인소비의 많은 부분을 차지하고 있다. 아울러 주택은 다른 실질적인 비용들과 관련되고 커다란 경제적 승수효과를 가져온다(Weesep, 2000: 175).

2. 주택부문의 속성

주택부문(住宅部門)은 민간기업과 정부활동의 혼합형태이다. 전체주택의 많은 부분은 민간부문에서 공급하고, 나머지 일부는 공공부문에서 공급한다. 이러한 주택부문의 이중적인 속성은 다음과 같다(Harvey, 1992: 284).

① **제 도** 주택부문의 민간요소는 법·제도·공공기관들의 운영과 밀접한 관계를 맺고 있다. 주택건설·임대·금융 등의 모든 활동은 공공기관과

의 관계를 통해 형성된다.

② **공공복지** 민간부문에서는 공공부문에서 기대하는 만큼의 주택수요를 충족시키지 못하고 있다. 민간주택산업은 구매력을 갖추지 못한 주택의 수요, 즉 저소득가구의 수요를 충족시키지 못하고 있다. 공공부문은 이러한 부문에 초점을 두어 보조금 등의 지급을 통해 수요의 성격을 변화시키는 작업을 수행하게 된다. 공공부문은 민간부문의 기능을 촉진하는 역할과 사회적으로 부적합한 시장기능을 극복하기 위해 보조금을 지급하는 두 기능을 수행한다.

③ **상호작용** 민간부문과 공공부문의 상호작용에 대한 이해가 요구된다. 특히 주택시장에서도 이 양자에 대한 경제적 분석이 요구된다.

3. 경제적 특성

주택은 다른 경제재와 다른 독특성을 가지고 있다(Hårsman and Quigley, 1991: 2).

첫째, 주택은 복합적 상품이다. 소비와 생산이 복합적이고, 때문에 효율적으로 거래하기에는 공급자와 소비자 모두가 복합적이다.

둘째, 주택은 공간에 고정되어 있다. 이는 주택의 선택은 근린의 선택이고, 직장과의 접근성에 대한 선택이며, 다양한 지방서비스에 대한 선택을 뜻한다. 지주의 입장에서는 부지지대의 가장 중요한 결정인자는 그의 직접적인 통제밖에 있음을 의미한다. 부지지대는 공공부문의 행동에 의해 근본적으로 영향을 받는다. 고정성은 거주이동과 주택소비의 변화에 영향을 미친다.

셋째, 주택은 생산이 고가이다. 주택의 구입을 위해 보통의 가구들은 많은 목돈을 대출받아야 한다. 소유자에게는 완전매입을 위한 매력적 대안으로서 저당대출을 받을 수 있다. 이는 또한 주택소비는 가구예산의 중요한 구성부문을 형성하고, 거주주택의 신축은 순국민투자(net national investment)의 상당한 부분을 차지한다.

넷째, 주거단위는 극히 오랜 수명을 갖는다. 따라서 주택신축은 특정시기의 주택소비를 위해 공급되는 주택서비스의 총량의 적은 부분에 불과한 양을 공급하게 된다. 때문에 신축활동은 주택수요의 작은 변화에도 취약하다. 주택은 매우 내구적이다. 주택의 이용가능한 수명은 보통 70년이고, 그 이상을 지속할 수도 있다. 관리를 잘하고 주기적으로 현대화한다면 주택은 그 수명을 계속하여 연장할 수 있다. 그러나 오용과 관리의 결여는 주택의 수명을 단축한다. 주택의 높은 내구성은 주택시장이 현 재고주택에 의해 지배되는 것을 의미한다.

다섯째, 주택은 현대산업사회에서 정상적 생활을 바라는 어떠한 개인이나 가구에도 필수적이다. 주택서비스에 대한 대체가능성이 많이 있음에도 불구하고, 주택자체를 모두 대체할 수는 없다. 아무리 가난한 가구도 주택서비스를 소비해야 할 필요가 있다.

Ⅱ. 관리정책

1. 의 의

주택용지(住宅用地)는 도시 내에서 최대의 토지이용형태이다. 주택에 의해 점유되거나 배정된 주거용지는 대체로 도시전체면적의 35~40%를 점유하고 있어, 차하위의 2개 범주인 개방공간과 공업용지가 각각 20%, 10%인 점을 비교하면 그 중요성을 이해할 수 있다(Balchin, et al., 2000: 179; Field and MacGregor, 1987: 54).

주택이 복합적인 재화이기 때문에 주택정책도 매우 복합적인 영역의 하나이다. 주택정책에 따른 문제들은 주거단위자체에만 국한되지 않는다. 그것의 분석은 재정·입법·정치·사회·철학적 의식, 자원배분, 정부 간 관계, 전문적 및 행정적 관행, 그리고 계획과 관련된 중요한 문제를 제기한다. 실제로 주택정책은 사회주택, 수의조직들에 대한 지원, 조세정책, 복지지원 등으로서의 요인들을 통해 정부에 의해 영향을 받는다(Pugh, 1980: 1).

상품으로서 주택의 특성처럼 주택정책(住宅政策)도 특이하다(Hårsman and Quigley, 1991: 3).

첫째, 주택은 필수품이고, 가구예산의 많은 부분을 점유하기 때문에, 주택정책의 고려사항들은 모든 주민들에게 영향을 준다. 따라서 주택배분은 생산자와 소비자 모두에게 중요한 실제적 문제이고, 정치인과 관료에게 중요한 상징적 문제이다.

둘째, 주택정책의 방향은 매우 완만하게 변화할 수 있다. 주택보조정책의 큰 변화도 장기적으로는 매우 완만하게 보조주택의 양에 영향을 준다.

셋째, 주택정책은 경제 및 사회정책의 다른 많은 목표들과 관련된다. 예를 들면 거시경제적 안정화, 사회복지, 보건, 적정한 토지이용, 경제개발, 그리고 지역균형 등이 주택정책과 관련된다.

마지막으로, 주택정책은 많은 경우에 계획하기 어려울 뿐만 아니라 평가하기 어렵다. 주택정책의 평가는 효율성, 형평성, 그리고 사회·정치적 목표의 기반에서만 할 수 있다.

2. 개입논리

주택은 인간의 가장 필수적인 물질적 용구의 하나이지만, 어떤 나라도 수급이 완전한 일치를 이룬 곳은 없다(Balchin, et al., 2000: 127). 사람들 간에 주택과 생활여건의 차이는 사회적 불평등의 징후이다. 주택정책은 전체 주민들에게 품위와 여유있는 가정을 제공한다는 의미이다. 그러나 오랜 개입의 역사에도 불구하고 주택의 불평등여건은 여전히 잔존하고 있다(Weesep, 2000: 178).

원론적으로 주택은 구입자와 판매자, 지주와 임차인 사이의 자발적인 계약에 의해 배분된다. 주택은 개인재화(individual goods)로, 개인소비선호에 따라 배분되어야 한다. 그러나 대부분의 현대복지국가에서는 주택은 시장상품(market commodity)이지만, 동시에 국가가 개입하는 공공재(public goods)로 인지되고 있다. 따라서 대부분의 서구국가의 주택정책은 국가가 주택시장에 개입하여 교정하는 데 초점을 맞추고 있다.

주택시장에 대한 정부개입(政府介入)의 필요성은 효율과 형평의 양면에서 검토할 수 있다(김경환·서승환, 2002: 206). 효율(效率)의 측면에서는 주택부문에서 발생할 수 있는 시장의 실패를 시정하여 주택부문에 대해 적정한 자원배분을 달성하기 때문에 정부의 개입이 정당화될 수 있다. 형평(衡平)의 측면에서는, 첫째로 저소득층은 사회적으로 바람직한 최저주거기준을 자력으로 달성할 수 없으므로 이들에 대한 정부의 보조가 필요하며, 둘째로 주택에 대한 지원을 통해 저소득층에 유리하도록 소득을 재분해할 수 있다는 주장이다.

주택과 관련된 정부의 잠재적 역할은 다음과 같다(Harvey, 2000: 301~302).

① **주택자원의 최적사용**　　어떤 시점이든 간에 현재의 수요를 충족시키기 위해 주택재고가 있다. 정부는 현재의 재고에 대해서는 그 중요성을 간과하여 미점유 또는 미수리를 가져오도록 하고 신축프로그램에 대해서만 높은 선입견

을 가져왔다.

② **모든 가구에 적정한 주택보장** 장기정책은 주택여건개선을 목적으로 해야 한다. 고려사항은 주택의 보유기간·유형·입지와 관련한 개인선호에 두어야 한다. 추가하여, 정책은 사람들이 집을 바꿀 수 있도록 풀(pool)을 제공하고, 수준이하주택을 대체할 수 있고, 제2주택소유에 대처할 수 있도록 가구의 거주처의 잉여를 허용해야 한다.

③ **신 주택의 입지인도** 새로운 주택은 현재의 부족, 고용기회, 수요의 장래변화를 고려하여 입지되어야 한다.

④ **특수집단의 주택수요 대처** 노약자나 장애인처럼 특정한 사람은 특별히 설계되거나 보완된 주택처럼 복지서비스와 조화된 주택요건이 필요하다.

⑤ **주택배분에서의 지방기관의 정책에 영향** 만일 임대주택이 거의 전부를 지방기관이나 주택조합이 제공한다면, 정부는 배분방법에 영향을 주어야 한다.

3. 논 쟁 점

주택정책에 대한 논쟁은 다음 몇 가지 주제로 요약할 수 있다(Blair, 1991: 437～443).

(1) 임대료통제 대 시장력

도시주택에서 임대료의 역할은 영속적이다. 임대료통제의 논쟁은 형평성에 기반한다. 임대료통제의 주장자들은 건물소유자들이 시장여건에 따라 임대료를 올린다면 임차인들은 착취당한다는 것이다. 반대론자들은 임대료통제가 비효율적이라는 것이다. 임대료상승을 억제하면 주택제고가 감소될 것이라는 것이다. 그리고 만일 임대료가 균형점 이하이면 건물관리자들은 임차인의 소득을 선택하게 된다. 따라서 특정계층이 제외되는 경향을 가져오게 된다. 임대료 통제의 지지자들은 잘 설계되고 관리된 임대료통제법에 의해 많은 남용을 억제할 수 있다고 주장한다. 어쨌거나 대부분의 경제학자들은 비효율성과 관리비용 때문에 임대료통제를 반대한다(Blair, 1991: 438～439).

(2) 소득지원 대 주택지원

복지경제학의 고전적 논쟁의 하나는 현물보다는 현금지원이 개인의 복지를 증진시킨다는 것이다. 한 가정이 임대료 지원금으로 $100을 받는 경우를 고려하자. 전통적인 주장은 만일 가정이 주택보조금보다 현금 $100을 받는 것이 보다 더 윤택해진다는 것이다(Blair, 1991: 339).

(3) 공급 대 수요전략

정부의 저소득주택프로그램은 빈곤층을 위해 주택공급을 증가시키도록 설계되어야 하는가 또는 빈곤층이 주택서비스를 구입할 수 있는 능력을 증가시켜야 하는가? 수요보조는 주택공급량을 증가시킴은 물론 가격을 상승시키는 경향이 있다. 공급전략은 가격을 낮추고 동시에 양의 증가를 가져온다. 때문에 많은 분석가들은 임대료증가를 회피할 수 있기 때문에 공급측면지원을 지지해오고 있다(Blair, 1991: 440).

(4) 공공 대 민간건설과 소유

만일 저소득프로그램의 건축이 강조된다면, 이들 프로젝트들은 정부가 건축하고 소유해야 하는가 또는 정부지원에 의해 민간부문에 의해 건축되고 소유해야 하는가? 불행히도, 이 문제의 어떤 측면의 주장자들은 공공 및 민간건설 양자의 실패를 예시하게 된다. 유사하게 양호한 공공 및 민간보조주택의 훌륭한 사계가 있다. 공공과 민간의 구분은 언제나 명료한 것은 아니다(Blair, 1991: 442).

(5) 집중 대 분산단지 주택

공공주택의 초기개념은 대규모개발의 생산과 운영에서의 규모의 경제를 통한 비용절감을 강조했다. 때문에 대규모, 고층의 건설이 이루어졌다. 그러나 빈곤층의 밀집개발은 문제를 야기했다. 예를 들면, 범죄가 많은 개발사업지구에서 횡행한다. 이러한 집중화된 공공주택의 실패는 대규모주택단지의 파괴를 가져오기도 한다(Blair, 1991: 442).

(6) 주거단위 대 근린개발

앞의 문제와 밀접한 관계가 있는 문제로 저소득가정이 살고 있는 주택을 개선할 것인가 또는 보다 넓은 환경을 개선할 것인가에 대한 것이다. 저소득층의 주택여건은 상당히 개선되어 왔지만, 슬럼의 문제에 대한 대중의 인식은 거의 개선되지 못했다. 가정자체는 환경의 일부분이다. 범죄를 제거하고, 레크레이션을 제공하고, 근린을 청결하게 하는 사회적 문제도 동등하게 중요하다(Blair, 1991: 443).

제 2 절 주택의 수급

Ⅰ. 주택수요

1. 개 념

주택수요(住宅需要)는 주택에 대한 가격의 리스트이며, 각 가격에 따른 주택 선택 또는 수요의 특정한 양으로 볼 수 있다. 주택에 대한 소비자욕구의 강도는 소비자의 특성을 결정하는 복합적인 개인적 요인의 다양성에 의존한다. 더욱 중요한 것은 주택에 대한 소비자들의 수요강도는 어떻게 그들의 주택에 대한 선호와 다른 재화와 서비스에 대한 선호와 균형을 만드는가에 의해 좌우될 것이다(Pozdena, 1988: 20).

주택수요(housing demand)는 잠재수요(potential demand)와 유효수요(effective demand)를 구별해야 한다. 잠재수요는 인구 요인들에 의해 주로 결정되는 것으로, 인구를 연령・성・가구규모 등에 의해 예측하는 것과 관련된다. 유효수요는 소득성장, 소득배분, 그리고 저당자금의 이용가능성에 의존한다(Richardson, 1978: 256). 여기에 인구성장의 결과로 나타나는 신규주택수요(new housing demand)와 기존주택의 퇴락과 철거에 의존하는 대체수요(replacement demand)를 구별할 필요가 있다. 더욱이 자가(owing)와 임대(renting)의 구분은 중요한데, 이는 소유자 점유주택이 소비와 투자재의 양면성을 가진 데 비해, 임대수용에 대한 수요는 그렇지 않기 때문이다(Richardson, 1978: 257).

2. 수요함수

주택수요함수(住宅需要函數)란 개별 가구가 일정기간 동안에 소비하고자 하는 주거서비스의 양이 어떤 변수에 의해 결정되는가를 나타내는 함수이다(김경환・서승환, 2002: 190). 즉, 주택수요함수(housing demand function)는 주택의 수요와 이와 관련된 요인들의 관계이다. 여기서 주택의 수요함수와 관련된 주요인자는 소비자의 재정적 자원, 주택가격, 다른 재화와 서비스의 가격, 그리고 소비자의 주택취향 등이다.

총량적으로 인구의 실질소득요인들은 지속적인 상방향추세를 보여왔다. 전체로서 시장에서, 전체적인 수요는 개별수요관계의 성격은 물론 소비자의 수에 의존한다. 다른 말로는, 전체적인 수요함수는 개별수요관계의 총합이다(Pozdena, 1988: 20~21).

3. 수요측정

주택가격, 기타재화와 서비스가격, 소비자의 재정자원과 취향, 그리고 잠재적인 주택소비자의 수가 주택에 대한 수요에 영향을 주는 것으로 볼 수 있다(Pozdena, 1988: 21). 주택가격의 변화에 따른 주택수요의 양의 탄력성(elasticity) 또는 반응성(responsiveness)을 수요의 가격탄력성(price elasticity)이라 하고, 이는 가격의 변화율에 대한 주택수요량의 변화율의 비율(ratio)이다(Pozdena, 1988: 23).

소득증가와 주택지출증가와의 관계는 비탄력적이다. 주택수요의 소득탄력성에 많은 연구가 있지만 대략 다음 3가지로 요약할 수 있다(오설리번, 2004: 450). 첫째, 전체적인 주택수요의 소득탄력성은 약 0.75이다. 둘째, 세입자들의 소득탄력성이 자가주택소유자들의 탄력성보다 낮다. 셋째, 소득탄력성은 소득이 높을수록 높게 나타난다. 주택가격변화에 대한 주택수요의 변화는 -0.2~-0.3으로 소득탄력성보다 낮다(오설리번, 2004: 450).

Ⅱ. 주택공급

1. 개　　념

주택의 공급은 다른 재화의 공급과는 근본적으로 차이가 있다(Balchin, et al., 2000: 135). 첫째, 토지는 주택건설을 위해 사용되기 때문에 개발업자, 토지소유자 그리고 계획기관들 간의 관계가 중요하다. 둘째, 주택건설의 시작에서 판매까지 오랜 시간이 걸린다. 건축업자들은 건설과정 전체를 통한 차입금융에 의존한다. 셋째, 가구소득과 비교하여 주거는 고가이고 때문에 장기차입은 정상적으로 요구된다. 넷째, 하부구조의 제공은 건축과정에 요구되고, 이는 비용을 추가하게 된다.

주택공급(housing supply)은 두 가지 방법으로 사용되는 것이 보통이다. 하나는 주택재고(housing stock)의 양과 관련된 것으로 재고공급(stock supply)라고 한다. 다른 사용은 주택서비스의 흐름 또는 그 재고로부터 흐르는 수용의 질과 관련된 것으로 유동공급(flow supply)이라고 한다(Miron, 1998: 299).

가장 단순한 의미에서 주택재고공급(住宅在庫供給)은 인간거주에 이용가능한 주택(dwelling)의 합계이다. 시장에서 주택재고공급은 가격에 반응하는 변화로 생각할 수 있다. 이러한 시각에서 주택공급은 실제로 각 가격에 공급되는 양들을 나타내는 주택가격의 리스트이다. 단기로는 재고공급은 가격에 약하게 반응하는데, 이는 재산소유자들인 재고의 양을 변경하는 데 시간이 소요되기 때문이다. 장기적으로는 개발업자들은 재고의 이윤이 가능함에 따라 추가적인 주택을 건설할 시간을 갖는다(Miron, 1998: 299).

단기적으로는 주택의 재고공급은 고정되어 있고, 이는 주택단위의 가격의 관점에서 완전히 비탄력적이다. 이러한 단기재고공급관계의 비탄력적 성격은 주택은 즉각적으로 생산되거나 파괴되지 않는다는 가정을 따른 것이다(Pozdena, 1988: 36). 그러나 시간이 지남에 따라 재고공급량이 추가될 수 있다. 재고공급에 대한 신규추가는 주택투자(housing investment)와 관련될 수 있다(Pozdena, 1988: 37).

주택은 동질적이라는 시각도 있지만, 실제로는 일부 주택은 크고 일부는 작으며, 일부는 수돗물을 이용할 수 있고 일부는 그렇지 못하고, 일부는 아파트고 일부는 단독주택 등등이다. 때문에 경제학자들은 주택공급은 동질적 단위가 아니라 다양한 시설과 서비스와 연결된 물리적 자본이 변화된 재고라고 본다. 이는 재고에서 나오는 흐름의 수용의 양이고, 이를 주택의 유동공급(流動供給)이라 한다(Miron, 1998: 300).

2. 공급곡선

주택공급곡선(住宅供給曲線)의 기울기는 분석대상기간과 주택생산이 증가할 때 토지와 자재가격이 상승하는가의 여부 등에 따라 달라진다. 주택재고(住宅在庫)란 특정시점에 한 도시에 존재하는 재고주택의 총량을 말한다. 주택을 새로 짓거나 허무는 데 시간이 걸리므로 주택재고는 단기적으로는 주택의 자산 가격에 관계 없이 일정하다. 즉 단기공급곡선은 기존주택재고에서 수직이다. 그러나 시간이 흐름에 따라 신규주택의 건설, 기존 재고의 보수 및 증축 등 주택투자와 비주택건물의 개조에 의해 주택재고가 증가하는 반면 기존주택이 노후화되거나 철거되므로 재고가 줄어들기도 한다. 이와 같은 주택재고의 증감으로 단기공급곡선은 왼쪽 또는 오른쪽으로 이동한다. 즉 장기곡선은 가격 탄력적이다.

3. 공급과정

주택공급은 4개의 과정을 거쳐 이루어진다(Balchin, et al., 2000: 134). 첫째, 개발단계(development stage)에서는 개인, 민간기업 또는 공공기관이 (토지 · 자본 · 노동의 적정공급과 건축을 촉진할 수 있는 적정한 기술을 보장하는 방법으로) 건설단계를 지지할 수 있는 조건을 시작한다. 다음단계에서, 건축업자들은 주택이 생산되도록 건설과정(construction stage)에서 생산요소들을 함께 하도록 한다. 다음 단계에서 완성된 주택은 공사토지소유자, 협동조합 또는 예상 소유자들과 점유자들에게 배분(allocation stage)된다. 마지막단계는 주거를 보수관리하는 과정(repairs and maintenance stage)과 관련된다. 이러한 4단계는 적정한 재정의 공급과 보조금의 이용가능성이 필요하다.

주택개발은 공공과 민간부문의 기업인들에 의해 이루어지고, 개발업무와 건설업무를 구별하기 어려운 경우가 종종 있다. 개발업자는 개인(private individuals), 민간회사(private companies), 비영리회사(non-profit companies), 반공공기관(seim-public bodies: 비영리회사와 유사하지만 국가가 통제), 지방기관(local authorities), 그리고 정부부서(government department)에 의해 추진된다(Balchin, et al., 2000: 136).

Ⅲ. 주택시장

1. 구　　조

주택시장은 주거량(residential stock)과 가구의 집합으로 구성되어 있다. 주거량(residential stock)은 보유 · 소유 · 구조의 유형 · 설계 · 입지의 기반과 구조의 일반적 조건에 의해 차별화되는 주택단위들(housing units)로 구성되어 있다. 가구(household)에 의한 주택단위의 점유는 주택서비스와 관련된 속성들의 조합을 제공한다. 사회경제적 특성과 생활유형의 기반에 의해 차별화된 가구는 특정한 수준과 질의 주택서비스를 요구한다. 주택가격과 임대료는 주택서비스에 대한 가구수요와 주택서비스의 공급과의 상호작용의 결과이다.

주택에 대해서는 두 가지의 수요원이 있다. 첫 번째는 주거량에 대한 투자수요(investment demand)로서, 이는 다른 투자기회와 관련하여 주거량에 대한 투자자(지주·투기자·주택소유자)의 바램이다. 두 번째는 주택서비스에 대한 수요로, 점유자의 특정수준의 주거만족을 제공하는 소비이다. 일부 서비스는 침대수·내부구조의 조건처럼 주택구조에 내재되어 있고, 다른 것은 접근성, 안전, 근린특성, 그리고 공공서비스의 수준과 영을 포함한 구조의 지리적 위치에서 결과된 외부적인 것으로 외부성(externalities)이라 한다.

2. 작　　동

(1) 의　　의

주택시장의 작용결과는 기존 주거량에 의해 제공되는 주택서비스의 수요와 공급의 상호작용 결과이다. 가구들은 그들의 선호와 재정적 제약에 따라 상이한 주택서비스다발(bundles)을 선택한다. 주택가격은 가구들이 보유, 가격, 양, 그리고 입지에 의해 주거량을 다양한 단위로 배분하는 주요 장치이다.

어떤 점에서건, 기존 주거량으로부터의 주택서비스의 공급과 기존 가구에서의 주택서비스 간의 조화로 구체화 가능하다. 가구들은 그들의 소득과 선호에 지배되는 그들의 주거만족을 극대화하기 위해 필요한 양의 주택서비스를 위해 지불할 의사를 가지고 있는 것으로 가정된다. 소비자의 관점에서는 요구가격은 주택생산비용과 기대이익에 기반한다. 때문에 주택단위에 대한 가구의 배분은 경쟁적인 제시과정(提示過程)이다.

(2) 요　　인

도시주택시장의 중요한 요소는 어떻게 주택량과 주택수요 양자가 오랜 시간에 걸쳐 균형에 이르는가 하는 것이다. 주택공급결정은 도시토지이용과 건축규제에 의해 규제받는 주거개발과정의 일부로서 토지소유자, 개발업자, 금융기관, 그리고 도시정부에 의해 이루어진다. 이러한 과정의 주요 구성요소는 저당신용의 이용가능성이다. 때문에, 주택공급은 순환적인 경제여건에 매우 민감하다. 수요측면에서는 주택소비에 조정되는 가구의 능력은 정착비용과 물리적인 이동과 관련된 높은 비용에 의해 제약된다. 이러한 제약은 저소득가구에서 더 유리하고, 일부는 인종, 윤리, 그리고 생활유형 때문에도 제약된다.

비록 경쟁적 시장장치가 충분한 소득을 가진 가구의 주택소비결정에 만족할 만하게 반응한다고 하더라도, 보다 제한된 자금을 가지고 있는 가구를 위한 주거시장의 결과는 다양한 행위자들, 즉 부동산업자·지주·금융기관들의 행태에 크게 영향을 받는다. 특히, 지방에서의 주택공급, 유지, 수리, 재정, 그리고 소비결정들은 자본시장과 노동시장에서의 다른 투자수익기회에 대비되는 주택투자수익에 바탕을 둔다. 때문에, 중간 또는 저소득(보통은 임차인)의 가구들의 주택서비스에 대한 크기와 질은 지주와 금융기관의 투자결정에 밀접하게 연관되어 있다.

(3) 모　　형

주택시장모형은 주택의 수요과 공급이 언제나 일치하고 있다는 가정하의 균형모형(均衡模型)과 수급이 대개 불균형 상태에 있다는 불균형모형(不均衡模型)으로 구분할 수 있다. 균형모형은 주택보급율이 높고 주택시장이 안정되어 있는 상황에서는 매우 실용적인 모형이며, 주택수요에 대한 별도의 자료를 구하지 않아도 된다는 장점이 있다. 그러나 주택에 대한 만성적인 초과수요 때문에 주택시장이 매우 불안정한 움직임을 보이고 있는데다 주책시장규제가 심한 우리의 경우에는 균형모형을 그대로 적용하기에는 한계가 있다(손경환·김혜승, 1993: 6).

주택의 수급불균형 형태는 다음 4가지 형태가 있다(Balchin, et al., 2000: 127).

① 지리적 단위에서의 주택수와 가구수 사이의 전체적 격차와 관련된 정적 불균형(static disequilibrium)

② 필요(need)가 시간에 따라 변하는 것과 관련한 공급의 부족과 초과 범위를 계량화한 동적 불균형(dynamic disequilibrium)

③ 도시지역 내의 상이한 구성지역 내의 부족이나 초과를 나타내는 공간적 불균형(spatial disequilibrium)

④ 일부 가구들이 전체로서 사회가 수용할 수 있는 수준이하의 주거에서 거주하는

것을 나타내는 질적 불균형(qualitative disequilibrium)

거의 대부분의 선진국에서는 주택시장에의 개입이나 기존정책의 약점의 치유에 의해 불균형을 완화 또는 제거를 시도한다(Balchin, et al., 2000: 127).

Ⅳ. 수급정책

1. 주택금융

민간부문과 공공부문 양자에게, 주택의 개발과 구입에는 다양한 재원에서 나온 많은 자금이 요구된다. 주택구입이나 개발에 있어서는 하나 이상의 재원으로부터 필요한 자금을 충당받는 것은 일반적이다. 주택구입은 소비자에게는 매우 큰 자본지출이기 때문에 개인소득으로만 충당하는 경우는 거의 없다. 따라서 차입은 필수적이고 장기융자의 이용가능성은 소유자점유수요를 유효하게 하는 데 매우 중요하다. 개발업자들과 주택구입자들은 그들에게 필요한 자금을 자신의 축적재원, 금융기관에서 제공한 차입금, 지방 및 중앙정부에서 제공한 차입금 등에 의해 충당한다(Balchin, et al., 2000: 142).

선진국에서는 객관적 보조금과 관련된 공급측 보조금(supply-side subsidies)과 주관적 보조금과 관련 있는 수요측 보조금(demand-side subsidies)의 형태가 있다(Balchin, et al., 2000: 142). 미국의 경우, 주택보조프로그램은 각급 수준의 정부에서 모든 소득계층의 가구에 대해 이루어져 왔다. 이 프로그램에는 특별세혜택(special tax benefits), 저당지원(mortgage assistance), 그리고 저소득층지원(low income assistance)의 3가지 유형이 있다. 여기에 거시이자율정책과 같은 보다 간접적인 연방조치는 물론 지역제와 기타 토지이용규제가 주택에 영향을 미쳐오고 있다(Blair, 1991: 431).

① **과세혜택**(tax benefits)　　최대의 주택프로그램은 연방소득세에서 저당이자와 지방재산세를 감면하는 것이다. 개인들은 그들의 소득에서 저당이자와 재산세에 소비되는 세금을 회피할 수 있다. 저당이자와 재산세가 주택소유의 주요한 지출이기 때문에 조세혜택은 실질적이다(Blair, 1991: 431).

② **저당지원**(mortgage assistance)　　보통 주택구입자는 주택구입에 필요한

자금을 분할납부(down payment)하거나 차입한다. 연방정부는 금융기관들이 차입자들이 보다 쉽게 저당대출을 할 수 있도록 자금의 공급을 증가시켜 주택구입자들이 이용가능하도록 자금공급을 증가시켜 왔다. 정부저당운영은 이자율감소효과를 가지고 있고, 때문에 가정을 보다 쉽게 제공받을 수 있다. 저당지원제도는 저당대출보험 및 보증(mortgage loan insurance and guarantees과 제2저당시장운영의 두 가지 형태가 있다(Blair, 1991: 433).

③ **저소득층지원**(low-income assistance) 저소득층지원은 공급측면지원과 수요측면지원으로 구분할 수 있다. 공급측면지원(supply-side assistance)은 신축과 주택회복을 촉진하는 것인 반면, 수요측면지원(demand-side assistance)은 저소득가정에 주택에 대한 지출을 지원하는 것이다. 공공주택(public housing)은 저소득가정의 공급측면접근방법의 주요한 방법이 되었었다(Blair, 1991: 435).

2. 주택보조금효과

수요측에 대한 주택보조금은 주택임차가구들의 집세부담능력을 높이기 위해 지급되며, 집세보조(rent subsidy)와 소득보조(income subsidy)의 두 가지 유형으로 나눌 수 있다(김경환 · 서승환, 2002: 207).

집세보조는 주택의 상대가격을 낮추어 줌으로써 지원대상가구의 주택소비를 증가시킨다. 소득보조는 수혜자의 전반적인 소득을 높여주고 수혜자로 하여금 적정한 주택소비수준을 스스로 결정하게 하여 주거수준의 향상을 유도하는 방식이다.

공급측에 대한 보조금은 주택생산자에 대해 저리의 건설자금을 지원해 주는 등의 방식으로 생산비용을 낮춤으로써 민간부문에 의해 주택공급을 확대하는 효과가 있다(김경환 · 서승환, 2002: 210).

제 3 절 저소득층주택

Ⅰ. 의 의

1. 개 념

사회주택(social housing)은 사회적으로 책임 있는 기관에 의해 시장임대료보다 낮은 임대료로서 제공되는 주택을 말한다(Oxley and Dunmore, 2004: 96). 사회주택(社會住宅)을 의회주택(council housing: 영국), 공공주택(public housing: 미국), 공영주택(일본), 그리고 공공임대주택(한국)으로 부른다(하성규, 1991: 383).

법률상 임대주택(賃貸住宅)이란 임대목적에 제공되는 건설임대주택 및 매입임대주택을 말한다(「임대주택법」 제2조 제1호). 여기서 건설임대주택이란 임대사업자가 임대를 목적으로 건설하여 임대하는 주택이며, 매입임대주택이란 임대사업자가 매매 등에 의하여 소유권을 취득하여 임대하는 주택을 말한다(법 제2조 제2호·제3호).

공공주택(public housing)의 제공은 저소득층의 주택문제에 대처하는 하나의 도구이다(Richardson, 1978: 270). 주택을 구입할 수 없거나 구입할 의사가 없는 가구의 주택은 사회임대부문에 의존하는 이외의 방법이 없기 때문이다.

주택에 대한 서양의 시각은 국가에 따라 다르다. 하나의 극단은 주택을 사회적 주제보다는 소비재(consumer goods)로 본다. 미국에서는 전체주택의 1%만을 사회주택으로 제공한다. 다른 한 극단은 동구로, 여기서는 주택을 보편적 권리(universal right)와 필수적인 사회적 자본(social capital)으로 보지만, 주택수요를 충족하기 위한 국가자원이 제약되기 때문에 주택협동조합, 개인점유 등을 포함한 대안적 제공형태로 인도한다. 중간적 입장은 서구로서, 주택은 제한된 사회적 권력(social right)으로 보면서, 국가는 인구의 다수의 기본적인 주거수준을 위해 주택시장에 개입한다고 생각한다(Pacione, 2001: 209).

2. 주택문제

빈곤층의 주택문제는 적절한 주택공간·질·시설의 결여, 열악한 근린환경, 가구소득에 비해 과도한 주택비용, 점유의 안전성 결여, 주택보유선택의 제한,

제한된 입지선정, 장애자들을 위한 특수 주택서비스의 결여, 인종차별, 공간의 질과 양에 비해 과도한 주택비용 등을 들 수 있다(Grigsby and Rosenburg, 1975: 31～32).

① **주택질**(housing quality) 품위있는 가정(decent home)은 주택정책의 주요한 목표의 하나지만, 아직도 많은 지역에서 바람직하지 못한 상황 속에서 생활하고 있다. 보다 나은 삶에 대한 기대수준의 점진적인 상승에 따라 수용할 만한 주택의 질에 대한 수준도 상승되고 있다. 주택관련법에서 구체화되는 주택의 물리적 질에 대한 내용들이 주민들의 기대수준을 반영하지 못한 경우도 많다. 바람직한 주택의 기준에 대한 법적 기준과 주민이 최소한 수용할 수 있는 기준에는 차이가 있다. 주택의 적절성은 정부에서 설정한 기준은 물론 거주자의 필요와 바램의 함수이다.

가정이 주택으로 얻는 서비스의 흐름은 주택자체는 물론 세간의 질(質)과 양(量) 간의 함수이다. 세간도 주택자체처럼 기능적 및 상징적 가치를 가지고 있다. 많은 저소득가구는 그들의 기본적 공급시설의 관점에서 그들의 가구의 모양세에 있어 박탈감을 가지고 있지만, 초기에는 정상적인 가정생활을 하는데 기능적으로 충분한 세간에 관계되는 기준을 설정한다.

혼잡(overcrowding)은 주택정책의 오래된 관심사항의 하나이다. 이는 물리적 및 심리적 질환과 도덕적 퇴락의 하나의 요인이다. 혼잡은 거소에서의 소비시간의 양, 주거단위의 구조는 물론 근린에서의 인구밀도, 문화의 사회적 도덕, 질병에서의 격리라는 관점에서 거주자들에 의해 적절히 토의되었는가 하는 것에 의해 좌우된다.

② **근린환경**(neighborhood environment) 슬럼은 불량주택보다는 주택자체와 주변근린과의 사이에서 환경의 퇴락에 의해 이루어지는 것을 빈번하게 관찰할 수 있다. 근린환경은 사회적 및 물리적 차원을 가지고 있다. 사회적 차원은 범죄·소득·인종혼합·학교의 질 등과 관련된다. 근린의 물리적 환경의 대부분은 주택자체에서 만들어진다. 여기서 주거구조가 개선되면 근린의 가시적 질도 동시에 향상될 것이다. 또한 환경의 질에 기여하는 것은 교통의 양과 특성·보행로와 가로·골목길의 여건·가로등과 신호의 적합성·소음수준·녹지의 비율 등이 포함된다.

③ **입지선택**(locational choice) 저렴한 주택은 도시 전지역에 분산되어

있는 것이 아니라 지리적으로 집중되어 문제를 일으키고, 특히 저소득 가정에 여러 문제를 야기한다. 이 문제는 저수준 주택에 의해 야기되는 문제보다 더 중요하다. 자주 거론되는 입지선택문제의 하나는 교통발달에 따라 빈곤층과 부유층의 삶의 질의 격차가 확대되고 있다는 점이다. 자가용을 소유한 부유층의 이동성은 증가하는 데 비해, 점점 악화되는 대중교통을 이용하는 가정의 활동범위는 좁아지고 고용기회와 지역사회서비스에의 접근은 감축된다.

④ **소득대비 주택지출**(housing expense relative to income) 저소득층의 높은 주택지출비용에 대해 관심을 갖는 이유는 가구예산의 많은 부분을 차지하고, 주택비는 연기나 감축이 상대적으로 어렵기 때문이다.

⑤ **주거의 질과 규모에 관련된 주택지출**(housing expense relative to quality and size of dwelling) 점유자당 면적으로 보면, 저수준주택의 비용이 양질의 주택보다 더 고가인 경우를 종종 발견할 수 있다. 이러한 현상은 낮은 수준의 주거단위가 낮은 임대료를 내고 있지 않음을 말하는 것이다.

⑥ **점유의 선택**(choice of tenure) 저소득근린의 주택을 구입하기 어렵기 때문에 팔기도 어렵다. 경제적 사다리에서 상승하고자 하는 저소득 주택소유자는 커다란 경제적 손실을 감수하고서만 이사할 수 있다.

⑦ **점유의 안전성**(security of occupancy) 저소득가구 중에는 비자발적으로 이사하게 되는 경우도 많이 발생한다. 이는 공공부문에서의 도시재개발, 건축법 제정, 도로건설 등의 요인과 저소득가구의 임대료 미납에 의해 야기된다. 이러한 높은 이동성은 저소득근린인구의 대부분이 뿌리상실감(rootlessness)을 갖게 하고, 도시재활성화에 중요한 공동체의식의 개발에 역행하는 행동을 하게 한다. 따라서 저소득가구도 다른 가구처럼 그들의 주택보유에 안정감을 갖도록 해야 한다.

3. 접근모형

제2차 세계대전 이후 영국에서는 사회주택이 다양한 역할을 해왔었다. 여기서는 영국을 중심으로 1945년 이후의 사회주택의 주요접근 또는 모형을 검토하기로 한다(Oxley and Dunmore, 2004: 100～109).

(1) 복지국가의 산물로서 사회주택개발(1945~1955)

사회주택개발의 진흥에서 정부의 역할은 제2차 세계대전 이후부터 잘 확립되었다. 이 때의 핵심 주택법들은 의회주택(council housing)에 대한 보조금과 과제의 구조에 초점을 두었다. 주택에 대한 보조화는 시장경제하의 복지국가에서 확립된 정부기능에 의해 정당화되었다. 즉 사회주택에 대한 보조화는 복지경제와 관련하여 몇 가지 점에서 정당화할 수 있다(Oxley and Dunmore, 2004: 100～101).

첫 번째 정당성은 시장실패(market failure)에 대한 가정으로서, 시장에서 결정된 비용으로 주택에 접근할 수 없는 사람들에게 제공할 필요가 있다는 것이다. 이 가정은 주택비용을 감당할 수 있도록 임대료를 규제해야 한다는 주장을 제공한다.

두 번째 정당성은 시장에서 소비되는 모든 재화가 민간재는 아니고, 일부는 공공재여야 한다는 복지경제에서 가지고 있는 가정이다. 이들 두 재화의 엄격한 구별은 민간재는 만일 한사람이 소비하면 다른 사람은 소비할 수 없는 것인데 비해, 공공재는 한 사람이 소비하더라도 다른 사람이 소비할 수 있는 것이라는 것을 암시한다. 의회주택(council housing) 대신 공공주택(public housing)이라고 부르는 용어는 공공재로 고려되어야 한다는 의미이다. 엄격하게는 하나의 주택에 한 가구가 살면 동시에 다른 가구가 살 수 없다. 같은 논리를 민간 또는 소유자점유주택에 적용할 수 있다. 어쨌거나, 사회 또는 의회주택이 주택필요(housing need)에 따라 배분되기 때문에 어떤 의미에서는 공공재이다. 한 가구가 이사하게 되면 동일한 원리에 따라 다른 가구에 재배분할 있기에 다른 가구가 주택을 향유할 수 있다. 이러한 과정은 민간소유자점유부문 또는 민간임대부문에서는 발생되지 않는다.

보조화에 대한 세 번째 정당성은 복지경제는 일부 재화는 공적재(merit goods)로 고려될 수 있다는 것이다. 이들 재화는 모든 사람은 그들이 각 개인으로 요구하든 간에 소유(공적이 나쁘거나 없어도)해야 한다고 사회가 생각하는 것이다. 이 공적재의 대표적인 예가 건강과 교육서비스이다. 많은 사람들은 이들에 대한 혜택이 분명하지 않으면 지불하려 하지 않는다. 어쨌거나, 사회에 대한 혜택 또는 혜택적 외부성(beneficial externalities)은 이들 서비스들을 모두가 이용할 수 있도록 국가가 징세나 보조금정책을 통한 적절한 조치를 취한 결과로 개인에게는 비용을 초과한 혜택을 얻게 된다. 이러한 방법으로 사회, 공공주택은 공적재이다. 일부 가구는 그들에게 배분되는 주택을 실제로는 점유하기를 바라지 않아도 모두에게 사회주택을 제공하지 않을 수는 없는 것이다.

(2) **계획 및 개발의 실험으로서 사회주택**(1955~1975)

제2차 세계대전은 사회주택제공방법에 대한 상당한 변화의 기회를 제공했다. 주택부족압력은 주택이 필요한 많은 가구들에게 가정을 갖도록 하는 대안적 및 급진적 수단을 정부나 지방기관들이 모색하도록 했다. 일부 정책작성자 및 전문가, 특히 계획과 건축전문가들은 과거와는 다른 쇄신적인 주택개발해결책을 모색하게 되었다(Oxley and Dunmore, 2004: 102).

고층형태의 사회주택개발실험은 3가지 방법으로 설명할 수 있다(Oxley and Dunmore, 2004: 102～103). 첫 번째, 매우 실제적인 주택문제의 산물로서 단기간에 대량의 주거단위를 건설할 필요가 있었다. 둘째, 계획가와 건축가들이 과거와는 다르게 보다 나은 삶의 길을 제공하는 길을 모색했다. 셋째, 지방기관들은 고층건물이 주택부족문제를 해결할 뿐 아니라 그 지역의 이미지를 제고할 수 있다고 보았다.

고층아파트형 주택공급은 독신·어린애 없는 가정의 입주가 많았지만 어린애를 가진 가정은 너무 소음이 많고, 너무 좁고, 살기에 부적합하여 입주를 선호하지 않았다. 때문에 고층개발에 의한 사회주택공급의 실험은 서서히 감소하게 되었다(Oxley and Dunmore, 2004: 105).

(3) **잔류개발로서 사회주택**(1979~1990)

1970년대말 이후로, 사회주택개발은 정책 아젠다에서 추방되었고, 오늘날 이러한 정책선택이 사회주택을 잔존화(residualised)로 보는 것으로 인도했다. 사회주택개발은 두 가지 방법으로 잔류로서 간주한다(Oxley and Dunmore, 2004: 105). 첫째는 사회주택산출은 주택공급에서 잔류로 볼 수 있으며, 사회주택건설의 목적은 민간부문에서 제공하지 않는 주택단위를 공급하는 것과 같은 시장실패를 단순히 다루기 위한 것이다. 둘째, 사회주택개발은 주로 주택체계 밖에 있는 잔류가구집단에게 제공하기 위한 목적이라는 의미이다.

이러한 잔류화는 1980년대 보수당 정부의 구입권리(right-to-buy)정책의 결과로서 사회주택개발과 연관되어 나타났다. 이 정책은 의회주택세입자들은 지방기관으로부터 그들의 집을 구입하는 것을 허용했다. 의회주택의 세입자들이 그들의 구입권을 많이 행사할수록, 사회주택공급은 이를 보상하는 새로운 주택건설프로그램을 제약하는 결과를 가져와 그 공급량이 감소했다. 새로운 사회주택이 건설되는 곳에는 최빈가구에 더욱 초점을 맞추게 되고 이는 사회주택이 점차 잔류화하는 것을 의미한다(Oxley and Dunmore, 2004: 106).

이 접근은 대처정부(Thatcher Government)가 소유자 점유와 민간주택건설을 크게 진흥시킴으로써 1980년대에 들어 정부보조의 수준을 감소시킬 잠재력을 가졌다.

(4) 개발이익환수로서 사회주택개발(1990년 이후)

정부가 주택에 대한 공공지출을 점차 절약해오자, 정책작성자들은 사회주택개발을 자금지원하는 대안적 방법을 모색해 왔었다. 1990년대초 이래로 사회주택개발의 중요한 새로운 모형이 등장하고 있으니, 사회주택을 계획체계를 통해 개발하는 것이다(Oxley and Dunmore, 2004: 108).

계획체계(planning system)를 통한 사회주택개발은 개발이익환수(planning gain)의 개념이다. 개발이익환수(開發利益還收)는 지역사회를 대신하여 행동하는 지방기관들이 부지의 계획허가를 얻기를 바라는 개발업자로부터 얻을 수 있는 물리적 및 재정적인 혜택들을 말한다. 실제로, 계획들은 개발업자들이 사회주택, 학교, 도서관 또는 위락시설들과 같은 사회적 또는 경제적 혜택과 쾌적성의 형태는 물론 도로나 경관같은 물리적 하부구조의 기여를 하는 것과 관련된다. (개발업자에 의한) 기여(contribution)의 범위와 (지방기관들의) 획득(gain)은 개발의 특정한 상황에 의존한다. 예를 들면, 주택시장여건에 따라 지방기관들은 지가가 매우 낮은 곳의 조건이상을 요구할 수도 있다(Oxley and Dunmore, 2004: 108).

Ⅱ. 공공주택의 수급

1. 공 급

공급측면의 주택정책은 저소득층을 위한 주택의 건설을 통해 빈곤층을 돕는 정책이다(오설리반, 2004: 475). 하뢰(M. Harloe)는 사회임대주택(social rented housing)에 대해 대량모형(大量模型)과 잔존모형(殘存模型)의 두 가지를 확인한다

(Forrest and Williams, 2001: 97). 슬럼철거 또는 신도시빈곤층을 목표로 하는 잔존형태(residual form)는 자본주의 국가들에서 정상적이며 가장 일반적으로 제도화된 형태이다. 그것은 시장이 사회의 최빈곤부문을 위해 합당한 질의 수용가능한 주택을 제공할 수 없을 때 정부와 광범한 대중에 의해 수용되는 범위에서 제도화된다. 그것은 빈곤층을 위한 소수의 제공이라는 의미에서 잔존이다. 미국의 사회임대주택은 본질적으로 잔존형태이다(Forrest and Williams, 2001: 97).

대량주택형태(mass housing form)는 스웨덴・네덜란드・영국과 밀접하게 관련된 것으로, 하뢰는 이를 비정상적이라고 한다. 보다 오랫동안 여러 지역에 있어 왔던 잔존형태와 달리, 이들 사회임대주택의 대규모 프로그램은 인구의 보다 광범한 부문(그리고 최빈곤층이 상당부분 제외되게)에 공급하는 것으로, 이는 매우 특정한 역사적 여건 속에서만 성장되어 오고 있다. 서구에서 그 시기는 제2차 세계대전 후 30년의 기간들을 말한다. 그것은 과거 20년 동안 대부분 국가제공주택형태로 전환되었다(Forrest and Williams, 2001: 97).

2. 수　　요

다른 대안적 접근법은 빈곤층에게 직접 보조금을 주고 그들이 자신의 주택을 스스로 선택하게 하는 것이다. 수요측면 정책 하에서 저소득가구는 주택임대시 현금과 같이 사용될 수 있는 주택쿠폰을 받게 된다. 주택쿠폰은 공공주택공급정책에 비해 두 가지 장점이 있다. 첫째, 특정조건 하에서 쿠폰은 현금과 가치가 동등하다. 둘째 쿠폰은 중고주택에도 사용 가능하다(오설리반, 2004: 475).

주택쿠폰프로그램은 임대료증서와 주택바우쳐의 두 가지 종류가 있다(오설리반, 2004: 475).

임대료증서(rent certificates)는 빈곤가구들은 그들이 민간소유주택에 대한 임대료지불시 도움이 되는 임대료증서(쿠폰)를 발급 받는다. 수혜대상가구는 주택임대시 소득의 30%만큼의 액수는 스스로 지불하고, 실제임대료와 가구의 지불액간의 차액에 해당하는 임대료 증서를 발급 받는다(오설리반, 2004: 475).

주택바우쳐(housing vouchers)제도는 임대료증서제도와 유사하나, 수혜자는 최저주택품질기준을 충족시키는 주택에 거주해야 하고, 이 조건만 충족되면 어떤 주택이든 임대시 바우쳐를 사용할 수 있다(오설리반, 2004: 477).

주택바우쳐프로그램은 보조받은 공공주택보다 두 가지 장점이 있다. 첫째,

주택바우쳐는 소득이전과 동일한 가치를 가지므로 주택프로그램에 쓰이는 달러당 더 큰 효용증대를 가져온다. 둘째, 바우처는 세입자들이 비교적 저렴한 중고주택으로 입주할 수 있게 한다. 다라서 고정된 예산으로 예산달러당 더 많은 주택서비스를 제공한다(오설리반, 2004: 483~484).

3. 배 분

사회주택이 어떤 기준에 의해 배분되고, 누구에게 우선 배정되는가 하는 문제는 사회주택정책의 주요한 방향설정이다. 사회주택의 수혜대상은 ① 무주택가구, ② 재개발로 인한 철거민, ③ 신체장애자 등의 특수한 경우, ④ 현재의 주거상태가 불량한 가구, ⑤ 저소득가구 및 사회주택희망가구, 그리고 ⑥ 기타로서 제대군인 등과 같이 일정자격조건을 갖춘 가구 등이다(하성규, 1991: 404~404).

사회주택의 배분방식은 국가에 따라 차이가 있다. 영국에서는 공적제(功績制), 등록우선순위제(登錄優先順位制), 그리고 점수제(點數制)의 3가지 방식이 주로 사용되고 있다(하성규, 1991: 405~411). 공적제(merit system)는 해당자치구 의회(council)의 추천에 의해 결정하는 제도로, 현재 이 제도는 다른 제도에 비해 이용률이 낮다. 등록우선순위제(date order system)는 대기자명부(waiting list)에 등재된 기간을 중심으로 입주우선순위를 정하는 제도이다. 점수제(point system)는 현거주지의 시설노후정도에 점수를 부여하여 높은 점수를 받은 가구에 입주우선권을 주는 방법으로, 현재 가장 널리 사용하는 방법이다.

우리나라의 과거 공공임대주택의 배분은 주로 주택의 유무와 청약저축가입여부에 따라 공급되었으며, 가구의 소득은 간접적으로 고려하였다. 대표적으로 영구임대주택은 생활보호대상자·의료부조자·보훈대상자에게 공급되었으며, 5년제와 50년제 공공임대주택은 청약저축가입 무주택자에게 공급되었다(김근용, 외, 2004: 19). 최근 공급된 국민임대주택은 가구소득을 고려하고 있으며, 월 소득이 전년도 도시근로자 가구당 월평균 소득의 일정수준 이하인 무주택 세대주에게 공급하고 있다(김근용, 외, 2004: 19).

Ⅲ. 임대료규제

1. 의　　의

임대료규제(賃貸料規制)는 임대료 수준 또는 임대료 상승률을 일정범위 내에서 규제함으로써 임차가구들을 보호하려는 가격규제의 일종이다(김경환·서승환, 2002: 211). 임대료규제로부터 이득을 보는 자는 시장임대료 수준 이하의 임대료를 지불하고 있는 세입자들이다. 그러나 임대료규제로 임대주택이 점점 귀해지므로 소득이나 기타 여건이 같은 다른 가구들은 임대주택을 구할 수 없거나 웃돈을 주어야 하는 어려움을 겪게 된다. 따라서 형평의 문제가 제기된다. 뿐만 아니라 통제된 임대료를 지불하는 가구들은 주택서비스를 과다소비하고 직장의 변경 또는 경제여건의 변화로 다른 곳으로 이주할 필요가 생기더라도 싼 임대료 때문에 이주를 기피하는 등의 비효율이 발생할 수 있다(김경환·서승환, 2002: 212).

저소득층 주거안정을 위한 임대료 동결의 대안으로 주택수당(housing allowance)을 생각할 수 있다. 임대료 동결의 문제는 세입자를 보호하기 위해 임대주택 공급자들의 희생을 강요하며 임대주택 사업자 등은 수익성이 낮아지면 임대주택의 공급을 기피하게 된다. 따라서 임대주택사업의 수익성을 해치지 않으면서 세입자의 임대료 부담을 덜어주는 방안이 필요하다. 주택수당(住宅手當)은 저소득층 세입자들이 임차할 주택을 선정하면 그 주택의 시장임대료와 세입자의 부담능력을 고려하여 그 차이의 일부를 현금으로 지급하는 방식이다. 주택수당은 임대주책 공급자들의 희생을 요구하지 않고 임차인의 주거비의 부담을 경감시키되 그 재원을 정부재정에서 충당한다는 것이 기본아이디어이다(김경환·서승환, 2002: 213).

임대료규제(rent control)는 주택시장의 반응성을 제한하는 주요한 경제적 및 정치적 쇼크(shock)에 대한 반응으로서 제도화되는 경우가 종종 있다. 대부분의 유럽국가들은 제1차 세계대전 중에 임대료통제를 도입했고, 전후에 자유화했다. 제2차 세계대전 중에 유럽, 북미, 그리고 유럽의 식민지 영향을 받고 있었던 개발도상국들이 통제를 재도입했다. 전후에 미국과 캐나다의 대부분에서는 통제를 제거했으나, 유럽의 많은 나라들과 개발도상국에서는 계속 유지했었다(Malpezzi, 1998: 466). 세계도시거주자의 약 40%가 임차인(renter)이고, 개발도상국의 주택재고의 2/3 이상이 임대주택이다. 대부분의 국가들이 임대주택에 대해 일정한 형태의 가격통제를 시행하고 있다(Malpezzi, 1998: 466).

2. 효 과

임대료규제는 ① 세입자의 소득증대효과, ② 소득의 재분배효과, ③ 임대목적의 신규주택 및 기존주택 제고의 감소, ④ 임대주택의 용도전환, ⑤ 기존 임대주택의 물리적 수준의 악화의 파급효과를 가져온다.

임대료규제로 발생한 편익이 빈곤층 가구들에게 분배되는가 여부는 소득재분배수단으로서의 의미를 함유한다. 그러나 다음 두 가지 이유 때문에 임대료규제가 소득재분배를 위한 수단으로서는 정교하지 못하다(오설리번, 2004: 492). 첫째, 주어진 소득수준의 가구 중에서 일부만이 임대료규제주택에 입주하고(그리고 임대료규제의 편익을 얻는다), 다른 가구들(규제받지 않은 주택의 임차인들과 자가소유자들)은 임대료규제로부터 어떠한 편익도 누리지 못한다. 둘째, 임대료규제주택에 거주하는 가구들 사이에도 임대료규제로부터 누리는 편익에 있어서 큰 차이가 있다. 즉 각각의 소득집단 내에서 편익의 편차가 매우 크다는 것을 고려할 때 임대료규제는 소득재분배를 위한 수단으로는 정교하지 못하다.

임대료규제는 임대주택의 양과 질을 감소시킨다. 도시정부들은 이러한 공급반응을 억제하기 위한 많은 정책들을 개발하였다(오설리번, 2004: 495~496).

① **임대료조정** 대부분의 임대료규제법은 주기적인 임대료인상을 허용하는데, 이러한 임대료조정은 임대료규제를 약화시키며 규제로 인한 부의 공급효과를 감소시킨다.

② **신규주택에 대한 면제** 대부분의 임대료규제법은 신규건설에 대해서는 규제를 적용하지 않는다. 신규주택이 규제에서 제외된다면 임대료규제는 신규주택에 어떠한 영향도 미치지 못할 것이다. 실제로 규제하의 주택시장에서 퇴출된 세입자들이 신규임대주택에 대한 수요를 증가시킬 것이고 이는 신규임대주택공급을 촉진할 것이다. 따라서 신규로 공급되는 주택이 임대료규제로 인해 발생한 주택재고의 손실을 상쇄하는 것이 가능할 것이다.

③ **용도변경에 대한 제한** 많은 도시가 임대주택을 콘도로 전환하는 것을 제한하고 있다. 이러한 시도가 성공한다면 이와 같은 제한이 임대주택이 다른 용도로 변경되는 것을 억제하고 따라서 임대료규제의 공급감소효과를 약화시킬

것이다.

④ **신규건설에 대한 보조**　　공공정책들은 임대료규제로 발생한 주택감소를 보충하기 위해서 신규주택건설을 권장한다.

⑤ **기존세입자가 이주할 때는 규제해제**　　일부 도시에서는 임대료는 임대기간 동안은 고정되어 있지만 신규세입자가 그 주택으로 이사오면 다르게 책정될 수 있다. 이런 규정은 소유주의 임대소득을 증가시키면서 임대료규제를 약화시킨다. 이 제도는 세입자가 장기간 한 주택에 남아 있도록 유인한다.

3. 부 작 용

임대료규제(rent control)가 주택수용의 배분, 신주택의 공급, 소득배분에서 자유시장장치에 개선하는가 여부에 대한 검토가 필요하다. 경제학자들은 다음의 이유에서 비판적이다(Harvey, 1992: 291~295).

① 단기주택문제를 해결하는 데 기여하지 못한다. 주택수요증가에도 불구하고 임대료를 통제하면, 지주는 추가적인 임대료를 획득하지 못하고, 임대주택거주자는 현재의 임대료로 계속 점유하게 된다. 문제는 임대료 상승이 없이는 기존재고의 보다 집약적 이용을 야기하고, 수요가 공급을 초과하는 상황이 계속되어 소유자가 점유하는 임대주택이 늘어나게 된다는 것이다.

② 주택을 자의적이며 종종 불평등하게 배분되게 한다. 임대료는 임차인의 선호와 소득을 반영하여 시장에서의 제시에 따라 결정된다. 문제는 소득의 불평등 때문에 보다 빈곤한 가구는 최악의 주택여건이라는 고통을 당하게 된다. 그럼에도 불구하고 가격체계에의 개입과 소비자선택을 부인하는 대신에, 소득은 빈곤층에 유리하게 재분배될 수 있고, 과세는 지주가 얻게 되는 경제지대의 증가에 적절하게 할 수 있다. 그러나 정부의 개입에 의해 제한된 양만 시장에 유통되게 되어 주택이 적정하게 배분되지 못하는 결과를 가져온다.

③ 민간임대주책의 공급을 감소시킨다. 장기적으로는 주택공급은 자유시장가격에 반응하는데, 임대료통제는 이러한 가격체계의 기능을 방해한다. 실제 공급은 감소하는 경향이 있다. 첫째, 임대주택이 공가로 남아있게 되면, 보다 높은 가격을 제시하는 소유자-점유자 시장에 판매된다. 둘째, 임대료에 비해 수리비가 상승하면 주택은 퇴락하거나 수준 이하가 된다.

④ 주택시장 내에서 다른 가격을 왜곡시킨다. 임대주택을 발견할 수 없는

가구는 시장에서 통제되지 않은 소유자-점유자 부문으로 돌리도록 강요한다. 이는 소유자-점유자 주택의 가격을 상승시킨다. 때문에 임대료 통제주택을 얻는 행운을 갖지 못한 사람은 자유시장에서 형성된 임대료보다 높은 임대료를 지불할 수밖에 없다.

⑤ 소득을 자의적으로 재분배한다. 임대료통제주택에 거주하는 가구가 보다 높은 주택가격에 소유자-점유자가 되어서 지불하는 손실보다 값지다는 것을 보장하는 것은 어디에도 없다. 실제로 일부는 예를 들면 신혼이나 처음 일을 시작하는 사람이 구입할 수 있는 여력이 없기 때문에, 그들이 가장 큰 부담을 받는다. 가격이 상승한다면, 임대료통제는 지주의 비용으로 임차인을 보조한다.

⑥ 장기적인 정책형성을 곤란하게 하는 특권을 만든다. 임대료통제는 여러 바람직하지 못한 파급효과를 갖고 있다. 첫째, 부족의 영속화로 임대료통제는 또 다른 임대료통제에 대한 수요를 배양한다. 둘째, 통제된 임차인이 지주의 비용으로 향유하게 되는 보조에 맞추어, 정부는 소유자-점유자와 사회주택 임차인에 대한 보조를 도입한다. 셋째, 결과적인 부족은 수요지향적(demand-oriented)이기보다는 필요지향적(need-oriented)인 정책으로 인도한다. 넷째, 임대료통제와 주택보조에 의해 만들어진 인위적인 저임대료는 무엇이 합리적 또는 정상임대료가 무엇인가에 대한 태도를 만들어 내고 있다. 공평임대료(fair rent)는 시장의 주택부족을 무시한다.

⑦ 자원의 배분을 왜곡한다. 가격체계의 장점은 주어진 완전경쟁과 현재의 소득분배에서, 이는 한계민간혜택이 한계민간비용과 동일하도록 자원을 배분한다. 외부성이 없는 한, 적정자원배분이 되지만, 임대료 통제는 이를 왜곡시킨다.

⑧ 노동력 이동을 방해한다. 임대료통제는 주택자원의 배분에 영향을 미칠 뿐 아니라, 노동시장에도 영향을 준다. 임대료통제는 주택배분의 경직성을 만들지만, 노동력의 적정한 지리적 배분은 항상 변한다. 임대료가 통제된 주택의 보조는 사람이 아니라 주택에 부속되어 있기 때문에 일부 임대주택만이 보조를 향유하는 문제가 있다.

⑨ 행정비용과 관련된다. 예를 들면 임대료 관련 공무원들은 공정임대료를 결정하는 것이 요구되고, 임대료평가위원회를 설치・운영하게 된다.

제 4 절 주택단지

Ⅰ. 주거지입지

주택은 도시토지의 주요한 구성부문을 이루고 있기 때문에, 도시구조에 관한 이론은 크게는 주거입지(residential location)에 대한 것이다. 광의의 주거입지 이론은 시장접근과 비시장접근으로 구분할 수 있다(Phe and Wakely, 2000: 7).

1. 시장접근

시장접근(market approach)은 도시경제학자들에 의해 주로 연구되고 있지만, 원래는 1920년대의 시카고학파의 사회적 관찰에서 기원한다. 민간부문 주거입지를 설명하는 데 교통비최소화(travel-cost minimization), 교통비-주택비 교차(travel cost-housing cost trade-off), 그리고 최대주거비(maximum housing expenditure)의 3가지 이론이 있다(Balchin, et al., 2000: 179～183).

(1) **교통비최소이론**(travel cost minimization theory)

만일 교통비가 없거나 매우 낮다면, 가구주들은 입주에 최대임대료나 지가를 지불할 준비를 할 것이다. 가격체계의 작용을 통해, 부유한 사람은 중심업무지역에 근접하여 살고, 가난한 사람은 보다 덜 비싼 외곽지역에 거주하게 될 것이라는 의미이다. 그러나 반대의 경우도 일반적으로 나타난다. 저소득자는 그들의 교통비를 최소화하기 위해 그들의 직장(보통은 도시의 내부지역)에 근접하여 거주하게 되고, 따라서 도심지역의 주거밀도는 높아지게 된다. 소득이 증가함에 따라, 사람들은 그들의 직장에서 멀리 떨어진 저밀도의 보다 고가의 주택에서 사는 경향이 나타나게 된다. 이러한 도시의 외곽확산이 고용분산과 동시에 이루어진다면 교통비최소화와 견줄 수 있다.

이 이론은 일정범위에서는 타당하다. 비록 주택가격이 통근자벨트(commuter belt)에서 매우 높을 수도 있지만, 단위면적 당 주거지가치는 기업용도에서의 경쟁이 적어짐에 따라 중심지에서부터 외부로 감소될 수 있다.

(2) 교통비와 주택비 교차이론(travel cost and housing cost trade-off theory)

교통비와 주택비 간의 완전한 교차(trade-off)는 동일한 소득집단의 가구는 도심에서의 거리에 관계없이 동일한 총교통비에 대한 지출이 준비되어야 한다고 가정한다. 그러나 종종 완전한 교차가 아닌 경우가 있고, 때문에 가구는 총비용을 최소화하고자 한다고 가정된다. 따라서 도심으로의 통근이라는 맥락에서 교통비가 증가하면 주거의 도시 내부로의 이동이 이루어지며, 교통비가 하락하면 외곽으로의 이동이 이루어진다. 반대로, 주택가격이 상승하면 외곽이동(out-migration)이 이루어지며, 주택가격이 하락하면 내부이동(in-migration)이 이루어지게 될 것이다.

대부분의 도시에서 대지가격(site value)과 교통비간에는 부(負)의 관계가 있지만, 주택가격(housing cost)과 교통비 간의 관계는 그렇지 않을 수 있다. 고소득 통근자들은 주택가격과 교통비를 교차하지 않고, 양자를 다 감내할 수 있다. 즉 부자들은 보다 좋은 환경과 개방공간에서 혜택을 얻을 수 있고, 저소득의 사회경제적 집단으로부터 자신들을 분리할 수 있으며, 도시의 외곽지역에서 새롭고 고가의 주택을 건설할 수 있는 부지를 확보할 수 있기 때문이다. 더욱이 외곽입지는 자동차로의 접근이 보다 용이하게 한다.

주택가격과 교통비 간에 역관계가 있다고 해도, 세대주들은 교차하지 않을 수도 있다. 주거비와 교통비는 수시로 변하지만 가구는 그 입지에서 5년 또는 그 이상의 간격으로 변한다. 세대주가 변화하는 비용에 반응하는 데는 오랜 시간적 간극이 있는 것이 보통이지만, 입지선정에서 비화폐적 이유가 경제적 이유를 압도하는 경우에는 비이동성이 크게 나타날 수 있다. 세대주가 그들의 주거를 변경하는 주요 이유는 교통비와 주택가격 간의 관계의 변화보다 직업·결혼·가족규모의 변경 등에 보다 큰 영향을 받을 수 있다.

교차모형은 수 개의 도심을 가지고 있고, 복합적인 통근형태를 가지고 있는 대도시 내의 주거입지를 설명하는 데는 한계가 있다.

(3) 최대주택지출이론(maximum housing expenditure theory)

이는 소득과 저당금융의 이용가능성과 조건이 주거입지를 결정한다는 것을 기술한다. 이 이론은 주택구입자들은 그들의 선택지역 내에서 모을 수 있는 최대 저당으로 고가로 주택을 구입하고자 할 것이라는 가정에 바탕을 두고 있다. 그러나 비록 주택구입자가가 넓은 지역에 걸쳐 자신이 바라는 주택을 찾겠지만, 교통비는 상대적으로 작은 고려사항이고, 특정한 가격범주 내의 주택의 배분과 관련한 변수들이 중요 고려사항일 수 있다. 환경과 사회적 요소들인 선택에 있어 보다 커다란 영향을 줄 것으로 보인다.

정책을 작성함에 있어, 중앙과 지방정부는 왜 사람들이 특정지역에 살려하는가를 알 필요가 있으며, 어떤 형태의 주택이 건설되고, 어떤 입지에서 직주고려(職住考慮)가 얼마나 중요하며, 고용에서 얼마나 떨어지는 것이 바람직하며, 투자가 얼마나 교통을 개선하거나 주거환경을 개선하는가 등을 고려하여야 한다.

이러한 상황에서 고소득구입자와 임대자들은 자신들의 환경 · 사회 · 경제적인 이유로 CBD에 가능한 한 근접하고자 하여, 저소득가구보다 고가를 제시하고, 때문에 도심에 고소득주택을 형성하게 될 것이다. 대안적으로, 다른 환경 · 사회 · 경제적 이유로 고소득가구는 도시외곽에 위치하기를 바라고, 결과적으로 저소득 가구보다 도시주변의 공간에 높은 가격을 제시하게 될 것이다.

2. 비시장접근

비시장접근(non-market approach)는 시장접근보다 더 오랜 역사를 가지고 있다. 이는 플라톤(Plato)과 아리스토텔레스(Aristotle)의 저술까지 거슬러 올라 갈 수 있다. 기본적으로 이 접근은 도시지역에서 거주하는 사회집단의 의미에서 주거배분과 도시구조를 분석한다. 이 이론은 주로 사회학자, 지리학자, 그리고 정치학자들에 의해 주로 제시되고 있다.

이의 강점은 몰역사적 전망의 특징을 가지고 있는 시장기반이론들을 비판하나, 그들은 시장경쟁의 결과 대신에 토지와 주택가격과 이에 따른 주거입지 패턴은 독점적 지대에 의해 영향을 받는다고 주장한다(Phe and Wakely, 2000: 8).

Ⅱ. 단지개발

1. 의 의

「주택법」에서는 주택단지(住宅團地)를 주택건설사업계획 또는 대지조성사업계획의 승인을 얻어 주택과 그 부대시설 및 복리시설을 건설하거나 대지를 조성하는 데 사용되는 일단의 토지를 말한다(법 제2조 제4호). 집중형태로 새로운 주택을 건설하는 아이디어는 양차 대전 사이의 기간으로 거슬러 올라갈 수 있다. 그러나 이 아이디어의 보다 광범한 적용은 서구에서는 제2차 세계대전 이후로서, 주택부족에 대처하는 대규모 공공주택건설 프로그램의 도구로서 기능했다(Tosics, 2004: 79).

주거지계획(住居地計劃)은 도시를 구성하는 가장 기본적인 요소인 주택을 집단적으로 건설하거나 기성 시가지를 형성하고 있는 일단의 주택지를 보전·수복·재개발하기 위한 지구계획이다. 주거지계획은 도시지역의 거의 대부분을 차지하고 있는 주거지역을 집단적으로 정비·관리하여 토지이용에 질서를 제공함은 물론 여러 생활관련시설들을 제공하여 도시의 주거환경을 제공하는 중요한 의미를 갖는다. 만일 이와 같은 계획이 없이 개별적 주택개발이 행해진다면 그 도시는 무질서한 개발이 되고 말 것이기 때문이다.

넓은 의미에서 인간의 주생활이 영위될 수 있게 하는 유무형의 외부적 조건을 주거환경(住居環境)이라고 하는데, 협의의 주거환경은 주거지계획에서 고려해야 할 여러 가지 물리적 조건이며, 주거지란 인간의 외부환경으로서 인간의 생활에 직접적인 영향을 주면서 인간과 인간의 상호관계를 유지시켜 주는 인위적 환경이다. 주거지계획이란 이러한 인위적 환경요소를 조성하는 작업과정으로 인간의 활동 공간을 구성하는 작업이다.

2. 주거공간의 구성

(1) 근린의 개념

주거지설계의 중심에 근린(neighborhood)의 개념이 위치하고 있다. 1929년 페리(C. A. Perry)에 의해 처음으로 제안된 근린단위개념은 지난 50 여년간 주거계획모델로서 광범하게 사용되어 왔다(Richman, 1979: 448).

근린(近隣)에 대한 개념정의는 다양하다. 생태적 관점(ecological perspective)에서는 물리적이며 상징적 경계를 가진 장소(S. Keller), 사람들이 쉽게 걸을 수 있는 지역으로서 상식적인 경계를 갖고 있는 장소와 사람(D. Morris and K. Hess), 그리고 특정한(주관적) 경계를 갖고 있는 물리적 또는 지리적 실체(C. Golab)로 각각 정의하고 있다. 일부는 사회적 시각과 생태적 시각을 통합한 정의를 시도한다. 사람들이 주거에 거주하고 사회적으로 상호작용하는 보다 큰 도시지역에서의 제한된 영역(H. Hallman), 지리적으로 근접한 입지에 거주하는 사람의 사회적 조직(D. Warren), 일정한 사회적 관계가 존재하는 지리적 단위(A. Downs)라고 각각 정의한다(Galster, 2001: 2111).

근린에 대한 상이한 정의는 물리적, 사회적 특성과 조직상 특징을 통한 지리적 근접성에서부터 인지, 공동이익과 행동, 그리고 사회적 관계에 이르기까지 다양한 요소의 범위를 강조하고 있다(Meegan and Michell, 2001: 2172). 근린의 특성에 대한 정의를 3개의 영역으로 나누어 검토할 수 있다(Meegan and Michell, 2001: 2172∼2175). 첫째는 지역의 물리적 또는 사회적 차이와 관련된 공간적 내용(areal content)에 두고 있다. 시카고 학파(Chicago school)의 사회생태학, 요소생태학에서의 사회지역분석(social area analysis), 그리고 근린성(neighbouring)에 의한 근린유형의 분류가 여기에 해당된다. 둘째 영역은 행태(behaviour)나 상호작용(interaction)과 관련된 것이다. 이는 지역주민들이 사회, 경제적 접촉에 관계하는 방법과 관련되는 것이다. 셋째는 개념적 정체성(conceptual identity)이다.

(2) 근린의 설계

몇 개의 주거지가 모여 근린생활권(近隣生活圈)을 형성하게 되는데 그 규모는 다양하나 생활권 단위의 설정에는 기본적으로 인간의 척도와 활동의 주기성을 고려하여 알맞은 생활편익시설을 마련함으로써 쾌적한 삶의 환경을 조성해야 할 것이다. 그리고 생활권구성의 전제는 주민의 일상적 활동이 도보권 내에서 이루어 질 수 있는 생활환경을 강조하고 있는데, 이는 도시 내에서 동네의 아늑함을 느낄 수 있고, 주부들이 구매시설에 부담 없이 접근할 수 있어 경제적이고, 어린이들이 마음대로 학교에 다니고 놀이터에 다닐 수 있어 안전하고, 통과교통에 대한 위험성과 공해 등이 없고, 이웃과 유대감을 조성할 수 있기 때문이다.

주택지를 설계하는 데는 그 설계하고자 하는 지구의 주변상황과 그 지구자체의 내부상황에 따라 설계요소가 변하게 된다. 그러나 이러한 특수한 상황을 배제하고 모든 지구에서 공통적으로 추구해야할 기본지침은 다음과 같다(주종원, 1998: 127∼128).

① **인간척도에 적합한 환경** 익명화 · 비인격화된 도시환경을 개선하여 근

린의식이 고취되는 생활환경이 조성되도록 시설과 기능을 배치해야 한다.

② **자원절약적인 계획** 유한한 자원을 효율적으로 이용할 수 있도록, 토지이용・교통체계・공급시설이 배치되도록 하여 자원절약이 되도록 한다.

③ **자연환경과 조화된 계획** 주거지설계에 있어 고유의 지형, 지세, 기후 등의 여건을 장애요인으로 간주하기보다는 적극적으로 자원으로서 활용하는 방안을 모색해야 한다.

3. 단지개발의 장단점

대규모주택단지는 중요한 이점을 가지고 있다. 사용자들의 시각에서 보면, 주택단지는 여러 시설들이 잘 구비되어 있다. 아파트는 높은 현대화기준에 따라 건설된 안락한 것으로 근린에 기초공공서비스들이 비교적 충분하게 제공된다. 도시의 관점에서는 주택단지는 대규모 녹지를 제공하는 이점이 있다. 더욱이 지역 난방시스템과 양호한 대중교통서비스는 지속가능도시개발의 중요 요소이다(Tosics, 2004: 81).

고층정책(high-rise policy)이 제2차 세계대전 이후 적어도 20여 년간 서구를 지배했다. 그러나 그 이후로 그 정책은 실패한 공공정책으로 간주되었는데, 이는 의도된 혜택들이 민간이익들에 의해 왜곡되었기 때문이다. 대부분의 서구제국에서 이 정책의 실패(비인기, 고비용, 사회생활의 퇴락)는 1970년대에 들어 분명해졌고, 이에 따라 공공의 지지가 급락했고, 고층건축이 급격한 종말을 가져왔다. 고층건물의 최대성과는 대규모주택단지건설이 계획경제의 일부분인 사회주의국가에서 발표되었다(Tosics, 2004: 79).

대규모주택단지는 ① 건설 후 20~25년 후에 필요한 리노베이션작업이 지연되는 것이 일반적이고, ② 공공공간(가로・광장・놀이터 등)이 잘 관리되지 못하고, ③ 주차공간으로 활용되는 등의 문제가 많아지고 있으며, ④ 주택관련 비용의 증가로 관리비의 연체가정이 증가되고 있는 등의 여러 심각한 문제를 노출하고 있다.

참고문헌

김경환・서승환, (2002), 「도시경제」(서울: 홍문사).

김근용, 외 다수, (2004), 공공임대주택배분체계 및 관리제도 개선방안 연구, 국토연 2004-26, 안양: 국토연.

김정호・김근용, (1998), 「주택정책의 회고와 전망」, 국토총서 4, (안양: 국토연구원).

손경환・김혜승, (1993), 주택시장구조 및 전망체계 연구, 국토연 93-11, 서울: 국토연.

장영희, (2003), 공공임대주택 임대료 및 공급체계 개선방안, 시정연 2003-R-26, 서울: 시정연.

주종원, (1988), 「도시설계」(서울: 문운당).

하성규, (1991), 「주택정책론」(서울: 박영사).

오설리반(O"Sullivan, A.: 이번송 역), (2004), 「도시경제학」(서울: 박영사).

Balchin, P., (1999), "Housing," Cullingworth, B., (ed.), *British Planning*(London: Athlone), 14~44.

Balchin, P., Isaac, D. and Chen, J., (2000), *Urban Economics*(N. Y.: Palgrave).

Blair, J., (1991), *Urban & Regional Economics*(Boston, MA: Irwin).

Clapham, D., (1987), "Trends in housing management," Clapham, D. and English, J., (eds.), *Public Housing: Current Trends and Future Development*(London: Croom Helm), 107~125.

Crump, J., (2003), "The end of public housing as we know it: Public housing policy, labor regulation and the US city," *International Journal of Urban and Regional Research*, 27; 1(2003): 179~187.

Emmi, P. and Magnusson, L., (1995), "Opportunity and mobility in urban housing markdts," *Progress in Planning*, 43(1995): 1~88.

Field, B. and MacGregor, B., (1987), *Forecasting Techniques for Urban and Regional Planning*(London: Hutchinson).

Forrest, R. and Williams, P., (2001), "Housing in the twentieth century," Paddison, R., ed., *Handbook of Urban Studies*(London: Sage), 88~101.

Galster, G., (2001), "On the nature of neighbourhood," *Urban Studies*, 38; 12(2001): 2111~2124.

Grigsby, W. and Rosenburg, L., (1975), *Urban Housing Policy*(N. Y.: APS Publiications).

Hårsman, B. and Quigley, J., (1991), "Housing markets and housing institutions in comparative context," Hårsman, B. and Quigley, J. (eds.), *Housing Markets and Housing Institutions: An International Comparison*(Boston: Kluwer Academic Publishers), 1~29.

Harvey, J., (2000), *Urban Land Economics*(London: Macmillan).

Johnson, W., (1997), *Urban Planning and Politics*(Chicago: APA Planners Press).

Kemeny, J., (1992, 2001), "Comparative housing and welfare: theorising the relationship," *Journal of Housing and Built Environment*, 16(2001): 53~70.

Malpass, P., (1990), *Reshaping Housing Policy*(London: Routledge).

Malpass, P. and Murie, A., (1994), *Housing Policy and Practice*(London: Macmillan).

Malpezzi, S., (1998), Rent control, Viet, W., (ed.), *The Encyclopedia of Housing*(London: Sage), 466~468.

Meegan, R. and Michell, A., (2001), "Its not community round here, its neighbourhood," *Urban Studies*, 38; 12(2001): 2167~2194.

Meek, C., (1980), *Housing*(N. J.: Prentice-hall).

Miron, J., (1998), Housing supply, Viet, W., (ed.), *The Encyclopedia of Housing*(London: Sage), 299～300.

Oxley, M. and Dunmore, K., (2004), "Social housing, affordable development and the role of government," Golland, A. and Blake, R., (eds.), *Housing Development*(London: Routledge), 95～119.

Pacione, M., (2001), *Urban Geography*(London: Routledge).

Phe, H. and Wakely, P., (2000), "Status, quality and the other trade-off: Towards a new theory of urban residential location," *Urban Studies*, 37; 1(2000): 7～35.

Pozdena, R., (1988), *The Modern Economics of Housing*(N. Y.: Quorum Books).

Priemus, H. and Dieleman, F., (2002), "Social housing policy in the European Union: Past, present and perspectives," *Urban Studies*, 39; 2(2002): 191～200.

Pugh, C., (1980), *Housing in Capitalist Societies*(Hampshire: Gower).

Richardson, H., (1978), *Urban Economics*(Hinsdale, Illinois: Dryden Press).

Richman, A., (1979), "Planning residential environments: The social performance standard," *Journal of the American Planning Association,* 45; 4(Oct., 1979): 448 ～ 457.

Silver, C., (1985), "Neighborhood planning in historical perspective," *Journal of the American Planning Association*, 51; 2(1985): 161～174.

Tosics, I., (2004), "European urban development: sustainability and the role of housing," *Journal of Housing and the Built Environment*, 19(2004): 67～90.

Weesep, J., (2000), "Housing policy- the link between welfare and economic development," *Journal of Housing and the Built Environment*, 15(2000): 165～181.

Wexler, M., (1996), "A comparison of Canadian and American housing policies," *Urban Studies*, 33; 10(1996): 1909～1921.

제 7 장

교통관리

제 1 절 개 요

Ⅰ. 교통문제

1. 의 의

(1) 중 요 성

도시교통(都市交通)은 도시관리에서 언제나 중요한 위치를 차지하고 있는데, 이는 교통혼잡(交通混雜)은 가장 지속적인 도시문제의 하나이고, 교통시간(交通時間)은 도시거주자의 하루 시간의 많은 부분을 차지하고 있으며, 교통비(交通費)는 모든 재화와 용역의 가격에 영향을 주고, 교통체계는 도시의 토지이용패턴을 상당한 범위에서 결정하는 역할과 기능을 수행하고 있기 때문이다(Black, 1979: 7). 그리고 교통은 토지이용의 하나의 형태로 도시토지의 상당부문을 점하고 있고, 도시의 물리적 구조의 주요 결정인자이며 주민의 가치와 생활양식의 창조자이며 반려자의 역할을 수행하고 있다(Burthenshaw, et al., 1981: 94).

도시교통문제(都市交通問題)는 1950년대 초에 본격적으로 등장했다. 초기의 관심은 고속도로의 혼잡과 관련된 것으로, 개선된 고속도로 건설에 의해 증가되는 교통수요를 수용하는 데 우선순위를 부여하였다. 그러나 1960년대 중반 이후부터 점진적으로 도시교통문제는 국가안전 · 경제 · 보건 · 형평 · 쾌적성, 그리고 자동차 사용자의 편의성 등의 복합적인 문제군으로 구성되었다. 이들 도시교통문제들은 대체로 자동차의존적인 도시교통체계와 연관되어 있다(Altshuler, 1981: 2).

(2) 영　향

현대교통발달은 도시의 구조와 형태에도 여러 가지 영향을 주었을 뿐 아니라, 이에 따른 다양한 형태의 교통문제를 야기하고 있다. 근대대중교통기관의 발달에 따라 도시는 보행자중심에서 통근중심도시로 성격이 전환되었다. 가정과 직장의 공간적 분리에 따른 통근교통의 출현은 주거와 직장의 위치선택의 폭을 확대했고, 가정과 직장생활에 건강한 환경을 제공하는 등 여러 혜택을 제공했지만, 출·퇴근 시에 교통발생이 밀집되는 통근교통의 혼잡과 같은 불편함을 초래하게 되었다. 교통발달은 주거입지의 교외화, 기반 없는 공업(foot loose industry)의 출현, 그리고 간선도로망에 연한 상업지의 형성과 같은 도시 내 토지이용상 변화를 가져왔다. 한편 자동차의 급격한 증가는 자동차의 주·정차를 위한 공간수요가 급증하게 되어 위락을 제공하던 공간녹지가 주차공간으로 용도변경되고 있다.

때문에 교통은 도시의 물리적 구조의 주요 결정인자이며 주민의 가치와 생활양식의 창조자이며 반려자의 역할을 수행하는 등 자동차는 더할 수 없이 편리한 교통수단이면서도, 심각한 부담(혼잡·비용 등)과 환경파괴(오염)를 초래하는 혼합된 축복(mixed blessing)의 존재가 되고 있다(Cullingworth, 1985: 155; Burthenshaw, et al., 1981: 94). 이와 같이 도시교통이 긍정적인 역할과 부정적인 효과를 주기 때문에 교통을 도시의 조성자(maker)이면서 파괴자(breaker)라고 여기고 있다(Hall, 1995: 9).

2. 주요 문제

(1) 혼　잡

혼잡(混雜)이란 용량을 초과하는 과다한 교통수요나 도로구조상의 문제, 그리고 교통사고 등의 다양한 원인에 의해 발생되는 차량흐름의 지정체 및 대기행렬현상을 말한다. 환언하면, 교통혼잡(traffic congestion)은 최대설계속도의 교통소통력을 초과하는 도로교통시설에 대한 수요가 발생하는 상태를 지칭한다(Altshuler, 1981: 317). 즉, 교통혼잡은 일정시점에 차량밀도(도로면적 당 차량수)가 높은 상태를 말하는 것으로, 교통흐름이 일정 지역에 장시간 지체한다든가 정차함으로써 야기되는 교통지체·대기오염·소음·심리적 갈등 등의 요인으로 인해 발생되는 비용의 분석을 통해 추정할 수 있다.

교통혼잡의 사회적 비용(費用)은 운전자가 자동차 운행에 있어서 부담해야 할 비용을 사회전체에 전가함을 통해 자동차운전자 자신들은 거의 부담하지 않은 채 자동차를 이용하고 있을 때 사회전체가 겪고 있는 피해를 의미한다(이번송, 1998: 19).

교통혼잡의 발생요인(發生原因)은 여러 가지가 있다. 첫째, 도로의 용량보다 교통수요가 많아 도로가 교통량을 완전히 처리하지 못할 때 발생한다. 둘째, 차량의 혼재(混在)로 인한 교통혼잡이 있다. 셋째, 교통시설을 합리적으로 운영하지 못하고 부적절한 교통통제를 하여 발생하는 경우이다(이상건 · 박진호, 1997: 21).

(2) 환경문제

교통체계의 환경적 효과를 논의할 때는 주로 자동차를 사용함에 따라 발생되는 소음 · 대기오염 · 사회적 파괴를 의미한다(Nash, 1976: 21). 자동차는 건축이나 공업에 앞서는 주요한 소음원이다. 교통시설에서 발생되는 소음은 교통량 · 교통속도, 그리고 차량구성(특히 화물차의 비)에 따라 차이가 있다(Morlok, 1978: 537).

수송분야는 대기오염의 50%이상을 차지하고 있다. 광화학 스모그(smog)는 탄화수소와 질소산화물의 산물인데, 주로 자동차에서 발생한다. 이러한 대기오염은 호흡기장애 · 돌연변이 등과 같은 건강효과, 농업생산성저하 · 토양의 산성화 등과 같은 환경파괴, 그리고 시각장애 · 악취 등과 같은 오염 등에 직 · 간접 영향을 가져온다. 자동차교통에 의한 사회적 파괴는 주로 보행자의 지연 · 우회 · 위험 · 불편으로 교통에 의해 추가적으로 지불되는 비용이다(Nash, 1976: 23).

(3) 사　　고

교통사고(accident)는 자동차의 소유증가에 따라 발생이 높아가고 있는 추세이다. 미국의 경우, 자동차사고가 미국인 모든 연령계층의 6대 사망요인의 하나가 되고 있으며, 15～34세 계층의 수위요인이 되고 있다(Altshuler, 1981: 210).

교통사고를 유발하는 기본적인 요인은 인적, 차량적, 그리고 도로환경적 요인으로 구분할 수 있다(이번송, 1998: 402). 교통사고의 감소방안은 공학(engineering), 교육(education), 그리고 단속(enforcement)의 3가지(three E's)를 중심으로 검토할 수 있다(이번송, 1998: 404～413). 교통사고감소를 위한 공학적 접근의 하나는 보행자와 차량을 분리시키는 방법이다. 이 중 육교를 통해 분리하는 방법은 자동차중심의 사고에서 나온 제도로, 육교이용상 불편으로 무단횡단을 하는 경우 더욱 심각한 사고가 발생할 수 있다. 육교보다는 횡단보도를 설치하여 차량의 운행속도를 줄이고 운전자의 보행자 존중의식을 고양하는 것이 사고예방에 더 도움이 된다. 차량의 안전장치가 사고를 감소시키는 데는 의문의 여지가 없으나, 위험보상이론(risk compensation theory)에 의하면 이와 같은 안전장치가 운전자의 긴장을 이완하여 운전을 더 위험하게 하며 사고를 더 발생시킬 수도 있다고 한다. 그리고 이 안전장치가 사고발생시 운전자의 안전을 줄일 수 있으나, 보행자나 자전거 이용자의 사망률을 높일 수도 있다(이번송, 1998: 405). 사고감소를 위한 교육적 접근은 생활도로·횡단보도 등에서의 보행자우선원칙의 준수, 안전의식을 바탕으로 하는 양질의 운전자양성을 위한 운전면허제도의 개혁, 그리고 운전자에 대한 정기적인 교통안전교육의 강화로 나눌 수 있다(이번송, 1998: 406~411). 사고감소를 위한 행정·관리체계의 개선도 중요하다(이번송, 1998: 411~413).

Ⅱ. 관리정책

1. 의　　의

교통정책(交通政策)이란 교통문제를 해결하거나 경감시키기 위한 공공적 노력이라고 볼 수 있다. 공공정책으로서 교통의 중요성(重要性)은 다른 서비스와 다른 교통서비스의 독특한 특성에서 찾을 수 있다(이건영, 1990: 277). 첫째, 교통서비스는 시민생활 및 국민경제에 필수적인 요소이며, 그것이 차지하는 비중이나 영향이 크다. 둘째, 교통서비스에 따른 초기시설투자가 크고, 그로 인한 효과는 장기적이다. 따라서 불필요한 경쟁에 의한 과다투자의 염려가 있고, 독점의 가능성이 높다. 셋째, 외부경제효과가 크다. 외부경제효과 중 긍정적인 효과는 도시 및 지역개발에 심각한 영향을 가져오는 것이며, 부정적인 측면에서는 교통사고·대기오염·소음 등 공해를 유발한다.

2. 목　　표

도시교통에 영향을 주는 정책문제(政策問題)들과 이의 가능한 반응들은 경제적 · 사회적 · 환경적 문제로 요약할 수 있다. 경제적 문제(經濟的 問題)는 현재와 장래의 요구에 부응하는 효율적 이동의 보장, 도시전체나 CBD 등에 개발을 촉진하거나 위험을 감소시키는 교통정책의 사용, 그리고 장기적인 경제적 활력 · 높은 삶의 질과 함께 지속가능한 도시를 촉진하기 위해 교통 · 금융 · 가격정책을 통합하는 목표를 수립한다. 사회적 문제(社會的 問題)에 대해 안전목표를 달성하기 위해 사고감소 및 교통범죄 저감정책을 추진할 수 있고, 형평과 사회적 통합을 위한 교통정책을 모색할 수 있다. 환경적 문제(環境的 問題)에 대해서는 증가되는 이동 때문에 환경과 건강기준의 악화를 방지하고, 자동차에 의한 지구적 환경파괴를 감소시키는 정책의 수립이 중요하다(Hart, 2001: 113～115).

교통정책의 주요 목표(目標)는 산업에 효율적인 서비스 제공으로 경제성장과 국가번영에 기여하고, 개인적 이동의 합리적 수준, 특히 자동차에 의한 효과적인 선택을 갖지 못한 사람들의 이동의 합리적 수준을 확보하여 사회적 수요를 충족시키고, 해로운 영향의 최소화하는 3가지로 요약할 수 있다(DOT, 1977: 2).

3. 구　분

부정적인 환경영향을 줄일 수 있는 교통정책(交通政策)은 교통기술 · 교통공급 · 교통수요로 나누어 고찰할 수 있다(Greene and Wegener, 1997: 181～182).

(1) 교통기술

교통의 환경적 영향은 교통에 사용하는 기술과 이의 영향을 줄이는 데 사용하는 기술에 크게 의존한다. 이를 위한 대표적인 것은 자동차배출통제를 위한 기술이다. 오염을 영(零)에 근접시키는 수소연료셀의 개발이 가시화되고 있다.

(2) 교통공급

최근에 이동성의 성장을 통제하는 교통공급정책(交通供給政策)의 중요성을 인식하기 시작했다. 많은 도시에서 자동차도로의 건설이 취소되고, 저속과 사고감소를 위한 속도제한 · 보행화 · 주차금지 등이 도입되고 있다. 자동차소유와 휘발유세의 인상으로 자동차의 이동성을 줄이려는 노력이 검토되고 있다. 아울러 대중교통에서는 기존 노선의 서비스를 개선하고 신규노선을 건설한다.

(3) 교통수요

교통수요는 인간활동의 물리적인 분리에서 나타난 결과이다. 교통수요관리(交通需要管理)는 고밀도·혼합토지이용, 고속대중교통역에의 근접, 텔레커뮤니케이션 등을 통해 교통수요를 감소시키는 데 초점을 둔다.

제 2 절 수급관리

Ⅰ. 교통체계

1. 의 의

(1) 개 념

교통체계(transportation system)란 사람 또는 화물의 운송과 관련된 활동을 효과적으로 수행하기 위하여 서로 유기적으로 연계된 교통수단·교통시설 및 교통운영과 이에 관련된 산업 및 제도를 말한다. 광의(廣義)의 교통체계는 승객과 화물운송체계·수송로·환승시설·관리체계, 그리고 경영체계로 구성되어 있다(원재무, 1987: 14∼15).

협의(狹義)로는 주로 교통공급체계로, 교통로(travel way)·차량(vehicle)·터미널(terminal)로 구분할 수 있다(Memmott and Guinn, 1968: 145). 교통로는 도시의 주요한 구조적 요소로 이와 관련된 시설이 총 토지면적의 30%정도를 차지하고 있다(Memmott and Guinn, 1968: 145). 자동차·버스·화물차, 그리고 고속차량들은 상이한 유형의 차량들로서 서로 다른 기능을 수행하고 있다. 차량관련체계의 선택 시 고려사항은 비용·속도·안전·편의, 그리고 수용력을 들 수 있다(Memmott and Guinn, 1968: 151∼152). 터미널하위체계 중 중요한 것은 주차장·버스터미널·화물터미널·철도역, 그리고 공항 등이다.

(2) 지능교통체계

(가) 개 념

지능교통체계(ITS: intelligent transportation systems)는 증가하는 도로교통문제에 대해 다양한 기술적 해결책을 제시하는 시도이다. ITS는 혼잡을 완화하기 위해 설계된 새로운 기술들로, 주로 교통노선을 재조정하고 교통흐름을 순화하여 도로용량을 제고하는 효과를 가져오는 새로운 기술군이다(Kanninen, 1996: 1). ITS는 효율적인 교통관리, 교통안전 및 교통소통개선 그리고 편리한 교통서비스 제공을 위하여 정보통신·제어·컴퓨터 등의 기술을 적극 활용한 새로운 개념의 교통시스템을 말한다.

(나) 기 능

ITS의 기능은 교통관리·정보제공·사고위험경고·자동운전·화물운송관리 업무의 지능화기능·교통시설관리의 자동화기능 등으로 나눌 수 있다(이규방, 외 4인, 1998: 291~292).

교통관리기능(交通管理機能)은 교통흐름을 원활히 하기 위해서 기존도로의 신호등이나 고속도로 진입부의 램프 등을 실시간으로 제어하여 교통흐름을 최적으로 유지하는 기능을 말한다. 교통정보제공기능(交通情報提供機能)은 도로를 이용하는 통행자에게 목적지까지의 경로·수단·통행시간·교통혼잡 등의 정보를 제공하고 출발 전에 적절한 통행계획을 가능하게 하고, 또는 통행 중에 실시간 최적경로안내를 통해 개별운전자의 통행시간을 최소화시키고 통행의 편의를 제공하는 기능을 말한다. 사고위험경고기능(事故危險警告機能)은 차량운행도중 기하구조불량으로 인한 사고위험·차량 간 충돌·결빙구간 등 사고가능성을 사전에 운전자에게 경고하여 안전운전을 도모하도록 하는 기능이다. 장기과제로 추진하고 있는 차세대 기술인 자동운전기능(自動運轉機能)은 첨단전자제어기술을 이용한 차량간격자동제어, 전후방·좌우측 자동추돌방지, 주행유도기술 등 운전자 조작 없이 무인운전이 가능하도록 하는 기술을 말한다. 화물운송업무의 지능화기능(知能化機能)은 화주나 차량에게 최적의 통행경로·일정 등을 제시하고 화물수송단계별로 서류처리를 자동화하고, 최적의 배차시기와 간격을 결정하는 등 각종 물류관련 운영관리업무를 지능화·자동화하는 기능을 말한다. 관리시설자동화(管理施設自動化)는 통행료 및 주차료 징수, 과적 및 과속차량단속 등 각종 교통시설 관리업무의 일부 또는 전부를 자동화하는 기능을 말한다.

(다) 종 류

선진교통텔레메틱체계(ATTS: advansed transport telematics systems) 또는 지능교통체계는 커뮤니케이션(communication), 자료획득(data capture), 운행(navigation), 전자통제(electronic control)기술의 사용 등을 통해 일일교통문제에 대처하는 목적

을 가지고 있다. 이들 기술들은 여러 방법으로 서로 다른 서비스와 서로 다른 체계와 결합할 수 있다(Ochieng and Sauer, 2002: 172~173). ATTS 내의 운항기능은 각종 서비스를 지원하는 시·공간 정보를 제공한다. ATTS를 장착한 자동차는 교통관리자들이 교통흐름을 통제할 수 있는 통제센터에 그들의 위치를 결정하고 보고할 수 있다. 자동차는 도로망의 상태에 대한 실시간자료를 얻을 수 있고, 이 정보를 바탕으로 시·공간적으로 최적노선을 계산하여 제시할 수 있다. 이는 도로망 내에 교통을 재분배하는 효과를 가져오고, 이에 따라 혼잡과 관련된 문제를 감소시킬 수 있다.

지능교통체계기술(ITS technologies)은 선진여행자정보체계(ATIS: advanced traveler information systems), 자동화 고속도로체계(AHS: automated highway systems), 지능대중교통체계(ITS: intelligent transit system)의 3가지로 요약할 수 있다(Kanninen, 1996: 3~5). ATIS는 개인자동차에 부착하여 사적으로 소유하는 기술로, 운전자에게 교통혼잡과 최적노선계획(最適路線計劃)에 대한 실시간 정보를 제공할 의도를 가지고 있다. 자동화고속도로체계(AHS)는 교통흐름을 완화하기 위한 선진차량통제체계(ATMIS: advanced vehicle control systems)와 선진교통관리/정보체계(ATMIS: advanced traffic management/information systems)에 의존한다. ATMIS는 무엇보다도 신호연동화와 도로진입규제체계(ramp-metering systems)를 통해 교통흐름에 대한 노상감시와 통제를 위한 기술들을 포함한다. 지능대중교통(intelligent transit)은 속도서비스에 대한 대중교통운행과 대중교통자동차에 대해 여행자들에게 실시간 정보를 제공함으로써 대중교통의 매력을 개선하기 위한 의도이다.

(라) 지능형 교통체계계획

우리나라에서는 1999년「교통체계효율화법」을 제정하여, ITS계획수립 및 사업시행의 법적 기반을 마련하였다. 이 법에 의해 건설교통부장관은 지능형 교통체계(知能型 交通體系)의 개발·보급을 촉진하기 위하여 지능형 교통체계에 관한 기본계획(이하 “기본계획”)과 광역권 차원의 기본계획(이하 “광역계획”)을 수립하여야 한다(법 제 12조 제1항). 지방자치단체의 장은 기본계획(基本計劃) 및 광역계획(廣域計劃)을 토대로 소관부문의 중장기계획(이하 “지방계획”)을 수립하여야 한다(법 제12조 제2항).

관계행정기관의 장은 매년 기본계획에 따라 소관별 지능형 교통체계의 시행계획(이하 "시행계획")을 수립하여 건설교통부장관에게 제출하여야 한다(법 제13조 제1항). 교통체계지능화사업은 기본계획에 따라 사업시행자가 실시계획을 작성하여 시행한다(법 제14조 제1항; 제 15조 제1항).

2. 관리기법과 전략

(1) 관리기법

교통관리기법(交通管理技法)은 초기의 교차로개선·신호주기조정·도로시설물 관리 등과 같은 교통공학적인 단기적 기법에서, 장기적이고 체계적인 교통체계관리기법으로 바뀌어 오고 있다(원재무, 1995: 752).

<표 7-1>은 교통체계관리(TSM: Transportation System Management)와 관련된 일련의 기법을 제시한 것이다(Levy, 1997: 219~220).

〈표 7-1〉 TSM 기법

범 주	기 법
1. 차량유동개선	· 교차로 신호체계 개선 · 고속도로 진입억제방안 · 일방통행로 · 노상주차제거 · 가변차선 · 노외 하역 · 버스승강장 재배치
2. 고점유차량의 선별처리	· 버스와 카풀차량 노선 · 교통신호선점버스 · 버스와 카풀차량 접근램프 · 통행료 정책
3. 첨두교통축소	· 업무시간재조정 · 혼잡비 · 첨두시 화물차량제한
4. 주차관리	· 주차규제 · 역세권주차시설
5. 비자동차사용제고	· 자동차 함께 타기 · 인력교통수단 · 자동차제한지역
6. 대중교통개선	· 대중교통마케팅 · 안전조치 · 대중교통터미널 · 대중교통요금정책 · 교통서비스의 통합 · 대중교통을 보조대중교통서비스와 연계
7. 대중교통관리 효율화 조치	· 노선평가 · 차량 모니터링기법 · 유지정책 · 체계성과평가

자료: Levy, 1997: 220.

1985년 서울시는 도시교통문제를 완화하는 방안의 하나로 당시 미국에서 사용되어 효과가 높다고 인정된 교통체계관리(TSM: transportation system management)를 도입하여 시행하고 있다. 이 제도는 교통문제가 있는 지역에 최소한의 투자를 하여 교통운영방법을 개선하여 투자효율을 향상시키는 방법으로, 교통문제해결에 재정압박을 받던 교통정책으로 인기가 있는 수단이다. TSM사업은 주로 교통소통증진 · 교통사고감소 · 보행자보호 등을 위한 사업중심이며, 이를 지원하는 방안으로는 일방통행제 · 가변 및 차등차선제 · 교차로구조개선 · 노상주차장조정 · 신호체계개선 · 교통안전시설설치 등이 있다. 이러한 방법은 기존 시설은 크게 바꾸지 않고 일부 운영방법을 개량하거나 부분적인 개량을 하여 교통효율을 향상시키는 방법이다. TSM 사업은 최근까지 지속적으로 추진되고 있으나, 폭발적으로 늘어나는 교통수요를 감당하기는 한계가 있다(이규방, 외 4인, 1998: 108).

(2) 관리전략

현재 이용가능한 교통체계관리전략(交通體系管理戰略)은 도로가격제, 자동차제한정책, 그리고 함께 타기를 들 수 있다(Pacione, 2001: 256～257).

(가) 도로가격제

개인의 도로통행선택은 다른 승객의 통행지체를 초래한다. 개인이 인지하는 통행비용은 사회 전체가 부담하는 비용보다 적다. 역으로 사회 전체는 개인차원에서 인식하는 비용보다 훨씬 더 큰 사회적인 비용을 부담하게 된다. 이 때 통행의 필요와 가치가 적은 통행자의 통행을 제한함으로써 사회 전체의 효용을 높일 수 있다는 것이 도로가격제의 기본원리이다(박수영, 2002: 622～623).

도로가격제(road pricing)는 통행의 필요와 가치가 적은 통행자의 통행을 제한함으로써 사회전체의 효용을 높이려는 제도이다. 이는 도로혼잡 시에는 평균비용개념에 입각한 현존의 사용자부담금이나 조세체계 하에서 개인이 도로를 이용하는 것은 비효율성을 가져오는 원인이라고 본다. 즉 교통혼잡이 심한 첨두교통시간대의 특정노선운행은 운행에 상응하는 한계비용, 다시 말하면 혼잡비용을 개인이 부담케 하여야 도로자원의 효율적인 이용방식이 된다는 것이다. 도로가격제의 변형으로 혼잡한 도로를 사용하는 차량 가운데 운행의 중요성이 떨어지는 차량의 통행을 억제하기 위하여 지역허가제(area license)를 사용한다. 이는 도시의 일정지역을 차단하여 혼잡예상시간대에 따라 이 지역 내에서 운행하는 차량에 대하여는 통행료를 지불하도록 하는 제도이다(박수영, 2002: 623).

도로가격제(道路價格制)의 옹호자들은 이 제도가 시장의 힘을 이용하여 정책목표를 달성하기 때문에 선호한다. 그러나 반대론자는 형평 · 정치적 · 실무적인 문제점을 제기한다(Pacione, 2001: 256).

(나) 자동차제한

도로요금제도 사실은 자동차통행을 어렵게 만들어 대중교통의 이용을 촉진하고자 하는 자동차제한정책(auto-restraint policy)의 일종이다. 다른 제한정책은 노상주차금지, 추가적인 도심주차지역의 제공을 포함한다.

자동차제한(自動車制限)의 최종형태는 도시의 일정지역에 대해 특정 일자에 특정차량의 진입을 전면 또는 부분적으로 금지하는 것이다. 비엔나(Vienna), 밀라노(Milan) 등과 같은 유럽의 역사도시에서는 도심의 활성화관점에서 차량관통을 제한해 오고 있다(Pacione, 2001: 257).

(다) 함께 타기

도로수용력을 제고하기 위한 방법의 하나가 다인승차량제도(car-pooling system)를 통한 함께 타기(ride-sharing)이다. 연구결과들은 이 제도가 정착되기 위해서는 특정한 인구를 목표로 채택하도록 하는 것이 중요하다고 지적한다. 많은 사람들은 자신들의 일상활동패턴에 의해 단독운행을 하는 자유를 쉽게 포기하려 하지 않는다. 가장 효과적인 프로그램은 통행패턴이 유사한 노동자들이 이 제도를 수용하고, 이들에게 일정한 혜택을 제공하는 것이 효과적이다(Pacione, 2001: 257).

Ⅱ. 수요관리

1. 개 념

교통수요관리(TDM: transportation demand management)는 대안적인 이동선택안을 제공하고, 혼잡을 완화하는 방법으로 사람들의 통행행태에 영향을 주고자 하는 목적을 가진 어떤 행동 또는 일련의 행동을 지칭한다. 그러한 행동들은 다음 3개의 범주를 포함한다(Meyer, 1999: 576). 첫째, 보다 높은 차량점유를 가져오는 하나 또는 그 이상의 교통방법이나 서비스를 통행자에게 제공하고, 둘째, 교통을 줄이거나 비첨두시간으로 옮기는 유인책/억제책을 제공하고, 셋째, 비교통수단(예를 들면 일 또는 쇼핑트립을 위해 텔레커뮤니케이션사용으로 대체)을 통한 교통목적을 달성하도록 한다.

교통수요관리(交通需要管理)란 이용자의 통행행태의 변화를 통해 승용차의 이용을 감소시키고 직장의 출근패턴의 수정 및 대중교통을 비롯한 다인승차량 이용을 촉진하여 교통혼잡을 완화시키는 교통관리기법을 말한다. 교통수요관리는 교통시설이나 수단의 공급확충만으로는 교통량의 처리에 한계가 있기에 총량적으로 교통수요자체를 조절하고자 하는 각종 정책대안을 의미한다.

2. 논　　리

교통수요관리는 피구(A. Pigue)의 혼잡세이론에서 유래되었다. 사회적 비용발생에 대해 원인자부담의 원칙에 따라 비용을 부담시켜서 사회적 비용발생분을 각 개인에게 내재화해야 한다는 것이다(황기연·엄진기, 2001: 11～12). 이 이론은 도로상에서 교통량이 일정수준 이상으로 늘어나면 이는 시간지체를 초래하고, 시간지체는 한계비용 등으로 비용화할 수 있다는 것이다. 여기서 한계비용은 도로에 차량 1대가 증가함에 따라 발생되는 전체비용의 증가분을 말하고, 전체비용은 차량운행비, 시간비용, 소음, 대기오염 등을 합한 비용을 말한다.

혼잡세이론(混雜稅理論)의 핵심은 혼잡이 발생하는 교통시설의 이용에 일정한 조치를 취하지 않으면 교통시설은 비효율적으로 이용된다는 것이다. 이 주장은 혼잡한 도로의 이용자는 도로의 혼잡에 따른 손실을 스스로 입고 있으며, 동시에 다른 이용자나 도로의 혼잡 때문에 도로의 이용을 포기한 사람들에게도 손실을 끼치며 이러한 외부비경제에 따른 사회적 손실은 각 교통시설 이용자들에 의해 적절히 부담되고 있지 않으며, 이에 따라 교통량은 과잉되고 혼잡이 심화되게 된다는 것이다. 따라서 도로의 효율적인 이용을 달성하기 위해서는 차량에 요금을 부과하여야 한다는 것이다.

여기서 요금부과는 구체적인 혼잡요금이나 세금의 징수만을 의미하는 것이 아니고, 혼잡을 피하기 위해 시차제 출근을 실시할 경우 기업이 부담해야 하는 기회비용, 교통혼잡을 완화하기 위해 개인 교통수단이용을 제약하는 주차요금·주차세 등을 포함하는 포괄적인 개념이다.

3. 유　　형

메이와 매튜스(A. May and A. Mattews)는 교통수요관리유형을 토지이용정책(land use policies), 하부구조제공(infrastructure provisions), 관리와 규제(management and regulation), 정보제공(information provision), 의식과 행태조치(attitudinal and behaviour measures), 그리고 가격화(pricing)의 5가지 범주로 구분한다(May and Matthews, 2003: 158).

광의(廣義)의 TDM은 성장관리적 성격을 띤 토지이용억제 · 개발부담금제 · 교통영향평가 · 자동차세제 · 운전면허정책까지도 포함한다. 협의(狹義)로는 통행수단이용의 전환을 유도하는 자가운전자 규제와 대중교통수단이용을 장려하기 위한 이용자 보조정책, 통행분포를 시간적으로 재분배하는 직장출근패턴의 수정 등이 해당된다.

TDM의 초기방안들은 주로 도심부나 회사밀집지역에 위치한 기업들이 자발적으로 국지적인 교통혼잡문제를 해결하기 위해 주로 정부의 경제적 지원과 세제혜택을 받아서 카풀(car pool)이나 벤풀(van pool) 프램그램 등을 실시하는 것이 많았다. 그러나 이는 교통수요감소의 영향이 특정지점에 국한되어 지역전체의 소통개선효과를 기대하기 곤란했다. 최근의 TDM은 인간의 통행행태를 변화시킨다는 점에서 구체적이고 강도 있게 대규모지역을 영향권으로 설정하여 관리한다.

4. 찬반주장

혼잡통행료징수(混雜通行料徵收)는 교통수요관리기법 중에서 고려하고 있는 최후의 수단이다. 이 방법은 현재 싱가폴에서 성공적으로 사용하고 있으며, 노르웨이 일부 도시에서도 사용하고 있다. 그러나 많은 나라에서는 실제적용을 꺼리고 있다. 그것은 직접적으로 승용차의 이용을 억제하는 정책은 이용자의 자유로운 통행을 저해하고 자칫하면 예상치 못한 부가적 악영향을 가져올 수 있기 때문이다(이규방 외 4인, 1998: 71).

교통수요관리의 도입에 대한 반대논리(反對論理)는 효과성과 형평성의 측면에서 검토할 수 있다(황기연 · 엄진기, 2001: 57).

효과성(效果性)의 측면에서는 ① 통행행태는 가격에 대해 비탄력적이기 때문에 수요관리의 기법으로 혼잡비용을 부과하여도 기대하는 혼잡완화가 이루어지지 않고, ② 교통시설에 대한 투자없이 수요관리만을 통한 교통문제의 접근은 성장의 잠재력이 큰 지역에서는 효과가 작으며, ③ 교통수요관리로 인해 교통비용이 증가되면 지역경제에 나쁜 영향을 주고, ④ 잠재수요 때문에 수요관리효과에는 지속성이 없다는 점들이 지적되고 있다.

형평성(衡平性)과 관련된 문제점은 ① 혼잡요금의 수혜자가 부유층이 되고, ② 혼잡요금이 정부의 수익증대를 위한 수단이며, ③ 국민의 평등한 교통권 행사를 방해한다는 점이다

제 3 절 대중교통

Ⅰ. 의 의

1. 개 념

대중교통을 나타내는 말은 public transit와 public transport가 많이 사용되고 있다. public transit는 미국과 캐나다에서 많이 사용하고 있으나, 보다 보편적으로 다른 여러 지역에서 사용되는 용어는 public transport이다. 북미에서는 대중교통을 공공부문에 의해 제공되는 대량교통서비스(mass transit services)와 관련되어 있으나, 대부분의 다른 지역에서는 공공부문에서 제공되든 민간부문에서 제공되든 간에 전체로서 대중이 이용가능한 서비스를 의미한다(Cervero, 2004: 92; Ubbels and Nijkamp, 2002: 317). 그 명칭이 무엇이든 간에 대중교통은 사람의 이동을 짧은 시간 내에 효과적으로 처리하는 대량수송방식이다(원제무, 2005: 228).

법에서는 대중교통(大衆交通)을 대중교통수단 및 대중교통시설에 의하여 이루어지는 교통체계를 지칭한다(「대중교통의 육성 및 이용에 관한 법률」 제2조 제1호). 여기서 대중교통수단(大衆交通手段)이란 일정한 노선과 운행시간표를 갖추고 다수의 사람을 운송하는 데 이용되는 노선버스와 도시철도 등을 말한다(법 제2조 제2호).

2. 교통여건

(1) 역할감소

대중교통의 역할이 과거에 비해 상당히 감소되고 있는데, 이는 다음 몇 가지 요인에 의해 가열되어 오고 있다.

교외화추세(郊外化趨勢)에 따라 도심인구가 감소하고 인구밀도가 낮은 교외지역은 자동차 중심체계를 이루었다. 대중교통의 또 다른 문제점은 버스노선이 과다하게 도심으로 집중되어 있어 교통혼잡을 가중시키는 요인이 되고 있다는 것이다. 도로상의 승용차의 증가는 도시 내 교통혼잡을 초래하여 전체 교통수단의 지체시간을 증가시키며, 이는 결국 대중교통수단인 버스의 정시성(定時性)을 약화시킨다. 교통혼잡으로 버스의 하루운행거리는 짧아지게 되고, 운행횟수가 감소되어 수송여객수가 감소한다. 승객이 감소하면 버스회사의 운행비용이 증가하게 되며, 매회 운행시마다 운영비가 증가하게 된다. 이에 따라 버스회사는 운영수지를 맞추기 위해 운행횟수를 더 줄이게 되고, 이는 버스의 운행간격을 더 길게 하여 버스정류장의 승객의 대기시간이 길어진다. 여기에 덧붙여 버스회사가 운영수지를 맞추기 위해 버스요금을 인상하게 되면, 버스이용자는 완전히 버스에 대한 매력을 잃고 승용차로 옮겨가게 된다. 이와 같은 과정을 거쳐 새로 늘어난 승용차는 도로혼잡을 더욱 심화시키고 버스운행효율을 저하시켜 버스서비스수준을 저하시키는 연쇄적인 악영향을 가져와 대중교통의 이용은 점점 줄어들게 된다(이규방 외 4인, 1998: 148～149).

(2) 재정적자

대중교통(public transport)은 도시지역에서 중요한 사회적 서비스를 구성하고 있다. 도시대중교통은 비수익 기업(unprofitable business)이기 때문에, 이의 재정과 운영에 정부가 관여되고 있다. 많은 기관들이 정책목표의 확대와 관련한 비용문제와 대처하고 있으며, 동시에 대중교통의 소비자 지향적인 개발은 보다 많은 재정자원을 지속적으로 요구하고 있다(Ubbels and Nijkamp, 2002: 317).

대중교통은 대부분의 선진국에서도 재정적자(財政赤字)를 겪는다. 대중교통시스템의 재정적자의 배경적 요인(要因)들은 다음과 같이 요약할 수 있다(오설리반, 2004: 395).

① **낮은 요금** 승객의 유치를 위해 대중교통요금은 비교적 낮게 지속되

어 왔다. 대중교통서비스에 대한 수요는 가격에 대하여 비탄력적이기 때문에 요금의 하락은 총수입을 감소시킨다.

② **높은 임금** 대중교통종사자들의 임금은 지난 수십 년 동안 비교적 급속하게 증가하여 왔다.

③ **대중교통통행거리의 증가** 대중교통서비스는 이용승객이 상대적으로 적은 저밀도의 교외지역으로 확장되어 왔다.

④ **노동생산성의 감소** 대중교통의 총근로자 수의 증가에 비해 대중교통 총이용자수는 소폭 증가하였다. 즉 빠른 대중교통 노동생산성의 하락, 즉 생산성의 급격한 추락이다.

Ⅱ. 버 스

1. 의 의

도시버스대중교통(urban bus transit)은 여러 형태와 규모로 나타나지만, 대부분의 지역에서 고정노선(固定路線)에 고정운행(固定運行)을 하는 45～55명의 승객을 운송하는 버스로 운행되고 있다. 버스는 보통 디젤로 운행되지만, 일부 도시에서는 전기 트롤리버스(electric trolley buses)를 사용한다.

도로공간점유면에서 버스가 철도서비스보다 저렴하지만, 에너지소비와 오염방출의 관점에서는 일반적으로 버스가 도시철도서비스보다 비효율적이다(Cervero, 2004: 93). 버스는 지하철에 비해 정류장이 많아 거리가 가깝고, 지하철처럼 계단을 오르내릴 필요가 없으며, 지상을 운행하는 교통수단이기에 창밖 풍경을 보면서 이동할 수 있는 장점을 가지고 있다(이번송, 1998: 282).

2. 문 제

도로혼잡의 증가는 서행운행을 강요하게 되고, 감소된 속도는 승객들로 하여금 버스를 덜 매력적으로 여기게 할 뿐 아니라 단위거리당 연료비용을 증가시키고, 주어진 서비스시간간격을 위해 필요한 버스의 양을 증가시킨다. 서행운전보다 승객들에게 더 불유쾌한 것은 교통혼잡의 결과로 나타나는 버스서비스의 비신뢰성이다(Simpson, 1994: 5).

3. 개선방안

버스서비스개선과 관련하여 7개 수단을 확인할 수 있다(Simpson, 1994: 71~95; 이번송, 1998: 283; 이규방 외 4인, 1998: 154~157; 이우승, 2004: 12~22).

(1) 버스우선제

버스우선제(bus priority)는 다른 차량에 비해 도로교통여건을 조작하여 버스가 도로공간의 배분에 혜택을 받는다. 이 제도는 버스를 위한 독점적인 도로공간의 보유, 도로공간에서 버스에 혜택을 주는 교통신호의 조작, 운행료·연료와 차량과세·도로기금허가와 같은 재정적 조치 등에 의해 달성된다.

버스전용차선제는 파리와 마르세유에서 1964년경 최초로 설치된 것으로, 런던에서는 1969년경에 제안되었다. 이 제도는 초기에는 그다지 크게 호응받지 못했으나 70년대부터 유럽의 많은 도시에서 이를 채택하여 이용하고 있다. 서울시에서는 시 외곽 및 중요 도시와 도심 및 부도심을 연결하는 도로로서 편도 3차로 이상 확보가 가능한 도로를 중심으로 중앙버스전용차로를 설치하여 버스통행속도를 제고하기 위해 도입했다.

(2) 차량개선

유럽의 많은 도시들은 버스의 대형화를 추구하는 경향이 있다. 연결버스(articulated buses)를 운행하는 도시들이 많은데, 버스의 수용력을 늘리려는 이유는 운전사당 승객수를 늘려 단위당 비용을 줄이려는 목적이다.

그러나 이런 대형화 추세와 병행하여 많은 미니버스가 운행되고 있다. 미니버스(minibuses)는 보다 자주 서비스를 제공할 수 있고, 보다 승객을 많이 유인할 수 있다. 아울러 미니버스는 더블덱 버스(double-deck buses)보다 안전성을 확보하는 데 유리하다.

(3) 서비스통합

승용차와 경쟁하는 상황에서, 서구 도시들의 주요한 반응은 대중교통을 통합하는 것이었다. 버스와 철도의 시간표를 통합하고, 승차권도 모든 형태의 대중교통에 이용할 수 있도록 통합했다(Simpson, 1994: 89). 버스운행도 공동배차제(公同配車制)를 도입하여 각 버스업체가 노선을 독점으로 소유·운행하는 방식을 지양하고, 일정권역 내 노선을 일정한 규칙에 따라 업체 간에 순환 또는 윤번

제로 운영하는 버스운행관리방안이다. 이 공동배차제는 각 노선별로 특정 회사의 독점권에 대한 의식을 약화시키고, 공공성을 증진시켜 민간운영체계의 문제점의 하나인 회사이윤추구를 최우선으로 하는 제반문제를 해소하는 방안이다.

(4) 관리개선

승용차와의 경쟁이 증가되는 상황에서 선진국들의 여러 도시들에서는 대중교통의 조직과 운영에 대한 보조금의 수요증대에 대해 통제할 필요성을 인식하기 시작했다. 이에 대한 대처방안으로 민간부문을 지방대중교통서비스제공에 도입하는 것이 증가되는 보조금수요를 억제하는 하나의 수단으로 간주되어 왔다 (Simpson, 1994: 89).

(5) 버스공영제

버스회사에 대한 지원은 계속되고 있으나, 문제가 계속되고 있고, 도시정부에서는 버스운영과 관련된 공정한 자료도 확보하지 못한 경우가 많다. 이러한 문제를 해결하기 위해 일부 노선에 대해서라도 버스공영회사를 만들어 직접 경영하거나, 도시정부가 버스를 소유하되 운영을 민간기업에 맡기는 위탁경영의 방법도 고려할 수 있다(이번송, 1998: 300).

버스운영의 공익성을 확보하고 노선결정 및 운송수익금의 공공관리가 가능한 준공영제(準公營制)를 도입하면 민간운영의 자율성을 확보하도록 할 수 있다. 이는 버스운영을 사업자수익위주에서 시민서비스위주의 운행으로 전환하는 것으로, 민간회사에 위탁운행하되 공공관리와 평가를 통해 공익성이 제고되도록 하는 제도이다(이우승, 2004: 12).

(6) 버스운영에 정보기술사용

버스서비스의 많은 부분은 모든 정류장에 시간표와 노선도를 진열하는 조치를 통해 크게 개선될 수 있다. 이러한 분명하고 기초적인 양호한 관행이 회사들 간의 불법화된 경쟁적 환경을 축소시킬 수 있다. 또한 버스의 위치에서 주어진 노선에 따른 (시간표와는 차이가 나는) 실제도착시간을 알려 주는 것도 중요하다(Simpson, 1994: 92～93).

버스이용자의 입장에서는 이용장소와 시간에 따라 적절한 정보를 얻을 수 있도록 정보체계를 구축하는 것이 중요하다. 버스정보체계구축의 주요 사업은 버스정류장 안내시설의 개선, 버스노선책자의 개발, 그리고 대기시간을 최소화하기 위한 새로운 전자통신기술의 도입 등을 들 수 있다. 버스종합사령실(BMS: bus management system)은 버스에 단말기를 부착하여 정보통신기술을 통해 버스 운행관련 각종 정보를 수집한다. 수집된 정보를 통해 실시간으로 시민에게 배차간격 등 운행정보를 제공하여 버스이용편의를 도모하고, 버스회사에도 다양한 정보를 제공하여 버스운행의 정시성을 확보하며, 난폭운전을 감시하여 예방하고 버스회사의 경영합리화에도 활용할 수 있도록 하고 있다. 그리고 수집된 각종 데이터를 분석하여 노선변경, 배차간격 등 버스정책을 수립하고 집행하는 데 활용할 수 있다.

(7) 신요금구조

서구의 많은 도시에서는 버스표를 구입하여 주어진 시간범위 내에서 어떠한 지방대중교통수단도 이용할 수 있도록 하는 제도를 운영하고 있다(Simpson, 1994: 91~92).

영국의 도시에서는 대중교통수단의 이용률을 높이기 위하여 요금체계는 구역제를 실시하고, 정기이용자에겐 각종 할인혜택을 준다. 요금의 종류도 월간·주간 정기권, 일일권 등으로 다양하다. 이것도 통근·통학자, 여행자, 저소득자용 등으로 나누어 이용되고 있다. 런던에서는 버스와 전철이용자를 늘리기 위해 두 교통수단을 함께 이용할 수 있는 교통카드(travel card)제도를 1983년에 도입하였다(이규방 외 4인, 1998: 157).

우리나라에서도 대중교통통합요금제의 요금정책을 뒷받침하고 버스회사의 경영투명성을 확보함으로써 대중교통서비스개선에 기여함은 물론 대중교통이용자에게 다양한 부가서비스를 제공할 수 있는 교통카드를 도입하였다. 아울러 대중교통통합요금제 구현을 통해 갈아 탈 때마다 요금을 지불하는 독립요금제에서 총이용거리만큼 요금을 부과하는 통합요금제를 도입하였다(이우승, 2004: 14).

(8) 버스환경개선

버스이용과 관련하여 고려해야 할 부분의 하나는 일부 승객의 불량행동 즉 공격적 언어·쓰레기·좌석에서의 어린이 걷기 등이다. 운전자 1인으로 운영되는 버스에서는 문제가 심각해질 수 있고, 때문에 버스이용자들은 스스로 사회적으로 책임 있는 행동을 취할 것을 기대한다. 따라서 오늘에는 폐쇄회로 텔레비젼이 필수품이 되고 있다. 낙서족에는 높은 벌금을 부과해도, 이러한 비행에 대해 눈을 감고 귀를 막는 일부 대중에게는 적용하기 대단히 어려운 규율이다(Simpson, 1994: 94).

버스이용객을 늘리기 위해서는 경제적이면서도 쾌적한 교통수단이 되도록 해야 한다. 그러나 버스업체의 적자가 누적되는 상황에서 자체적으로 버스고급화를 유도하는 것은 무리이다. 이를 위해 적자노선의 경우 버스고급화를 위해 시영운영도 고려가치가 있고, 비적자노선에서는 노선경쟁을 도입하거나 버스요금을 버스의 고급정도에 따라 차등을 두는 두 가지 방법을 생각할 수 있다(이번송, 1998: 290).

(9) **노선개선**

서울시의 버스노선개편은 굴곡 · 장거리 · 중복으로 특징되는 불합리한 현행 시내버스노선을 간선노선과 지선노선의 이원체계로 정립시켰다.

간선노선은 주간선도로를 따라 직선화된 도로를 따라 (중앙)버스전용차로를 이용하여 신속히 연결하는 노선으로 신속성과 정시성이 확보되는 버스운행을 담당하게 하였다. 지선버스는 지역 교통권역의 주요 교통수요발생지점을 순환하면서 간선버스 및 지하철과의 편리한 연계 · 환승운행을 담당하도록 하였다. 노선개편은 노선운영의 효율성을 극대화하면서 대중교통의 수단 간에 연계 · 보완 기능을 강화하는 것이다(이우승, 2004: 22).

Ⅲ. 도시철도

1. 의 의

철도대중교통체계(rail transit systems)는 도심과 부도심 또는 교외지역 간의 고속 · 간선라인으로 연결된 대중교통이다. 미국에서는 streetcars, 유럽에서는 tramways라고 부르는 오래되고 저속의 철도서비스로 초기에는 간선수송수단으로서 기능했지만, 지금은 중심도시 순환수단으로서 역할을 수행하고 있다(Cervero, 2004: 94).

전차의 사용과 함께 지하철이 등장하여 궤도철도는 본격적인 대중교통수단으로 돌입하게 되었다. 20세기 초에 런던의 언더그라운드(Underground, 1890), 파리의 메트로(Metro, 1900), 베를린의 유-반(U-Bahn, 1902), 뉴욕의 서브웨이(Subway, 1904) 등 대도시 지하철이 각각 등장하였다(이건영, 1990: 275).

도시철도체계는 유-반(U-Bahn), 에스-반(S-Bahn), 경전철(Light rail transit), 그리고 자동체계(automated system)로 구분할 수 있다(White, 1995: 66～68). 유-반(U-Bahn)은 지하철(underground railway)로 보통 도시의 건물밀집의 제약 내에서, 터널에 의해 도심을 관통하고, 도시외곽은 지상 또는 부상궤도(elevated track)에 위치하는 교통수단이다. 에스-반(S-Bahn)은 지방교통이 제공하는 서비스와 조화된 주요 지상철(surface railway)의 노선을 의미한다. 경전철은 유-반처럼 전력동력체계를 가지고 있지만, 일반적으로 블럭신호(block-signalling)에 운행되고, 완전 자동운영(운전원이나 역무원 없이)이 가능하다.

2. 특 징

도시철도의 용량(capacity)은 각 차량의 승객수용력, 차령의 평균길이, 그리고 차량 간 운행간격의 3 변수에 대한 함수이다(White, 1995: 68). 각 차량의 승객수용력(passenger capacity of each car)은 입석 대 좌석 승객의 비율, 안락성의 정도, 차량의 크기에 따라 보통 100～150인 경우가 보통이다.

차량의 평균길이(average length of train)는 에스-반의 경우 10～12개 차량이 가능하지만, 유-반의 경우 7 또는 8개 차량, 그리고 경전철은 3 또는 4개 차량인 경우가 보통이다. 차량 간 운행간격(headway between trains)을 위해 블럭신호가 유-반과 에스-반의 경우 적용되지만 경전철은 적용되지 않는다. 운행간격은 보통 75～90초 간격이지만, 운영상 지체를 고려하여 실제로는 90～120초를 채택하는 경우도 많다(White, 1995: 68). 경전철은 운전자의 시거리에 따라 약 45초 간격으로 운영된다(White, 1995: 69).

3. 지 하 철

도심부에서는 중철도체계(heavey rail systems)가 주로 지하에서 운영되기 때문에 지하철(undergrounds or subways)이라고 불린다. 지하철은 이의 높은 수송량과 주간선 교통회랑으로서의 의미가 크다. 각 방향으로 시간당 5만 명 이상을 수용하는 중철도(重鐵道)서비스는 중심부와 주변 간의 고속, 높은 수송력을 제공한다(Cervero, 2004: 95). 현재, 세계에는 80여 개의 지하철(유럽 27; 아시아 17; 옛

소련 17; 북미 12; 남미 7; 아프리카 1)이 있다(Cervero, 2004: 95). 경전철(輕電鐵)과는 반대로, 재정상 이유와 고가의 운영비 때문에 새로운 지하철의 건설은 거의 없는 상황이다(Cervero, 2004: 95).

지하철운행과 관련하여 당면한 주요 문제(問題)는 환승과 재정적자문제이다. 지하철이 승객으로부터 외면당하는 가장 큰 이유는 환승(換乘)의 불편이다. 지하철이용도를 높이기 위해서는 각 역에 에스컬레이터와 엘리베이터를 완비하고 구조적으로 짧은 환승동선이 되도록 정비해야 한다(이번송, 1998: 317). 지하철운영에 따라 발생하는 재정적자(財政赤字)를 완화하기 위해서는 첫째, 요금을 거리에 따라 차등화하는 것이 필요하다. 일본·홍콩·싱가포르·워싱턴시에서 모두 요금차등화를 하고 있는데, 서울의 경우 1, 2구역 간 요금차이밖에는 없다. 둘째, 앉아서 가는 일등석 칸을 설치하여 승객을 유인하는 것도 고려되어야 한다. 셋째, 요금패키지를 다양화하여 하루 종일 무제한 승차, 2~3일 무제한 승차, 일주일 무제한 승차, 월간 무제한 승차 등의 특별한 할인패키지을 만들어 승객이 지하철을 더 많이 이용하도록 유인해야 한다. 마지막으로, 비첨두시간의 이용승객의 경우 요금할인제도를 도입하는 방안도 필요하다(이번송, 1998: 321~322).

4. 경 전 철

전차의 현대버전인 경전철(light rail transit)은 고가의 중전철(heavey rail systems)의 대안으로서 인구 3백만 이하의 중규모의 거대도시에서 특히 수용할 수 있는 수단으로 인기를 얻고 있다(Cervero, 2004: 94). 전철서비스와 비교하여, 경전철은 현대의 자동화된 통제와 기술을 사용하는 배타 또는 반배타적 우선권을 갖는 교통수단이다(Cervero, 2004: 94).

경전철(輕電鐵)의 인기가 증가하는 것은 중철도에 대한 투자에 비해 상대적으로 저렴한 비용과, 많은 파괴 없이 기존시가환경에 적응할 수 있는 장점이 있기 때문이다. 다른 장점들은 비교적 소음이 적게 운영할 수 있어 환경에 순응적이고, 전기로 운영되기 때문에 석유화확연료를 사용하는 버스보다 오염이 적고, 제한된 구간에서도 운영 가능하다는 점 등이다(Cervero, 2004: 94).

지하철이나 버스 등 기존 대중교통수단과 비교할 때, 소용량 신대중교통수단인 경전철은 다음의 특징을 갖는다(이번송, 1998: 323~324).

첫째, 공중버스·경전철 등 신 교통수단은 버스와 지하철의 중간규모로 시간당·방향당 교통용량이 5천~4만 명의 수송수요를 분담할 수 있다. 차량당 승차정원도 40~200명까지 다양화할 수 있다.

둘째, 시공면에서 차량크기가 작아 하부구조의 토목건설비가 저렴하고, 차량등반능력(경사를 올라가는 능력)도 기존 도시철도보다 크다.

셋째, 운영측면에서 자동화설비로 무인운전이 가능하여 전체운영비의 60%를 차지하는 인건비를 30% 내외로 줄일 수 있다. 수용수요의 증감에 따라 증감차(增減車)가 용이하여 운영상 우연성이 확보될 수 있다.

넷째, 이용자측면에서, 중·소형차량이 짧은 배차간격으로 운행되므로 승차대기시간이 줄어들고, 고급서비스와 접근성 향상으로 노면교통의 정체 및 주차문제로부터 해방될 수 있다.

마지막으로, 환경면에서 전기에너지를 사용하므로 대기오염·소음 등 교통공해를 줄일 수 있다.

Ⅳ. 관리정책

1. 접근시각

대중교통산업에 대한 시각은 시장의존원칙과 사회복지원칙이 양립되어 왔다. 시장의존원칙(市場依存原則)이란 교통서비스도 상품으로서 수요와 공급에 따라 자유경쟁아래 자원배분이 이루어지는 것이므로 지나친 정부의 개입은 시장경제를 왜곡시킨다는 것이다. 따라서 교통서비스산업은 정부의 지나친 간섭이나 보조 없이 운영되어야 한다는 것이다. 사회복지원칙(社會福祉原則)은 교통은 오직 이윤추구목적의 사기업에 맡기기보다는 도시사회에서 너무 중요하므로 사회의 기본적 의무로 인식되어야 한다는 것이다. 특히 교통은 지역개발·환경보호 등 사회적 목적을 추구하기 위한 효과적인 도구이다. 따라서 교통산업은 적극적인 정부개입이 필요하고 필요한 경우 지원하여야 한다는 것이다(이건영, 1990: 281~282).

2. 재정지원

모든 대중교통체계가 실제로 적자 운영되고 있기 때문에, 도시 이외에서 재원을 확보할 필요가 있다. 이 기금들은 주로 중앙 또는 지방정부로부터 온다. 이 적자를 보장하기 위해 제공되는 자금을 보조금이라 부른다(Ubbels and Nijkamp, 2002: 318~319).

대중교통보조금(大衆交通補助金)에 대해서 2가지의 정당성(正當性)이 있다(오설리반, 2004: 394~395). 첫째, 대중교통의 공급에는 상당한 규모의 경제가 존재한다. 따라서 대중교통시스템은 자연독점의 특성을 갖는다. 이러한 자연독점의 경우 보조금지급은 효율성을 촉진시킨다. 둘째, 승용차통행시 운전자들은 도로혼잡과 대기오염과 관련하여 발생하는 외부비용을 지불하지 않으므로 승용차통행의 가격이 과속책정되어 있다. 따라서 대중교통은 자동차통행과 비교했을 때 가격이 과다책정되어 있으므로 대중교통보조금은 자동차통행이 부당하게 낮은 가격을 상쇄하는 역할을 한다. 보조금은 승용차이용을 감소시킴으로써 혼잡과 오염을 감소시킨다.

대중교통을 정부에서 지원하는 구체적 이유는 다음과 같이 나열할 수 있다(이건영 · 원재무, 1990: 297).

① 대중교통의 이용률을 제고하여 교통체증이나 공해를 완화시켜 도시환경개선 도모
② 도시교통의 비용 및 에너지자원 절약
③ 현 도시체계의 유지
④ 기존 대중교통시설의 활용도 제고
⑤ 승용차를 소유하지 못한 저소득층의 보호와 불평등 인식의 불식
⑥ 노약자, 신체불구자 등의 통행욕구 충족

대중교통은 공공재로서 공공복지에 필수적인 공공서비스이기 때문에 대중교통에 대한 재정지원정책도 강구되어야 한다. 따라서 대중교통수단확충을 위한 조세정책의 시행이 중요하다. 아울러 자동차교통에 대체할 수 있는 친환경적인 교통수단의 개발에 대한 재정지원도 중요하다.

3. 교통체계개선

서구의 많은 도시에서는 신속 · 안전 · 안락 · 매력 그리고 신뢰할 만한 대중교통의 구축과 유지에 높은 우선순위를 주는 정책을 추진하고 있다. 대중교통이용촉진(大衆交通利用促進)을 위해 버스전용차선제 · 버스우선신호제 · 환승체계의 개선 ·

통근버스의 운영 · 다인승차량 우선 통행방안 등이 사용되고 있다. 그리고 교통수단 간에 상호보완이 될 수 있도록 투자와 노선을 조정하는 것도 필요하다.

양질(良質)의 대중교통체계(大衆交通體系)는 다음의 조건을 갖추어야 한다(Pacione, 2001: 254～255).

① 저소득층도 이용가능할 정도로 저렴한 요금제공
② 하루 종일 빈번하게 서비스될 정도로 충분한 운행
③ 도시 전체를 서비스지역으로 설정하여 이용편의를 위해 이용자들의 요구노선(desire line)을 반영한 운행
④ 일반승용차에 대비한 차량속도증가
⑤ 교통유형 간의 편리한 연결이 이루어지도록 하나의 차표로 여러 대중교통유형과 연결되는 체계의 제공

제 4 절 지속가능교통

Ⅰ. 교통체계

1. 의 의

대부분의 대도시교통문제는 심각한 상태에 처해 있다. 현재의 자동차화된 교통체계는 환경과 사회에 심각한 악영향을 주고 있으며, 이러한 적색교통형태(red modes)는 장기적 측면에서 지속가능하지 못하기 때문에 도보와 자전거 같은 녹색교통모형(green modes)으로 대체하는 노력이 이루어지고 있다. 도보와 자전거 같은 녹색수단은 에너지보전, 환경영향, 그리고 사회적 형평의 관점에서 이상적인 교통방법이다(Tolley, 1990: 13). 그러나 녹색교통수단과 자동차화된 교통수단인 적색수단은 서로 상충관계에 있다(Tolley, 1990: 14). 이러한 상충관계에 따라 녹색교통은 위험증가, 길어진 교통거리, 악화되고 있는 시설, 그리고 증가되는 오염의 상황에서는 녹색모형의 사용이 감소될 수밖에 없다. 도시가 생존하기 위해서는 조만간 에너지 효율적이며 공해 없는 교통형태가 지배적인 도시이동수단이 될 것이다(Tolley, 1990: 1).

지속가능교통체계(持續可能交通體系)는 달리(H. Daly)가 지적한 것처럼 재생가

능자원을 자연적인 재생률을 초과하지 않는 범위 내에서 사용하고, 비재생자원을 사용하는 비율은 대안적인 대체자원의 개발률을 초과하지 않아야 하고, 교통체계에서 배출하는 오염은 환경적인 수용능력을 초과하지 않아야 한다(Black, 2000: 141). 이 교통체계의 사용연료는 환경에 최소의 영향을 주어야 하며, 교통혼잡과 사고를 줄일 수 있고, 불가피한 경우를 제외하고는 추가적인 토지의 사용을 요구해서는 안 된다(Black, 2000: 141).

2. 보행교통

(1) 의　　의

자동차소유가 보편화됨에 따라 자동차들이 공공공간을 지배하게 되고, 이는 적주성(livability) · 환경질(environmental quality) · 유통(circulation)에 부정적인 영향을 주게 되었다(Zacharias, 2001: 4). 이에 따라 1970년대 초부터 유럽의 여러 지역에서 다양한 보행자 프로젝트가 진행되었다. 이는 주로 주요 쇼핑로를 보행자화(步行者化)하는 것이었다. 대체로 초기의 안은 단일의 선형적인 계획에 초점을 두다가, 후에 지역전체를 보행자에 우선을 두는 공간으로 설정하는 계획들이 제시되기 시작했다(Zacharias, 2001: 4). 보행자를 위한 계획은 주로 환경적 압력에 대한 반응으로 구상 · 시행되고 있다.

(2) 혜택과 문제점

보행의 혜택(惠澤)은 신체건강혜택(身體健康惠澤)과 스트레스해소와 같은 심리적 혜택(心理的 惠澤)도 있지만, 사회적 혜택(社會的 惠澤)도 있다(Demerath and Levinger, 2003: 217).

보행지지정책은 도보가 일상생활에서 중요한 역할을 하지만 현재의 교통정책에서는 이를 무시 또는 경시하는 경향이 있다. 도보교통의 문제(問題)는 열악한 시설, 도보에 대한 인식부족, 자동차 교통에 대한 사고위험의 증가 때문에 겪게 되는 어려움 등이다(Tolley, 1990: 22).

(3) 이용제고책

보행의 위험을 줄이기 위해 분리된 보행도(footpath)와 정리된 노면, 그리고 장애의 제거가 요구된다(Tolley, 1990: 15). 즐거운 보행과 매력 있는 공간이 되도록 정취 있는 가로를 조성하고 보행자 쉼터 등 편의시설을 계획적으로 설치하도록 한다. 보행환경(步行環境)이란 자동차교통을 포함한 다른 유형의 교통수단이 있지만 보행이 우선순위를 갖는 보행자이동에 의해 지배되는 곳이라고 여겨진다(Zacharias, 2001: 3).

유럽의 많은 도시들은 자동차사용을 줄이거나 자동차를 강조하지 않는 도시개발이 되도록 주민들에게 매우 매력적인 도보환경을 조성하는 여러 조치를 취하고 있다(Beatley, 2000: 137). 자동차 없는 도시(car-free cities)를 만들기 위한 네트워크를 구성하거나, 자동차가 없거나(car-free) 제한(car-limited)하는 도심을 만들고 있다. 근린도로를 보다 안전하고 조용한 보행자 환경으로 만들기 위해서도 여러 조치들이 취해지고 있다(Beatley, 2000: 140). 근린에 자동차진입을 제한하기 위해, 좁고 요철(凹凸)의 도로를 만들거나 나무를 심거나 말뚝을 박는 조치 등을 시행하고 있다. 많은 도시들이 시속 30km지역을 지정하고 있다. 특히 자동차를 보행자의 도보속도보다 빠르지 않도록 설계된 도로를 주거지역에 지정・운영하는 제도가 네덜란드(Woonerf)와 영국(Home Zone)에서 시행되고 있다(Beatley, 2000: 142～143).

유럽의회에서는 1988년에 「보행자권리헌장」(European Charter of Pedestrians' Rights)을 제정하여 안전하고 쾌적한 환경 속에서 도보교통이 이루어질 수 있는 구체적인 원칙과 방향을 제시하고 있다(Tolley, 1990: xvi～xvii). 자동차교통이 중심이 되는 도시에서 인간의 존엄을 회복하고 자연의 감내범위 내의 도시교통이 이루어질 수 있는 보행자교통이 우선시되는 보행자도시(pedestrian town)의 건설 방안도 제기되고 있다.

3. 자전거교통

(1) 의 의

자전거교통은 구입・운영이 저렴하고, 신속한 집 간(door to door) 연결교통수단이며, 자동차에 비해 효율적인 공간활용이 가능하고, 환경친화적이라는 장점을 가지고 있다(Tolley, 1990: 22; Hulsmann, 1990: 219～220). 특히 자전거처럼 환경친화적인 교통수단은 거의 없다. 대기오염도 없고, 상대적으로 좁은 공간을 차지하며, 노소(老少)가 거의 비용 없이 이용할 수 있고, 이용자에게 물리적인 운동을 제공한다(Beatley, 2000: 166). 그러나 자전거교통은 현재의 여건에서는 이용하는 데 위험이 따르고 교통환경은 점점 열악해지고 있다.

서구 제국에서는 자전거타기 붐이 이루어지고 있다. 자전거교통(bicycle trips)의 수가 증가되고, 전체교통 중에서 자전거의 점유비가 증가되어 오고 있다(Pucher, et al., 1999: 626). 이들 국가들은 높은 생활수준, 증가하는 소득, 증대되는 자동차소유, 그리고 급격한 교외화에도 불구하고 자전거타기를 활성화하기 위해 자전거의 안전·속도·편의성을 제고하는 장기적 계획들이 많이 추진되고 있다. 이러한 정책은 일부는 지나친 자동차이용에 따른 사회적·환경적 해악을 완화시키고, 일부는 혼잡한 도시도로, 고밀도 도시 그리고 제한된 주차공간의 물리적 제약 내의 이동성에 대한 수요의 증가를 수용하기 위한 것이다(Pucher, et al., 1999: 626).

우리나라에서는 자전거이용활성화를 위해 「자전거이용활성화에 관한 법률」(1995)이 제정되어, 자전거 이용시설의 설치·유지관리 및 자전거도로의 이용방법 등에 관한 내용을 규정하고 시장·군수는 자전거 이용시설정비계획을 수립·시행하도록 규정하고 있다(법 제5조). 자전거이용을 제고시키기 위해서는 자전거전용도로망의 확충, 자전거도로를 대중교통 연계수단으로 활용하고, 지구교통사업 또는 도로정비사업시 자전거도로 도입을 의무화하며, 교통사고를 줄이기 위한 자전거이용에 관한 조례를 제정하는 방안 등을 검토해야 한다.

(2) 자전거이용결정인자

자전거이용은 소득, 연령, 성, 그리고 일반적 행동패턴과 같은 개인적 특성에 의존한다. 예를 들면, 소득은 자동차나 자전거의 소유를 결정하는 개인의 선택에 영향을 미친다. 연령은 사람의 신체적 적합성을 통해 영향을 준다. 성(gender)은 야간에 자전거로 교통하는 것이 사회적 위험이 있을 때에는 영향을 줄 수 있다. 직장·학교·친구·친척·특정장소 등에의 활동패턴은 교통수요에 영향을 미친다(Rietveld and Daniel, 2004: 532).

자전거타기의 비용에 영향을 미치는 요인들은 다음과 같다(Rietveld and Daniel, 2004: 533). 교통시간(travel time)은 도시의 공간구조, 자전거타기의 하부구조의 적합성, 우회로의 존재여부, 그리고 횡단로에서의 거리에 따라 좌우된다. 물리적 수요(physical needs)와 안전성(comfort)은 하부고조의 질, 기상, 지표면의 평탄성, 오염수준, 기온 등에 의존한다. 교통안전(traffic safety)은 자동차교통유형과의 상호작용 때문에 부상당할 수 있는 위험이다. 자전거도난의 위험(risk of bicycle theft)은 대도시에서의 특별한 문제로서, 만행(vandalism)과 관련된다. 자전거이용의 화폐비용(monetary cost of bicycle use)은 자전거주차비용과 유지비용과 관련된다. 개인안전(personal security)은 개인적 안전에 대한 부담 없이 어느 때나 어느 지역으로든 쉽게 갈 수 있느냐와 관련된다.

(3) 이용제고방안

독일에서는 1979년부터 '자전거친화도시(bicycle-friendly towns)'프로젝트를 시행하고 있다(Hülsmann, 1990: 221~229). 자전거친화도시에서는 대체로 자전거의 가치와 적법한 이동유형으로서 보는 자전거타기문화(bike-riding culture)의 함양이 중요하다(Beatley, 2000: 183).

많은 유럽 국가들, 특히 독일·네덜란드·스칸디나비아제국들은 자전거로(bikeways)라고 부르는 특수한 자전거 시설들의 광범한 체계를 건설하는 전통을 가지고 있다. 이들은 도로망과 독립적인 자전거길(bike paths), 연석(curb), 울타리, 또는 주차선 같은 장벽에 의해 도로로부터 분리된 갓길(sidepaths), 그리고 자전거를 위해 지정된 교통선을 포함한다. 1970년대 이래로, 유사한 자전거로들이 북미의 여러 도시들에서 시행되고 있다(Pucher, et al., 1999: 630).

자전거의 이용을 제고하기 위해서는 다음의 방법들을 검토할 필요가 있다(Pucher, et al., 1999: 648~650).

① **자동차이용비용의 제고** 자전거이용제고의 가장 효과적인 방법은 자동차사용을 억제하고 단거리 자동차교통의 한계비용을 증가시키는 방안이다. 자동차이용의 가격을 증가시키거나 불편을 제고하는 것은 자동차주도적인 일상교통에서 다른 교통수단을 강구하는 것을 촉진할 것이다.

② **자전거이용자의 법적 권리의 명료화** 미국과 캐나다의 경우, 많은 자동차이용자 그리고 경찰까지도 보통 도로에서의 자전거이용자의 권리를 인식하지 못하는 경우가 많다. 이에 반해 북서유럽의 많은 국가에서는 회합, 학교교육프로그램, 교통규칙과 정책 등을 통해 자전거이용을 적극적으로 제고하고 있다. 어쨌든, 자동차이용자들의 자전거이용자들에 대한 책임의식의 확립이 자전거의 안전과 이용촉진에 중요하다.

③ **자전거시설의 확대** 분리된 자전거로가 자전거이용의 만병통치약은 아니지만, 녹지와 혼합된 자전거로는 위락적 자전거이용을 촉진하고, 전략적으로

위치한 통행우선노선은 교통시간을 줄이고 자전거이용을 제고할 것이다.

④ **모든 도로에 자전거 이용가능케 만듦** 일부 지역에서 일정 부문까지는 자전거망이 구성되어 있는 데 불과하다. 그러나 북서유럽의 경우는 모든 도시는 물론 전국에 걸쳐 공식적인 노선망이 지정되어 있고, 지도 등에 표시되어 있다.

⑤ **특별한 제고책의 강구** 자전거타고 출근하는 주간, 노동자중심의 제고책 등은 자전거이용을 제고하는 데 도움을 줄 수 있다.

⑥ **자전거타기와 참살이(wellness)와의 연결** 자전거타기는 건강을 위한 가장 이상적이고 저렴한 방법이라는 대중의 마음을 일깨워 자전거타기를 제고하는 것을 검토해야 한다.

⑦ **정치적 행동의 확대 및 강화** 정치적 행동이 보다 안전한 자전거타기를 촉진하는 대중정책으로의 변환에 필수적이다. 자전거이용자집단은 이의 안전, 편리한 이용을 위한 입법과 정책이 이루어질 수 있도록 관련 기관과 정치인들에게 압력을 행사할 수 있다.

Ⅱ. 교통진정화정책

1. 의　　의

교통진정화(traffic calming)는 교통을 저감(slow down)시켜 교통환경이 보행자, 자전거이용자, 쇼핑객, 그리고 주거생활을 보다 안전하고 유익하게 하는 것이다(Newman and Kenworthy, 2004: 98). 교통진정화(交通鎭靜化)가 언제, 어디서 유래했는가는 확실하지 않지만, 이와 관련된 독일어(Verkehrsberuhigung)가 1970년대 초에 처음 사용되고 1980년 후반에 교통진정화로 번역되어 사용되고 있다(Newman and Kenworthy, 2004: 98). 이 정책은 자동차의 영향을 축소하기 위한 많은 환경단체들의 노력을 통해 1980년대에 유럽에서 급속하게 수용이 이루어졌다(Newman and Kenworthy, 2004: 99).

교통진정화의 주요 목적(目的)은 다음과 같다(Newman and Kenworthy, 2004: 99).

① 도시지역에서의 사고의 가혹함과 발생수의 감축

② 지방의 대기, 소음공해와 자동차연료소비의 감축
③ 자동차비사용자를 위한 도시가로환경의 개선
④ 도로공간을 생활공간으로 갱생시킴으로써 도로의 자동차지배를 감축
⑤ 보행자 및 자전거이동에 대한 자동차교통의 방해효과의 감축
⑥ 사람을 위한 보다 나은 환경창조를 통한 지방경제활동의 제고

교통진정화전략의 혜택(惠澤)은 사고감소, 안전성제고, 소음과 대기오염감소, 양호한 지방적 접근, 보다 매력적이고 유용한 공공공간, 그리고 보다 활력 있는 지방경제활동을 들 수 있다(Pharoah, 1993; Newman and Kenworthy, 2004: 100～101).

2. 기 법

교통진정화(traffic calming)정책은 녹색교통수단의 안전성제고, 동력교통수단의 사용억제, 주거지역의 환경개선, 대중교통수단의 개선을 바탕으로 속도제한, 교통량감소, 주차공간감소, 보행자/자전거 도로의 확충, 자동차배기가스의 감소, 거주지의 생활환경개선과 같은 정책을 포함한다. 이러한 교통을 진정화시키기 위한 다양한 전략과 기술이 존재한다(Beatley, 2000: 139～140). 속도제한턱(speed humps), 보행로확대(sidewalk extension), 융기된 불럭, 모든 유형의 물리적 장벽, 수목이용(도로와 주차장에 수목식재), 전통적인 교차로 대신에 로타리(roundabout)도 또 다른 교통진정화조치이다. 여기서 유의할 점은 교통진정화조치는 근린이나 지구수준에서 시행되어야 한다는 것이다.

교통진정화기법의 구성요소는 다음 3가지이다(Pharoah, 1993).

첫째, 자동차속도의 저감과 지속적인 운전유형의 촉진
둘째, 가로활동(유희·식수·보행·쇼핑·휴식·주차·하역·자전거타기 등)을 위한 수용공간의 확대
셋째, 보다 개선되고, 환경적으로 바람직한 가로와 가로구성물의 재설계(redesigning)

교통진정화는 전통적인 기법과 비교하여 교통흐름과 수용력보다 속도와 운전자의 행태, 그리고 원활한 소통보다 지방적 접근에 보다 관심을 가지고 있어 양자를 구별한다(Pharoah, 1993).

〈표 7-2〉 도로유형별 교통진정화 조치(독일)

도로 유형	문 제 점	진정화 조치
간선도로	· 높은 교통밀도 · 많은 화물차 · 과속 · 도로횡단문제 · 주차문제 · 보행자, 자전거에 불리한 조건 · 사회공간으로서 도로사용불가능	· 속도와 흐름을 통제하는 가변신호제 · 보행로에 주차금지제의 시행 · 보행자, 자전거 우선횡단지역표시 · 자전거로건설 · 보행자안전대기공간조성
집 · 분산도로	· 간헐적인 높은 교통밀도 · 부적합한 과속 · 도로횡단문제 · 자전거안전문제 · 불법주차	· 속도제한 · 도로단절 · 추월금지 · 저속교통을 위한 다목적 차선구축 · 보행로확대 · 횡단도로의 요철화 · 보행자와 자전거 산책로 · 도로에 녹지공간조성 · 가로장식물설치
주거지 도로	· 지역기능에 비해 높은 교통밀도 · 도로횡단문제 · 주차문제 · 불충분한 자전거로와 보행로 · 불충분한 공간녹지	· 속도제한 · 도로의 단절 · 추월금지 · 회전기회의 축소 · 화물차금지 · 주차통제 · 도로요철화 · 보행로확대 · 도로폭축소 · 유희공간조성 · 일방통행로

자료: Whitelegg, 1990: 78에서 재작성.

자동차교통을 줄이고 대중교통을 지원하기 위해 화란정부에서는 A-B-C 입지정책을 시행하고 있는데, 이는 대중교통이용을 촉진하기 위해 대형 공공시설과 상업활동의 입지를 조율하는 제도이다(Beatley, 2000: 112~113). 즉 A-입지는 제한된 주차시설 때문에 자동차로는 용이하게 접근하기 어려운 철도역에 인접한 도심지역의 대중교통입지를 말한다. B-입지는 교외 철도역이나 다른 양질의 대중교통수단과 근접하여 자동차와 대중교통으로 쉽게 접근할 수 있는 대중교통입지이다. C-입지는 지하철과 직접 연결되고 대중교통으로 접근하기는 어려움이 있는 어려운 도시외곽의 위치를 말한다. 입지유형에 따라 주차면적의 기준을 제한하여 대중교통의 이용을 촉진한다. 병원이나 공공건물은 A-입지에 위치하여 대중교통으로의 접근을 권장한다. 민간기업은 보다 넓은 주차장이 요구되는 자동차지향입지를 허용한다. 이 정책은 기본적으로 고밀도 도시개발전략이다.

참고문헌

박수영, (2002), 「도시행정론」(서울: 박영사).

원재무, (1995, 2005), 「도시교통론」(서울: 박영사).

유병우, (1990), "교통안전의 구조적 문제점," 유완 · 이건영, 편, 「교통정책론」(서울: 일조각), 348~376.

이건영, (1990), "대중교통과 사회복지," 유완 · 이건영, 편, 「교통정책론」(서울: 일조각), 272~287.

이건영 · 원재무, (1997), 「교통정책」(서울: 박영사).

이규방 외 4인, (1998), 「교통정책의 변화와 과제」, 국토총서 6, 안양: 국토연.

이번송, (1998), 「도시교통정책의 경제론」(서울: 박영사).

이상건 · 박진호, (1997), 도로교통혼잡지표개발에 관한 연구, 국토연 97-22, 안양: 국토연.

이우승, (2004), 서울시 택시운영체계 효율화 방안연구, 시정연 2004-R-13, 서울: 시정연.

황기연 · 엄진기, (2001), 「교통수요관리론」(서울: 청문각).

藤井彌太郎 · 中條潮 편저(이재림 · 이상민 · 김만배 역), (1995), 「현대교통정책」(서울: 교통개발연구원).

오설리반(O'Sullivan, A.: 이번송 역), (2004), 「도시경제학」(서울: 박영사).

Altshuler, A., (1981), *The Urban Transportation System*(Cambridge, Mass.: MIT Press).

Beatley, T., (2000), *Green Urbanism*(Washington D. C.: Island Press).

Black, A., (1979), "Three views of transportation planning in a time of scarcity(Introduction)," *Journal of the American Planning Association*, 45; 1(1979.1): 7 ~ 9.

Burtenshaw, D., Bateman, M., and Ashworth, G. T., (1981), *The City in West Europe*(N. Y.: John Wiley & Sons).

Cervero, R., (2004), "Transit and metropolis: finding harmony," Wheeler, S. and Beatley, T., (eds.), *The Sustainable Urban Development*(London: Routledge), 89~96.

Cullingworth, J., (1985), *Town and Country Planning in Britain*(London: George Allen & Unwin).

Demerath, L. and Levinger, D., (2003), "The social qualities of being on foot: a theoretical analysis of pedestrian activity, community, and culture," *City & Community*, 2; 3(2003): 217~237.

DOT(Dept. of Transport), (1977), *Transport Policy*(London: HMSO).

Greene, D. and Wegener, M., (1997), "Sustainable transport," *Journal of Transport Geography*, 5; 3(1997): 177~190.

Hall, P., (1995), *Cities of Tomorrow*(Oxford: Blackwell).

Hart, T., (2001), "Transport and the city," Paddison, R., (ed.), *Handbook of Urban Studies*(London: Sage), 102~123.

Hülsmann, W., (1990), "The 'Bicycle-friendly Towns' project in The Federal Republic of Germany," Tolley, R., (ed.), *The Greening of Urban Transport*(London: Belhaven Press), 218~230.

Kanninen, B., (1996), "Intelligent transportation systems: An economic and environmental policy assessment," *Transportation Research*, 30; 1(1996): 1~10.

Levy, J., (1997), *Contemporary Urban Planning*(N. J.: Prentice Hall).

May, A., Jopson, A., and Matthews, B., (2003), "Research challenges in urban transport policy," *Transport*

Policy, 10(2003): 157~164.

Memmott, F. and Guinn, C., (1968), "Transportation planning," Goodman, W. I. and Freund, E. C., (eds.), *Principles and Practice of Urban Planning*(Washington, D. C.: ICMA), 137~184.

Meyer, M., (1999), "Demand management as an element of transportation policy: using carrots and sticks to influence travel behavior," *Transportation Research Part A*, 33(1999): 575~599.

Morlok, E., (1978), *Introduction to Transportation Engineering and Planning*(Tokyo: McGraw-Hill).

Nash, C. A., (1976), *Public versus Private Transport*(London: Macmillian Press).

Newman, P. and Kenworthy, J., (2004), "Traffic calming," Wheeler, S. and Beatley, T., (eds.), *The Sustainable Urban Development*(London: Routledge), 97~103.

Ochieng, W. and Sauer, K., (2002), "Urban road transport navigation: performance of the global positioning system after selective availability," *Transportation Research Part C*, 10(2002): 171~187.

Pacione, M., (2001), *Urban Geography*(London: Routledge).

Pharoah, T., (1993), "Traffic calming in west Europe," *Planning Practice & Research*, 8; 1(Jan. 1992): 20~28.

Pucher, J., Komanoff, C., and Schimk, P., (1999), "Bicycling renaissance in North America? Recent trends and alternative policies to promote bicycling," *Transportation Research Part A*, 33(1999): 625~654.

Rietveld, P. and Daniel, V., (2004), "Determinants of bicycle use: do municipal policies matter?," *Transportation Research Part A*, 38(2004): 531~550.

Simpson, B., (1994), *Urban Public Transport Today*(London: E & FN Spon).

Small, K.,(1997), "Economics and urban transportation policy in the United States," *Regional Sciences and Urban Economics*, 27(1997): 671~691.

Tolley, R., (1990), "A hard road: the problems of walking and cycling in British cities," Tolley, R., (ed.), *The greening of urban transport*(London: Belhaven Press), 13~33.

Ubbels, B. and Nijkamp, P., (2002), "Unconventional funding of urban public transport," *Transportation Research, Part D*, 7(2002): 317~329.

White, P., (1995), *Public Transport*(London: UCL Press).

Whitelegg, J., (1990), "The principle of environmental traffic management," Tolley, R., (ed.), *The greening of urban transport*(London: Belhaven Press), 75~87.

Zacharias, J., (2001), "Pedestrian behavior and perception in urban walking environments," *Journal of Planning Literature*, 16; 1(2001): 1~18.

제 8 장

환경관리

제 1 절 개　　요

Ⅰ. 환경문제

1. 문제의 대두

도시는 인구이동과 인구성장의 주요한 궤적지이다. 도시는 비재생자원의 주요한 소비자일 뿐 아니라 오염과 폐기물의 주요한 생산자이다. 즉 도시는 성장의 엔진이면서, 환경문제의 근원지로 이해할 수 있다(Bartone, et al., 1994: 9; 이하 정환용, 2006: 505∼506). 때문에 현재의 환경위기의 많은 부분은 직·간접으로 도시에 귀인시킬 수 있다. 도시화와 인구증가에 따라 제기되는 환경문제는 유한한 자원을 광범한 지역에서 과도하게 사용함에 따라 발생되는 문제와 처리능력 이상의 자원이용과정에서 발생되는 오염과 폐기물 같은 문제가 핵심을 이루고 있으며, 이러한 환경문제가 도시지역의 생활환경을 급속히 악화시키고 있는 실정이다.

최근에 환경문제에 대해 관심이 높은 이유는 경제성장은 지속되어야 하지만 재생가능한 자원의 소비는 재생률을 초과하지 않아야 하고, 비재생자원의 사용은 재생자원으로 대체하는 방법의 발견보다 빨라서는 안 된다고 생각하기에 이르렀기 때문이다. 이는 장기적 시각에서 환경에 부정적 영향을 주지 않는 범위 내에서 개발활동이 이루어져야 한다는 지속가능개발에 대한 인식증대로 표출되고 있다(Barton, 1996: 117).

2. 특　성

환경문제(環境問題)는 자연에 대한 인간의 간섭의 결과로 나타난다. 인간의 존재는 자연환경과 자원의 이용능력과 관계되기 때문에 자연에 대한 인간의 간섭은 필연적이다. 그러나 그러한 간섭은 우리의 삶의 근원을 위태롭게 하는 개발(exploitation)의 방법 때문에 발생하는 문제이다. 비재생자원은 고갈되고, 재생자원도 오염 때문에 위태롭고 불균형되기 때문에 위협은 매우 현실적이다(Glasbergen, 1995: 1).

오늘의 환경에 대한 주류의 견해는 과거의 그것과는 판이하게 다르다(Roseland, 2000: 76). 과거의 환경문제는 대체로 작은 문제이고, 기술적이며, 해결가능하고, 정치적으로 다툼이 없었다. 그리고 그러한 문제는 경제성장과 사회진보의 부산물이고 개선된 기술에 의해 해결할 수 있을 것으로 믿었다. 그러나 오늘의 대부분의 선진국에서는 환경문제는 매우 심각하고 이의 해결을 위해서는 기술적인 접근뿐 아니라, 사회와 경제의 심각한 변화 없이는 해결하기 어렵다는 인식이 확산되고 있다. 이러한 인식의 변환을 가져온 것은 지속가능개발의 개념이다.

대체로 환경적 과정은 매우 복잡하고 완전히 이해하기 어렵고, 환경문제는 정치적인 경계를 넘어서서 발생되는 경우가 많다. 그리고 하나의 환경문제의 해결책은 다른 환경문제의 원인이 되고 있으며, 환경문제에 대한 결정은 특정집단과 개인에게 큰 이익과 손실을 가져다주기 때문에 강한 감성과 정치적 갈등을 유발하고 있는 등의 취급하기 어려운 면이 많다(Leve, 1997: 261; 이하 정환용, 2006: 506~507). 때문에 환경문제는 전형적인 난삽한 문제(wicked problems)로서의 특성을 나타내고 있어, 명확히 정의하기 어렵고, 다른 부문이나 문제들과 깊은 연계를 맺고 있다.

환경문제로 인해 오늘날 지구생태위기시대에 직면해 있다. 즉 현대환경문제(現代環境問題)는 인류문명발달과 함께 시·공간적으로 발생되어온 것으로 그 기원이 인류발생적(anthropogenic in origin)이고, 환경문제에 대한 관심은 생존을 위한 관심(concern for survival)이고, 그 영향범위가 전지구적(global in reach)이며, 영향이 시·공간적으로 불평등(unevenness of impact)하며, 이러한 영향의 불평등으로 인한 이익 간 갈등(conflicts between interests)은 공간적(지역 간)·시간적

(세대 간)·계층 간·기관 간의 갈등으로 나타나고 있다. 그리고 이러한 환경문제에 대처하는 데 있어 전문성과 전문가와 전문가체계의 역할(dominance of experts and expert system)의 중요성이 증대되고 있다(Blowers, 1997: 848～852).

Ⅱ. 환경관리

1. 개　　념

도시환경문제(都市環境問題)는 제도적 결함, 부적절한 정책, 그리고 공·사부문 행위자의 행동 등에 의해 나타나고 있다. 특히 중요한 발생요인(發生要因)은 참여의 결핍, 부적절한 관리, 부적절한 규제적인 경제정책, 그리고 불충분한 지식과 정보이다(Bartone, et al., 1994: 32).

환경문제가 확대됨에 따라 환경관리(環境管理)에 대한 쇄신적이며 응집력 있는 연구의 필요성이 증가되고 있다. 그러나 모순적으로 연구영역으로서 환경관리의 성격·목적·학문적 입지에 대한 근본적인 의문이 제기되고 있다(Bryant and Wilson, 1998: 321～322). 도시환경관리를 위한 정책의 실패는 단기적으로는 총합적인 환경의 질의 문제를 야기하며, 장기적으로는 보건·삶의 질·자연환경·문화유산, 그리고 사회적 결속의 측면에서 높은 사회적 비용을 일으키게 된다(Nijkamp, 1996, 270～271).

환경관리(environmental management)는 인간건강과 복지 및 환경질을 보호하고 제고하기 위해 인간과 환경 간의 상호작용을 통제하고 인도하는 수단이다(Randolph, 2004: 3). 도시수준에서의 환경정책이 가치 있는 이유는 다음 몇 가지가 있다(Finco and Nijkamp, 2001: 290～291).

첫째, 국가의 생산, 소비 그리고 교통활동의 대부분이 도시지역에서 일어난다. 때문에 도시의 삶의 질에 대한 초점을 명료하게 하는 것은 자원과 환경정책의 효과성을 제고할 수 있다.

둘째, 환경과 자원정책의 분권화는 대부분의 서구국가의 정책작성의 주요 수단이 되고 있다. 때문에 도시수준에서의 의사결정은 환경과 에너지계획의 제도적 효과성을 높인다.

셋째, 새로운 환경관리와 에너지절약프로그램을 위한 지방의 직접개입은 분명한 이점을 갖고 있다. 이는 자원의 사용・소비의 변화에 일반대중의 지지를 얻을 수 있기 때문이다.

마지막으로 자료의 수집과 이용의 효율성이라는 관점에서 도시는 적합한 통계단위가 된다.

2. 관리패러다임

(1) 발달과정

콜비(M. Colby)는 환경에 대한 관리패러다임이 역사적으로 프론티어경제, 환경보호, 자원관리, 생태개발, 심연생태의 5단계의 과정으로 변천되어 왔다고 설명한다(Randolph, 2004: 9～12).

프론티어경제(frontier economics)는 자원은 제한이 없고, 진보는 경제적 성장으로 정의되는 인류중심적 견해로 특징지을 수 있다. 환경보호(environmental protection)는 환경영향을 인식하고 이를 감소시킬 목적이지만, 일반적으로 경제성장목표의 상당한 희생을 고려하지 않는다. 자원관리(resource management)는 경제성장을 제약하는 것으로 생각하지만 장기적 지속의 중요성도 인식한다. 여기서는 외부성을 내재화하여 환경적 가치를 포함하여 전통적인 경제계정을 수정하는 데 목적이 있다. 생태개발(ecodevelopment)은 세계를 생태중심적으로 파악하는 것으로, 인간사회와 자연의 공존개발, 지킴이와 오염예방, 단순하게 경제가치를 환경자원에 제공하는 것에서 생태적 의미에서 경제적 가치를 고려하도록 경제체제를 재구성하는 것으로 특징지울 수 있다. 심연생태(deep ecology)는 자연을 경외하는 생명중심적 견해(biocentric view)로 되돌아가는 생태스택트럼의 끝에 해당하는 패러다임이다.

(2) 대　　비

(가) 전통적인 관리모형

전통적인 관리모형은 정부가 위계적인 사회목표를 설정하고, 이를 독자적으로 정책수단으로 변화시키며, 그에 따라 집행을 하게 된다. 따라서 이러한 전통모형(傳統模型)은 다음의 특징을 나타낸다(Glasbergen, 1995: 10).

① 환경쇄신(environmental innovation)의 과정은 단위부문에 의해 이루어진다.

② 지침은 중앙에서 확정한, 계층적으로 등급화된 목표에서 나온다.
③ 기술된 목표가 대안적 해결책모색의 출발점이다.
④ 대안선택이 이루어지면, 목표달성을 위한 도구적 행동을 강조한다.
⑤ 과학적 연구는 최선의 대안을 만들고 도구선택으로서 확실성을 제공한다.

(나) 네트워크관리

네트워크관리(network management)는 전통적 모형과는 상이한 시각을 제공한다. 환경쇄신의 관점에서 네트워크관리는 정부의 입장과 역할에 대한 두 가지 측면을 강조한다(Glasbergen, 1995: 11).

첫 번째는 정부와 사회 간의 관계에 대한 측면이다. 여기서는 정부가 지속가능개발의 달성을 위한 최종적 책임이 있음을 강조한다. 어쨌거나 문제해결을 위한 권위는 과업을 정부가 독자적으로 결정할 수 있도록 주어지지는 않는다는 점이다. 오히려 대부분의 선진국에서는 정부의 공적책임과 특정한 이익에 의해 만들어진 민간선택에 대해 동등한 가치를 부여한다. 결과적으로 정부는 어떤 이익집단들이 스스로는 달성할 수 없는 것을 달성하도록 하는 데 초점을 둔다. 정부는 예를 들면 생산・소비・이동의 관점에서 이루어지는 결정에서 제한된 영향을 행사할 뿐이다. 이들 영향은 간접적이고 정부는 공평한 합의가 이루어지는 수준 이상으로는 가지 않는다.

두 번째 측면은 정부의 계층 간 상호관계와 관련된다. 정부는 중립적 기관이라기보다는 특별한 이익과 관련하여 고려해야 한다. 정부는 기관별로 그들의 공간적 및 기능적 의미에서 책임을 묶어 왔다. 이러한 권위의 위임은 다른 정부책임들과 관련한 환경정책에만 적용되는 것이 아니라, 상이한 환경정책자체에도 관련된다. 각 정부기관은 기관별로 상이한 이익을 반영할 수 있다. 정부기관들 간의 상호관계는 전체적으로 혼란스런 문제해결과정이 될 수 있는 것을 방지하는 방법으로 규제하는 것이 보통이다. 이 기관들은 계층적으로 상호관련되는 것은 아니다(Glasbergen, 1995: 11).

일반적이며 집단적 이익은 상호작용과 커뮤니케이션의 복합적 체계 내의 상호의존적인 공・사행위자들에 의해 나타나지는 것을 강조한다. 그러한 체계에서는 행정은 상호의존적의 형태에 의해 공동지향하는 변화로 보아야 한다. 정부는 문제해결에 도움이 될 수 있을 것으로 기대되는 조직화된 사회적 이익을 동원하여야 한다(Glasbergen, 1995: 11).

(다) 새로운 관리모형

새로운 관리모형의 특징은 다음과 같이 요약할 수 있다(Glasbergen, 1995: 16).

① 환경문제해결의 전제조건은 문제와 관련된 모든 행위자들 간의 상호의존관계라는 인식이 논의의 출발점이다.

② 의존성은 건설적인 방법으로 이용되어야 한다. 효과적이기 위해서는 가장 관련성이 큰 사회적 이익집단이 적극 협력하도록 부추겨야 한다.

③ 협력을 촉진하기 위해서는, 새로운 조직구조가 작동되는 것이 요구된다. 그리고 원칙적으로, 협력은 임시적이며 특정한 목표의 추구에 있다.

④ 협력구조 내에서, 환경문제는 사회발전의 근원문제로서 정의되어야 한다.

⑤ 이러한 개발문제를 위해, 개발노선은 상호작용과 커뮤니케이션의 구조화된 과정으로 세밀하게 계획적으로 나타내야 한다.

⑥ 개발노선을 세밀히 계획적으로 나타냄에 있어, 목표에만 초점을 두는 것은 아니다. 이들 목표들은 관련된 다른 사회적 이해당사자들의 개발기회 창조노력과 연결되어야 한다.

⑦ 이러한 모든 과정은 학습과정으로 이루어진다. 조건들은 변화하는 사회적 여건에 따라 조직구조와 과정적 내용 양면에서 조정이 이루어지도록 허용되어야 한다.

3. 관리주체

(1) 전통적 견해

전통적으로 환경관리는 국가기관이 하는 일로 생각하는 국가중심적 접근(state-centric approach)이 강조되었는데, 이는 다음의 4가지 의미를 내포한다(Bryant and Wilson, 1998: 323).

첫째, 국가가 환경은 관리목적을 위해 명료한 실체로 구분할 수 있다는 가정에 바탕을 두고 환경관리를 모색해 왔다. 이에 따라 환경관리를 목재 · 어류 · 광물 · 농산물 등과 같이 선정된 상업적 자원과 관련하여 정의하였다. 환경관리에 대한 국가의 역할은 산업화와 관련하여 증가된 오염의 범위와 잠재적 위험성이 내포된 신기술의 수용과 관련한 제반문제에 대한 반응으로 1960년대와 1970년대에 특히 발전했다.

둘째, 환경관리는 환경문제에 대한 하향적 접근(top-down approach)과 동의어로 이해해 왔다. 이 견해에서는 환경관리는 국가에서 제공하는 서비스이지만, 지역의 주민들에 대해 부과할 필요가 있다고 본다. 환경관리는 국가의 법적이며 강제적인 지원에 의해 행동하는 공무원들에 의한 환경법 · 정책 · 규제의 작성과 집행의 문제라고 본다.

셋째, 전통적인 견해는 환경관리를 선정된 환경문제의 해결을 실증과학에 기반한 전문성을 갖춘 국가인증전문가에 의해 이루어지는 활동으로 본다. 여기서는 환경문제는 과학자들이 환경문제의 성격과 원인을 진단하고 해결방안을 제시하는 과학적 방법과 원리를 고려하지 않고는 생각할 수 없다고 본다. 이러한 전통적 견해에 의한 환경관리는 국가와 직 · 간접으로 연결된 전문가들에 의해 주로 정의되고 조작되는 과학적 과정으로 본다.

넷째, 환경관리는 특정한 환경문제에 적용할 수 있는 과학적 전문성과 최신기술에 의한 문제해결노력으로 본다. 여기서는 환경문제는 보다 광범한 정치적 · 경제적 · 사회적 세력들에 의해 본질적으로 어떠한 수정도 할 필요가 없이 과학적 해결이 가능하다고 본다.

(2) 전통적 견해에 대한 비판

국가중심적이며 실증주의적 이해에 바탕을 둔 전통적 환경관리(傳統的 環境管理)에 대한 비판(批判)이 증가하고 있다(Bryant and Wilson, 1998: 323～325). 비판은 국가가 자신의 정책과 실무를 통해 환경개발과 보전을 조정할 수 있는 능력을 갖추고 있는가 하는 질문에서부터 시작한다. 그리고 하향식 환경관리는 이질적인 민초행위자들의 수요와 관심에 부응할 수 없다는 비판이 있다. 대부분의 관료들은 그들의 정책집행에 따라 그들의 의사결정의 효과를 직접적으로 경험하기 어려운 물리적으로 먼 거리에 위치하고 있다. 때문에 관료들과 민초의 이해관계가 조화될 수 없다.

더욱이, 환경문제에 대한 전통적 이해는 국가와 비국가 행위자들의 환경에 대한 이해의 차이를 나타낸다. 즉 국가에서 훈련한 과학자와 비과학적이지만 지방의 생태적 여건을 상세히 알고 있는 비과학자의 환경에 대한 태도가 다르다. 대체로 전자는 서구실증주의과학에 정통한 기술중심적 시각을 가지고 있는 반면에, 후자는 환경과 인간 간의 상호관계에 대한 총합적인 시각과 연계된 생태중심적 의식을 가지고 있는 경우가 많다. 현실에서는 환경문제를 다루는 국가공무원의 의식과 국가중심환경관리에 의한 피해를 경험한 민초들이 가지고 있는 의식 간에는 많은 차이가 있다.

가장 심각한 비판은 환경관리에 대한 전통적 접근의 문제해결성격에 관한 것이다. 근접한 환경문제에 초점을 두기에, 이 접근은 보다 광범한 정치적 · 경제적 · 사회적 맥락에서 통합된 명료한 문제의 접근에 실패한다. 상호관련된 사회 및 환경문제는 과학전문가들이 즐기는 규격화된 기법이상을 요구한다.

(3) 환경관리의 참여자

환경관리에의 참여자(參與者)들은 정부, 민간시장 그리고 시민사회의 행위자들로 구성되어 있다.

민간활동, 즉 시장(市場)은 환경의 운명을 상당부문 결정한다. 최종적으로, 환경자원을 소비하는 대중은 생산과 개발의 패턴을 형성하는 제품과 설계를 선택한다. 기업 · 개발업자 · 농민들도 환경에 중요한 역할을 한다. 예를 들면, 토지이용과 개발의 주요민간행위자들은 토지소유자 · 개발업자 · 금융기관 · 부동산업자 · 설계자들을 포함한 관련기업들이다. 일부 환경집단들은 성장머신(growth machine)처럼 집단적으로 그들의 이익동기적 토지이용관행과 개발사업은 환경에 영향을 주기 때문이다(Randolph, 2004: 5).

정부(政府), 즉 국가도 환경에 영향을 미치는 민간활동을 규제하여 공중보건과 복지를 보호하기 위해 경찰력을 사용하는 데 있어 중요한 역할을 한다. 정부에 의한 환경관리는 행정 · 입법 · 사법의 3권을 통해 각급 정부에서 관계해오고 있다. 입법부는 정책을 확립하는 법의 제정을 하고, 법원은 법을 해석하며, 행정부는 관련부서를 설치하여 정책을 집행한다. 국가는 성장관리정책을 통해 토지이용과 개발을 규제한다(Randolph, 2004: 5).

제3의 범주는 대중(public) 또는 시민사회(civil society)로서, 비정부조직(NGO) · 환경 및 시민집단(environmental and citizen groups) · 토지트러스트(land trusts) · 재산소유자 등을 포함한다. 대중집단(public groups)은 정부계획과 의사결정, 민간개발사업에 대한 압력 또는 직접협상, 토지트러스트(land trusts) 및 보전지역권(conservation easements)과 같은 적극적인 환경자원보전 등의 방법으로 영향을 미칠 수 있다(Randolph, 2004: 5).

환경관리에 대한 새로운 접근에서는 환경관리과정에 국가행위자들과 비국가행위자들이 함께 적극적으로 참여하는 것이다. 비정부행위자들이 전통적인 접근에서도 규칙적으로 등장한다. 그러나 그들은 공식정책들의 유지를 위해 국가환경관리자들에 의해 협의되거나 조작되기 위해 국가관심의 대상이었다. 과정으로서 환경관리의 재평가는 환경을 관리하는 사람들을 확인하는 것을 재평가하기 시작했고, 때문에 오래된 국가중심적 전통과 결별하게 되었다(Bryant and Wilson, 1998: 325).

이러한 재평가는 환경관리에 관련된 보다 다양한 비정부행위자들의 유형들에 관심이 주어졌다. 그러한 집단의 하나가 민초(grassroots)환경행위자들의 범주로서, 이들의 이질적 집단은 다양한 이익과 활동들을 대표하는 다수의 개인행위자들을 포함한다. 이들 비정부행위자들은 국가환경정책에 의해 영향을 받지만, 아울러 국가환경정책에 영향을 준다(Bryant and Wilson, 1998: 326).

〈그림 8-1〉 환경관리의 참여자와 상호관계

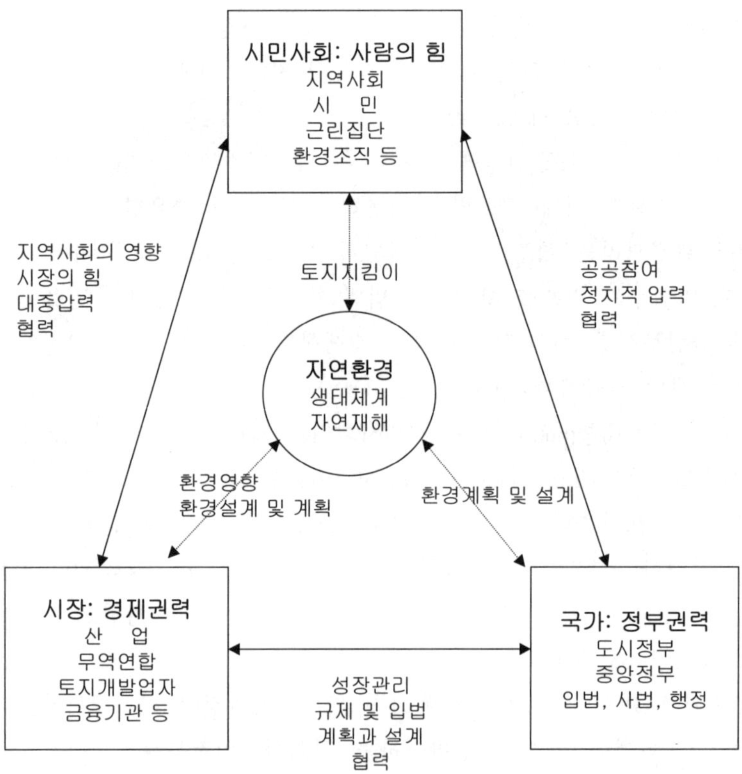

자료: Rnadolph, 2004: 6.

제 2 절 환경계획

Ⅰ. 의 의

1. 개 념

환경계획이란 개발사업과 관련된 환경요인들을 체계적으로 분석·관리하여 개발에 따른 부정적 환경영향을 최소화하고 환경적 혜택을 극대화하기 위한 행동노선이라고 정의할 수 있다(Fabrick and O'Rourke, 1982: 1). 환경계획은 환경관리에 관한 종합적 접근으로 장래의 불확실성에 대한 예방적(豫防的) 접근이고, 환경과정과 정책에 대한 통합적(統合的) 성격을 반영하고, 의사결정에 대한 전략적(戰略的) 견해를 견지하는 3가지 특징을 가지고 있다(Blowers, 1993: 14～17). 이러한 환경계획은 장기적인 환경관리를 의미한다. 그리고 이는 목적(目的)과 과정(過程)을 포함한다(Blowers, 1999: 154). 과정으로서 환경계획은 종합적(holistic), 통합적(integrative), 그리고 전략적(strategic)인 개입형태를 의미한다. 목적의 측면에서는 환경보호와 사회적 형평이 계획의 주요한 목적이 되었고, 이는 현재의 지속가능개발에 일정한 고찰시각을 제시하고 있다.

2. 중 요 성

환경계획(環境計劃)을 계획과정적 활동에 초점을 맞추어 환경정책의 작성·평가·집행의 과정이라고 이해할 수 있는데, 이러한 정의에는 기술적·전문적·정치적 의미를 내포하고 있다(Buckingham-Hatfield and Evans, 1996: 7～9).

환경계획에 대한 기술적 해석(technocratic interpretation)은 자연생태체계를 이해하고 관리하는 데 필요한 과학적 지식이 선행되어야 하는 과정으로 이해한다. 이 접근은 환경관리와 계획의 과정에서 사회·경제적 환경의 중요성을 부정하는 것은 아니지만 기술적 접근과 해결의 중요성을 강조한다. 전문적 해석(professional interpretation)은 급격히 확대되는 환경의제(environmental agenda)에 대한 전문가 집단의 반응과 관련 기관들의 고용과 신망과 관련된다. 전통적으로 토지이용에 기반을 두거나 도시설계의 전통을 가진 직업집단이 환경관련업무를 다루는 데 적합하다고 생각할 수 있으나, 어떤 단일 직업집단이 환경계획과 관련된 정책영역의 전부를 다루는 것은 생각할 수 없다. 정치적 해석(political interpretation)은 지속성의 장기적 목표가 환경계획의 정치과정과 연결되었다고 이해하는 입장이다. 이 접근에서는 복합적인 환경문제를 다루기 위해서는 부서와 전문적 경계를 초월한 통합적·총합적 정책접근이 요구된다고 본다. 여기서의 환경계획에 대한 해석은 환경적 지속성을 확보하기 위한 목적으로서 정책을 작성·조직·전달하는 장치로서 본다.

3. 대두배경

환경계획은 난삽한 환경문제에 체계적으로 대처하기 위해 1960년대 말에 등장한 비교적 새로운 영역이다(Levy, 1997: 58). 계획과정에서 환경적 관심을 체계적으로 다룬 사람은 맥하그(I. McHarg)이며, 이후 레오폴드(Leopold, et al.) 등에 의해 발전되어 왔다(Fabrick and O'Rourke, 1982, 7～14).

환경계획은 인구·번영·성장에 따라 인간의 환경파괴능력이 증대되었고, 인간의 산출물과 산출방법이 환경파괴적인 측면이 높아졌기 때문에 등장했다(Levy, 1997: 58). 환경계획은 지구자원에 대한 사회의 집단적 관리(stewardship)에 관한 것이다(Selman, 2000: 1).

환경계획의 경계는 자연자원의 전이의 바탕에 있는 경제적 원리들, 환경에 대한 사회적 인지, 그리고 환경계획의 형태를 결정짓는 정치적 기술적 힘들을 포함해야 한다(Selman, 2000: 1～2). 따라서 환경연구영역에서는 생·물리적 환경(biophysical environment), 사회·경제적 환경(socioeconomic environment), 그리고 건축환경(built environment)을 다루어야 한다(Selman, 2000: 2).

Ⅱ. 계획과정

1. 계획목표

환경계획의 목표(目標)는 대체로 인간활동에 의한 자연환경에 대한 피해를 최소화하는 데 있다. 이외에 주로 제시되는 목표들은 다음과 같은 것이다(Levy, 1997: 260; McAllister, 1982: 58; 이하 정환용, 2006: 508～509).

① **자연보전** 희귀 또는 위험 종(種)과 그의 서식지를 보전하는 데 있어, 특별한 생태·지학·역사·경관·위락적 의미를 갖는 보호구역이 중요하다.

② **자원보전** 자원이용을 인구의 안정화, 자원 보전적 생활유형으로의 전환, 에너지사용을 재생가능자원으로 전환, 자원의 안정적 공급에 대한 계산을 알려진 자원과 기술에 국한하고 불확실한 발견과 진보에 의한 예측을 제한하여 지구적 안정상태의 수준이 되도록 한다. 지속가능한 개발과 계획이 되도록 하는 노력이 중요하다.

③ **오염통제** 공기·물·토지의 위해(危害)한 오염을 최소화하여 인간의 건강과 생활에 대한 위협을 제거해야 한다.

④ **특정지역의 보존을 통한 심미적·위락적 목표의 성취**

2. 조사·예측·분석

현재의 환경여건과 관련된 이용가능한 정보의 부족은 자료수요에 대한 정의의 실패, 조직상 문제, 그리고 모니터링제약 때문이다. 현존의 사용가능한 자료는 부분화되어 있고, 접근하기 어려운 경우가 많다. 이에 대한 가능한 치유방법은 자료원의 단순한 정리에서부터 검색체계와 함께 환경자료은행을 구축하는 것에 이르기까지 다양하다(Wood, 1988: 109; 이하 정환용, 2006: 509).

환경목록(environmental inventory)은 개별적 환경특성에 대한 조정된 정보패키지이다. 이 목록은 지도·자료·레포트 등으로 구성되어 있고, 토지·물·공기·취락, 그리고 환경정책 등의 지도와 속성표를 포함하는 각 요소별 부분을 포함하여야 한다(Kaiser, et al., 1995: 174~175). 각 개별 환경요소는 가치 있는 자원, 중요한 생태적 기능, 인간정주에 위험한 위해 등을 포함해야 한다. 환경목록(環境目的)이 준비되면, 자료들은 계획과 의사결정지원 정보를 만들기 위해 분석해야 한다.

환경분석유형(環境分析類型)은 환경영향분석(environmental impact analysis)·누적영향평가(cumulative impact assessment)·임계지역분석(critical area analysis)·위험분석(hazard analysis)을 포함한다.

3. 대안의 작성과 평가

(가) 대안작성

환경목표를 만족시키는 계획대안(計劃代案)은 두 가지 조건을 만족시켜야 한다. 첫째, 환경계획의 목표와 환경조사는 만족할 만큼 상세화 되어야 한다. 둘째, 적절한 기관의 구성과 계획대안에 대한 주민참여는 계획이 확정하기 이전에 만들어져야 한다(Wood, 1988: 109; 이하 정환용, 2006: 509～510).

(나) 대안평가

각 대안의 환경영향평가는 집행에 따른 경제·인구·환경적 결과를 결정하는 것과 관계된다(Wood, 1988: 110). 상이한 영향의 상대적 중요성은 계획평가에서 가중치와 척도를 사용하여 결정할 수 있다. 도시의 환경평가로서 세계보건기구(WHO)에서는 안전성·건강성·편의성·쾌적성의 4가지를 들고 있다.

대안평가방법(代案評價方法)은 4가지 접근방법으로 나누어 고찰할 수 있다(Wilson, et al., 1979: 109～154).

① **계획과 정책 교차분석**(plan and policy tradeoff analysis) 계획의 생태적·경제적 효과와 계획 속에 내재되어 있는 관련 교호관계를 평가한다.

② **사업영향분석**(project impact analysis) 특정한 사업계획의 전체계획에 대한 영향을 평가한다.

③ **비용-혜택분석**(cost-benefit analysis) 특정한 환경적 목표를 달성하는 데 요구되는 비용을 결정하는 데 적용된다.

④ **사회·문화적 관심분석**(analysis of social and cultural concerns) 계획과 정책의 사회복지와 일반적인 삶의 질에 대한 영향을 평가한다.

4. 집행과 관리

계획집행(計劃執行)은 직접행동, 규제조치 그리고 간접적인 조치로 나눌 수 있다(Willson, et al, 1979: 156～209; 이하 정환용, 2006: 510).

계획이 집행중인 상황에서는 계획활동이 완료된 것은 아니다. 계획의 결과가 의도한 것과 의도하지 않은 것, 계획한 것과 계획되지 않은 것 모든 영향을 계속적이면서 체계적으로 모니터링하여 부정적인 영향을 최소화하고 계획목표의 효과적 달성에 활용할 수 있도록 하는 계획관리의 노력이 요구된다.

계획지역환경의 상태에 대한 모니터링은 환경적 조건과 추세와 특정 계획정책과 사업의 결과에 대한 계속적 모니터링 전략, 계획정보체계의 보완, 정책과 사업의 결과와 지역의 기본목표에 관련된 주민의견의 주기적 청취, 그리고 모니터링 정보에 의한 계획목표의 수정의 4가지의 기본요소로 구성되어 있다(Wilson, et al., 1979: 212～221).

Ⅲ. 영향평가

1. 개 념

환경영향평가(環境影響評價)란 계획과 정책의 집행, 개별사업의 수행, 그리고 입법 등의 결정에 따른 환경적 의미를 사정(assessing)하는 과정이다(이하 정환용, 2006: 510～511). 환경영향평가제도는 각종 개발사업의 시행으로 발생이 우려되는 자연환경의 파괴, 환경오염의 발생 등의 부정적인 환경영향을 사전에 방지하기 위한 수단인 것이다. 이는 구체적으로 사업자가 사업계획을 수립·시행함에 있어서 미리 당해 사업이 환경에 미칠 영향을 예측·분석하여 환경영향을 줄일 수 있는 방안을 강구함으로써 환경적으로 건전하고 지속가능한 개발을 유도하고 쾌적한 환경을 유지·조성하는 것을 궁극적인 목적으로 한다.

환경영향평가제도(環境影響評價制度)는 1969년 미국에서 「국가환경정책법」(National Environmental Policy Act)에 의하여 처음 도입된 이래 전 세계적으로 확대·시행되고 있는 제도이다. 우리나라에서는 1977년 「환경보전법」의 제정에 의해 그 법적 토대를 마련했고, 1991년 「환경정책기본법」을 거쳐, 1993년 「환경영향평가법」으로 체계화되었다. 유사한 영향평가제도의 통합조치에 따라 1999년 「환경·교통·재해 등에 관한 영향평가법」(이하 "법")으로 통합·운영되고 있다.

2. 평가과정

(1) 평가서 작성주체와 작성시기

환경영향평가서(環境影響評價書)는 사업계획을 수립하거나 사업을 시행하는 자가 작성하여야 한다(법 제5조). 평가서는 대상사업에 관한 실시계획 승인 등의 기본결정이 이루어지기 전에 작성, 협의되어야 한다.

그러나 현실적으로는 사업계획이 수립된 이후 평가서가 작성되고 있다. 이와 같이 개발사업계획이 수립된 이후에 평가서가 작성되는 경우에는 평가서 본래의 목적인 환경친화적 개발이 유도될 수 없다(김번웅·오영석, 2004: 386～387).

(2) 평가단계

환경영향평가는 확인, 예측, 평가의 3단계로 진행한다(정회성 · 변병설, 2003: 214～216).

확인단계(identification)는 현황에 대한 기초조사, 개발사업이 평가대상에 해당되는지 여부의 결정(screening), 개발사업으로 인한 중요 환경영향평가인자의 확인(scoping), 시공간적 범위 등의 설정이 포함된다.

일반적으로 토지이용계획가는 모든 개발제안들은 평가를 받아야 한다고 주장하나, 많은 나라들이 평가를 받아야 할 사업계획을 구체적으로 나열하는 경우가 보통이다. 우리나라에서 제시하고 있는 환경영향평가대상사업(環境影響評價對象事業)은 도시의 개발을 비롯하여 15개 분야의 사업들이다(법 제4조).

환경영향평가기법(環境影響評價技法)은 개별영향평가기법과 종합영향평가기법으로 구분할 수 있다. 개별영향평가기법(個別影響評價技法)은 계량적 모형기법(quantitative modelling), 최악상태 상정 기법(worst-case calculation), 실험기법(laboratory & field experimentation), 그리고 한계수준기법(quantitative & qualitative threshold)이 있다. 종합영향평가기법(綜合影響評價技法)은 특별분석기법(ad hoc method), 지도중첩기법(map overlay method), 점검표 기법(checklist method), 행렬식 기법(matrix method), 그리고 네트워크 기법(network method)으로 나눌 수 있다.

예측(prediction)과정은 파악된 각종 자료를 바탕으로 대기질 · 수질 · 소음 등 평가항목별로 세부평가내용 또는 주요 쟁점사항에 대한 지표나 수치로 변동사항을 예측 · 평가한다. 현행 환경영향평가항목(環境影響評價項目)은 3개 분야 23개 항목으로 구성되어 있다. 즉, 자연환경 5개, 생활환경 11개, 그리고 사회경제환경 7개 항목으로 평가하도록 했다. 그러나 이들 모든 항목을 일률적으로 평가하면 평가서 분량만 많고 실질적 내용이 부실화될 우려가 있어, 대상사업의 특성 · 입지여건 등을 고려하여 환경적으로 중요한 일부 항목을 집중평가하도록 하는 중점평가제도를 시행하고 있다(법 제9조).

3. 전략환경평가

(1) 의 의

① 개 념 전략환경평가(SEA: strategic environmental assessment)는 개별사업수준에서 나타나는 환경영향을 정책, 계획단계에서 검토하고 사전예방을

통해 환경과 개발이 조화를 이루는 지속가능한 개발을 유도하기 위한 수단이다. 이 제도는 개별사업수준에서 나타나는 환경영향을 정책, 계획수준에서 미리 단계적으로 검토하여 사전예방적 환경영향평가의 목적을 달성할 수 있게 한다. 또한 불필요한 사업별 환경영향평가를 방지하여 시간과 비용을 절약하고 효율적인 환경영향평가제도의 정착에 기여할 수 있다(정회성 · 변병설, 2003: 219~220).

② EIA와 SEA의 대비 계획과 정책작성에 환경영향평가(EIA: environmental import assessment)원리를 통합하는 것은 지속가능개발이 성취될 수 있는 근본수단으로 불리었다. 어쨌거나 EIA의 사업수준의 강조는 지속가능개발을 보장하는 능력을 제한한다. 유사하게 토지이용계획도 장기적인 지속성목표보다 개별사업에 초점을 두는 경향이 있다. 이에 따라 전략환경평가(戰略環境評價)가 도시지속성을 제고하기 위해 EIA와 종합계획을 통합하는 방법으로 등장하였다. SEA는 정책, 계획, 프로그램과 그들의 대안들의 환경적 영향을 고려한다 (Shepherd and Ortolano, 1996: 321).

프로젝트수준에서의 EIA는 환경의 질을 유지하고 지속가능개발을 제고하는데 불충분하다는 경험적 사례가 많다. 주요 사유는 EIA는 너무 늦게 시작하고, 너무 빨리 종료하며, 너무 장소특정적이다는 점이다(Shepherd and Ortolano, 1996: 322). SEA는 EIA의 약점을 여러 방법으로 극복할 수 있다(Shepherd and Ortolano, 1996: 322). 첫째, SEA는 프로젝트수준의 EIA보다 광범한 영향범위(누적적, 제2차적, 간접적 영향 같은 것들)를 고려한다. 둘째, SEA는 다층의 EIA를 사용한다. 고수준의 EIA(또는 SEA)는 저수준의 EIA보다 일반적인 문제를 다룰 수 있다. 셋째, SEA는 주요한 프로젝트수준의 결정이 이루어지기 전에 발생되기 때문에 기관들은 정책수준의 대안들과 프로그램수준의 경감조치를 고려할 수 있다. 마지막으로 SEA는 모든 결정작성에서 지속성원리를 통합할 수 있다.

(2) 대　상

전략환경평가의 대상은 개별사업수준의 허가 이전에 계획대상단계에서 사전평가가 필요한 정책과 계획, 프로그램 등이 포함된다. 이들 정책 · 계획 · 프로그램에는 특정 지리적 영역 내에서 다른 분야의 사업들을 촉진하거나 연계하는 지역개발계획, 개발의 형태나 그들의 환경적 결과에 영향을 주는 재정정책, 기술적 변경의 방향과 그 환경적 결과에 영향을 주는 R&D정책과 계획 등이 포함된다(정회성 · 변병설, 2003: 220).

(3) 평가방법과 절차

정책 · 계획 · 프로그램(PPP: policy, planning, program)에 대한 전략환경평가는 두 가지 방법으로 실시한다. 하나는 PPP를 수립하는 동안 또는 수립된 후 환경영향평가를 실행하는 방법인데, 개별사업에 대한 환경영향평가서와 같이 별도의 분리된 보고서를 작성하는 절차가 요구된다. 둘째는 사업계획수립시 추가적으로 환경성을 검토하는 것과 같은 방법으로 PPP를 수립하는 과정과 EIA절차를 통합하는 방법이다(정회성 · 변병설, 2003: 220∼221).

전략환경평가의 장점은 사업수준의 환경영향평가에서 제외되거나 무시된 대안의 고려를 사전에 검토할 수 있고, 실제적으로 환경영향평가를 거쳐야 할 사업들의 적절한 부지선정에 기여하게 된다. 또한 연구의 초기단계에서 자료수집 등 환경영향평가에서 요구되는 노력과 시간을 줄일 수 있고, 특정한 사업이 없는 정책들의 환경적 결과에 대한 평가를 가능하게 하는 장점이 있다(정회성 · 변병설, 2003: 223).

전략환경평가의 어려움은 우선 계획은 사업과는 달리 다른 지역에서의 수많은 잠재적인 개발과 관련되어 있기 때문에 광범위한 범위의 평가를 요구하는 종합적인 분석이 필요하다는 것이다. 또한 PPP에 포함된 사업들의 특성, 규모, 위치들이 명료하지 않아 계획의 영향을 평가하는 데 환경영향평가와 같은 정밀성을 기대하기 어렵다(정회성 · 변병설, 2003: 223).

4. 사전환경성검토제도

(1) 의　　의

환경영향평가제도는 대부분의 사업이 타당성조사와 병행하여 실시하지 아니하고 계획이 확정된 후 사업실시단계에서 주로 오염저감방안으로 검토하고 있어 입지의 타당성 등 근본적인 친환경적인 개발의 유도에 한계가 있다. 이에 따라 계획이 확정된 이후의 사업실시단계에서 환경영향평가시 사업의 취소 등 여러 사회문제와 경제적 손실을 초래하였다. 그리고 공공기관 뿐 아니라 민간이 시행하는 소규모개발사업에 대해서도 친환경적 개발을 할 필요가 있어서 사전환경성검토(事前環境性檢討)제도를 법제화하게 되었다(이하 정환용, 2006: 512).

사전환경성검토제도는 환경영향이 큰 사업에 대하여 입지선정 또는 계획수립단계에서부터 환경영향을 고려하도록 하기 위한 제도로서, 국가·지방자치단체·공공기관 등이 각종 개발예정지구지정·기본계획수립·실시계획승인과정에 있어서 미리 환경성을 고려하도록 함으로써 개발과 보전의 조화를 실현하도록 하여 환경적으로 건전하고 지속가능한 개발을 구현하는 것을 목적으로 한다.

사전환경성검토제도는 최초의 기본계획수립단계에서 시행되고, 주로 입지·규모·개발구상안의 적정성을 검토하여 최적의 대안을 강구하는 데 반하여, 환경영향평가제도는 기본계획이 확정된 후, 그 하위계획인 실시계획 단계에서 시행되고 주로 토지이용계획 및 사업시행에 따른 환경영향 및 저감대책을 강구하는 점에서 차이가 있다. 이 제도는 1999년 「환경정책기본법」을 개정하여 제도화하였고, 2002년 8월부터 본격적으로 시행해 오고 있다(김번웅·오영석, 2004: 391).

(2) 검토대상

사전환경성검토는 환경에 영향을 미치는 행정계획을 수립, 확정하거나 개발사업을 승인하고자 할 경우에는 당해 행정계획 및 개발사업을 확정, 승인하기 전에 환경부장관 또는 지방환경관서의 장과 미리 협의하도록 규정하고 있다.

검토대상은 「환경정책기본법」에서 제시하고 있는 대상, 관계개별법령과 「환경정책기본법」에 함께 제시하고 있는 대상, 그리고 관계개별법령의 검토대상으로 나눌 수 있다(이하 정환용, 2006: 512). 「환경정책기본법」에서 제시하고 있는 검토대상은 행정계획과 개발사업으로 세분할 수 있다(동법 제11조·시행령 제3조). 여기서 행정계획(行政計劃)은 농공단지지정·민간투자시설사업기본계획 등 10개 계획이며, 개발사업(開發事業)으로는 보존용도지역에서의 일정규모 이상의 개발사업으로 개발제한구역·생태보전지역 등 20개 사업이 해당된다(동법 시행령 제3조 제1항). 관련개별법령 및 「환경정책기본법」에 규정되어 있는 사전협의대상은 국토이용계획·택지개발예정지구지정·광역개발사업계획·산업단지지정 등 29개 행정계획이 대상이 된다. 그리고 관련법령에 의한 대상은 도시기본계획·도시개발구역지정, 그리고 개발제한구역의 지정 및 해제가 대상이다.

(3) 협의절차

사전협의를 요청하는 자(계획수립 및 승인자, 사업의 허가·인가·승인하는 자)가 중앙행정기관의 장인 경우는 환경부장관, 중앙행정기관 이외의 자는 지방환경관서의 장과 협의하도록 하고 있다(이하 정환용, 2006: 512～513). 사전협의를 요청하는 자는 환경에 영향을 미치는 행정계획을 수립·확정하거나 개발사업을 승인·인가·허가 등을 하고자 하는 경우에는 환경성검토서 등 관련서류를 구비하여 환경부장과 또는 지방환경부서의 장에게 협의요청을 한다. 협의요청을 받은 경우, 계획 또는 사업에 대한 환경성을 평가하여 30～40일 이내에 협의결과를 협의요청기관에 통보하도록 하고 있다.

제 3 절　관리정책

Ⅰ. 의　　의

1. 정책수립의 원칙

환경정책의 목표는 환경정책이 추구하는 바람직한 상태이다. 바람직한 상태는 쾌적한 환경의 조성과 이로 인한 생활의 질 향상이라고 할 수 있다. 이를 거시적인 시각에서 본다면, 인류의 생존터전인 지구환경을 보전하고 지속가능한 개발(sustainable development)을 보장하는 데 있다고 할 수 있다.

환경정책설정시 고려해야 할 기본원칙(基本原則)은 예방원칙, 오염자부담원칙, 협력원칙, 그리고 공동체부담원칙의 4가지이다(김적교, 1996: 459～460; 정선양, 2001: 132～168).

(1) 예방의 원칙

예방의 원칙(precautionary principle)은 환경오염의 발생을 사전에 회피하여 환경 및 자연적인 기초를 보호하고 소중히 하는 것을 기본목표로 삼고 있다. 이 원칙을 회피의 원칙 혹은 비후회의 원칙이라고도 한다. 이 원칙은 미래세대에게 오염되지 않은 환경을 물려줄 수 있다는 점에서 중요하다. 환경의 수용능력은 일정한 한계가 있어 이를 넘어서면 돌이킬 수 없는 불가역성(irreversibility)

의 특성을 가지고 있다. 예를 들면 특정한 생물종의 멸종은 다시금 복구되지 않는다. 이러한 불가역적 특성 때문에 환경에 부정적인 영향이 발생되기 이전에 이의 발생을 예방해야 한다.

예방(豫防)의 원칙(原則)은 생태적 관계에 대한 정확한 정보의 부족, 환경영향의 장기적 측면, 그리고 환경영향의 불가역적인 특성 등 때문에 중요한 의미를 갖는다. 환경정책의 추진에는 많은 정확한 정보를 바탕으로 추진해야 하나, 환경문제가 대단히 불확실하고 환경문제에 대한 전문가의 지식도 제한되어 있기 때문에 환경오염의 영향을 정확히 파악하기 어렵고, 환경정책의 영향도 파악하기 어렵다. 따라서 환경문제의 발생 이전에 예방방안을 강구하는 것이 필요하다. 환경오염은 그 영향이 장기적이고 복합적인 특성을 가지고 있어, 이를 교정, 복구하는 데는 많은 비용을 부담해야 하기 때문에 사전예방이 중요하다.

예방의 측면은 위험제거 · 위험예방 · 미래준비의 3가지 측면을 포함한다. 위험(danger)은 직접적이고 확증할 수 있는, 구체적으로 예상 · 확신되는 단기적인 환경오염의 위험을 말한다. 인간의 행동이 환경오염을 야기시킬 것이 분명하게 예상될 때에는 정부가 직접적이고 구체적인 수단으로 이를 예방하기 위한 규제가 정당성을 확보하게 된다. 위험예방(risk prevention)은 미래에 발생예상되는 잠재적 환경폐해에 대한 발생을 예방하는 노력이다. 이를 위해서는 전문적 지식과 기술이 요구되고, 장기적인 계획과 기술개발을 통해 이에 대처하게 된다. 미래준비는 미래에 대비하고 예방하기 위해 환경친화적인 기술개발 및 활용을 촉진하기 위한 정책을 강구하는 것을 말한다.

(2) 오염자부담의 원칙

오염자부담원칙(polluter pays principle)은 공해를 유발한 사람이나 기업이 공해방지를 위한 비용을 부담해야 한다는 원칙으로 외부경제의 내부화를 통해 문제를 해결하려는 방법이다. 환경오염의 발생원인을 제공한 자는 기본적으로 이 환경오염의 복구비용을 부담하여야 한다는 것이다. 이에 따라 이를 원인제공자 원칙이라고도 할 수 있다. 「환경정책기본법」에도, “자기의 행위 또는 사업활동으로 인하여 환경오염의 원인을 야기한 자는 그 오염의 방지와 오염된 환경의 회복 및 피해구제에 소요되는 비용을 부담함을 원칙으로 한다”(제7조)라고 오염자부담의 원칙을 명시하고 있다.

오염자부담(汚染者負擔)의 원칙을 실무에 적용하는 데는 상당한 어려움이 따른다.

첫째, 일반적으로 환경문제는 환경오염을 발생시킨 오염자를 정확하게 규명하기 어려운 경우가 많다.

둘째, 다수의 잠정적인 원인제공자가 있는 경우에는 그 폐해에 대한 보상의무를 원인제공의 규모에 따라 공정하게 배분하기 어렵다.

셋째, 환경문제는 시·공간적으로 전이가 가능하기 때문에 오염자부담의 원칙을 적용하기 어려운 경우가 있다.

넷째, 이 원칙은 경제력이 작은 일반가계에는 상대적으로 과중한 부담이 되기 때문에 적용하기 어렵다.

다섯째, 기업에게 부담금을 귀속시키는 것은 기업의 경쟁력을 약화시키고 일자리의 감소를 초래할 수 있다.

여섯째, 이 원칙을 실행하기 위해서는 오염자의 색출, 오염자 간 보상의무배분 등을 위해 시간과 비용이 요구되어, 시급한 환경위험을 제거하는 데는 한계가 있다.

(3) 협력의 원칙

협력(協力)의 원칙(原則)은 환경문제를 해결하는 데는 환경문제를 유발시킨 모든 관계자들이 공동의 책임을 지고 협동하여 문제를 해결하여야 함을 의미한다. 이 원칙은 환경문제의 해결을 위한 정부와 사회와의 관계를 다룬다. 이 원칙은 사회의 관련기관들과 공동으로 환경정책을 추진하면 환경정책목표를 보다 쉽고 효율적으로 달성할 수 있다는 점에서 중요하다.

협력의 원칙에 의한 환경정책수단들은 환경규제수단이나 다른 경제적 수단에 대한 대안으로 충분히 활용할 수 있다. 협력의 원칙은 강제적인 것이 아닌 자발적인 것으로 다른 정책수단의 보완적 수단이다.

이 원칙은 환경정책의 의사결정자는 환경에 직간접적 관계를 맺고 있는 관련자들의 직접적인 참여를 통하여 환경정책을 적절하게 추진할 수 있으며, 일반시민들의 환경의식을 강화할 수 있고, 기업의 입장에서는 다른 정책에 비해 신축적인 정책이라는 장점이 있다. 그러나 단점으로는 환경문제해결을 위해 협력에 참여하는 이외의 기업들이 무임승차라는 경우에는 목표를 달성하기 어렵고, 협력에 참여하는 사람들의 담합에 의해 오히려 환경폐해를 가중시킬 위험이 도사리고 있다.

(4) 공동체부담의 원칙

공동체부담원칙(共同體負擔原則)은 환경오염에 대한 비용은 누가 얼마만큼의 오염을 발생시켰는가를 정확히 파악하기 어렵기 때문에 환경보전의 비용은 국가가 부담해야 한다는 원칙이다. 이 원칙은 특정한 예외적 상황에서 정부나 공공단체들이 환경문제를 해결하기 위한 비용을 부담하는 것을 의미한다. 이는 일반시민들의 세금에 의해 문제를 해결하기 때문에 공동부담의 원칙이라고도 불린다.

공동부담원칙의 특별한 사례로 수익자부담의 원칙을 들 수 있다. 수익자부담원칙(user pays principle)은 환경정책수단의 수혜자들이 환경의 원상복구비용을 부담하는 것을 말한다. 이 원칙은 특정환경시설의 설치, 운영, 관리와 관련된 경우가 많기 때문에 이용자부담의 원칙이라고도 부를 수 있다. 이 원칙은 환경오염의 피해자가 가해자에게 환경오염을 줄이는 비용을 지불한다는 점에서 사회적으로 불평등한 측면을 가지고 있다. 이는 오염자부담의 원칙과 배치된다. 아울러 이 원칙은 환경시설에 대한 비용부담이 사용자들의 환경시설의 활용정도에 따라 공정하게 배분되지 않는 경우에는 적용하기 어려운 면이 있다.

2. 접근전략

환경적으로 지속가능한 도시개발은 적절한 정책전략을 통해서 달성될 수 있다. 성공적인 지속가능개발정책의 개발과 집행에 중요한 성공요인들은 하드웨어, 사회적, 조직적, 생태적, 그리고 재정적 장치로 나누어 고찰할 수 있다(Nijkamp, 1996: 274～278).

하드웨어(hardware)는 오염·폐기물·하수 특히 교통망에 대한 기술개발과 관련되는 것이다. 지속가능개발을 위해서는 양질의 주택제공과 함께 교육·보건·복지 등과 같은 기본적 하부구조의 제공이 중요하다. 도시오염통제, 적절한 폐기물처리공장, 공업오염통제장치, 환경생물기술, 그리고 청정에너지기술과 같은 필요한 기술적 장치와 관련된 현대기술의 개발이 중요하다.

사회적 장치(socioware)는 삶의 질이 퇴락에 대해 효과적으로 대처할 수 있는 지역사회중심의 사회-의료 관련 도시지지체계(예를 들면 지역사회조직·NGO·비영리재단)에의 접근이 용이하도록 하는 것이 요구된다. 사회적 측면의 요인들은 민간 또는 반민간부문의 선도에 기반을 두는 경우가 많다. 사회적 측면의 필수조건은 적절한 환경교육의 제공, 환경인식의 제고, 환경 캠페인의 개발, 그리고 환경통제망의 설계 등을 들 수 있다.

조직적 장치(orgware)는 도시환경의 질을 제고하기 위한 목적의 상이한 기관들 간의 충분한 협력과 조정이 이루어 질 수 있는 효율적인 행정체계의 개발과 관계된다. 참여적 서비스 공급체계, 자립적 지역사회 기반의 사업계획, 민관협력 개발계획 등은 이러한 의미에서 매우 중요하다.

생태적 장치(ecoware)는 환경적 이익의 충분한 인식과 도시개발계획에서 적정한 환경적 이익을 보장하는 법률적, 제도적 체계의 존재를 의미한다. 특히 모니터링 체계와 배출기록과정의 개발은 특히 관심을 둘 만하다. 물리적 계획도 중요한데, 도시지역에서의 환경피해와 혐오의 많은 부분은 잘못 설계된 공간계획과 불필요한 공간유동을 야기하는 낡은 도시하부구조에서 연유하기 때문이다.

재정장치(finware)는 도시개발과 환경사업의 집행을 위해 필요한 재정자원의 창출과 관계된다. 이는 부족한 재정자원의 (양적) 규모 뿐만 아니라 이들 자원을 다양한 재원과 결정수준에 배분하는 데 있어서의 제도적 적합성과도 관계된다.

도시환경악화에 대한 대처방안은 이의 기본적 원인과 비용-효과 접근에 초점을 두고, 대중지지와 참여 · 관리개선 · 정책개입개선 · 지식격차의 축소의 노력들에 따라 차이가 있다(Bartone, et al., 1994: 41).

Ⅱ. 규제적 도구

환경문제에 대처하기 위한 해결방안은 전통적 방법과 경제적 방법으로 구분할 수 있다. 전자는 환경목표를 기준으로 변환하여 이를 명령과 통제를 통해 집행하는 전통적 방법이며, 후자는 배분적 효율성과 비용-효과에 대한 경제적 모형과 기준을 사용하는 시장접근방법이다(Callan and Thomas, 1996: 105). 여기서는 환경정책도구를 규제적 도구와 경제적 도구로 나누어서 검토하기로 한다.

1. 의　　의

환경규제(環境規制)는 정부의 명령 혹은 금지형태의 정책수단으로, 생산자와 기타 환경에 폐해를 주는 경제주체들에게 주어지는 환경관련행위에 대한 직접적인 처방을 통해 환경정책적 목표를 달성할 수 있다. 환경규제는 가장 고전적인 환경정책수단이며 아직도 중요한 환경정책수단이 되고 있다(정선양, 2001: 175).

규제적 도구(regulatory instruments)는 개인과 기업의 행태나 성과를 규제에 의해 바람직하고, 규정된 환경질 목표나 성과를 달성할 목적인 법적, 강제적인 명령과 통제의 도구이다. 이의 실제적 결과는 법·허가·인가·규제·행정지침·명령·행동규범의 형태로 나타난다(Seik, 1996: 5～6).

2. 종　　류

환경기준(environmental standards)은 건강과 안전을 위해 환경이 가져야 할 최소한의 수준을 말한다. 환경기준은 정부가 환경의 질을 어느 수준까지 유지하기 위한 목표로서 사용가능하다. 이는 환경정책의 근본적인 기반이다. 환경기준(環境基準)이 환경법에 의해 설정된다면, 기술기반기준이나 성과기반기준에 의해 명시된다(Callan and Thomas, 1996: 108).

기술기반기준(technology-based standards)은 모든 규제대상의 오염원에서 사용해야 할 경감통제의 유형을 명시한다. 기술기준(technology standards)은 오염을 일으키는 행위자에게 특정한 기술이나 장비 또는 원료만을 사용하도록 요구하는 것이다. 기술기준에는 특정 제품의 규격과 설계(설계기준), 제조 및 오염처리방법(공학기준), 허가와 훈련, 보고와 기장(記帳) 등도 포함시킬 수 있다(오호성, 2002: 287). 기술수준을 통한 규제는 처방적인 성격을 가진 것으로 특정수준의 오염물질배출량을 요구하지 않는 소극적인 방법이다. 이 방법의 장점은 규제기관이 집행하기 쉽다는 점이나, 기술적으로 복잡하고 대규모 오염행위의 경우에는 적용하는 데 한계가 있다(오호성, 2002: 287～288).

성과기반기준(performance-based standards)은 모든 규제오염행위자들이 달성해야 할 배출의 한계를 명시하지만, 이러한 한계를 달성하는 데 사용해야 할 기술은 명시하지 않는다. 성과기준은 오염원으로부터 배출되는 오염물질의 최대허용수준을 설정하는 배출허용기준으로 수질오염에 관한 생물화학적 산소요구량 기준 등과 같이 피규제자가 달성해야 할 목표만을 설정하고 그 달성방법은 기업이나 개인에게 일임하는 기준이다(문태훈, 1999: 136).

3. 효　　과

환경규제의 효과는 미시적 측면과 거시적 측면으로 검토할 수 있다(이정전, 2001: 160~164). 미시적 측면은 환경오염규제는 기업의 입지를 제한하고, 이는 생산성의 저해를 가져온다. 환경규제의 국민경제적 효과는 비교적 경미하나, 특정산업들과 특정지역들은 상당한 영향을 받는다.

Ⅲ. 경제적 도구

1. 의　　의

경제적 도구(economic instruments)는 시장기반도구로, 환경적으로 보다 바람직한 상황이 되도록 의사결정과 행태에 영향을 줄 목적으로 비용과 혜택에 영향을 주어 환경적 외부성을 내재화하는 목적이 있다(Seik, 1996: 6). 이러한 경제적 유인제도는 경제적 동기를 이용하여 간접적으로 환경오염행위를 통제하는 간접개입방법이다(이정전, 2001: 145). 배출한계와 산출제약의 전통적인 사용과는 대비되게, 시장접근은 오염행위자들이 그들의 유해한 배출을 줄이도록 가격을 사용하거나 기타 경제적인 유인책을 제공한다(Callan and Thomas, 1996: 128). 경제적 유인제도는 오염자의 자율적이고 신축적인 대응을 유도할 수 있다는 특성을 가질 수 있다는 점에서 적용의 가치가 있다.

환경관리의 가장 기본적인 수단이 되는 금지·제한 등 직접규제수단과 함께 경제적 유인제도는 직접규제의 보완적 또는 대체적 수단으로서 간접규제의 성격을 가지며 양 제도가 적절히 조화를 이루어 추진될 경우 효과적인 환경관리정책 구현이 가능하게 된다. 환경과 경제정책의 통합수단은 다양한 사전예방적 환경정책수단의 개발·시행에서 정책통합의 목표가 있으며 그 중에서도 오염자부담원칙을 근간으로 하는 경제적 유인정책이 정책통합의 근간을 이루고 있다.

2. 이　　론

경제적으로는 환경오염문제란 환경이라는 자원 즉 환경재를 어떤 특정 오염물질배출의 매체로 과도하게 이용한 결과, 그 환경재의 다른 용도에 현저한 지장을 초래함으로 인해 발생한 문제이다. 다른 용도에 현저한 지장을 줄 때에는 응분의 대가를 치르는 것이 시장의 논리이다. 환경재에 대해서는 시장이 형성되어 있지 않기 때문에 공권력에 의거하여 그 지장(피해)에 상응하는 만큼 환경재 이용에 대가를 치르게 함으로써, 환언하면 환경재에 인위적으로 적정가격을 설정함으로써 환경재의 남용을 막을 필요가 있다(이정전, 2001: 166).

이와 같이 환경재에 적정가격을 설정하는 것은 환경재의 사회적 적정이용을 유도함으로써 사회적 적정환경오염수준을 달성하며 시장기수의 자원배분기능을 보완함으로써 환경재를 포함한 모든 자원의 효율적 이용을 달성하려는 취지를 갖는다. 피구(A. Pigou)가 이러한 취지의 부과금을 제안하여 배출부과금(排出賦課金)을 피구세라고 부른다. 피구(Pigou)세란 재화나 서비스를 생산할 때 외부비용이 발생한다면 외부비용에 해당하는 금액을 생산자에게 과세하여 문제를 해결하는 것을 말한다. 이를 학자에 따라서는 오염부과금(pollution charge), 공해요금(pollution fee), 또는 배출부과금(effluent charge)이라고 부른다(이정전, 2001: 167).

경제적 유인제도의 효율성(效率性)은 정태적인 관점과 동태적인 관점에서 찾을 수 있으며 정태적 관점에서의 효율성은 오염원으로 하여금 자신에게 가장 효율적인 오염억제방식을 선택할 수 있도록 유도할 수 있다는 데에서 찾을 수 있다. 즉 직접규제와는 달리 정책당국이 개별오염원의 구체적인 생산함수를 모르더라도 최적의 배출수준을 유도할 수 있어 행정비용이 적게 든다. 동태적 관점에서의 효율성은 정책이 목표로 하는 오염수준에 도달한 이후에도 오염원으로 하여금 오염방지비용을 낮추기 위한 계속적인 기술개발의 동기를 부여할 수 있다는 데에 있다.

3. 구 분

경제적 도구는 다양한 방법으로 사용되고 있으나, 주로 배출부과금 · 보조금 · 예치금환불체계, 그리고 배출권거래체계가 많이 사용되고 있다(Callan and Thomas, 1996: 129～154; 김홍균, 1995: 7～14; 이정전, 2001: 165～215).

(1) 오염부과금

오염부과금(pollution charge)은 오염물질을 배출한 대가로 지불하는 비용이다. 즉 부과금(賦課金)은 환경자원의 이용에 따른 사회적 비용을 오염물질 배출자의 의사결정과정에 내재화시킴으로써 환경자원의 남용을 억제하는 데 그 목적이 있다(김홍균, 1995: 7).

이러한 가격도구들은 광범하게 적용할 수 있기 때문에 다양한 방법으로 시행되고 있다. 그 중에서, 배출부과금(emission charges, effluent charge)은 오염방출에 대해 직접적으로 평가된 것이고, 제품부과금(product charges)은 오염발생상품에 부과하는 것이며, 사용자부담금(user charges)은 자연자원의 사용자에 부과하는 것이고, 행정부담금(administrative charges)은 위험화학물의 등록과 같은 서비스들에 부과한다(Callan and Thomas, 1996: 130). 실제로 사용되는 오염부담금의 유형은 환경문제에 따라 다르다. 예를 들면, 배출금은 소음이나 수질오염의 통제에 주로 사용되고 있는 반면에, 사용자 부담금은 하수처리와 쓰레기처리의 통제에 주로 사용된다(Callan and Thomas, 1996: 131).

우리나라에서는「자원의 절약과 재활용촉진에 관한 법률」의 규정에 따라 재활용이 어려운 폐기물의 제조 및 수입업에 부과하는 폐기물부담금(제12조), 재활용을 촉진하기 위해 부과하는 재활용부과금(제19조) 등이 시행되고 있다.

이 제도는 환경목표를 최소의 비용으로 달성하게 하며, 장기적으로 환경개선기술개발을 촉진하고, 규제당국은 부과금징수로 재정수입을 얻을 수 있다는 장점(長點)이 있다. 그러나 단점(短點)으론 부과금산정 및 징수에 많은 행정력이 소요되며 이의 징수는 기업체에 큰 경제적 부담이 된다는 점 등이 지적되고 있다(이정전, 2001: 179～180).

(2) 보 조 금

보조금(subsidies)은 오염수준의 저감 또는 장래의 개발계획을 위해 보상되는 재정적 지원의 형태이다. 이 제도는 오염저감활동을 제고하기 위한 장려책으로, 오염활동에 불이익을 주는 부담금과는 대조적이다(Callan and Thomas, 1996: 131).

(3) 예치금환불제도

예치금환불제도(deposit-refund system)는 제품판매시에 일정액의 예치금을 미리 받았다가 폐품을 반납하거나 또는 환경오염이 일어나지 않도록 적절히 처리했을 경우 예치금을 되돌려주는 제도이다(오호성, 2002: 310). 이 제도에서 예치는 환경에 대한 잠재적 위험에 대해 지불하기 위한 것이고, 후에 잠재적 오염자가 일정한 긍정적인 행동을 수행했을 때 반환해 주는 제도이다(Callan and

Thomas, 1996: 131).

미국에서는 병·타이어·납 배터리 등의 회수를 위해, 스웨덴과 노르웨이에서는 부적절한 폐차의 처리에 이 제도를 각각 사용하고 있다(Callan and Thomas, 1996: 149).

(4) 배출권거래제도

배출권거래(tradable pollution permit) 혹은 환경면허(environment licence or environment certification)제도는 기술개발에 의하든 또는 생산감축에 의하든 간에 오염원자가 자발적 노력에 의해서 오염물질배출량을 법이 정한 한도 이하로 줄인다면 이 줄인 부분에 대한 권리를 인정해 주어서, 오염배출량을 줄인 사람이 원하면 언제든지 종전과 같이 법정한도까지 오염물질을 다시 배출할 수도 있고, 그렇지 않으면 그가 줄인 만큼을 다른 사람에게 영도할 수 있음을 의미한다. 다시 말하면 다른 사람이 오염물질을 더 많이 배출할 수 있도록 이 권리를 다른 사람에게 대여하거나 팔 수도 있게 허용하는 것이다. 결국 오염물질을 배출할 권리 즉 배출권이 금전적 거래의 대상이 된다(이정전, 2001: 204).

원래 배출권거래제도(排出權去來制度)는 직접규제의 경직성을 보완하는 데서 출발하였다. 직접규제제도의 경직성과 관련하여 배출원별 또는 공정별 기술규제가 기업에 경제적 부담을 주고, 직접규제가 지역경제 특히 환경오염이 법정한계에 이른 지역에서의 기업의 경제활동을 과도하게 위축시키게 된다. 여기서 첫 번째 문제를 해결하기 위해 미국에서 공포한 것이 기포정책(bubble policy)이고, 두 번째가 상쇄정책(offset policy)이다(이정전, 2001: 205~207). 기포정책(氣泡政策)은 오염물질의 공간적 영향범위를 하나의 물방울(기포)로 보고, 이 거품 내에서 한 배출원이 오염물질의 배출량을 증가시키고자 할 때에는 반드시 그 증가분이 다른 배출원의 오염물질배출량의 감소로 상쇄될 수 있을 때만 이를 허용함으로써 거품 안에서 배출되는 오염물질의 총량을 일정수준 이하로 유지하려는 정책을 말한다. 상쇄정책(相殺政策)이란 환경오염의 정도가 어떤 상한선에 이른 오염지역에 새로운 기업 또는 공장이 진입하려 하거나 또는 기존기업이나 공장이 사업을 확장하려 할 때 이 진입이나 확장에 따른 오염물질배출량 증가가 기존 오염원의 배출량 감소와 상쇄될 때에만 진입이나 확장을 허용하는 정책을 말한다(이정전, 2001: 206).

배출권거래제도는 부과금 요율을 정부가 정하지 않고 시장기구에 의해서 결정되도록 자율화된 배출부과금제도라 할 수 있다. 따라서 이 제도는 배출부과금제도보다 더 적은 정보와 자료로 배출부과금과 같은 효과 즉 최소의 비용으로 환경목표를 달성하고 또한 환경오염방지기구의 발달을 촉진할 수 있다. 아울러 이 제도는 경제환경의 변화에 쉽게 적응할 수 있다는 장점을 가진다. 지속적인 경제성장에 따른 환경보전을 위해서는 꾸준히 배출허용기준을 강화할 수 있고, 신규업체에 대해 보다 엄격한 배출허용기준을 마련할 수 있다. 단점으로는 배출권이 거래되는 시장이 독점적 요소를 내포할 가능성이 있다. 이 제도가 제대로 운영되기 위해서는 누구도 독점적 지위를 가져서는 안 되고 신규기업의 시장진입에 장애가 있어서는 안 된다.

제 4 절 갈등관리

Ⅰ. 의 의

1. 개 념

(1) 정 의

환경갈등(environmental conflicts)이란 환경을 매개로 또는 환경문제를 둘러싸고 벌어지는 갈등이다. 환경갈등(環境葛藤)들은 보통 대규모이고 복합적이다. 그것들은 많은 이해당사자들과 관련되고, 그들은 관련 정치적 및 경제적 자원에의 접근태도는 물론 위험 · 시각범위 · 가치의 인식에 이르기까지 서로간에 근본적으로 다를 수 있다.

환경갈등들은 규제기구들, 원근의 당사자들, 개인들과 집단들, 그리고 장래의 이해당사자들을 포함한 복합적 체계와 관련된다. 여기에 불완전하게 이해되고 있는 비인간적 자연체계와도 관련된다. 인간과 비인간의 유무생물의 이해당사자들의 많은 수와 다양성 때문에 환경갈등들은 특정한 지위와 이익을 위한 적정한 대변인을 누가 확인할 수 있는가에 대한 분쟁도 나타난다(Opotow and Weiss, 2000: 476～477).

(2) 발　　달

역사적으로 환경갈등은 3개의 연속적인 단계로 진행되고 왔고, 이는 각 갈등유형은 상이한 관리전략을 요구한다(Glasbergen, 1995: 3～4).

첫 번째의 환경갈등은 자연환경이 권력행사 또는 권력기반의 확장을 위한 수단으로 사용됨에 따라 나타난 갈등이다. 권력은 자연자원의 소유에서 발생되고, 따라서 자연자원의 이용을 위해 전쟁이 발발하였고, 자연자원의 개발(exploitation)은 문명의 몰락을 가져올 수 있다. 식민전쟁에서 자원이 중요한 역할을 했고, 걸프전쟁(Gulf War)은 최근의 사례였다. 정부는 종종 자원의 착취자 역할을 하지만, 어떤 때는 불이익에 대한 보호역할도 한다. 그러나 갈등은 자연자원의 통제에 따른 경제적 이해관계와 관련되어 나타난다.

제2단계의 환경갈등은 19세기 후반에 자연보전에 관심을 가진 시기부터 발달했다. 이 유형의 갈등은 1960년대의 환경주의(environmentalism)의 발흥과 함께 확산되었다. 자연환경의 질에 대한 관심은 이 유형의 갈등을 촉진하는 결과를 가져왔다. 이러한 유형의 갈등을 님비(NIMBY)현상으로 분류하기도 한다. 현대의 계산에 밝은 사람의 출현과 함께하는 이 유형의 갈등은 공업화사회의 혜택을 확보하지만 비용을 부담하려 하지 않는다. 이들 '계몽' 시민들('enlightened' citizen)은 그들의 직접적인 환경의 훼손이나 그들 소유가치의 하락에는 비용을 지불하려 하지 않는다. 때문에 환경정책은 자연환경에 대한 사회적 행동의 부정적 영향의 통제에 초점을 둔다. 일반적으로 제2단계 환경갈등은 소규모이며 지방적인 규모의 경향을 가진 고립된 분쟁이다. 이들 분쟁들은 사적 이익 때문에 발생한다. 하부구조투자자들의 이익은 이들 사업의 인근지역주민의 반대에 직면한다. 지방주민들은 그들의 주거환경의 질에 관심을 갖는다. 정부는 주로 이러한 분쟁에 관여한다. 이러한 님비형 갈등 이외에 정부는 환경가치(environmental values)를 공공목표(public goals)로 변환하는 이해의 시각을 확장하는 경향도 나타난다. 따라서 제2단계 환경갈등에서는 환경문제에 대한 대중의 관심 제고에 기여해오고 있다. 점진적으로 이러한 인식들은 자연환경의 질의 보전에 대한 보다 극적이며 보다 근원적인 조치에 대한 지지로 발전한다. 지속가능개발의 개념 도입은 이러한 경향이다.

제3단계의 환경갈등은 지속가능개발을 작업적 정책(operational policy)으로 변환하려는 시도와 연관된다. 이 유형의 갈등은 사회에 대한 미래지향적 사고에 기반하고 있다. 이 단계의 갈등은 자연자원은 현세대처럼 미래세대에도 같은 기회를 제공해야 한다는 문명, 자연존경, 그리고 신념을 바탕으로 하고 있다. 이 단계에서 나타나는 사회논쟁은 앞 단계에 비해 덜 고립되고 덜 특수하다. 즉 제3단계 갈등은 공공분쟁(public disputes)으로, 직접적으로 관련되는 사람에만 국한되는 것은 아니다.

2. 갈등유형과 발생원인

(1) 갈등유형

환경분쟁(環境紛爭)은 일정지역에서 현재 및 미래에 걸쳐 인간의 환경권을 침해하거나 자연환경을 파괴하는 사태에 직면하여 일어나는 당사자 간 또는 관련 집단 간의 다툼이 합의에 이르지 못한 상태를 말한다(정회성・변병설, 2003: 293).

환경분쟁은 분쟁의 당사자・주체・성격・추구이익・해당 환경문제의 특성에 따라 다양한 양상을 띤다(정회성・변병설, 2003: 298~300). 분쟁의 당사자(當事者)를 중심으로 민간당사자 간의 분쟁인 사법상 분쟁과 공공부문 즉 정부나 지방자치단체가 개입된 공법상의 분쟁으로 나눌 수 있다. 주체별(主體別)로는 중앙정부와 지방자치단체 간, 자치단체 상호간(광역-기초, 광역-광역, 기초-기초). 자치단체와 주민 간, 중앙정부와 지역주민 간의 갈등으로 구분할 수 있다. 쟁의성격(爭議性格)에 따라 지방자치단체 상호간의 권한의 존부 및 범위에 관한 권한분쟁(법적 분쟁), 지방자치단체가 상호이익을 추구하는 과정에서 발생하는 이익분쟁으로도 나눌 수 있다. 분쟁이 추구하는 이익(利益)의 성격에 따라 적극적인 이익을 추구하는 유치분쟁(PIMFY: Please In My Front Yard), 소극적으로 불이익을 회피하려는 기피분쟁(NIMBY: Not In My Back Yard)으로 나눌 수 있다. 분쟁의 대상(對象)이 되는 환경문제의 성격에 따라 수자원의 보전과 이용에 관한 문제, 혐오시설의 입지와 관리에 관한 문제, 자연보전지역의 지정과 관리에 관한 문제, 대기환경 및 소음진동과 관련된 문제 등으로 나눌 수 있다.

(2) 발생원인

환경갈등의 원인분석(原因分析)은 다양하게 이루어져 왔다. 그 중 가장 일반적인 견해가 환경갈등이 환경오염 내지 파괴를 둘러싼 각 주체들의 입장 차이에서 기인한다고 보는 것이다. 갈등주체의 입장차이는 경제적 이해관계와 이데올로기적 차이에서 발생한다(김경호, 외 2인: 2004: 6).

환경갈등은 ① 경쟁적 정책과 가치에 부여된 적절한 비중에 대한 불일치, ② 시설설치나 개발에서 파생되는 비용과 편익의 새로운 분포에 대한 불일치, ③ 환경·건강적 위해로부터의 적절한 보호수준에 대한 불일치, ④ 토지 등 고정자원의 사용에 대한 불일치의 4가지 원인에 의해 발생한다(정회성·변병설, 2003: 293~294).

정부 간 환경분쟁발생의 가장 큰 요인은 개발이나 환경사업의 시행에 따른 비용과 편익이 지역적으로 일치하지 않는 데 있다. 정부 간 환경분쟁의 발생은 상이한 행정구역, 인허가 및 승인과정의 중복과 불명확성, 관련업무에 대한 협의와 협력의 부족 등 행정·제도적 요인도 내재되어 있다(정회성·변병설, 2003: 296).

정부와 주민 간 환경분쟁은 공공목적의 시설이 특정지역에 입지하는 경우 개인이나 지역에 직접적인 재산상의 피해나 환경오염 등 불이익을 초래함으로써 발생한다. 시설입지로 인한 환경오염이나 건강상 위해·지역경관의 훼손·지역이미지의 훼손으로 인한 지가하락 등으로 경제적 손실이 분쟁의 원인이 된다. 정부-주민 간 환경분쟁은 이해당사자와 주민의 참여부족·행정의 민주성과 투명성의 결여·정당한 의사결정절차의 소홀 등 정치적 요인에도 기인한다(정회성·변병설, 2003: 297).

Ⅱ. 갈등해소제도

1. 합의형성

전통적 의사결정과정이 일방적인 결정 후 시행방식으로 이해당사자나 관련자들이 참여할 기회를 상실하여 갈등을 야기하게 되었다. 그러나 민주화·자치화·정보화되고 사회가 다원화·복잡화됨에 따라 참여적·협력적 의사결정에 대한 관심이 증가되기 시작했고, 이러한 맥락을 배경으로 합의형성접근이 출현하게 되었다.

합의형성(consensus building)은 동의를 찾아가는 과정으로 갈등해결의 접근방법의 하나이다. 합의형성은 의견 또는 입장이 다른 이해당사자들이 다양한 교섭 · 대화 · 조정과정을 거쳐 하나의 결론에 도달하며, 그에 대하여 상호 동의하는 것으로 정의할 수 있다(김선희, 2006: 101～102).

합의형성(合意形成)은 다양한 가치와 입장을 정책에 포함시켜 정책의 질을 개선할 수 있고, 갈등을 최소화하여 비용과 시간을 절약할 수 있고, 정책결정의 투명성과 책임성이 증대되고, 참여민주주의를 정착화할 수 있는 등의 효과를 가져올 수 있다(김선희, 2006: 104～105). 합의를 바탕으로 한 접근의 기존의 정책결정방법보다 이해관계 및 참여구조의 수준이 높아 좀더 창조적이고 좀더 광범위한 지지를 받을 수 있다(김선희, 2006: 102).

2. 대안적 분쟁해결

(1) 의 의

환경갈등의 경우 갈등당사자 간의 직접협상을 통해 해결책을 이끌어 내기는 어려운 경우가 많다. 이 경우 갈등해결을 위한 제3자의 개입이 필요하다. 법치주의가 확립된 사회에서 갈등은 소송을 통해 사법적으로 해결될 수 있다. 그러나 사법적 해결방안은 해결안이 확정적이라는 점에서는 이점이 있지만, 비용과 시간이 많이 소요되고, 전부 아니면 전무의 결과를 가져온다. 그리고 법제도에 대한 사회적 신뢰가 결여되어 있는 사회에서는 법원의 결정을 집행하는 데 어려움이 있다. 이러한 가운데 갈등해결과 관련하여 최근에 등장하는 개념이 대안적 분쟁해결이다(김경호, 외 2인: 2004: 11).

대안적 분쟁해결(ADR: alternative dispute resolution)은 소송을 통한 사법적 해결에 대한 대안으로 중립적인 제3자를 개입시켜 갈등당사자 간의 합의를 도출하는 방식을 취한다. 이 방식은 소송절차에 의한 판결에 의하지 않고 분쟁을 해결하는 방식이다. 여기서 대안적(alternative)이란 공적(public)인 의미와 반대되는 사적(private)이라는 의미와, 강제적인 것에 대신하는 자율적(voluntary)라는 의미를 지니는 말이다. 이 해결방식은 사법제도의 대체수단은 아니지만 사법제도에 비해 대립적인 요소보다 협력적인 요소를 강조한다. 대안적 수단들은 기존의 분쟁해결수단과 병행하여 혹은 그 전후에 연계하여 사용할 수 있다(김경호, 외 2인: 2004: 12).

(2) 종　　류

대안적 분쟁해결방식은 크게 협상(negotiation), 조정(mediation), 중재(arbitration) 등으로 구분된다(김경호 외 2인: 2004: 13～14).

협상(協商)은 서로 다른 의견과 입장을 지닌 당사자들이 제3자의 개입 없이 대화함으로써 갈등 혹은 분쟁을 해결하는 방식이다. 조정(調整)은 갈등당사자들이 합의에 이르기 어렵거나 불가능한 상황에 있을 때 중립적인 제3자가 이들의 의사소통을 도와 갈등을 해결하는 과정이다. 중재(仲裁)도 조정과 같지만, 차이점은 후자가 해결에 대한 결정권을 가지고 있는 데 비해, 전자는 조언자적 역할을 하게 된다.

3. 환경분쟁조정제도

(1) 정부-정부 간 조정제도

정부-정부 간 환경분쟁조정방식에는 당사자의 협의에 의해 해결하는 절차와 제3자의 개입으로 조정하는 제도가 있다(정회성・변병설, 2003: 552).

당사자 간 해결방식으로「지방자치법」에서는 상호협력(제 139조)과 사무위탁(제141조), 행정협의회(제142조), 지방자치단체조합(제149조) 등의 제도활용을 제시하고 있다. 지방자치단체조합 또는 그 장은 소관사무의 일부를 다른 자치단체 또는 그 장에게 위탁하여 처리할 수 있다. 지방자치단체는 2개 이상의 지방자치단체에 관련된 사무의 일부를 공동으로 처리하기 위하여 관계 지방자치단체 간의 행정협의회를 구성할 수 있다. 행정협의회(行政協議會)는 광역자치단체 간 행정협의회와 기초자치단체 간 행정협의회의 두 가지 유형으로 구분할 수 있다. 지방자치단체조합(地方自治團體組合)은 2개 이상의 지방자치단체가 하나 또는 둘 이상의 사무를 공동으로 처리할 필요가 있을 때 당해 지방의회의 의결과 상급기관의 승인을 얻어 설립한다.

지역 간 환경분쟁은 상위행정조직의 장이나 사법적 절차에 의해 조정될 수도 있다. 상위행정조직의 장 및 지방자치단체분쟁조정위원회 그리고 법원과 헌법재판소 등 사법기관 등은 제3자적 입장에서 지역 간 환경분쟁을 조정할 수 있다.

(2) 정부-민간 간 조정제도

정부와 주민 간 분쟁해결을 위한 방안에서는 당사자 간 합의에 의한 직접적인 해결방식과 토지수용위원회 · 환경분쟁조정위원회 등 준사법적 기관과 법원 등 사법기관의 활용이 있다(정회성 · 변병설, 2003: 553).

이해당사자 간의 합의유도를 위한 주민참여제도는「국토의 계획 및 이용에 관한 법률」에 의한 공청회 · 공람 · 주민참여,「환경 · 교통 · 재해 등에 관한 영향평가법」에 의한 설명회 · 공청회 등이 있으며, 공공사업에 대한 재산손실보상을 통한 분쟁조정제도로 보상제도가 있다. 제3자 또는 사법기관에 의한 분쟁조정제도로는 행정심판 · 민사소송 · 행정소송 · 이의신청 · 청원 등이 각 개별법에 의해 규정되어 있다.

참고문헌

김경호 · 이창훈 · 신창현, (2004), 환경분야갈등유형 및 해결방안연구, KEI WO-02, 서울: KEI.

김번웅 · 오영석, (2004),「환경행정학」(서울: 대영문화사).

김선희, (2006), "환경갈등관리특성 및 합의형성수준분석," 환경정책, 14; 1(2006. 6): 99～124.

김적교, (1996),「경제정책론」(서울: 박영사).

김홍균, (1995), 경제적 유인제도의 개선방향, 서울: 한국환경기술개발원.

나태준 · 박재희, (2004), 갈등해결의 제도적 접근: 현행 갈등관련 제도분석 및 대안, 서울: 한국행정연구원.

문태훈, (1999),「환경정책론」(서울: 형설).

오호성, (2002),「환경경제학」(서울: 법문사).

이정전, (2001),「환경경제학」(서울: 박영사).

정선양, (2001),「환경정책론」(서울: 박영사).

정환용, (2006),「도시계획학원론」(서울: 박영사).

정회성 · 변병설, (2003),「환경정책의 이해」(서울: 박영사).

천대윤, (2005),「갈등관리와 협상전략론」(서울: 선학사).

Barton, H., (1996), "Planning for sustainable development," Greed, Clara, (ed.), *Investigating Town Planning*(Essax: Longman), 115～134.

Bartone, C., Bernstein, J., Leitmann, J., and Eigen J., (1994), *Toward Environmental Strategies for Cities*, Urban Management Programme Policy Paper 18(Washington, D. C.: World Bank).

Blowers, A., (1993), "The time for change, Blowers," A., (ed.), *Planning for a Susainable Environment*(London: Earthscan), 1～18.

______, (1997), "Environmental policy: Ecological modernisation or the risk society?," *Urban Studies*, 34; 5/6: 845～871.

______, (1999), "Society and sustainability," Blowers, A. and Evans, B., (eds.), *Town Planning into the 21st Century*(London: Routledge), 153～167.

Bryant, R. and Wilson, G., (1998), "Rethinking environmental management," *Progress in Human Geography*, 22; 3(1998): 321～343.

Buckingham-Hatfield, S. and Evans, B., (1996), "Achieving sustainability through environmental planning," Buckingham-Hatfield, S. and Evans, B., (eds.), *Environmental Planning and Sustainability*(Chichester: John Wiley & Sons), 1～18.

Callan, S. and Thomas, J., (1996), *Environmental Economics and Management*(Chicago: Irwin).

Fabrick, M. and O'Rourke, J., (1982), *Environmental Planning for Design and Construction*(N. Y.: John Wiley & Sons).

Finco, A. and Nijkamp, P., (2001), "Pathways to urban sustainability," *Journal of Environmental Policy & Planning*, 3(2001), 289～302.

Glasbergen, P., (1995), "Environmental dispute resolution as a management issue," Glasbergen, P., (ed.), *Managing Environmental Disputes*(Dordrecht: Kluwer Academic Publishers), 1～17.

Levy, J., (1997), *Contemporary Urban Planning*(N. J.: Prentice Hall).

McAllister, D., (1982), *Evaluation in Environmental Planning*(Cambridge: The MIT Press).

Nijkamp, P., (1996), "Improving urban environmental quality," Pernia, E., (ed.), *Urban Poverty in Asia*(Oxford: Oxford Univ. Press), 241～292.

Opotow, S., and Weiss, L., (2000), "Denial and the process of moral exclusion in environmental conflict," *Journal of Social Issues*, 56; 3(2000): 475～490.

Randolph, J., (2004), *Environmental Land Use Planning and Management*(Washington, D. C.: Island Press).

Roseland, M., (2000), "Sustainable community development: integrating environmental, economic, and social objectives," *Progress in Planning*, 54(2000): 73～132.

Seik, F., (1996), "Urban environmental policy-the use of regulatory and economic instruments in singapore," *Habitat International*, 20; 1(1996): 5～22.

Selman, P., (2000), *Environmental Planning*(London: Sage).

Shepherd, A. and Ortolano, L., (1996), "Strategic environmental assessment for sustainable urban development," *Environ Impact Assess Review*, 16(1996): 321～335.

Willson, J. Tabas, P. and Henneman, M., (1979), *Comprehensive Planning and the Environment*(Mass.: Abt Books).

Wood, C., (1988), "EIA in plan making," Wathern, P., (ed.), *Environmental Impact Assessment*(London: Unwin), 98～114.

제 3 편
성장과 개발관리

제 9 장　성장관리

제10장　개발관리

제 9 장

성장관리

제 1 절 개 요

Ⅰ. 의 의

1. 개 념

(1) 정 의

성장관리(growth management)는 개발의 양(amount)·시기(timing)·위치(location), 그리고 특성(character)에 대한 규제라고 정의할 수 있다(Chinitz, 1990: 6; Levy, 1997: 240; OECD, 1983: 13). 이는 개발과 보전, 다양한 개발형태와 하부구조의 동반제공, 성장에 의해 창출되는 공공서비스에 대한 수요와 그 수요에 따른 재원의 공급, 진보와 형평 간의 균형을 추구한다(Chinitz, 1990: 6).

일반적으로 성장관리(成長管理)는 성장을 억제하거나 정지시키는 정책 뿐 아니라 성장을 제고시키는 전략도 포함한다. 성장관리를 자연체계와 개발 간의 균형을 이루려는 노력으로 포괄적으로 정의할 수도 있다.

(2) 관련용어와의 대비

(가) 성장통제와 성장관리

성장관리(成長管理)가 지닌 본래적 의미는 성장통제(成長統制)와 구별된다. 성장관리는 시장요인을 저해하거나 개발수요를 일방적으로 억제함이 아니라 정책목표에 따라 성장을 적정하게 관리함을 말한다. 농지 및 녹지 등 자연자원을 보존하고, 양질의 공공서비스수준을 유지하면서, 개발에 따른 사회적 비용은 원인자가 부담하도록 하는 등의 정책목표에 부합되도록 도시성장을 유도하는 일련의 수단을 지칭한다. 이와 같이 성장관리는 단위도시차원 이상의 광역적 사항도 고려하면서 개별도시의 도시성장을 바람직한 방향으로 유도하기 위한 수단을 총칭한다.

성장통제(growth control)는 시장에서 달성할 수 있는 수준 이하로 인구성장·주택건축·경제성장이 이루어지게 하기 위해 설계된 것이다. 성장관리(growth management)는 환경보호·바람직한 공동체속성의 보전·질서와 책임 있는 개발의 보장을 위해, 성장을 감소시키기보다는 방향을 조정하는 방안을 모색한다(Feiock, 1994).

(나) 성장견제와 성장관리

도시성장견제정책(urban containment policies)은 도시평면확산을 감소시키고 농지를 보전하기 위한 정책으로 출현하였다. 이들 정책들은 핵심공공시설들이나 도시개발이 도시성장경계(urban growth boundary), 도시한계선(urban limit line), 도시서비스경계(urban service boundary)와 같이 잘 정의된 도시경계 이상의 확장을 제한하기 위해 설계되었다. 도시주변의 개방공간(open space)의 지정은 간접적인 도시성장견제경계(urban containment boundary)이다(Dawkins and Nelson, 2002: 1).

도시확장견제(都市擴張牽制)는 지역사회, 지역, 또는 국가의 합리적 개발수요에 대처하기 위해, 공공재를 보존하며 재정부담을 최소화하고 토지이용 간의 부정적인 상호작용을 최소화하지만, 긍정적인 것은 극대화하고 성장혜택의 배분을 개선하고 삶의 질을 제고하는 방식으로 제안된 정책이다. 도시확장견제는 성장의 율·시기·강도·혼합, 그리고 입지에 영향을 주게 될 공공하부구조투자, 토지이용 및 개발규제, 그리고 유인 및 억제책의 개발에 의해 이들 목표를 달성하기 위한 목적이다(Nelson, et al., 2004: 423). 도시성장경계프로그램은 시장지향적인 개발에 안주하는 대신에, 환경적으로 건전하고 재정적으로 효율적이며 사회적으로 공정한 결과를 산출할 수 있도록 개발을 순화하는 것을 추구한다. 도시성장견제정책은 집행을 강조하는 점에서 기존의 계획과 구별된다(Nelson, et al., 2004: 424). 도시성장견제정책의 광범한 형태가 성장관리(成長管理)이다(Nelson, et al., 2004: 424).

2. 목　　적

성장관리는 성장의 영향을 수용하기 위해 합리적으로 계획을 할 필요에 초점을 둔다. 성장관리는 종합적인 개념으로 성장의 물리적 영향 뿐 아니라 경제와 사회적 영향도 고려한다. 성공적인 성장관리는 지방정부 간(수평적 일치성) 그리고 지역과 지방정부 간(수직적 일치성)에 조화가 요구된다(DeGrove and Metzger, 1995: 165).

성장관리(成長管理)는 두 가지의 추세에 의해 새롭게 등장한 개념이다(Levy, 1997: 59～60; Chinitz, 1990: 3).

> 첫째, 인구성장과 도심에서 교외로의 인구이동현상에 대해 많은 지역사회에서는 위험을 느끼게 되었고 이를 예방하거나 억제할 수단을 개발할 필요성을 느꼈다.
>
> 둘째, 성장은 인구와 경제적 번영의 증가이고, 이는 주택 · 작업공간 · 서비스시설 · 도로 · 학교 등에 대한 보다 높은 수요를 창출하고 토지와 자연자원의 개척으로 유도된다. 따라서 관리되지 않은 성장은 경제활동 · 생활수준을 지탱하는 자연의 능력을 고갈시키고, 이는 환경문제를 야기하게 된다.

지금까지 도시성장은 경제적 혜택의 근원이며 보다 많은 고용기회를 제공하기 때문에 환영했지만, 교통혼잡 · 대기오염 · 공간녹지감소 · 추가적 하부구조 구축을 위한 재정지출 · 주택부족 등의 문제를 야기하게 된다는 점을 인식하게 되었다. 때문에 이를 통제하기 위한 정책이 필요하게 되었다. 도시성장관리정책은 도시성장에 따른 부정적 영향에 대처하기 위한 노력이지만, 보다 구체적으로 도시정부가 다음의 목표(目標)를 달성하기 위해 성장관리정책을 채택하고 있다(Nelson, et al., 2004: 424～425; Downs, 1994: 33).

① 청정한 공기와 물 그리고 의미 있는 경관과 같은 공공재의 보존　　특정자원은 모두가 이용가능하기에 누구도 제외할 수 없고 한 사람을 더 추가한다 해도 다른 사람들이 그것의 향유를 빼앗을 수 없다. 그렇지만, 오염된 대기는 이를 향유하는 사람들을 빼앗는다. 공공재의 제공을 높이지 않는다면 도시확장견제는 계속되어야 한다.

② 부정적 외부성의 최소화　　특정한 토지이용은 새로운 지역사회개발을 위해 계획된 지역인근의 쓰레기 매립장처럼 다른 곳에 부정적인 영향을 준다.

부정적인 토지이용영향을 예방하지 않는다면 도시확장견제는 최소화되어야 한다.

③ **공공재정비용의 최소화**　　도시확장견제는 성장의 혜택이 공공시설과 서비스제공에 최소비용을 확보할 수 있도록 하는 방안을 추구해야 한다.

④ **사회적 형평의 극대화**　　도시확장견제는 소규모지역 내의 직업과 주택 간의 균형을 극대화하고, 직장·쇼핑·서비스·위락에의 평등한 접근성을 제공하며, 근린 내의 생활주기에 따른 주택기회를 확장하고, 근린 내의 사회경제적 균형을 제공한다.

⑤ **삶의 질의 제고**　　최종적으로, 도시확장견제는 삶의 질을 고양하는 것이다. 삶의 질의 구성요소는 주택과 근린의 만족, 범죄와 자연 및 인조재앙으로부터의 안전, 그리고 주택과 입지선택에서의 신축성을 포함한다.

Ⅱ. 도시평면확산

1. 의　　의

도시의 외연적 확산을 평면확산(sprawl)이라 한다. 평면확산은 인구를 중심에서 외곽으로 극적으로 이동시키는 결과를 가져온다. 도시평면확산(urban sprawl)은 도시의 과도한 공간적 성장을 의미한다. 여기서 핵심은 과도라는 말이다. 도시는 증가되는 인구를 수용하기 위해 공간적으로 성장해야 하지만, 문제는 너무 많은 공간성장이 발생된다는 것이다(Brueckner, 2000: 161).

도시평면확산(都市平面擴散)은 비계획적·비통제적·비조화적인 단일목적개발로서, 주변지역의 토지이용과 기능적으로 관련되지 않은 용도로 개발된 결과로 나타난다. 이의 특징은 ① 저밀도개발, ② 토지이용의 분리, ③ 개구리 뜀뛰기식 개발, ④ 띠모양의 소매업중심 개발, ⑤ 자동차 의존적 개발, ⑥ 도심의 희생을 바탕으로 하는 변두리 개발, ⑦ 고용분산, ⑧ 농업용지와 개방공간의 상실, 그리고 ⑨ 분절된 정부책임과 감시 중에 하나 또는 그 이상의 요소를 포함하는 것을 말한다(Anthony, 2004: 380; Carruthers and Ulfarsson, 2002: 314; Downs, 2000: 107; Lopez and Hynes, 2003: 326～327).

2. 원 인

도시평면확산은 다양한 원인(原因)들의 복합적인 관계에 의해 발생되지만, 이를 다음 몇 가지로 요약하여 검토할 수 있다.

(1) 경제적 개발

도시가 공간적으로 성장하기 위해서는 개발업자들이 농업적 이용자들로부터 추가적인 토지를 사용할 수 있어야 한다. 개발업자들에 의한 성공적인 개발은 경제적 기여가 큰 것을 반영한 것으로, 이는 농업용지보다 도시용지가 더 가치가 있음을 의미한다. 이러한 의미에서 토지변환(land conversion)은 자원의 최대최고이용을 지향하는, 경제적으로 보이지 않는 손에 의해 인도되어 나타난 결과이다(Brueckner, 2000: 162).

(2) 소득상승

도시의 거주자들은 그들이 부유해짐에 따라 보다 넓은 공간을 요구하게 되었고, 때문에 소득상승은 도시성장에 영향을 미친다. 공간에 대한 보다 많은 수요는 주거규모의 증대로 나타나 공간적으로 확장된다. 이 효과는 그들의 보다 큰 주택소비를 주택이 저렴한 입지, 즉 교외에서 살고자 하는 주거민들의 욕구에 의해 영향을 받는다.

(3) 도심쇠퇴

도심과 오래된 근린지역의 퇴락과 방기는 변두리의 확산을 필연적으로 동행한다. 보다 빈곤한 주민들은 보다 낙후된 하부구조와 보다 낮은 조세기반을 물려받고, 그들은 자신도 모르게 새로운 개발에서 요구되는 하부구조를 제공하는 정책을 지원한다. 교외의 경제적 건강은 도심지역의 경제적 여건과 직결되어 있다(Judd and Swanstrom, 2002: 316～317).

(4) 교통발달

고속도로나 기타 교통하부구조에 대한 투자는 교통을 보다 빠르고 편리하게 만들기 때문에 통근비를 줄일 수 있고, 소비자들은 보다 적은 교통비를 지불하고 교외에서 저렴한 주택을 향유할 수 있다. 결과적으로 교외입지는 교통비의 하락에 따라 매력이 증가되고, 이는 교외화와 도시공간성장으로 인도된다

(Brueckner, 2000: 162).

(5) 직장의 교외화

직장교외화(job suburbanization)도 도시가 공간적으로 성장해옴에 따라 발생되고 있다. 이러한 직장의 교외로의 이전은 기업들의 교통지향의 변화에 그 일부의 원인이 있었다. 기업들의 산출물을 중심에 위치한 철도역이나 항구시설을 통해 하역하는 것보다 화물차교통에의 의존이 많아지고, 때문에 보다 고속도로 접근이 용이한 교외입지를 선호하게 되었다. 어쨌거나 직장은 사람을 따르게 된다. 환언하면, 일자리의 교외화는 인구의 교외화에 대한 반응의 일부라고 할 수 있다(Brueckner, 2000: 163).

평면확산은 공장이 위치하기에는 너무 과밀한 지역을 벗어나서 양호한 교통시설과 접근성이 용이한 지역을 선호하는 제조업공장들의 분산된 입지에서 찾을 수 있다. 자동차는 저렴하지는 않지만 용이한 통근을 허용하기 때문에 주거지의 평면확산을 허용하는 조건을 이룬다(Goodall, 1972: 187).

(6) 개발의 용이성

도시에 근접한 지역은 이용가능한 토지면적이 소규모이고, 획득에 높은 비용이 요구되며, 종종 부적합한 구조물이 존재하는 경우도 있기 때문에, 신개발에서는 이러한 문제를 우회하는 경우가 많다(Goodall, 1972: 187).

개발은 가장 쉽고 경제적으로 이용가능한 토지에 집중된다. 부지특성은 개발비용에 영향을 미치고, 때문에 개발에 장애가 있는 토지를 피하게 된다. 자연적 여건이 양호한 지역은 농업에 가치 있는 토지를 만들고, 이는 도시용도도 가치있게 만든다. 때문에 교외개발이 우량농지에 집중된다(Goodall, 1972: 188).

(7) 모험적 투자

도시변두리의 개발은 투기적 모험이 작용하기도 한다. 토지소유자들은 장래 수요에 대해 다양한 기대를 하게 된다. 그들은 자기 토지에 대해 다른 어떤 개발업자보다 높은 주관적 평가를 하게 되고 개발수익을 위해 개발을 미룬다. 때문에 개발업자들은 해당 토지를 우회하게 되어 개구리 뜀뛰기식의 개발이 결과적으로 나타나게 된다. 도시지역의 성장률이 높으면 높을수록, 교외주택시장에서 개발하는 개발업자들은 많아질 것이고, 단절되고 임의로 입지한 사업의 수가 증가하게 되는 결과를 가져온다(Goodall, 1972: 188).

모든 토지소유자들은 가격이나 지대의 극대화를 위해 기존 교통시설과 도시서비스들의 접근상 이점을 향유하기 위해 기존건축지에 인접한 부지에서의 개발을 먼저 하는 것이 기대된다. 어쨌거나 교외개발은 부지특성의 가변성, 개인적 선호의 불확실성하에서, 구매자와 개발업자들이 완전한 정보가 없는 상태에서 개발이 이루어지기 때문에 외연확장은 보다 분산되어 외형적으로는 개구리 뜀뛰기식의 개발이 된다(Goodall, 1972: 188).

(8) 공공서비스의 확창

정부와 공공기관은 경쟁지역의 상대적 매력성의 불균형화를 통해 외연팽창에 영향을 준다. 만일 정부가 자동차교통통제를 위해 도로주행료보다는 도시주차료에 중점을 둔다면 장거리 교통에는 큰 영향을 주지 않기 때문에 보다 먼 지역까지의 통근이 가능하도록 만든다. 공공서비스의 확장은 특정 교외부분의 개발을 촉진하게 된다(Goodall, 1972: 189).

3. 문 제 점

도시평면확산은 사회·경제·환경적인 다양한 결과를 가져온다. 평면확장개발은 비효율적·비효과적인 하부구조와 서비스에 대한 수요를 제고함으로써 자원낭비를 가져온다. 그리고 도시평면확산은 교통시간과 거리를 증가시킨다. 그것은 대중교통의 타당성을 감소시키고, 때문에 독립적인 교통수단에의 의존도를 증가시킨다. 이러한 자동차과잉은 공해·혼잡·소외·희귀에너지자원의 사용을 증가시킨다. 또한 사람들은 이러한 도시질병에서 탈피하고자 도시를 버리고, 때문에 지가를 낮추고 지방세기반을 감소시킨다. 아울러 평면확산은 준도시토지가의 상승을 초래하고, 이는 농지를 도시용지로 바꾸는 것을 촉진한다. 높은 교통비와 지가는 개발비용의 상승을 초래한다.

평면확산에 의해 발생되는 비용(費用)은 다음과 같이 범주화하여 고찰할 수 있다(Anthony, 2004: 376; Carruthers, 2002: 1960; Judd and Swanstrom, 2002: 321; Goodall, 1972: 196～199; Rosenberg, 1999: 646～648; Nelson, et al., 2004: 424).

(1) 서비스와 자본개선을 위한 직접비용

서비스의 직접비용이 가장 쉽게 인지되는 평면확산의 비용이다. 여기에는 기존 공급시설들이나 수용력 이상으로 증가된 개발수요에 부응하기 위해 연장 또는 개선해야 하는 하수도·도로·하수처리·기타 하부구조를 포함한다. 과거의 완만한 성장과 관련한 비용은 합리적이었고 필요한 만큼 확장하는 데도 많은 비용이 소요되지 않았지만, 제어되지 않은 성장은 비용을 급격하게 상승시킨다.

(2) 계량화가 곤란한 비용과 비배제 쾌적성

도시정부가 성장을 수용하기 위해 부담해야 할 직접자본투자와 더불어, 지역사회는 일반 대중이 사용하는 물리적 자원과 하부구조자원에 대한 간접적인 개발영향과 관련된 비용을 부담해야 한다. 소멸되는 농지·습지·개방공간과 공원지역들은 전체 지역사회의 부담이다. 이러한 비용들은 계량화하기 어렵지만, 이들 자원들은 성장에 의해 직접적으로 영향을 받고, 주변 공동체에 심각한 자원비용을 부과할 것이다.

(3) 제2차 비용과 관련 영향

평면확산은 물적 경관을 바꾸는 것 뿐 아니라 지역사회의 사회·경제적 패턴에 영향을 준다. 교외화는 교통거리를 증가시키고, 도심에서의 경제적 투자를 줄이게 만든다. 이러한 영향은 ① 도심의 퇴락과 이들 지역에서의 삶의 질의 유지를 위해 필요한 재투자 또는 보조, ② 대기질 문제와 관련된 호흡기 질병에 대한 건강관리를 위해 필요한 투자, ③ 교통거리증가를 상쇄하는 대중교통에 대한 투자의 필요성과 같은 제2차 비용을 만들어 낸다. 교외지역에 거주하는 사람은 교통지체와 길어진 통근에 의해 상실된 생산성을 포함한 구체적인 사회비용과 삶의 질 비용을 부담하게 만든다.

Ⅲ. 관리정책의 발달

도시평면확산의 문제점을 인식하고, 이에 대처할 효과적인 성장관리정책을 먼저 모색한 나라가 미국이다.

미국의 성장관리프로그램은 4개의 파고를 통해 변화·발전하고 있다(Weitz, 1999: 268～269).

1. 제1파고

첫 번째 단계는 최초의 성장관리정책을 시행한 하와이에서의 1961년의 「토지이용법」을 기점으로 1976년에 소멸된 소위 조용한 혁명(quite revolution)이라고 부르는 시기이다.

1960년대 초부터 미국의 많은 도시와 군(county)에서 성정관리규제를 채택하기 시작했다(Anthony, 2004: 377). 하와이(Hawaii)는 1961년에 「토지이용법」(Land Use Law)을 채택하여, 주 토지이용위원회(State Land Use Commission)가 주 전체의 신개발의 입지 · 이용 · 시기를 결정할 수 있는 권한을 부여했다. 때문에 하와이의 토지이용법을 최초의 주 전체에 걸친 성장관리입법으로 간주하고 있다(Anthony, 2004: 378).

대체로 1970년대 이전에는, 토지이용통제는 거의 지방적인 문제였다. 주(States)에서는 지방정부들이 일정한 계획이나 토지이용통제력을 갖도록 하거나 지방정부들이 경찰력하에 그러한 권력을 갖는 것으로 가정되었다. 이것이 1960년대 말에 조용한 혁명(quite revolution)과 함께 변화가 나타났다. 급속히 성장하는 주들이나 급격한 도시화를 경험하는 주들에서, 투표권자들은 도시개발의 시기 · 속도 · 형태를 적절히 관리하기 위한 지방정부의 능력에 대해 관심을 표현했다. 무엇보다도, 그들이 선출한 공복과 정치인들은 도시평면확산과 관련한 환경파괴에 대해 관심을 가졌다. 1970년대 후반까지 9개 주에서 특정영역들이나 기능들[캘리포니아(California) · 매사추세츠(Massachusetts) · 뉴저지(New Jersey) · 뉴욕(New York) · 노스 캐롤리나(North Carolina)] 또는 전체로서 계획과 계획집행[플로리다(Florida) · 하와이(Hawaii) · 오레곤(Oregon) · 버몬트(Vermont)]을 위한 지방개발통제 의사결정에 있어 지방정부로부터 이격된 개발의사결정과 주(State)의 이익을 재구성하기 위해 노력하고 있다. 30여 개의 다른 주에서도 특정한 민감한 경관의 규제를 지방정부에서 주(State)기관으로 변경하는 작업을 했다. 이 시기를 성장관리 정책결정의 제1차 파고(first wave)라고 한다(Nelson and Moore, 1996: 241).

2. 제2파고

1970년대 말과 1980년대 초에는 여러 주(州) 정부에서 지역과 주 전체의 성장관리와 환경보호프로그램을 지원하였다. 1985년에 플로리다(Florida)에서 성장프로그램을 추진한 때를 기준으로 델라웨어(Delaware)와 메인(Maine), 로드 아일랜드(Rhode Island)와 버몬트(Vermont)에서 주 성장관리입법을 통과시킨 1988년까지의 시기를 두 번째 물결로 볼 수 있다.

1980년대 후반에는 개발의 경제 및 재정적 의미에 대한 주 수준의 이익이 발흥했다고 볼 수 있다. 일부 주들에서는 주(State) 수준에서 토지이용과 개발계획의 조정에 따른 경제적 및 재정적 이점을 인식하게 되었다. 이는 성장관리에서의 제2차 파고(second wave)를 일으켰다. 일부 주들(States)[제1차 파고의 주들이었던 플로리다(Florida)·버몬트(Vermont)]에서 지방토지이용계획에서 주(State)가 보다 큰 역할을 제공하도록 이전의 관련법들을 급격하게 재조정했다(Nelson and Moore, 1996: 241). 다른 주들에서는 토지이용계획과 집행의 지방통제요인들을 주 수준 기관들이나 조정과정으로 전환했는데, 이에 해당되는 주들은 조지아(Georgia)·메인(Maine)·메릴랜드(Maryland)·로드 아일랜드(Rhode Island)·워싱턴(Washington)이다. 이 제2파고는 보다 균형된 목적들을 갖는 것으로 특징지을 수 있는데, 환경보호뿐만 아니라 성장의 효율적 수용에 대해서도 관심을 가졌다(Nelson and Moore, 1996: 242).

3. 제3파고

제3파고는 조지아(Georgia)의 1989년 입법에서부터 1997년에 이르는 시기이다. 1980년대 말에서 1990년도 초에 들어 여러 주(States)에서 주 전체에 걸쳐 성장관리정책을 입법화하기에 이르렀다(Anthony, 2004: 382). 워싱턴(Washington)주에서는 「성장관리법」(Growth Management Act, 1990)에 의해서 도시성장경계요구(都市成長境界要求)를 수용하였다. 이러한 성장경계는 여러 주(States)에서 채택하고 있다(Daniels, 2001: 272～273).

4. 제4파고

제4의 흐름은 소위 스마트성장정책을 추진해 오는 1998년 이후부터 현재까지의 기간을 지칭한다. 2001년까지 적어도 11개 주에서 주 전체에 걸친 성장관리입법을 채택하고 있고, 다른 수 개 주(States)에서 준 주(Sub-State)적인 관리입법을 수용하고 있다(Carruthers, 2002: 1959). 미국에서 주(state) 전체에 걸치는 성장관리프로그램은 1961년 하와이(Hawaii)에서 시작하여 그 개념과 내용이 발달하고 있는데, 1998년 이후로는 '스마트성장 프로그램'(smart growth programs)이 많이 추진되고 있다(Weitz, 1999).

제 2 절 접근전략

평면확산에 대한 해결방안은 스마트성장, 신도시주의, 그리고 정부개혁의 3가지 시각에서 고찰할 수 있다(Judd and Swanstrom, 2002: 322).

Ⅰ. 스마트성장

1. 의 의

스마트성장(smart growth)이란 말이 미국에 처음에 등장한 것은 메릴랜드(Maryland)에서 「근린보전과 스마트성장법」(Neighborhood Conservation and Smart Growth Act, 1997)이 제정된 이후이다(Daniels, 2001: 274). 1999년에 미국정부는 도시평면확장에 대처하기 위해 연방정부가 재정지원하는 스마트성장제안(Smart Growth Initiative)을 발표했다(Anthony, 2004: 376).

스마트성장에 대해 오스틴시(Austin, Texas)에서는 "지역사회를 개선하고, 경제를 강화하며, 환경을 보호하는 도시와 교외성장의 재구성하는 노력"이라고 정의(定義)한다(Miller and Hoel, 2002: 4～5). 이의 목표(目標)는 대중들에게 다양한 교통과 주택선택기회를 제공하고, 지역사회를 매력 있게 하기 위해 녹지공간을 제공하고, 혼합용지개발을 사용하고, 도시 내부에 신건축을 하는 것과 같은 조화된 계획을 포함한다(Miller and Hoel, 2002: 5).

스마트성장은 보다 나은 토지이용과 교통계획으로 도시평면확산을 감소시킬 수 있어야 한다고 이의 옹호자들은 믿는다. 스마트성장은 평면확장에 대한 반응으로 등장했다(Miller and Hoel, 2002: 4). 스마트성장은 교외평면확장의 바람직하지 못한 효과를 변화시키기 위해 채택하는 정책이다(Downs, 2001: 20). 즉 스마트성장은 도시팽창에 따른 부정적 영향이 성장에 따른 혜택을 압도함에 따라 비용이 많이 들 뿐만 아니라, 삶의 질을 위태롭게 하기 때문에 나타난 것이다(Filion, 2003: 50～51).

스마트성장을 주장하는 사람들은, 성장은 일어나야만 하지만 이는 퇴락지역을 개선하고 환경질을 제고하며 에너지 소비를 낮추고 보다 양질의 교통체계의 이용과 개선된 도시설계, 새로운 도시하부구조의 비용과 수요의 평가, 농업·농촌·개방공간을 보전하는 균형된 성장(balanced growth)이나 질적 개발(quality development)이어야 한다고 주장한다(Judd and Swanstrom, 2002: 322). 스마트성장은 개발업자·환경주의자·공무원·시민·금융업자들이 모두 받아들일 수 있고 성장을 수용할 수 있는 공동기반에 대한 설계이며 접근이다. 스마트성장의 목적은 성장을 정지시키는 것이 아니라 지역사회를 통합하고, 환경을 보전하며, 경제적 활력을 제고하는 방법으로 성장을 수용하는 것이다.

2. 기본원칙

스마트성장은 현재의 저밀도, 경직되게 특화된 토지이용, 그리고 자동차의존적인 평면확산에 대한 반작용으로 등장했다. 따라서 스마트성장은 현재의 도시화패턴보다 압축적이며, 대중교통 및 보행친화적이고, 고품격의 도시생활을 유지할 수 있고, 환경폐해가 적으며, 도시하부구조에 대한 부담이 적은 도시화를 유도하기 위한 개념이다(Filion, 2003: 49～50).

ICMA(International City/County Management Association)에서 제시한 스마트성장의 기본원리는 다음과 같다(이상호, 2005: 4～5).

① 복합토지이용
② 압축건물설계의 이점이용
③ 주거기회 및 선택의 다양성 제공
④ 보행가능한 지역사회의 조성
⑤ 강한 장소성을 지닌 차별적이고 매력적인 지역사회의 육성
⑥ 개방공간·농지·자연미관·민감한 환경지역의 보존
⑦ 기존 지역사회의 강화 및 직접개발
⑧ 교통선택의 다양성 제공
⑨ 예측가능하고·공평하고·비용효과적인 개발결정
⑩ 개발결정에서 지역사회와 이해당사자 간의 협력촉진

3. 장애요인

스마트성장을 실제정책으로서 적용하는 데는 여러 문제점이 나타나고 있는데, 그 주요한 내용은 다음과 같이 요약할 수 있다(조철주, 2006: 48～50).

① **개발로 인한 편익과 비용의 재분배** 이 정책의 시행은 교외지역의 농지

소유자에게는 재산가치손실을 가져오는 반면에, 도심의 방치된 토지소유자들은 이익을 얻게 된다. 기존의 도시평면확산에 의해 혜택을 누리는 집단은 스마트성장정책에 반대하게 된다.

② **지방정부로부터 광역정부로의 권한이양** 미국의 경우 토지이용규제는 전통적으로 지방정부의 권한에 속한다. 그러나 스마트성장원칙을 실행하려면 광역적 접근이 요구되고, 이는 결과적으로 지방정부의 권한을 광역정부에 옮겨야 하는 문제를 가져오게 된다. 이에 따라 지방정부의 공무원들의 이해와는 상반되는 것이다.

③ **고밀도개발에 대한 반감** 미국인들은 교외지역의 저밀도 주택을 선호하는 경향이 있다. 때문에 고밀도의 압축개발을 추구하는 스마트성장정책을 쉽게 받아들이기 어렵다.

④ **주택가격의 상승** 이 정책이 지향하는 도심의 고밀도개발은 주택가격의 상승으로 연결되고 이는 서민주택난을 초래하게 된다. 그리고 교외지역에서는 양질의 녹지를 보존하려 하고, 이는 비록 밀도가 높아진다고 하더라도 주택가격의 상승을 가져온다.

⑤ **교통혼잡의 저감실패** 일반적으로 소득향상에 따라 자동차소유가 증가되고, 이는 교통혼잡으로 연결된다. 따라서 대중교통이용을 촉진하기 위한 스마트정책에도 불구하고 교통혼잡은 지속적으로 증가되는 경향이 있다.

⑥ **개발업자의 손실증가** 기존 도시의 내부재개발을 지향하는 스마트정책은 개발업자들에게 높은 비용을 유발하여 개발사업의 적자를 초래할 가능성이 높다. 개발업자에게는 교외의 나대지개발보다 도심재개발이 훨씬 부담이 되는 사업이다.

⑦ **농지소유자의 이익감소** 교외의 농지소유자에게 스마트성장은 농지가격의 하락을 의미한다.

⑧ **지역계획의 역할증대** 미국인 중 많은 사람들은 광역적 차원에서 단일의 종합적 계획을 통해 일괄적으로 토지를 규제하는 정책에 대해 비판적이다. 때문에 주정부 · 지역협의체 등 광역정부가 개발에 개입하는 것보다 개발업자 · 토지소유자 · 지방정부가 지방적 차원에서 상호작용을 통해 개발하는 전통적 개발을 선호한다.

Ⅱ. 신도시주의

1. 의 의

미국에서 신도시주의(new urbanism) 또는 신전통적 계획(neotraditional planning)이라고 불리우는 운동이 저밀도, 자동차의존적 토지개발에 대한 중요한 대안으로 등장하고 있다(Ellis, 2002: 261).

신도시주의자들(New Urbanists)은 지역토지이용계획과 같은 것으로 스마트성장원리를 지지하지만, 어떻게 설계와 건축이 지역사회를 재활성화하고 자동차의존성을 줄일 것인가에 초점을 두고 있다. 때문에 개별건축프로젝트들은 그들의 주변환경들과 이음새 없이 연결되어야 한다고 생각하며, 근린·지구·회랑의 경제적 건강과 조화적 진보는 설계규약(design codes)에 의해 개선될 수 있고, 도시건축과 대중모임장소는 지역사회의 일체성과 민주주의문화를 강화하는 중요한 장소로서 인식한다(Judd and Swanstrom, 2002: 322).

간략하게, 신도시주의는 미국의 도시가 자동차 의존적인 모습이 되기 이전인 도시개발패턴으로 돌아가야 한다는 계획 및 설계원리이다(이상호, 2005: 5).

2. 기본원칙

(1) 기본방향

1994년에 조직된 신도시주의회합(CNU: the Congress for the New Urbanism)의 창립헌장에서 중심도시에서 장소 없는 평면확산의 만연, 인종과 소득에 의한 증가되는 분리, 환경악화, 농지와 야성의 상실, 그리고 사회의 건축전통의 침식 등에서의 탈피를 선언했다. 물리적 해결책만으로는 사회 및 경제적 문제를 해결할 수 없음을 인식하면서, 신도시주의의 접근방법은 도시의 물리적 재설계로서 거의 전체적인 면을 지향한다.

이 모임에서 제시한 27개 원칙은 개발의 필수적 구성요소로서 근린·지구·회랑을 강조한다. 신도시주의자들의 주장은 '더 이상 주택분할이 없고, 더 이상 쇼핑센타가 없고, 더 이상 사무소공원이 없고, 더 이상 고속도로가 없도록 하며, 근린 이외에는 없다'라는 구호로서 정리할 수 있다(Judd and Swanstrom, 2002: 330).

신도시주의자들은 CNU헌장에 명료하게 기술된 명확한 원칙(原則)들을 기명했는데, 그 주요한 내용은 다음과 같이 요약할 수 있다(Ellis, 2002: 262; Judd and Swanstrom, 2002: 330).

① **압축개발** 농지와 환경적으로 민감한 지역을 보존하는 압축개발(compact development)이 되어야 한다. 이는 광대한 공간을 밀어서 세분할 · 쇼핑센타 · 사무소공원 등과 같은 단일용도에 의존하는 도시개발유형과는 정반대되는 것이다

② **다양성제고** 신도시주의자들은 비슷한 주택들의 단조로움으로 세분할된 개발에 대해 반대한다. 그들의 목표는 다양한 가족규모 · 문화 · 소득의 범위에 공여할 수 있는 근린주택의 융화점으로 개발하기 위해 주택유형 · 토지이용 · 건축밀도에 보다 큰 다양성을 갖는 살 만한 지역사회를 만드는 데 있다.

③ **친환경적 교통** 신도시주의자들은 쇼핑센터처럼 거대한 주차공간의 난립이 자동차의존도를 극대화하기 때문에 금지되어야 한다고 주장한다. 그들은 쇼핑센타에 대체하여 주거지에 인접한 도보거리 내에, 가로들과 광장들에 보행친화적 쇼핑지역을 건설하고자 한다. 그들은 모든 가로에 따라 자전거로와 보행로가 설치되도록 하고, 대중교통이 편리하도록 하는 아이디어를 진흥시킨다. 그리고 자동차 지배적인 풍경을 회피하기 위해 차고와 주차공간의 분별 있는 배치를 모색한다.

④ **지역사회 중심적 환경** 신도시주의자들은 자동차들이 현대생활의 현실이지만, 그것들은 도시지역들을 단절시키고 근린을 분리시키기 때문에, 근린 내에서는 가로를 줄이고 교통서클(traffic circles)을 만드는 것과 같은 교통진정화장치들에 의해 교통흐름을 완화하는 것을 바란다.

⑤ **개성 있는 도시건설** 확인할 수 있는 중심과 변경을 가진 잘 구조화된 도시, 지방역사와 지역특성을 존중하는 것을 보이는 건축설계, 잘 설계되고 적정한 장소에 위치한 공공건물과 대중모임장소, 응집력 있는 도시형태를 만들기 위한 건물과 가로 및 건물유형의 사용, 그리고 도심을 재활성화하는 충전개발(infill development)을 지향한다.

(2) 설계지침

교외의 퇴락을 극복하고 끊임없는 개발을 억제하기 위해서는 교외지역을

어떻게 설계해야 하는가? 뉴스위크(Newsweek)는 신도시주의의 교훈을 15개 항목으로 정리하였다(Judd and Swanstrom, 2002: 329～330).

① 넓은 잔디밭의 포기(도보 가능한 지역사회를 만드는 목표는 주택들이 넓은 대지로 확산될 때 실패한다)

② 모서리상점의 회복(많은 사람들의 도보거리 내에 생활의 필수품들의 일부가 제공가능해야 한다)

③ 가로폭의 축소(자동차의 속도를 줄이도록 강요한다)

④ 막힌 도로(cul-de-sac)의 포기(가로는 예측가능한 노선과 연결이 되어야 한다)

⑤ 경계의 획정(경계를 획정하기 전과 후를 상상해 보라)

⑥ 차고의 은폐(차고문의 퇴락된 모습)

⑦ 주거유형의 혼합(주요한 위락활동은 이웃과의 잡담이고…, 주택들이 보다 근접되게 한다)

⑧ 노변식수(도로의 녹음화)

⑨ 오래된 몰(malls)에 새 생명 주입(점유토지가 진정한 근린의 핵이 되도록 한다)

⑩ 대중교통을 위한 계획(자동차를 벗어나 버스나 기차를 이용하는 방법은 있는가?)

⑪ 직·주연결(회사들이 도심이 되기를 원하지 않는다면, 그들의 사무소들을 지역사회와 통합하여야 한다)

⑫ 도심조성(도시생활의 지리적 준거점 및 초점인 광장 또는 녹지)

⑬ 주차장축소(자동차를 위한 공간들이 조잡한 복사집 또는 피자가게 역할을 한다)

⑭ 조명절약(왜 보다 점잖은 빛을 내는 보다 작은 램프를 사용하지 않고, 별빛을 보도록 하지 않는가?)

⑮ 녹지대에 대한 사고(녹지대와 녹지대가 서로 연결되도록 한다).

Ⅲ. 관리체계개선

도시평면확산문제를 해결하는 세 번째 시각은 대도시관리체계의 개선에서 찾을 수 있다. 대도시개혁의 옹호자들은 대도시지역의 정부적 분절화(governmental fragmentation)의 제거에서 찾아왔다. 그들의 견해에 의하면, 지역정부(regional government) 없이 교외 또는 도심문제를 해결할 수 없다고 본다. 대도시정부의 대부분의 노력들은 실패했지만, 최근에 교외정부들 간의 협력에 의해 교외에의 서비스공급이 개선되고 있다(Judd and Swanstrom, 2002: 322).

도시성장관리체계(都市成長管理體系)란 도시성장의 율·양, 그리고 지리적 패턴에 통제 또는 영향을 주기 위해 설계된 것으로, 이는 공공부문에서 사용하는 법률·행정장치·계획접근·재정기법 등의 다양한 요소를 포함한다(Gleeson, et al., 1975: 1). 이러한 요소들은 통합된 체계는 아니지만 주어진 개발결정에 동시적으로 작동하므로 하나의 체계로서 이해하는 것이 바람직하다(Gleeson, et al., 1975: 1).

도시성장과 팽창의 영향에 대한 인식이 증대됨에 따라 관리활동이 각급 수준의 정부에서 증가되고 있다(Gleeson, et al., 1975: 1). 성장관리체계의 확립의 동인(動因)은 증대되는 공공서비스비용의 통제, 삶의 질의 제고, 물리환경의 보존 등의 이유를 들 수 있다(Gleeson, et al., 1975: 1).

제 3 절 관리기법

성장관리도구(成長管理道具)는 규제도구, 공공서비스사용, 지방정부의 수익원 확충, 그리고 정부지출의 4가지 범주로 구분할 수 있다(Smith, 1993: 47).

Ⅰ. 규제도구

규제는 성장관리목적을 달성하기 위해 지방정부에서 사용하는 경찰력의 일반적인 직접적용이다. 규제도구(regulatory tools)는 주로 지역제(zoning)이지만, 세분할규제(subdivision regulation), 그리고 환경법령(environmental codes) 등도 포함한다(Smith, 1993: 47).

1. 지 역 제

(1) 의 의

지역제(zoning)가 가장 지배적인 규제형태이다. 비록 지역제가 성장관리에 앞서서 사용되었지만, 이는 성장관리목적을 달성하기 위한 수단에도 포함된다.

지방정부에서 사용하는 지역제 관련조치는 다양한 목적(目的)을 가지고 있다. 지역제(地域制)의 전통적인 목적은 토지이용의 분리와 지역사회동질성을 유지하기 위한 보건·안전·복지에 대한 관심에 있다. 특정지역의 개발을 제한하고 다른 지역의 밀도를 증가시키고 혼합이용을 촉진시키며, 환경적으로 민감하고 농업적으로 생산적인 토지는 보호하는 등의 목적도 있다. 지역제는 지역사회의 성장을 중지하거나 제한하는 요구에 대한 수요를 충족시키는 것도 있다(Smith, 1993: 47～48).

지역제는 다양한 기법을 통해 개발밀도를 감소·증가·이양 등의 조치를 취한다. PUD는 단지의 설계에 있어 보다 큰 신축성을 부여하는 지역제의 기법이다(Smith, 1993: 47).

(2) 개발권양도제

(가) 의 의

개발권양도제(TDR: transfer of development right)는 개발권이양제라고도 불리는 제도로, 토지소유권으로부터 개발권을 분리하여 유통시키는 방법이다. 이 제도는 개발이 제한된 보전지역 내의 토지소유자에게 허가된 개발권을 개발이 가능한 다른 지역의 토지소유자에게 매각하여, 그 지역을 보다 고밀도로 개발될 수 있도록 하는 제도이다.

이 제도는 역사적 건조물이나 농지, 자연환경의 보전 등을 목적으로 개발을 제한하는 반대급부로써 지정용적과 실제로 이용하고 있는 용적과의 차이를 미사용의 개발권으로 보고 이것을 다른 대지에 이전하는 것을 인정하는 제도이다.

(나) 도 입

개발권양도제(開發權讓渡制)는 이론적으로 도시보전과 개발의 균형을 유지할 수 있는 효과적인 수단의 하나이다. 성장경계구역의 보조수단으로 이용되기도 하는 이 제도는 1968년 뉴욕시에서 처음으로 채택된 이후, 미국의 25개 주에서 운영되고 있다(김재익, 외, 2004: 85). 우리나라에서는 아직 사용되고 있지 않지만, 유력한 성장관리도구로서 도입이 검토되고 있다.

(다) 시행절차

개발권양도제는 다음의 절차를 통해 시행할 수 있다(이정전, 1997: 437～438; 김재익, 외, 2004: 84).

① 정부에서 계획구역을 설정하여 이 지역에 대해 종합토지이용계획을 작성한다. 이 계획에는 개발행위가 제한되는 보전지역(conservation zone)과 개발잠재력을 가지고 개발을 수용할 개발지역(transfer zone)으로 구분된 내용이 포함된다.

② 보전지역(保全地域) 안에서의 모든 개발행위를 억제하는 규제법안을 만들고, 이에 따라 소유토지의 개발권을 상실하는 토지소유자에게 개발지역 내 토지에 대한 개발권리를 부여하는 증서를 발급한다.

③ 개발지역에 대해서는 토지이용밀도에 대한 상한선을 설정한 후, 상한선 이상의 토지개발은 개발권을 가진 사람에게만 개발을 허용하도록 한다.

④ 개발지역에서 밀도상한선 이상의 개발을 원하는 사람은 보전지역 내 토지소유자들의 개발권증서를 매입하여 개발하도록 한다.

(라) 평 가

개발권양도제의 도입을 제약하는 요인은 거래시장의 침체, 개발권매매가격 형성의 어려움, 관련제도의 복잡성, 매입지역주민들의 저항, 사유재산제약에 대한 저항 등을 들 수 있다

이는 현실적으로 허가절차에 많은 시간과 비용이 소요되는 등 문제점이 있다(김재익, 외, 2004: 85).

(3) 계획단위개발

계획단위개발(PUD: Planned Unit Development)은 일단의 지구를 하나의 계획단위로 보아 그 지구의 특성에 맞는 설계기준을 개발자와 당국 간의 협상과정을 통해 능률적으로 책정·허용함으로써 개발과 보전을 조화시키는 제도이다(김기호, 2002: 423).

일반적으로 계획단위로 개발하려는 사업자는 개발계획안을 작성하고, 공청회나 개발영향평가조사 등 엄격한 과정을 거쳐 자치단체의 승인을 얻고 그 내용을 등기하게 되면, 그 지역 내에서의 종전의 지역제내용은 완전히 실효되고 새로운 개발계획이 대체되게 된다(김기호, 2002: 423).

이 제도는 창의적·신축적·경제적인 개발이 가능하다는 장점이 있지만, 단점으로는 시행과정에 많은 시간이 소요되지만 협상의 결과가 항상 친환경적인 내용으로의 개발이 보장되는 것이 아닌 점 등의 단점이 있다(김기호, 2002: 426~427).

2. 세분할규제

세분할규제(subdivision regulation)는 나지(raw land)를 건축지(building sites)로 바꾸는 과정에서 개발업자들이 그의 토지에 대한 세분할안에 대해 승인과정을

거쳐 개발 · 분할 · 판매하도록 규정한 조치를 말한다(Green, 1968: 445).

이 규제조치의 목적(目的)은 사전에 규정된 기준에 따라 허가여부를 결정함으로써, 필요한 공공시설을 충분히 확보할 수 있고, 계획 간의 조정을 할 수 있고, 단지내부의 설계를 통제하는 데 있다(Green, 1968: 445).

미국의 지방정부는 공공서비스가 충분히 공급되는 토지에 한해 개발업자로 하여금 토지를 분할해서 매각할 수 있도록 하였기 때문에 토지개발을 원하는 개발업자들은 다양한 도시기반시설을 공급하게 되었다. 따라서 미국의 토지분할규제는 교외지역에 충분한 공공서비스를 제공하여 쾌적한 주거환경을 만드는 데 큰 기여를 한 것으로 평가된다(김재익, 외, 2004: 183∼184).

3. 환경규제

미국에서 성장관리제도의 초기적 관심은 환경문제에 집중되었지만, 시간이 흐름에 따라 그 관심영역이 훨씬 광범해지고 있다. 즉, 1970년대의 성장관리체계는 환경 및 자연자원에 대한 대중의 관심으로부터 출현했지만, 1980년대와 1990년에 들어서는 삶의 질(quality of life)을 포함함으로써 그 범위가 확대되었다.

환경적 관심은 주로 농업지 · 산림지 · 습지 등의 보호, 그리고 도시개발과 농촌지역의 분리를 포함하는 것이었다. 여기에 추가하여, 필요한 성장을 제고하는 수용가능한 주택과 경제개발정책의 적절한 공급에 대한 관심은 1970년대와 다른 성장전략을 가져오게 되었다. 자연자원의 보호의 필요와 함께 경제개발과 직업창출에 대한 동일한 적법한 수요의 균형이 1990년대에 도전되어 나타나게 되었다(DeGrove and Metzger, 1993: 5).

Ⅱ. 공공서비스제공

1. 의　　의

공공서비스제공(public service provision)은 서비스의 공급비용이 높은 지역으로의 확장을 제한하고, 그것을 통해 신규개발의 공공서비스비용을 최소화하기 위해 설계된다. 이의 목적(目的)은 현재와 장래에 제공된 서비스들의 경계를 정의하고, 그들 서비스들의 이용가능성이 있기 전까지는 개발을 허용하지 않음으로써 달성할 수 있다.

이 범주에 속하는 기법(機法)들 가운데에는 도시서비스경계(urban service boundaries), 점수기반허용체계(point-based permit system), 보다 극단적인 것으로는 인구상한점(population caps), 건축허가유예(building permit moratoria)를 포함한다. 도시서비스경계(urban service boundaries)는 공공서비스가 제공될 경계를 정하고, 그 경계 내의 개발을 제한하는 지역을 정한다. 점수기반허용체계(point-based permit system)는 개발업자들이 부지를 개발하기 위해서는 일정점수의 축적이 요구된다. 점수는 하부구조의 이용가능성 또는 필요한 하부구조의 제공여부에 획득된다. 점수기반허용체계와 관련된 것은 플로리다의 동시성(concurrency)의 사용으로, 주어진 지역의 개발 전에 이용가능한 서비스표준수준을 충족해야 하는 것이다. 지역사회의 총인구증가를 제약하고 신축건물의 허가를 방지하는 유예하는 인구상한(population caps)은 하부구조의 부족을 따라잡기 위해 한시적으로 사용하는 기법이다(Smith, 1993: 48).

2. 유　　형

학자들에 따라 많은 규제기법을 제시하고 있지만, 여기서는 미국에서 현재 사용되고 있는 관리 프로그램인 공공시설요구, 성장단계, 성장경계, 그리고 성장률의 4가지 유형을 중심으로 검토하기로 한다(Kelly, 1993: 43∼71).

(가) 적정 공공시설 요구

① 의　　의　　많은 도시에서 적정한 공공시설들을 이용하기 어려울 때는 개발을 허가하지 않는 규제조치를 채택하고 있다(Kelly, 1993: 45). 이 적정공공시설요구제(adequate public facilities requirement)는 이용가능한 시설이 충분하지 못할 때는 새로운 개발을 유보하는 것과 동시에 적정한 공공시설이 확보되어 있는 인접지역에서는 성장을 보장하는 장려책(incentives)을 제공하여 성장의 입지에 직접적으로 영향을 주는 관리수단이다.

② 도　　입　　동시성의 요건(concurrency requirement)으로 통칭되는 이 제도는 플로리다의 경우 1985년 입법화된 「지방정부 종합계획 및 토지개발규제법」(Local Government Comprehensive Planning and Land Development Regulation Act)을 통하여 채택되고 있다(김현수, 2005: 130). 우리나라에서는 기반시설연동제로서 기반시설부담구역과 개발밀도관리구역제도로서 도입되고 있다.

③ **평 가** 적정공공시설요구제의 개념은 쉽고 명확하지만, 이의 집행은 쉬운 문제가 아니다(김재익 외, 2004: 147). 즉, 예상되는 개발로 인해 어떤 종류의 공공시설이 얼마나 요구되고, 이를 어디에 입지시켜야 하는지를 결정하는 것은 어려운 과제이다. 적정공공시설요구제가 성장관리도구로서 효과적으로 집행되기 위해서는 토지이용계획 등 관련계획들과 밀접한 연관 속에 종합적, 장기적인 검토가 이루어져야 한다.

(나) 성장단계프로그램

성장단계프로그램(growth phasing program)은 새로운 개발의 입지와 시기를 규제하는 것으로, 이는 일반적으로 공공시설의 이용가능성에 기준하여 결정한다(Kelly, 1993: 48).

이 성장단계(成長段階)프로그램은 공공시설기준과 유사한 점도 있지만 양자 간에는 차이도 많다. 무엇보다 전자는 후자에 비해 단순하고 이해하기 쉽다. 적정공공시설규제조치에 의해서는 개발이 개별 공공시설에 미치는 영향을 자세하게 분석하지 않고는 특정지역에서의 개발을 결정할 수 없다. 이 성장단계프로그램의 실제 목적은 도시평면확산을 방지하고 도시형태의 변화와 이의 부정적인 인식을 방지하는 데 있다(Kelly, 1993: 52).

이 프로그램은 기반시설의 단계적 지원기능성에 따라 개발여부를 결정함으로써 기반시설이 충분히 공급될 때까지 성장을 지연시키는 효과를 거둘 수 있다(김현수, 2005: 130).

(다) 도시성장경계

① **의 의** 도시성장경계(urban growth boundary)는 도시성장의 한계를 정하기 위해 도시주변에 설정한 경계이다(Kelly, 1993: 53). 이는 도시용도로 개발할 수 있는 토지와 농촌지역으로 남아있어야 할 토지를 구별하는 기법이다. 즉 도시성장경계(都市成長境界)는 도시지역이 성장할 수 있는 한계로 도시와 농촌지역 사이에 그린 선이다. 이 성장경계 내에서는 고밀도의 개발을 촉진하지만, 경계 밖에서는 농촌의 특성을 유지시킨다.

성장경계의 목적(目的)은 도시개발이 농촌지역으로 점진적으로 확산되는 것을 정지시키기 위해 농촌지역과 도시지역을 분리하여 상호보전하는 데 있다. 또한 이를 통해 장래의 도시개발지역을 제시해 주는 효과를 준다.

성장경계의 획정(劃定)은 이해당사자의 참여 속에 바람직한 개발패턴(개발유형과 입지)을 공식적인 개발계획을 통해 확인하고, 장래의 인구성장과 개발을 예측하여 장래성장을 수용하는 데 요구되는 토지량을 예측하여 성장경계를 설정하여 공식적인 확정절차를 거쳐서 획정한다.

② 도 입 미국에서 최초의 도시성장경계 또는 도시서비스지역경계(urban service area boundary)는 1958년 렉싱톤(Lexington, Kentucky) 부근에 설정되었다(Ding, et al., 1999: 53). 이후 이에 대한 관심이 증가하여 오레곤(Oregon)주에서는 모든 도시들의 종합토지이용계획에는 도시성장경계를 포함하도록 하는 법률이 1973년에 통과되었고, 1977년에 도시성장경계로서 대도시서비스지역(Metropolitan Service District)을 지정하였다. 유사한 법이 1989년에 워싱턴(Washington)주에서도 통과되었다. 이에 따라 미국계획가협회(APA)에서는 1997년에 계획과 지역제개혁을 위한 모형적인 주법을 준비하게 되었다(Ding, et al., 1999: 53). 여기서 미국계획가협회는 "도시성장경계는 공공서비스가 효율적으로 공급되고, 개발공간·농업용지·환경적으로 민감한 지역을 보전 또는 보호하기 위해 조밀하고 접촉적인 개발패턴이 되도록 촉진하기 위해" 설정한다고 했다(Ding, et al., 1999: 53).

③ 평 가 도시성장경계의 확립은 도시에 대한 매우 자기중심적 태도나 매우 많은 예측량이 요구된다. 인구성장은 시간에 따라 변화하기 때문에 일정기간에 성장에 필요한 토지를 정확하게 예측하기 대단히 어렵다. 이 기법은 다른 기법과 함께 사용하는 것이 보통이다.

도시성장경계접근은 적정한 주택(affordable housing)제공의 제한과 제약된 평면확장(constrained sprawl)의 두 가지 단점(短點)이 있다(Daniels, 2001: 273). 건축가능한 토지공급을 제한함에 의해 도시성장경계는 토지와 주택의 가격을 상승시킨다. 또한 경계 내에서 양호한 도시설계는 인간척도개발·녹지공간·대중교통·보행자지향을 강조하며, 이는 성장경계 내에 거주하는 것을 매력적인 것으로 만든다.

(라) 성장률 프로그램

다른 프로그램들도 성장률 규제의 수단으로 활용할 수 있으나, 직접적으로 성장률을 규제하는 기법을 활용하기도 한다. 매년 일정비율의 성장률을 설정하여 이 범위 내에서의 개발만을 허용하는 방식이다. 이때 성장률은 주로 연상면적이나 건물호수에 대한 성장률로 표시한다(김재익, 외, 2004: 148).

성장률배분제도(rate allocation system)는 최근에 급격한 성장률을 경험한 지역을 중심으로 하는 성장억제수단으로 신규개발을 억제하여 주택가격하락을 막음으로써 재산가치를 보호하기 위한 목적으로 사용되고 있다.

Ⅲ. 재정수입원

1. 의 의

지역사회가 큰 재정압력을 받음에 따라, 개발업자들과 정부가 지불해야 하는 개발비용의 공공부담비율의 문제에 보다 큰 관심을 갖게 되었다. 신개발이 부담지우는 비용을 지역사회가 지불해야만 하는 것인가는 불분명하지만, 일부 지역사회들에서는 개발업자들에게 추가적인 부담을 지우고 있다. 예를 들면, 개발부담금(impact fees)은 도로·상하수도·학교·경찰 및 소방시설과 같은 서비스들의 비용의 적어도 일정부분에 대해 가구 당 또는 다른 단위 당 형태로 부과된다. 대안적으로, 개발업자들은 공원·학교·기타 목적들을 위한 재산을 위한 시설이나 헌납을 요구할 수 있다. 지방정부는 특정서비스의 비용을 위한 자금을 위해 특별지역을 지정하여 특별평가와 사용자부담금을 사용할 수 있지만, 이는 신개발은 물론 기존개발에도 적용할 수 있다(Smith, 1993: 49).

2. 유 형

(가) 개발영향부담금

① **의 의** 성장에 따라 필요한 서비스를 제공하기 위해 화폐적 비용을 보충하기 위해 일부 지방정부에서는 개발업자들이 이러한 비용을 내부화하는 것을 보장하기 위해 영향부담금(impact fees)을 부과한다(Rosenberg, 1999: 642). 영향부담금(影響負擔金)은 신개발에 따라 필요한 공공시설을 수용하기 위해 요구되는 공공자본비용의 일정 부문을 회복하고 차감하기 위해 지방정부에서 부과하는 화폐적 부담금(monetary charges)이다(Rosenberg, 1999: 649).

② **목 적** 개발영향부담금(development impact fees)은 새로운 하부구조의 자본비용의 일부분을 공공에서 민간부문으로 이전하기 위해 설계되었다. 이의 구체적인 목적은 신개발이 스스로의 방법으로 지불하여 그렇지 않으면 기존재산 소유자들에게 지워질 부담을 경감하는 것을 보장하는 제도이다. 많은 도시에서 부담금은 상하수도 체계, 가로와 가로조명, 하수체계, 공원과 녹지공간 등을 위한

비용의 일부를 건축업자들과 개발업자들이 부담하는 것을 요구한다(Clarke and Evans, 1999: 281).

③ 기 준 대부분의 개발영향부담금은 법적인 문제에 직면하게 되는데, 부과된 부담금과 제공된 하부구조 간의 논리적 연계를 법원에서 요구하는 경우가 많다. 이 논리적 연계로서 다음과 같은 합리적 연계기준(rational nexus standards)이 제시된다(Clarke and Evans, 1999: 283).

㉠ 각 추출금은 프로그램의 비용에 직접적으로 귀인시킬 수 있는 서비스수요에 충족될 수 있도록 잘 설계되어 있어야 한다.

㉡ 시설들이 단일 개발이상을 서비스하는 곳에서는, 비용은 서비스의 제공비율에 따라 분배되어야 한다.

㉢ 시설들은 서비스 개선을 위한 지방종합계획의 요소들이어야 한다.

㉣ 시설들이 조세와 영향부담금수입의 결합에 의해 재원충당되는 곳에서는, 조세를 부담하는 프로젝트 점유자들이 이중으로 부담되지 않도록 특별한 관심을 기울여야 한다.

㉤ 영향부담금수입은 사용될 때까지 분리되어야 하고, 원래 목적대로 정해진 기간(보통 5~6년)에 소비되어야 한다.

④ 평 가 개발영향부담금을 시행하기 위해서는 합리적인 부담금액의 산정방법과 사용빈도, 신개발의 파급효과측정방법 등 전문지식과 기술이 요구된다. 또한 개발영향부담금은 개발시장 여건에 따라 개발자와 소비자 간 전가가 불공평하게 발생할 수 있고, 저소득층을 배제할 수 있기 때문에 이러한 문제점 해결을 위한 조치가 요구된다(김재익 외, 2004: 82).

(나) 개발업자비용부담제도

① 의 의 성장에 따라 주민의 담세율이 높아지고 공공서비스 수준이 저하됨에 따라 성장의 원인제공자에게 비용을 부담시켜야 한다는 논리가 광범하게 지지를 얻고 있다. 획지분할제도에 의해 개발지구 내의 기반시설설치는 당연히 개발업자가 담당하도록 되어 있으나, 개발업자비용부담제도(開發業者費用負擔制度)는 개발지구 외부의 공공시설 비용도 부담하도록 요구하는 제도이다. 이는 개발지구로 연결되는 도로의 건설, 개발지구로부터 연결되는 우수 및 오수관거의 설치, 인근 교차로의 교통신호설치, 해당 학군의 학교시설 증축 등에 관련되는 비용을 개발업자로 하여금 부담하도록 요구하는 제도이다(김재익 외, 2004: 150).

② **시행방법** 역사적으로 미국도시에서의 하부구조에 대한 재원충당은 비용분담접근(cost sharing approach)에 의존했다. 대부분의 도시들은 선지불 방식 대신에 채권발행형식을 통해 모든 담세자들이 부담하도록 한다. 어쨌거나, 지난 수십 년 사이에, 도시들은 추가적인 하부구조의 비용을 신주민들이 부담하는 방향으로 전환해 오고 있다. 그러한 지불은 부동산개발업자들에게 부과하는 토지이용부담금(land-use extraction)을 통해 이루어진다.

부담금(extraction)은 하부구조의 현물제공(in-kind provision of infrastructure)과 현금지불(cash payments)의 두 가지 형태가 있다. 전자는 개발업자들이 개발프로젝트를 수행하는 과정에 가로·상하수도·공원·학교 등을 건설하는 것을 요구하는 제도이다. 이러한 현물제공(in-kind provision)이 개발사업구역 내에 위치하는 경우(on-site)는 가능하지만, 개발사업구역 밖(off-site)에서도 추가적인 하부구조가 요구되는 경우가 있다. 이러한 후자의 경우, 개발부담금(impact fees)이라는 현금지불을 통해 재정충당할 수 있다(Brueckner, 1997: 384).

③ **평 가** 이 제도는 주택가격의 상승을 가져와 결국은 저소득층의 주택난을 가중시킨다는 비판점이 따른다. 즉 비용부담제도가 결국은 저소득층 주민을 배제하는 효과를 가져오는 간접적 차별정책이라는 것이다(김재익 외, 2004: 151).

Ⅳ. 정부지출

정부지출기법은 주(State) 수준에서 많이 사용하는 경향이 있다. 이 기법은 토지매입이나 토지수용, 그리고 관련된 조세경감 및 조세유인책을 포함한다. 토지는 토지은행목적, 그린벨트나 개발공간, 또는 환경적으로 민감한 지역을 보전하기 위한 목적으로 매입할 수 있다. 공공 또는 민간에 의해 지지된 토지신탁(land trusts)은 이 목적을 위해 증가하여 사용되고 있다. 도시용지보다는 농업용지로 계속 사용할 수 있도록 지주를 조장하기 위해 조세유인책(land incentives)이 사용된다. 조세프로그램은 특정지역의 투자를 촉진하기 위해 사용될 수 있다(Smith, 1993: 49).

제 4 절 한국의 관리정책

Ⅰ. 정책수단

1. 지 역 제

현행 지역제의 상당한 부분은 성장관리도구로서 활용 가능하다.

(1) 용도지역

국토이용상 용도지역(用途地域)은 도시 · 관리 · 농림 · 자연환경보전지역의 4개로 구분하였다(「국토의 계획 및 이용에 관한 법률」 제36조 제1항). 도시지역(都市地域)은 주거 · 상업 · 공업, 그리고 녹지지역으로 구분하고, 이를 각각 세분하여 지정할 수 있다(법 제36조 제1항 제1호).

관리지역은 과거의 준도시지역과 준농림지역을 폐지하여 통합한 것으로, 보전관리 · 생산관리 · 계획관리지역으로 세분한다(법 제36조 제1항 제2호). 보전관리지역은 보전이 필요하나 주변용도지역과의 관계를 고려하여 자연환경보전지역으로 지정하기 곤란한 지역에 지정한다. 생산관리지역은 농림어업을 위하여 지정관리가 필요하나 주변용도지역과의 관계를 고려하여 농림지역으로 지정하기 어려운 지역에 지정한다. 계획관리지역은 도시지역으로 편입이 예상되는 지역 또는 자연환경을 고려하여 제한적인 개발 · 이용을 위해 계획적 · 체계적 관리가 필요한 지역에 지정한다.

(2) 용도지구

용도지구(用途地區)는 토지의 이용 및 건축물의 용도 · 건폐율 · 용적률 · 높이 등에 대한 규제로서 용도지역의 기능을 증진시키고, 미관 · 경관 · 안전 등을 도모하기 위하여 결정하는 지역이다(법 제2조 제16호). 용도지구는 12개 지구로 구분되고, 필요시 세분하여 지정할 수 있다.

용도지구는 비도시지역에까지 확대하여 지정할 수 있도록 했다. 도시성장관리와 관련하여 지정가능한 지구도 다양하다. 자연경관의 보호 또는 풍치유지를 위한 자연경관지구, 생태계보호와 보존을 위한 생태계보존지구, 위해시설입지를 제한하는 특정용도제한지구 등은 성장관리를 위한 용도지구로 활용가능하다.

(3) **용도구역**

용도구역(用途區域)은 용도지역 및 용도지구의 기능을 강화하고, 시가지의 무질서한 확산방지, 계획적·단계적 토지이용도모 등을 위하여 결정되는 지역이다(법 제2조 제17호). 이 용도구역에는 다음 4가지 종류가 있다(이하 정환용, 2006: 273~277).

(가) 개발제한구역

① **지정목적** 개발제한구역(또는 그린벨트)은 도시정체성상실의 방지, 도시토지와 시설의 경제적 이용의 보장, 리본유형의 개발방지, 접근이 용이한 적정한 위락시설의 보장, 대기오염에 대처, 환경보전, 그리고 농업용지의 훼손방지 등의 관점에서 그 개념이 발전되고 있다(Ratcliffe, 1978: 60). 「개발제한구역의 지정 및 관리에 관한 특별법」(이하 "법")에서는 개발제한구역의 지정목적을 도시의 무질서한 확산을 방지하고 도시주변의 자연경관을 보전함으로써 도시민의 건전한 생활환경 확보하기 위하여 또는 국방부장관의 요청이 있어 보안상 도시의 개발을 제한할 필요가 있다고 인정되는 때에 지정할 수 있다고 규정하고 있다(법 제3조 제1항; 「국토의 계획 및 이용에 관한 법률」 제38조 제1항).

② **제도의 발달** 그린벨트는 영국에서 발달한 도시계획사상이며 기법이다. 하워드(E. Howard)에 의해 제시된 전원도시(Garden City) 공간구조의 핵심적 요소의 하나가 환상형 녹지대였으며, 이것이 그린벨트의 최초의 도입이다. 1939년 「그린벨트법」이 제정되었고, 이 법을 근거로 아버크롬비(P. Abercrombie)의 대런던계획(Greater London Plan: 1944년)을 작성하였다. 우리나라는 「도시계획법」(1971년)에 의해 개발제한구역을 지정할 수 있는 입법조치를 확보하여 같은 해에 수도권 일원에 지정했다. 2000년 「개발제한구역의 지정 및 관리에 관한 특별법」을 제정하여 행위허가 등 관리에 관한 사항을 규제하고 있다.

③ **구역의 관리** 우리나라에서는 개발제한구역을 종합적으로 관리하기 위하여 관할 시·도지사는 개발제한구역관리계획(이하 "관리계획")을 5년 단위로 수립하여 건설교통부장관의 승인을 받도록 했다(법 제10조 제1항). 개발제한구역 내에서는 건축물의 건축, 공작물의 설치, 토지의 형질변경, 토지면적의 분할, 또는 도시계획사업을 시행할 때는 관할시장, 군수의 허가를 받아야 한다.

④ **문제점과 개선방안** 개발제한구역의 지정 운영에 따른 문제점은 구역 내 주민과 기타 지역 주민과의 소득격차심화, 구역 내외 토지 간의 지가의 상대적

차이, 구역 내 주민의 도시 내로의 이전촉진, 부재지주양산, 지방재정빈곤, 주민복리보다는 구제행정 등의 문제점을 노정하고 있다. 이에 대한 개선방안으로 개발권의 공유화, 개발손실의 보상, 그리고 지정효과의 조사평가를 실시하여야 한다.

그린벨트정책과 관련하여 두 개의 상반된 견해가 존재하고 있다. 한편에서는 그린벨트 정책이 도시지역을 에워싸고 있으면서, 주택과 고용에서 필요에 부응하기 위한 최소한의 성장도 억제하며, 많은 도시들이 도시외곽의 개발에 필요한 토지의 공급을 과도하게 억제하고 있다고 비판하는 견해가 있는 반면에, 그린벨트는 강하지 않기 때문에 도심지재개발을 강요하게끔 보다 경직되게 적용되어야 한다는 주장도 있다(Ratcliffe and Stubbs, 1996: 133).

(나) 도시자연공원구역

① **지정목적** 시·도지사는 도시의 자연환경 및 경관을 보호하고 도시민에게 건전한 여가·휴식공간을 제공하기 위하여 도시지역 안의 식생이 양호한 산지의 개발을 제한할 필요가 있다고 인정되는 경우에는 도시자연공원구역(都市自然公園區域)의 지정 또는 변경을 도시관리계획으로 결정할 수 있다(법 제38조의 2).

② **지정기준** 이 구역의 지정 및 변경의 기준은 대상도시의 인구·산업·교통 및 토지이용 등 사회경제적 여건과 지형·경관 등 자연환경적 여건 등을 종합적으로 감안하여 정한다(「도시공원 및 녹지 등에 관한 법률」 제26조).

③ **행위제한** 이 구역에서는 건축물의 건축 및 용도변경, 공작물의 설치 등 개발행위와 도시계획사업을 시행할 수 없다. 다만, 시장·군수의 허가를 받아 제한적인 행위를 할 수 있다(「도시공원 및 녹지 등에 관한 법률」 제87조).

(다) 시가화조정구역

① **지정목적** 인구·산업 등의 급격한 도시집중은 도시과밀화를 초래함과 동시에 도시교외로의 무질서한 평면확장(urban sprawl)을 초래하게 된다. 이러한 도시평면확장은 도로·하수도 등 도시기반시설이 정비되지 않은 시가지를 형성하게 만들어 건전하고 질서 있는 도시발전을 도모하기 어렵다. 때문에 이러한 지역에 대해서는 일정기간 동안 시가화를 방지하는 조치가 필요하고, 이러한 목적에 부응하는 것이 시가화조정구역(市街化調停區域)이다.

② **구역의 지정** 건설교통부장관은 직접 또는 관계행정기관의 장의 요청을 받아 도시지역과 그 주변지역의 무질서한 시가화를 방지하고, 계획적·단계적인 개발을 도모하기 위하여 5년~20년의 기간 동안 시가화를 유보할 필요

가 있다고 인정되는 경우에 시가화조정구역의 지정 또는 변경을 도시관리계획으로 결정할 수 있다(「국토의 계획 및 이용에 관한 법률」 제39조 제1항; 시행령 제31조 제1항). 이때 건설교통부장관은 당해 도시계획구역 안의 인구동태, 토지이용상황 및 산업발전상황 등을 고려하여 시가화 유보기간을 정한다(시행령 제31조 제2항).

③ **지정관리** 이 구역의 지정은 무질서한 시가화 경향이 현저한 대도시 및 그 주변지역에 지정할 수 있다. 그러나 이 제도는 현실적으로 적용한 사례가 없으나, 앞으로 활용이 예상되는 제도이다.

(라) 수자원보호구역

① **지정관리** 건설교통부장관은 직접 또는 관계행정기관의 장의 요청을 받아 수산자원의 보호·육성을 위하여 필요한 공유수면이나 그에 인접된 토지에 대한 수자원보호구역(水資源保護區域)의 지정 또는 변경을 도시관리계획으로 결정할 수 있다(법 제40조).

② **행위제한** 이 구역에서는 지정목적에 반하는 개발행위를 국방상 또는 공익상 불가피한 경우를 제외하고는 시행할 수 없다. 그러나 지정목적에 지장이 없는 행위는 시장·군수의 허가를 받아 이를 할 수 있다(법 제82조; 시행령 제90조 및 제91조).

2. 지구단위계획제도

(1) 의　　의

지구단위계획(地區單位計劃)은 미시적·국지적 단위의 상세한 계획으로 도시 내 일정구역의 토지이용을 합리화하고 도시의 기능·미관 및 환경을 효율적으로 유지·관리하기 위해, 도시계획의 내용을 구체화하며 토지이용, 도시기반시설, 건축물 등에 관한 계획을 일체적이고 종합적으로 수립하여 도시건설을 합리적으로 유도·관리하는 데 목적이 있다.

(2) 구　　분

지구단위계획은 제1종 지구단위계획과 제2종 지구단위계획으로 구분한다. 제1종 지구단위계획은 토지이용을 합리화·구체화하고, 도시 또는 농·산·어촌의 기능의 증진, 미관의 개선 및 양호한 환경을 확보하기 위하여 수립하는 계획이다. 제2종 지구단위계획은 계획관리지역 또는 개발진흥지구를 체계적·계획적으로 개발 또는 관리하기 위하여 용도지역의 건축물 그 밖의 시설의 용도·종류 및 규모 등에 대한 제한을 완화하거나 건폐율 또는 용적률을 완화하여 수립하는 계획이다(법 제49조).

3. 기반시설연동제

(1) 의　　의

기반시설연동제(基盤施設連動制)는 개별사업으로 인해 기반시설의 부하가 가중되어 건전한 도시발전을 저해하고 난개발을 일으키고 있기 때문에, 원인자 및 수익자부담원칙에 따라 개발이익의 일부를 환수하여 기반시설을 합리적으로 공급하는 수단이다(이하 정환용, 2006: 398～399).

도시개발이 제대로 이루어지려면 도시공간을 대상으로 종합적인 계획의 목표와 구상을 바탕으로 토지이용·교통·환경·기반시설 등 부문별 계획을 종합적으로 포괄한 도시계획이 사전에 수립되어야 한다. 그러나 지금까지의 국토이용관리체계는 도시계획의 대상에서 벗어나 있는 관리지역에서 일정한 기준만 충족하면 개발이 자유롭게 허용되어 기반시설의 수용용량을 고려하지 않고 개별사업단위별로 개발사업을 시행함으로써 기반시설에 대한 비용부담 없이 무임승차하는 난개발이 발생하게 되었다.

이러한 문제점을 해소·방지하기 위한 조치로 개발로 인하여 추가적인 기반시설의 설치가 필요한 지역은 개발행위자가 기반시설을 설치를 부담하는 것을 조건으로 허가하는 기반시설부담구역제도와 기반시설의 용량을 초과하지 않는 범위에서 개발이 이루어지도록 유도하는 개발밀도관리구역제도가 도입되었다. 기반시설연동제는 이 두 가지 제도를 포괄한 개념이다.

(2) 개발밀도관리구역

시장·군수는 주거·상업 또는 공업지역에서의 개발행위로 인하여 기반시설의 처리·공급 또는 수용능력이 부족할 것으로 예상되는 지역 중 기반시설의 설치가 곤란한 지역을 개발밀도관리구역(開發密度管理區域)으로 지정할 수 있다(법 제66조 제1항).

시장·군수는 개발밀도관리구역을 지정 또는 변경하고자 하는 경우에는 구역의 명칭, 구역의 범위, 그리고 건폐율 또는 용적률 강화범위를 정하여 지방도시계획위원회의 심의를 거쳐야 하고(법 제66조 제3항), 이를 고시하여야 한다(법 제66조 제4항).

(3) 기반시설부담금의 징수 및 사용

건축물의 건축행위로 인하여 유발되는 기반시설의 설치 · 정비 또는 개량을 위하여 기반시설부담금(基盤施設負擔金)을 부과 · 징수한다(법 제67조 제1항).

기반시설부담금의 부과대상인 건축행위는 건축연면적이 200㎡를 초과하는 건축물을 대상으로[「기반시설부담금에 관한 법률」(이하 "법률") 제5조], 건설교통부장관(시장 · 군수 · 구청장에 위임 가능)이 부과 · 징수한다(법률 제3조 · 제24조).

징수된 기반시설부담금은 국가에 30%, 지방자치단체에 70%가 각각 귀속된다(법률 4조). 징수된 기반시설부담금은 시반시설의 설치 또는 그에 필요한 용지의 확보 등을 위하여 사용한다(법률 제5조).

4. 개발허가제

(1) 의　　의

개발허가제(開發許可制)란 "개발이 가능한 토지에서 일정한 요건을 갖추어 개발행위를 하고자 신청하는 자에게 개발금지를 해제하여 개발행위를 허가하는 제도"라고 정의할 수 있다. 개발허가제는 개발이 절대적으로 금지된 지역이 아닌 개발가능지역의 토지에서 운용을 예정하고 있고, 개발사업이 시행되지 아니하는 토지에서만 적용된다. 개발허가제는 일정한 요건을 갖춘 신청을 전제하고, 법령에서 정한 절차에 따라 허가 또는 불허가를 통해 운용된다(류해웅, 2001).

이 제도는 도시계획구역 안에서의 무분별한 개발을 방지하고 계획적인 개발을 유도하기 위하여 토지형질변경 · 건축 등의 개발행위를 하고자 하는 때에는 미리 허가를 받도록 함으로써 난개발의 소지가 있는 개발행위를 제한하고자 하는 제도이다.

(2) 도입배경

용도지역제를 채택하고 있는 우리나라에서는 도시지역과 비도시지역에서 지정된 용도지역의 지정목적에 반하지 않는 한 개발을 허용하는 건축자유원칙을 적용해 왔다. 이는 상위계획에 부합하지 않거나 환경 · 경관측면에서 문제가 있는 사업도 법령위반만 없으면 반드시 허가해 주어야 하는 기속재량행위(羈束裁量行爲)였다. 최근 난개발문제는 근본적으로 계획을 수립하지 않고 준농림지역이 각종 개발행위를 허용함으로써 발생하고 있으나, 운영측면에서 난개발이 우려되는 문제사업도 시장군수가 허가를 거부할 수 없는 데서 비롯되고 있다. 이러한 문제를 해소하기 위하여 개발허가자체를 기속재량행위에서 자유재량행위(自由裁量行爲)로 전환하였다. 즉 계획(건축 또는 개발계획)의 적정성, 기반시설의 확보여부, 주변환경과의 조화 등을 고려하여 허가·불허가·조건부허가를 하게 된다

개발허가제를 도입하여야 할 필요성은 다음과 같이 요약할 수 있다(류해웅, 2001).

① **용도지역제의 기능보완** 용도지역제가 당해 용도의 지정목적에 위배되지 아니하는 개발과 이용을 허용하고 있으나, 토지관리를 위해서는 개발이 시차를 두고 이루어진다거나 경우에 따라서 개발을 규제하여 보전하지 않을 수 없는 경우도 있다.

② **계획적인 토지개발과 이용의 도모** 용도지역·지구·구역의 지정을 통한 토지의 계획적 이용은 한계가 있고, 개발사업에 의하지 아니하는 개발에 의해서도 계획적인 토지이용이 이루어질 수 있도록 하여야 한다.

③ **환경친화적 개발의 도모** 도시와 비도시를 막론하고 보전용도와 개발용도로 구분되어 있으나, 개발용도에서의 개발이 환경친화적으로 이루어질 수 있는 제도적 장치가 요구된다.

④ **기반시설이 정비된 개발의 실현** 도시계획구역에서의 개발은 기반시설을 수반하는 도시계획에 의해 이루어지고 있으나, 비도시지역의 개발은 기반시설도 갖추어지지 않은 상태에서 개발이 이루어져 난개발을 초래하였다. 따라서 개발은 기반시설을 전제하거나 함께 이루어질 수 있는 제도적 장치가 요구된다.

(3) 허가대상과 기준

도시계획구역 안에서 도시계획사업에 의하지 아니하고 다음 하나에 해당하는 행위(이하 "개발행위")를 하고자 하는 자는 특별시장·광역시장·시장 또는 군수의 허가(이하 "개발행위허가")를 받아야 한다.

① 건축물의 건축 또는 공작물의 설치

② 토지의 형질변경(경작을 위한 경우는 제외)
③ 토석채취
④ 도시지역에서의 토지분할
⑤ 녹지지역·관리지역 또는 자연환경보전지역 안에 물건을 1월 이상 쌓아 놓는 행위

시장·군수는 개발행위허가의 신청내용이 도시계획의 내용에 배치되지 아니하고, 도시계획사업의 시행에 지장이 없는 경우에 한하여 개발행위를 허가하여야 한다(법 제49조 제1항).

시장·군수는 다음 사항에 대하여 1회에 한하여 3년 이내의 기간 동안 지방도시계획위원회의 심의를 거쳐 당해 지방자체단체의 조례에 따라 개발행위허가를 제한할 수 있다(법 제49조 제2항).

① 녹지지역으로 보전할 필요가 있는 지역
② 개발행위로 인하여 주변의 환경·경관·미관 등이 크게 오염되거나 손상될 우려가 있는 경우
③ 도시계획구역에 새로이 편입되어 도시계획을 입안중인 지역으로 개발행위허가기준이 크게 달라질 것으로 예상되는 지역

Ⅱ. 수도권관리

1. 정책의 전개

수도권인구집중방지를 위한 각종 정책들이 1960년대 중반 이후부터 오늘에 이르기까지 다양하게 진행되고 있다(이하 정환용, 2006: 554~555). 이러한 수도권관리정책(首都圈管理政策)의 전개과정(展開過程)은 그 내용에 따라 3단계로 구분하여 고찰할 수 있다.

① **발아기**('64~'75) 초기에는 수도권문제를 광역적으로 처리하기보다는 당면과제의 해소에 초점을 두었다, 이 시기의 주요 정책은 대도시인구집중방지책(1964, 건설부), 수도권인구집중억제방안(1969, 청와대), 대도시인구분산책(1973, 경제기획원), 인구소산계획(1975, 서울시) 등을 들 수 있다.

② **본격추진기**('76~'88) 수도권정비를 위한 광역적, 제도적 장치를 마련

하여 본격적으로 수도권정책을 추진한 시기이다. 주요 정책은 수도권인구재배치기본계획(1976, 무임소장관실), 「수도권정비계획법」 제정(1982), 수도권정비기본계획(1984) 등이다. 그러나 이 시기의 후반부에 아시안 게임(1986), 올림픽(1988)의 개최에 따라 규제완화정책이 추진되어 소기의 성과를 달성하지 못했다.

③ **방향전환기('89 이후～현재)** 1990년을 전후한 시기에 지역균형발전기획단을 발족하여, 지금까지의 정책을 검토하여 수도권정책의 기본방향을 제시하였다. 이를 수용하여 1994년에 「수도권정비계획법」이 대폭 개정되었고, 이에 따라 제2차 수도권정비계획(1997)이 수립되었다. 최근에 제4차 국토종합계획의 수정, 인천신공항개항, 개발제한구역의 해제, 공공기관지방이전 등의 국가균형발전정책을 감안하여 제3차 수도권정비계획을 추진하고 있다.

2. 정비계획

(1) 수립절차

수도권정비계획(首都圈整備計劃)은 건설교통부장관이 중앙행정기관의 장·서울특별시장·광역시장, 또는 도지사의 의견을 들어 입안한다[「수도권정비계획법」(이하 "법") 제4조 제1항]. 입안된 계획안은 수도권정비계획위원회의 심의를 거쳐, 국무회의의 심의, 대통령의 승인을 얻어, 건설교통부장관이 결정한다(법 제4조 제2항). 결정된 수도권정비계획은 관보에 고시한다. 결정된 수도권정비계획을 변경할 때에도 같은 절차를 거친다.

(2) 계획내용

수도권집중억제기조의 유지와 경쟁력 제고를 목표로 하는 제2차 수도권정비계획(1997～2011)에서는 4개축 중심의 다핵분산형의 공간구조를 제시하였다. 서울-인천축은 국제교류의 중심지, 안산-아산축은 산업벨트 및 물류거점지역, 파주-포천축은 남북교류 및 경제협력거점지역, 그리고 이천-가평축은 자족전원도시 및 종합관광지대로 각각 개발·정비하도록 하고 있다. 선진국수준의 광역교통망을 구축하고 국제교류시설을 확충하여 경쟁력을 강화하는 방안도 아울러 제시하고 있다.

3. 관리수단

(1) 권역구분 및 정책수단

수도권 안에서의 인구 및 산업의 적정관리를 위하여 과밀억제·성장관리·자연보전권역으로 구분한다(법 제6조 제1항). 여기서 과밀억제권역(過密抑制圈域)은 인구 및 산업이 과도하게 집중되었거나 집중될 우려가 있어 그 이전 또는 정비가 필요한 지역이다. 성장관리권역(成長管理圈域)은 과밀억제권역으로부터 이전하는 인구 및 산업을 계획적으로 유치하고 산업의 입지와 도시의 개발을 적정하게 관리할 필요가 있는 지역이다. 자연보전권역(自然保全圈域)은 한강수계의 수질 및 녹지 등 자연환경의 보전이 필요한 지역이다.

수도권의 정비관리를 위해 대학·공장 등은 총량제도, 대형건축물은 과밀부담금제, 대규모개발사업에 대한 규제, 그리고 광역기반시설설치비용부담 등의 규제정책을 도입하고 있다.

(2) 총량제도

건설교통부장관은 공장·학교 등의 인구집중유발시설이 수도권에 과도하게 집중되지 아니하도록 하기 위하여 그 신설·증설의 총허용량(總許容量)을 정하여 이를 초과하는 신설·증설을 제한할 수 있다(법 제18조 제1항).

① **공장총량관리** 건설교통부장관은 3년마다 수도권정비위원회의 심의를 거쳐 시·도별 공장건축의 총허용량을 결정하고(시행령 제22조 제2항), 시·도지사는 총허용량의 범위 안에서 연도별 배정계획을 수립하여 건설교통부장관의 승인을 얻어야 한다(시행령 제22조 제4항). 시·도지사는 관할 시·군·구의 지역별 여건을 감안하여 연도별 배정계획의 범위 안에서 지역별로 공장건축의 총허용량을 할당할 수 있다(시행령 제22조 제5항).

② **학교총량관리** 학교에 대한 총량규제는 대학 및 교육대학의 입학정원의 증원 및 입학정원 50인 이내인 대학의 신설허용여부와 그 총증가수는 건설교통부장관이 수도권정비위원회의 심의를 거쳐 정하고, 산업대학·전문대학 또는 대학원대학의 입학정원도 일정기준을 초과하지 못하도록 규정하고 있다(시행령 제24조)

(3) 과밀부담금제

과밀부담금(過密負擔金)은 과밀억제권역 안의 지역에서 인구집중유발시설 중

업무용건축물 · 판매용건축물 · 공공청사 등의 건축물을 건축하고자 하는 자에게 부과하는 부담금이다(법 제12조 제1항).

부담금은 건축비의 10%로 하되, 지역별 여건 등을 감안하여 5%까지 조정할 수 있다(법 제14조 제1항). 징수된 부담금의 50%는 국가균형발전특별회계에 귀속하고, 나머지는 건축물이 소재하는 시 · 도에 귀속한다(법 제16조).

(4) 대규모개발사업규제제도

관계행정기관의 장은 수도권 안에서 대규모개발사업을 시행하거나 허가하고자 하는 경우에는, 그 개발계획에 대하여 수도권정비위원회의 심의를 거쳐 건설교통부장관과 협의하거나 그 승인을 얻어야 한다(법 제19조 제1항).

관계행정기관의 장은 대규모개발사업을 시행 · 허가하고자 하는 경우에 인구 · 교통 · 환경영향평가를 토대로 인구집중 · 교통 · 환경오염문제 등을 방지하기 위한 방안과 광역적 기반시설의 설치계획을 수립하여야 한다(법 제19조 제2항). 여기서 광역적 기반시설은 대규모개발사업지구와 주변 도시 간의 교통시설, 환경오염방지시설 및 폐기물처리시설, 용수공급계획에 의한 용수공급시설, 기타 광역적 정비가 필요한 시설을 지칭한다(시행령 제25조 제1항). 이 광역적 기반시설의 설치비용은 수도권정비위원회의 심의를 거쳐 대규모개발사업시행자에게 부담시킬 수 있다(법 제20조).

참고문헌

김기호, (2002), "계획단위개발," 대한국토도시계획학회 편, 「도시개발론」(서울: 보성각), 422~427.
김재익 외 5인, (2004), 「도시성장관리: 정책과 수단」(서울: 형설).
김현수, (2005), "수도권 성장관리와 수도권 발전전략," 도시정보(279) 및 주택도시(85): 128~143.
류해웅, (2001), 개발허가제의 도입에 관한 연구(안양: 국토연).
이상호, (2005), "도시성장관리와 도시경쟁력," 도시정보(279) 및 주택도시(85): 2~15.
이정전, (1997), 「토지경제론」(서울: 박영사).
정환용, (2006), 「도시계획학원론」(서울: 박영사).
조철주, (2006), "미국의 스마트성장 출현배경과 운용실태," 국토(2006. 9): 42~51.

Altshuler, A., (1981), *The Urban Transportation System*(Cambridge, Mass.: The MIT Press).

Anthony, J., (2004), "Do state growth management regulations reduce sprawl?," *Urban Affairs Review*, 39; 3(Jan. 2004): 376~397.

Brueckner, J., (2000), "Urban sprawl: diagnosis and remedies," *International Regional Science Review*, 23; 2(2000): 160~171.

Carruthers, J., (2002), "The impacts of state growth management programmes: A comparative analysis," *Urban Studies*, 39; 11(2002): 1959~1982.

Carruthers, J. and Ulfarsson, G., (2002), "Fragmentation and sprawl: Evidence from interregional analysis," *Growth and Change*, 33(summer 2002): 312~340.

Chinitz, B., (1990), "Growth management," *Journal of the American Planning Association*, 56; 1(winter 1990): 3~8.

Clarke, W. and Evans, J., (1999), "Development impact fees and the acquisition of infrastructure," *Journal of Urban Affairs*, 21; 3(1999): 281~288.

Daniels, T., (2001), "Smart growth: A new american approach to regional planning," *Planning Practice & Research*, 16; 3/4(2001): 271~279.

Dawkins, C. and Nelson, A., (2002), "Urban containment policies and housing prices: an international comparison with implications for future research," *Land Use Policy*, 19(2002): 1~12.

DeGrove, J. and Metzger, P., (1993), "Growth management and the integrated role of state, regional and local government," Stein, J., (ed.), *Growth Management: The planning challenge of the 1990s*(London: Sage), 3~17.

Ding, C. and Knaap, G. and Hopkins, L., (1999), "Managing urban growth with urban growth boundaries: A theoretical analysis," *Journal of Urban Economics*, 46(1999): 53~68.

Downs, A., (1994), *New Visions for Metropolitan America*(Washington, D. C.: The Brookings Institution).

______, (2000), "How America's cities are growing: The big picture," Wassmer, R., (ed.), *Readings in Urban Economics*(Mass.: Blackwell), 107~117.

Eaton, J. and Eckstein, Z., (1997), "Cities and growth: Theory and evidence from France and Japan," *Regional Science and Urban Economics*, 27(1997): 443~474.

Ellis, C., (2002), "The new urbanism: critiques and rebuttals," *Journal of Urban Design*, 7; 3(2002): 261~291.

Feiock, R., (1994), "The political economy of growth management," *American Politics Quarterly*, 22; 2(April 1994): 208~219.

Filion, P., (2003), "Towards smart growth? The difficult implemetation of alternatives to urban dispersion," *Canadian Journal of Urban Research*, 16; 1(2003): 48~70.

Gleeson, M., et al., (1975), *Urban Growth Management Systems,* Planning advisory Service Report nos. 309. 310(Chicago: ASPO).

Goodall, B., (1972), *The Economics of Urban Areas*(Oxford: Pergamon).

Green, Jr., P., (1968), "Land subdivision," Goodman, W. and Freund, E., (eds.), *Principles and Practice of Urban Planning*(Washington, D. C.: ICMA), 443~484.

Judd, D. and Swanstrom, T., (2002), *City Politics: Private Power and Public Policy*(N. Y.: Longman).

Kelly, E., (1993), *Managing Community Growth*(Westport, Connecticut: Praeger).

Lopez, R. and Hynes, H., (2003), "Sprawl in the 1990s: Measurement, distribution, and trends," *Urban Affairs Review*, 38; 3(jan. 2003): 325~355.

Nelson, A. and Moore, T., (1996), "Assessing growth management policy implementation," *Land Use Policy*,

13; 4(1996): 241～259.

Nelson, et al., (2004), "Urban containment and central-city revitalization," *Journal of the American Planning Association*, 70; 4(2004): 411～425.

Ratcliffe, J., (1978), *An Introduction to Town and Country Planning*(London: Hutchinson).

Ratcliffe, J. and Stubbs, M., (1996), *Urban Planning and Real Estate Development*(London: UCL Press).

Rosenberg, N., (1999), "Development impact fees: Is limited cost internalization actually smart growth?," *Environmental Affairs*, 30(1999): 641～688.

Smith, M., (1993), "Evolution and conflict in growth management," Stein, J., (ed.), *Growth Management: The planning challenge of the 1990s*(London: Sage), 44～57.

Wasserman, M., (2000), "Urban sprawl," *Regional Review*, 10; 1(2000): 9～17.

Weitz, J., (1999), "From quiet revolution to smart growth: State growth management programs, 1960 to 1999," *Journal of Planning Literature*, 14; 2(november 1999): 267～338.

제10장

개발관리

제1절 개 요

Ⅰ. 의 의

1. 개 념

도시개발(urban development)은 변하는 도시환경과 여건에 능동적으로 대처하기 위한 계획적 노력으로 볼 수 있다(이하 정환용, 2006: 353~354). 그러나 개발의 개념은 시각에 따라 차이가 있다. 경제적 의미(經濟的 意味)에서 개발은 토지를 보다 유용하게 하거나, 보다 효율적으로 활용할 수 있도록 만드는 행위, 즉 부가가치를 창출해 내는 행위라 지칭한다. 토지와 재산의 가격과 지대에 대한 시장의 신호에 의해 작동되는 거래와 투자를 개발이라 지칭한다. 물리적 측면(物理的 側面)에서는 토지나 건물의 물리적 이용 또는 현재이용밀도의 변화를 의미한다.

도시지역에서 시행되는 사업은 크게 도시계획사업과 비도시계획사업으로 구분할 수 있다. 도시계획사업(都市計劃事業)은 도시관리계획을 시행하기 위한 사업으로서 도시계획시설사업, 도시개발사업, 그리고 도시 및 주거환경정비사업을 말한다(「국토의 계획 및 이용에 관한 법률」 제2조 제11호). 비도시계획사업(非都市計劃事業)은 특별법에 의해 조성되는 주택지・상업지・산업단지・농촌개발사업들을 지칭한다

도시계획사업의 하나인 도시개발사업(都市開發事業)에 대해 「국토의 계획 및

이용에 관한 법률」에서는 도시관리계획을 시행하기 위한 도시계획사업의 하나로서 규정하고 있으며(동법 제2조 제11호), 「도시개발법」에서는 도시개발구역 안에서 주거 · 상업 · 산업 · 유통 · 정보통신 · 생태 · 문화 · 보건 및 복지 등의 기능을 가지는 단지 또는 시가지를 조성하기 위하여 시행하는 사업이라고(동법 제2조 제1항 제2호) 각각 규정하고 있다.

2. 개발문제

도시개발과 관련하여 제기되는 일반적인 과제(課題)는 경제적 효율성, 사회적 형평성, 정치적 민주성, 그리고 개발과 환경의 조화라는 측면에서 검토할 수 있다(이하 정환용, 2006: 354).

경제적 효율성(經濟的 效率性)은 '저렴하고 양질의 도시용지를 적정하게 공급하면서도 지가상승 등 부정적인 효과를 최소화할 수 있는가?' 하는 점이다.

사회적 형평성(社會的 衡平性)은 '개발행위에 의해 사회적 형평성이 제고되었는가?' 하는 문제이다. '개발이익은 적정하게 배분되었는가?'는 여기서 주로 검토되어야 할 사항이다.

정치적 민주성(政治的 民主性)은 '개발이 기본적으로 주민의 욕구를 반영했으며, 참여의 기회는 제공되었는가?' 하는 측면에 초점을 둔다.

개발(開發)과 환경(環境)의 조화(調和)는 '개발에 의해 환경파괴는 없었으며, 개발계획들과 연계는 확보되었으며 장기적인 개발방향 및 전략과는 조화되는가?' 하는 면을 강조한다.

Ⅱ. 개발과정

1. 개발단계

도시개발은 개발의 시작에서 끝까지 여러 사상(事象) 또는 단계(段階)의 연속으로 기술할 수 있다. 이러한 개발과정은 예비개발활동, 개발집행, 그리고 시설관리의 3단계로 구분하여 고찰할 수 있다(Knox, 1994: 184~187; 이하 정환용, 2006: 358~359).

(1) 예비개발활동

예비개발활동(豫備開發活動)은 부지선정, 사업계획의 개념화, 그리고 그 개념화된 사업계획에 대한 타당성 고려로 이루어졌다.

부지선정단계(敷地選定段階)에서의 고려사항은 입지 · 규모 · 토지매입비 · 공공시설과 서비스의 이용가능성 · 사업계획에 대한 근린토지이용자들의 반응 등이다.

사업계획개념화(事業計劃概念化)는 어떤 형태의 개발을 어떻게 할 것인가를 중심으로 하는 계획내용의 구체화작업을 포함한다.

타당성분석(妥當性分析)에서는 소유권, 공공과정, 사업계획의 생존력, 물리적 조건, 그리고 시장조건의 5가지 방법으로 검토된다. 토지에는 다양한 권리들이 존재하기 때문에 개발업자들이 이들 권리들을 획득하거나 존중해야 한다. 만일 개발잠재력이 있는 토지소유자가 판매하고자 하지 않을 때에는 강제적인 구입조치를 취할 수 있다. 만일 소유권의 제약에 의해 민간부문의 타당성이 위협받는다면 개발업자는 타당성검토의 마지막 단계까지 토지를 유보해야 한다. 공공과정(pubic procedures)은 사업계획의 허가와 관련하여 각종 건축규제의 내용을 검토하여야 한다. 민간부문의 개발을 위한 생존력 연구(viability study)는 예상수익이 예상되는 비용을 초과하여 바람직한 수익률이 만드는 데 충분한가를 결정하기 위해 수행되어야 한다. 개발업자는 부지가 제안된 개발을 물리적인 의미에서 수용할 수 있는가를 확인해야 한다. 그리고 시장여건(market conditions)도 개발 이전에 검토되어야 한다.

(2) 개발집행

예비단계가 완료되면 개발업자는 집행단계(執行段階)로 옮겨가는데, 여기서는 재정 · 마케팅 · 설계와 건축활동이 포함된다.

재정(財政)은 다른 사람에게 사업계획의 타당성을 확신시키는 것으로, 투자비용에 대한 수익을 고려하고, 필요한 재원조달방안을 모색한다.

마케팅(marketing)은 그 중요성이 증대되는 활동으로 개발업자들에 의해 개발된 토지 등의 이용가능성 등을 홍보한다.

설계(設計)와 건축단계(建築段階)에서는 토목, 건축, 조경의 구체적인 공사활동으로서 작업의 속도 등이 중요하다. 건축과정은 토지소유자와 건축가가 건설업자와 계약을 하는 것으로부터 시작한다. 계약시 주요 고려사항은 비용과 완성시간이다.

(3) 시설관리

소유자가 자신이 점유할 목적으로 건축하는 것이 아닌 개발은 건축완료에 따라 판매나 임대하게 된다. 그러나 보통은 개발완료 이전에 세입자나 구입자를 확보하는 모든 노력을 하게 된다. 개발용지가 임대된 경우, 개발업자는 세입자를 관리하고, 임대료를 징수하며, 사업계획을 일반적으로 유지·관리하는 일을 하거나 새로운 소유자에게 매매하는 일을 하는데. 이를 시설관리단계(施設管理段階)라 한다. 개발이 완료되고, 판매·처분·점유되면 개발과정이 완료된다.

2. 개발계획과정

「도시개발법」(이하 "법")에서 제시한 도시개발계획(都市開發計劃)의 수립과 시행절차는 지정된 개발구역(開發區域)에 대해 개발계획을 수립하여, 개발사업(開發事業)을 시행하도록 했다(이하 정환용, 2006: 360~371).

(1) 개발구역의 지정

도시개발구역(都市開發區域)이라 함은 도시개발사업을 시행하기 위하여 지정·고시된 구역을 말한다(법 제2조 제1항 제1호). 도시개발구역을 지정하는 자(指定權者)는 특별시장·광역시장 또는 도지사(이하 시·도지사)와 건설교통부장관이다(법 제2조 제1호; 제3조 제1항).

건설교통부장관 또는 시·도지사가 도시개발구역을 지정하고자 하거나 시장·군수 또는 구청장이 개발구역의 지정을 요청하고자 하는 때에는 공청회를 열어 주민 및 관계전문가 등으로부터 의견을 청취하여야 하며, 공청회에서 제시된 의견이 타당하다고 인정되는 때에는 이를 반영하여야 한다(법 제7조 제1항).

지정권자는 개발구역을 지정하거나 개발계획을 변경하고자 하는 경우에는 관계 행정기관의 장과 협의한 후 중앙도시계획위원회 또는 시·도의 도시계획위원회의 심의를 거쳐야 한다(법 제8조).

(2) 개발계획의 수립

지정권자가 개발구역을 지정하고자 하는 때에는 당해 개발구역에 대한 도시개발사업의 계획(이하 "개발계획")을 수립하여야 한다(법 제4조 제1항).

개발계획(開發計劃)은 개발계획서, 관련도면 및 부속서류로 구성된다(업무지침 제10조 제2항). 개발계획서(開發計劃書)에는 개발구역의 명칭·위치와 면적, 구역지정목적 및 사업시행기간, 사업시행자, 사업시행방식, 인구·토지이용·교통처리·환경보전·각종시설계획·재원조달계획 등을 포함한다(법 제5조 제1항).

(3) 개발사업의 시행

도시개발사업의 시행자(이하 "시행자")는 지정권자가 이를 지정한다(법 제11조 제1항; 시행령 제14조). 시행자로 지정받고자 하는 자는 사업시행자지정신청서(事業施行者指定申請書)를 시장·군수 또는 구청장을 거쳐 지정권자에게 제출하여야 한다. 다만 지정권자가 도시개발사업을 직접 시행하는 경우에는 그러하지 아니한다(시행령 제15조 제1항).

시행자(施行者)는 도시개발사업에 관한 실시계획을 작성하여야 하는데, 이 계획은 지구단위계획(地區單位計劃)에 포함되어야 하며, 지구단위계획의 수립기준에 따라 작성하여야 한다(법 제 17조 제1항; 시행령 제28조 제2항). 이는 모든 도시개발구역에 지구단위계획수립을 의무화하여 쾌적한 도시환경조성을 위한 기반을 마련하고, 사업준공 후에도 수립된 지구단위계획의 내용에 따라 당해지역을 관리함으로써 처음의 개발밀도를 유지하며 사후에 과밀개발이 되지 않도록 도시의 지속적·일관적 관리를 모색하기 위한 것이다.

제 2 절 개발방식

도시개발방식(都市開發方式)은 지표에 따라 여러 가지로 구분할 수 있다. 개발주체(開發主體)에 따라 공공부문에 의한 공영개발, 민간부문에 의한 민영개발, 그리고 민관협력개발의 3가지로 구분한다. 토지취득방식(土地取得方式)에 따라 전면매수(공영개발사업·대지조성사업), 혼합방식(도시재개발·주택재개발)으로 구분할 수 있다. 처분방식(處分方式)에 따라 매각이전방식과 임대방식으로 구분 가능하다.

토지개발방식을 토지소유권(土地所有權)의 측면에서 토지소유자가 직접개발하는 방식과 개발자가 토지소유권자에게서 이용권을 빌려서 개발하는 차지개발로 나눌 수 있다. 전자의 대표적인 방법은 환지방식이고, 후자의 예로서 수용·

사용방식과 신탁개발이 있다. 「도시개발법」에서는 도시개발사업시행방식을 수용 및 사용방식, 환지방식 또는 양자의 혼합방식 중에서 적절하게 선택하여 탄력적으로 운영할 수 있도록 했다(법 제20조).

Ⅰ. 환지방식

1. 의 의

(1) 개 념

환지방식(換地方式)에 의한 도시개발사업(이하 "환지개발")이란 종래의 토지구획정리사업을 의미한다. 환지개발(換地開發)이란 무질서하거나 미개발된 토지를 토지이용계획에 따라 구획정리하고 필요한 기반시설을 구비시켜 보다 이용가치가 높은 토지로 전환시키는 계획적 노력이다(이하 정환용, 2006: 379~384).

환지개발은 대지로서의 효용증진과 공공시설의 정비를 위하여 토지의 교환·분합·구획변경, 지목 또는 형질변경, 공공시설의 설치·변경을 위해 필요한 경우 또는 도시개발사업을 시행하는 지역의 지가가 인근의 다른 지역에 비하여 현저히 높아 수용 또는 사용방식으로 시행하기 어려운 경우에 사용하는 도시개발사업의 시행방식이다[「도시개발법」(이하 "법") 시행령 제32조 제1항 제1호].

(2) 특 징

환지(換地)란 사업시행 전에 존재했던 권리관계에 변동을 가하지 않고 각 토지의 자연적 여건과 이용상황 등을 고려하여 새로이 조성된 대지에 기존의 권리를 이전하는 행위를 말한다. 이를 토지재조정(land readjustment)이라고도 한다.

환지개발을 도시개발도구로 사용하는 이유는 다음의 집행상 이점이 있기 때문이다(Larsson, 1997: 142; Sorensen, 2000: 225~226).

① 이는 사업토지를 단일소유로 모으는 방법으로, 다른 방법보다 효율적이고 저렴하다.
② 소유자조합은 지방기관과 협상하는 적정한 파트너로서 작용한다.
③ 조합은 재원이 부족한 도시정부보다 용이하게 재정을 비롯한 여러 집행문제를 해

결할 수 있다.

④ 이 방법은 기존계획과 관계 없이 새로운 구조를 건립함으로써 보다 나은 계획을 할 수 있다. 그리고 개발을 통해 결여된 공공시설들을 확보할 수 있어 전체적인 토지이용여건이 개선될 수 있다.

⑤ 이 방법은 개발이익(development gain)을 수용가능한 원칙에 따라 소유자들 간에 배분할 수 있기 때문에 비교적 공평한 방법이다.

⑥ 일반적으로 새로운 계획은 점진적으로 수용되는 것과 달리 보다 빠른 집행이 가능한 방법이다. 즉, 원토지소유자들의 소유권은 거의 대부분 변경되지 않기 때문에 다른 형태의 개발에 비해 저항이 적어 집행이 상대적으로 신속하게 진행될 수 있다.

⑦ 이 방법은 토지소유자들이 주요한 역할을 하고, 그들의 이익과 자원을 동원한다.

⑧ 기존토지 소유자들이 자신의 재산을 유지한 것으로서 기존 사회환경은 보전될 수 있다.

이 기법의 매력(魅力)은 입장에 따라 차이가 있다. 토지소유자(土地所有者)의 경우, 비록 배분되는 토지가 적어져도 토지의 가치가 실질적으로 크게 증가하기 때문에 지지하게 된다. 계획기관(計劃機關)의 경우 필요한 공공시설용지와 하부구조용지를 제공받기 때문이다(Sorensen, 2000: 219).

(3) 역사적 배경

근대적 의미의 환지개발의 기원은 독일 푸랑크푸르트(Frankfrut)의 시장인 아디케스(Adickes)에 의해 「토지구획정리에 관한 법률」이란 명칭으로 1902년에 제정·공포된 일명 아디케스법(Lex Adickes)에서 기원한다. 이 법안의 제안설명에 의하면 "합리적인 도시개발을 저해하고 있는 토지의 난분할(亂分割)상태를 제거하여 주택문제의 합리적 해결에 있다"라고 말하고 있다.

이 법의 내용이 각 국에 파급되었다. 유럽에서는 독일·프랑스·이태리·스웨덴에서 이의 영향을 받아 관련 법적 기반이 확립되었다. 아시아에서는 한국·일본·타이완·인도, 그리고 호주의 일부지역에서 사용하고 있다. 북미에서는 캐나다의 일부 도시에서 집행되었었고, 미국의 경우 일부 주(州)에서 입법화하고 있다(Larsson, 1997: 142).

우리나라에서는 1961년에 「도시계획법」의 제정에 따라 제3장 제2절에 토지구획정리에 관한 규정을 두었으나, 1966년에 단일법으로 「토지구획정리사업법」이 제정되어 사용되었다가, 2000년 「도시개발법」의 제정에 따라 폐지·통합되었다.

2. 개발과정

환지개발은 환지계획의 작성과 인가, 사업시행, 그리고 환지처분의 3단계로 구분하여 진행된다.

(1) 계획작성 및 인가

시행자는 도시개발사업의 전부 또는 일부를 환지방식에 의해 개발하고자 하는 경우에는 환지설계, 환지명세, 청산대상토지명세, 체비지 또는 보류지 명세 등을 포함한 환지계획(換地計劃)을 작성하여야 한다(법 제27조 제1항).

시행자가 환지계획을 작성하는 때에는 환지방식이 적용되는 지역 토지면적의 2/3 이상에 해당하는 토지소유자와 그 지역의 토지소유자총수의 1/2 이상의 동의를 얻어야 한다(법 제4조 제3항).

행정청이 아닌 시행자가 환지계획을 작성한 때에는 시장·군수 또는 구청장의 인가를 받아야 한다(법 제28조 제1항).

(2) 사업시행

사업시행단계(事業施行段階)에서는 사업의 원활한 수행을 위하여 필요시 환지예정지로 지정하고, 시행지구 내의 지장시설물의 철거작업과 택지개발사업을 수행하게 된다. 환지예정지의 지정이나 사용 또는 수익의 정지처분으로 인하여 이를 사용 또는 수익할 수 없게 된 토지는 환지처분공고가 있는 날까지 시행자가 관리한다(법 제38조 제1항).

(3) 환지처분

환지처분(換地處分)이란 시행자가 환지계획에 따라 개발사업을 완료한 뒤 종전의 토지에 갈음하여 새로운 토지를 교부하고 이에 종전의 권리를 이전시키는 처분을 말한다.

시행자는 공사가 완료되었을 때는 지체 없이 이를 공고하고, 공사관계서류를 일반에게 14일 이상 공람하여야 한다(법 제39조 제1항). 시행자는 공람을 거쳐 필요한 조치를 취한 후 준공검사를 신청하거나 개발사업의 공사를 완료하여야 한다(법 제39조 제3항). 시행자는 준공검사를 받은 때에는 60일 내에 환지처분을 하여야 한다(법 제39조 제4항; 시행령 제55조).

3. 문제점과 개선방안

토지구획정리사업의 문제점(問題點)으로는 과도한 개발이익 허용, 개발이익 배분의 불합리성, 토지소유자의 부당한 부담, 일정규모 이하 토지소유자의 불이익, 미흡한 토지소유자의 의사반영, 사업승인 후 환지계획 승인하는 사업계획과 환지계획의 분리 등의 문제를 지적할 수 있다(황명찬, 1985: 372～375).

이러한 문제를 개선(改善)하기 위해서는 도시계획적 감독강화, 지구계획과의 연계, 부담과 환지의 합리화, 제도운영의 합리화, 기술인력확보와 훈련 등의 다각적인 방안이 강구되어야 한다(황명찬, 1985: 376～379).

Ⅱ. 수용 · 사용방식

1. 의　　의

(1) 개　　념

공공사업주체가 공익사업을 위하여 공공용지를 취득하는 방법으로는 계약에 의한 임의매수와 권력에 의한 공용수용, 그리고 그 중간에 수용절차에 들어간 후 재결 전에 협의에 의해 취득하는 방법이 있다. 공용수용(公用收用)은 공익사업 기타 복리행정상의 목적을 위하여 타인의 특정한 재산권(소유권 외의 권리)을 법률의 힘에 의해 강제적으로 취득하는 것을 말한다(이하 정환용, 2006: 375～379).

(2) 수용자와 피수용자

수용권의 주체인 수용자(收用者)는 공익사업의 시행자로서 국가 · 공공단체 또는 사인에 관계없이 공익사업의 시행자인 기업자(起業者)를 의미한다. 시행자는 도시개발사업에 필요한 토지 등을 수용 또는 사용할 수 있다. 다만 토지소유자 또는 조합 · 민간법인 · 도시개발사업을 수행할 능력이 있다고 인정되는 자로서 지정을 받은 사업시행자는 사업대상 토지면적의 2/3 이상에 해당하는 토지를 매입하고 토지소유자 총수의 2/3에 해당하는 자의 동의를 얻어야 한다(법 제21조 제1항).

수용권의 객체인 피수용자(被收用者)는 토지소유자 또는 관계인을 지칭한다. 공용수용의 목적물(目的物)은 재산권으로서 토지소유권, 토지에 관한 소유권이외의 권리, 토지정착물의 소유권 등을 포함한다. 토지 등의 수용 또는 사용에 관해서는 「공익사업을 위한 토지 등의 취득 및 보상에 관한 법률」(이하 "법률")을 준용하도록 했다(법 제21조 제2항).

(3) 공익사업의 범위

토지 등을 취득 또는 사용할 수 있는 공익사업(公益事業)은 주요 도시기반시설사업, 공공기관이 임대나 양도목적으로 시행하는 주택건설 및 택지조성사업, 국방·군사에 관한 사업 등이다(법률 제4조).

(4) 취득 또는 사용방식

협의에 의한 방식과 수용에 의한 방식으로 구분할 수 있다. 전자는 수용방식에 의한 절차를 진행하기 이전에 토지소유자 및 관계인과 협의하여 취득하는 방식이다.

2. 협의에 의한 취득 또는 사용

(1) 토지 및 건물조서의 작성

사업시행자는 협의(協議)에 의한 토지 등의 취득 또는 사용이 필요한 때에는 토지조서 및 물건조서를 작성하여 토지소유자 및 관계인의 서명 또는 날인을 받아야 한다(법률 제14조).

토지·물건의 조서작성(調書作成)은 기업자가 수용 또는 사용할 토지 및 물건의 내용을 확정하는 절차이다. 이는 수용목적물인 토지나 물건의 내용·수량 또는 면적 등에 관한 사실확인적인 의미를 갖는 것으로, 기업자가 작성하여 서명·날인하고 토지소유자 및 관계인을 입회시켜서 서명·날인하도록 했다.

(2) 보상계획의 작성 및 열람

사업시행자가 토지조서 및 물건조서를 작성한 때에는 공익사업의 개요, 토지조서 및 물건조서의 매용과 보상의 시기·방법 및 절차 등을 기재한 보상계획(補償計劃)을 전국을 보급지역으로 하는 일간신문에 공고하고, 토지소유자 및 관계인에게 통지하여야 한다. 다만 토지소유자 및 관계인이 20인 이하인 경우는 공고를 생략할 수 있다(법률 제15조 제1항).

토지소유자 또는 관계인은 공고 또는 통지된 토지조서 및 물건내용에 대하여 이의가 있는 경우에는 열람기간 내에 사업시행자에게 서면으로 이의를 제기할 수 있고(법률 제15조 제3항), 사업시행자는 그 이의가 이유있다고 인정하는 때에는 적절한 조치를 취해야 한다(법률 제4항).

(3) 협　　의

사업시행자는 토지소유자 및 관계인과 보상에 관하여 성실하게 협의하여야 한다. 협의가 성립된 경우에는 사업시행자는 토지소유자 및 관계인과 계약을 체결하여야 한다(법률 제17조).

협의(協議)는 기업자가 수용할 토지 등에 관한 권리를 취득하거나 소멸시키기 위하여 토지소유자 및 관계인과 의논하여 이루어진 합의를 말한다. 기업자와 토지소유자 및 관계인 사이에 협의가 성립되면, 기업자는 토지소유자 및 관계인의 동의를 얻거나 공증인의 공증을 받아 관할 토지수용위원회에 협의성립의 확인을 신청한다. 기업자와 토지소유자 및 관계인 사이에 협의가 성립되면 토지수용의 절차는 이로서 종결되고 수용의 효과가 발생한다.

3. 수용에 의한 취득 또는 사용

토지의 수용 또는 사용의 절차는 사업인정, 토지・물건의 조서작성, 협의, 재결・화해의 4단계로 나누어 이루어진다.

(1) 사업인정

사업인정(事業認定)이란 기업자가 토지를 수용・사용하고자 할 때, 당해 사업이 공익사업에 해당함을 건설교통부장관에게 인정받는 것을 말한다(법률 제20조). 기업자가 사업인정신청서를 시・도지사를 거쳐 건설교통부장관에게 제출한다. 건설교통부장관은 관계장관 또는 그 토지를 관할하는 시・도지사와 협의를 하여야 하고, 중앙토지수용위원회의 의견을 들어 인정한다(법률 제21조).

(2) 협의절차

사입인정을 받은 사업시행자는 토지 및 물건조서를 작성, 보상계획의 공고・통지 및 열람, 보상액산정과 토지소유자 및 관계인과의 협의절차를 거쳐야 한다(법률 제26조). 이 경우 협의에 의한 취득 또는 사용의 절차를 준용한다(법률 제26조 제1항).

(3) 재결 · 화해

재결(裁決)은 협의의 불성립 또는 불능의 경우에 기업자의 신청에 의해 토지수용위원회가 수용할 토지구역 · 손실보상 · 수용시기 등을 결정하는 토지수용의 마지막 단계이다.

화해(和解)는 토지수용위원회의 재결 전 심의과정에 있어서 기업자와 토지소유자 및 관계인의 주장을 서로 양보하도록 하여 재결에 의하지 아니하고 수용목적을 달성하기 위한 것이다.

Ⅲ. 신탁개발

1. 의 의

(1) 개 념

토지신탁(土地信託)이란 위탁자 겸 수익자인 토지소유자가 수탁자인 신탁은행에 토지를 맡겨 신탁목적에 따라 신탁은행이 토지를 관리 · 처분하거나 개발하는 제도이다(국토학, 1997: 568). 즉, 토지신탁은 토지소유자(위탁자)가 토지를 신탁회사(수탁자)에 신탁하고, 토지소유권을 수탁자 명의로 이전 및 신탁등기하고, 수탁자는 신탁계약에서 정하는 신탁목적에 따라 소요자금을 조달하여 토지를 관리 · 처분 · 개발하여 발생되는 수익을 위탁자에게 배당(신탁배당)하며 신탁계약종료시 신탁재산을 수탁자에게 다시 반환함으로써 종료하게 된다(한국토지신탁, 1997: 45～47).

민간토지소유자들은 정보 및 자금부족으로 토지개발의 효율성이 저하되고 있으며, 공공에 의한 토지개발은 이해관계의 복잡성과 사회정의의 측면에서 많은 문제점을 노출시키고 있다(국토학, 1997: 567). 이러한 양자의 문제점을 보완하기 위해 도입된 개발방식이 신탁개발이다.

(2) 특 징

토지신탁제도의 특징(特徵)은 다음과 같다(국토학, 1997: 571～572).

① **소유권의 신탁적 이전** 신탁에 의해 위탁자인 토지소유자로부터 수탁자인 신탁은행에 토지의 소유권이 이전되나 신탁이 종료되면 소유권이 원소유

자나 구입자에게 귀속된다.

② **신탁은행에 의한 사업운영** 수탁자인 신탁은행이 사업계획의 입안, 건설회사 및 금융기관과의 절충, 인허가 업무, 임대인 모집 및 임대조건의 절충, 건물의 유지 및 관리 등 사업에 필요한 업무를 수행한다.

③ **사업성과에 따른 실적배당** 부동산사업에 관한 풍부한 경험 및 기술축적, 그리고 전문적인 지식 및 높은 신용력을 갖고 있는 신탁은행은 토지신탁에 의한 사업을 효율적으로 수행할 수 있다. 그리고 관리운영의 결과로 발생한 수익은 신탁배당의 형태로 토지소유자에게 귀속된다.

④ **신탁재산의 독립성** 신탁기간 중에는 토지소유권이 신탁은행에 이전되므로 토지소유자의 채권자가 대상토지에 강제 집행할 수 없는 등 독립재산으로서 토지의 관리가 가능하다.

⑤ **유동자금화 가능성** 신탁기간 중에 자금이 필요한 경우 수익권 증서를 양도하거나 담보로 차입함으로써 자금화가 가능하다.

⑥ **신뢰성 확보** 공신력 있는 수탁자가 분양 또는 임대하여 실수요자는 비교적 안심하고 신탁된 토지 또는 건축물을 취득 · 이용할 수 있다.

2. 유 형

토지신탁개발은 신탁목적이나 운영방식에 따라 세분할 수 있다(정희남 · 최수, 1996: 64; 국토학, 1997: 568; 허재영, 1993: 243~244).

토지신탁은 운영방식(運營方式)에 따라 토지를 택지로 개발한 후 택지상태로 공급하는냐 혹은 건축물까지 건설하여 택지와 건축물을 함께 공급하는냐의 2가지로 나눌 수 있다.

토지신탁은 신탁목적(信託目的)에 따라 임대형과 처분형으로 구분할 수 있다. 처분형(處分型)은 토지나 건물의 부가가치를 높여 매각 · 처분하는 것이고, 임대형(賃貸型)은 부가가치를 높여 임대자를 모집하여 토지의 유효이용을 도모하는 것이다.

따라서 신탁목적과 운영방식을 결합하여 건물건설 임대형, 대지조성 임대형, 건물건설 분양형, 택지조성 분양형의 4가지 유형으로 구분할 수 있다.

3. 사업시행

(1) 위탁시행

시행자는 항만·철도 기타 도시기반시설과 같은 공공시설의 건설과 공유수면의 매립에 관한 업무를 국가·지방자치단체 또는 정부투자기관에 위탁하여 시행할 수 있다(법 제12조 제1항). 그리고 시행자는 도시개발사업을 위한 기초조사·토지매수업무·손실보상업무·주민이주대책사업 등을 지방자치단체나 정부투자기관에 위탁할 수 있다(법 제12조 제2항).

시행자가 개발사업의 일부를 위탁하여 시행하고자 하는 경우에는 국가·지방자치단체 또는 정부투자기관과 위탁사업의 시행지, 위탁사업의 종류·규모·금액 기타 공사설계의 기준이 되는 사항, 위탁사업의 시행기간, 위탁사업에 필요한 비용의 지급방법과 그 자금의 관리에 관한 사항 등에 관한 협약을 체결하여야 한다(시행령 제20조 제2항).

(2) 신탁개발

시행자 중 토지소유자 또는 조합, 일정한 법인, 개발사업을 시행할 능력이 있다고 인정되는 자의 규정에 의한 시행자는 지정권자의 승인을 얻어 「신탁업법」에 의한 신탁회사와 신탁계약을 체결하여 개발사업을 시행할 수 있다(법 제12조 제4항).

4. 부동산투자신탁

(1) 의　　의

부동산투자신탁(REITs: Real Estate Investment Trusts)제도는 다수의 투자자로부터 자금을 조달한 후 이를 부동산 등에 투자하며, 투자한 부동산 등으로부터 나오는 투자수익을 투자자들에게 배당하는 제도를 말한다.

부동산투자신탁(不動産投資信託)은 소액투자자들도 부동산 투자의 기회를 가질 수 있고, 유동성이 결여된 부동산투자를 수익증권발행과 환매제도를 통해 주식이나 채권과 같은 유동성을 갖는 금융상품으로 만들 수 있으며, 부동산투자대상을 분산함으로써 투자자의 위험을 감소시킬 수 있는 등의 특성(特性)을 가지고 있다.

(2) 개발방식

부동산투자신탁을 이용한 토지개발에는 두 가지 방식이 있다. 하나는 토지소유자가 부동산 투자신탁회사에 직접 토지를 현물출자하고, 부동산투자신탁회사는 현물출자받은 토지를 직접개발하는 방식이다. 다른 하나는 부동산개발을 위한 조합을 설립한 후 토지소유자는 토지를 출자하고, 부동산투자회사는 현금을 출자하여 개발한 후 각자 지분대로 이익을 나누어 갖는 방식이다. 이 때 토지소유자의 조합지분은 추후에 부동산투자신탁회사의 주식과 맞교환하는 계획을 맺는 것이 일반적이다. 이런 방식을 엄브렐라 파트너십 리츠(Umbrella Partnership REITs)라 한다(이태교, 2001: 151～152).

제3절 재 개 발

Ⅰ. 의 의

1. 개 념

재개발(再開發)이란 광의(廣義)로는 "정태적인 기존 도시의 물리적 환경을 동태적인 사회·경제 여건에 적응시켜 나가는 지속적인 도시성장 및 발전과정"으로 정의되고 있으나, 실질적으로는 협의(狹義)의 개념인 "물리적인 도시공간의 개선을 위한 수단"으로 이해하고 있다(이하 정환용, 2006: 404). 도시재개발은 시장(market)의 힘으로는 충분하지 못한 곳에 정부의 직·간접적인 개입에 의해 도시의 경제·사회·물리적 퇴락을 되돌리는 과정이라고 정의할 수 있다(EGUE, 1996: 207). 이 정의는 공공부문이 도시재개발에 개입할 필요성과 사회적 책임이 있다는 점을 강조하는 총체적 개발노력을 의미한다.

도시재개발에 대한 요구(要求)는 두 개의 관점에서 고찰할 수 있다. 하나는 도시가 발전해 나가는 과정에서 경제활동을 더욱 왕성하게 하기 위해 산업지역을 확대하고 효율적인 토지이용과 교통의 편리성을 확보하기 위한 요구이다. 다른 하나는 도시의 발전의 그늘에 버려져서 지나치게 과밀해지고 낡아지는 주택과 생활환경의 개선요구이다(이하 정환용, 2006: 404). 전자는 경제적 관점(經濟的 觀點)의 요구로 미국에서 강조되고 있고, 후자는 사회복지적 관점(社會福祉的

觀點)의 요구로 유럽에서 발전된 개념이다.

실제적인 측면에서 재개발사업의 목적(目的)은 도시구조의 개편 · 토지이용의 효율화 · 도시기반시설정비 · 주거환경정비, 그리고 도시기능의 갱생의 5가지로 요약할 수 있다. 도시내부지역은 기준 이하의 건축물이 밀집되어 있고, 토지이용이 혼재되어 있을 뿐 아니라 도시하부시설도 정비되어 있지 않다. 이러한 복합적인 문제를 해결하기 위해서는 토지이용의 효율화 · 기반시설의 정비 등을 통한 체계적인 도시구조개편노력이 요구된다. 기개발된 지역의 노후 · 불량 · 불법화된 주택들을 정비하고, 무질서하게 혼재된 토지이용체계를 개선하여 양호한 주거환경을 조성하는 것도 중요한 의미를 갖는다. 도시기능활성화를 위해 경제적 기반을 조성하고 경제적 에너지를 축적하여 경쟁력 높은 도시기능을 확보할 수 있도록 해야 한다.

2. 중 요 성

도시재개발은 도시를 에워싸고 있는 경제 · 사회 · 정치적 여건의 변화에 의해 제기된 문제와 새로운 수요에 대한 반응의 결과이다(Healey, et al., 1992: 3～8).

(1) 경제적 맥락

제조업부문에서 기계적인 대규모 생산(포드주의 생산과정)에서 전자기술에 의해 보다 유연하고 소비자 감응적인 생산과정으로의 전환으로 도시의 공간적 · 사회적 관계들에 커다란 영향을 미쳐왔다. 선진공업국가의 공업도시들은 외국과의 경쟁과 새로운 생산관계의 여건하에서 합리화를 모색해 왔다. 이의 결과로 나타난 과잉과 실업으로 인해 오래된 생산기술과 관련되는 생산 및 분배지역들은 퇴락 · 유기된 모습을 보이게 되었다. 한편, 전자공학 · 첨단기술 · 생산자서비스와 같은 성장활동은 확장되고 새로운 입지에서 새로운 활동기회를 만들고 있다. 때문에 포드주의생산은 가치하락되고 과잉되게 만들고, 따라서 도시재개발정책은 후기포드주의(post-Fordism)생산과 소비지의 이미지를 제고하고 있다.

이 변화들은 사람들의 일상생활에 침투하고, 그들의 가정경제와 생활기회를 변화시키고, 확립된 생활패턴과 기업관계를 파괴하는 한편, 새로운 기회를 창출한다. 따라서 사람과 기업주위의 물리적 환경도 변화되고 있다. 사람들은 공업지에 근접한 주거지에서 보다 쾌적한 공간을 추구하고, 기업들은 버려진 공장들이나 빈 가게에서 탈출하고자 한다. 이러한 경향은 사람과 기업 그리고 근린재개발에 새로운 기회를 제공하는 활동을 창출한다. 이의 결과로 투자와 지위를 상실했던 근린들(가치하락지역)과 새로운 생산과 소비관계를 통해 성장하고 있는 지역(재평가된 지역) 간에 경쟁이 나타난다.

한편 도시지역들 스스로는 지역 · 국가 · 세계적 공간에서 경제적 기회를 위한 경쟁을 하는 위치에 처하게 되었다. 도시의 질(물리 · 사회 · 문화적 하부구조와 환경적 자산의 의미)이 생산요소(임금과 질 · 원료에의 접근성 · 부지와 건물의 질과 비용)의 중요성에 비견될 만큼 새로운 경쟁요인으로 등장하고 있다. 이러한 지역 간 경쟁의 세계에서 도시지역의 엘리트들이 핵심적인 활동가로서 세계경제에서 그들 도시의 투자기회를 확보하고자 노력한다.

(2) 사회적 맥락

경제적 재구성과 복합적인 방법으로 상호관련된 사회조직의 변화는 도시재건(city rebuilding)활동에 주요한 의미를 가져왔다. 이는 두 가지 점에서 중요하다.

첫째는 생활유형의 탈현대적인 차별화이다. 세계적 동질화(global homogenization)가 개인과 집단의 차별화와 결합한다. 가처분소득의 증가와 함께 많은 사람들은 여가활동과 경험의 다양성을 추구하고, 문화적 이익을 추구하며, 특정한 환경시설과 질을 제고하고 옹호하는 압력집단을 만들고 있다. 이는 도시에 지방의 다양성에 대한 수요를 만든다. 이러한 결과로 나타나는 차별화는 여러 측면이 있다. 경제적(經濟的)으로는 그것들은 특정한 생활유형의 질[여피(yuppie)의 환경, 건강한 신주거프로젝트]을 표현하는 시설과 근린을 건설하는 시장기회를 창출한다. 사회적(社會的)으로 차별화는 집단들을, 유사한 생활유형과 관련되고 침입자로부터 환경의 보호를 추구하는 분리로 쉽게 이어진다. 문화적(文化的)으로는 도시는 밀접한 통합적 실체라기보다는 분리된 요소, 프로젝트, 지대, 근린으로 인식되고 있다. 탈현대의 분절된 도시의 이미지는 현대의 기능적으로 통합된 도시의 이미지를 대체한다.

두 번째로 중요한 사회적 변화는 소득격차의 지속적인 증가이다. 정부의 복지정책의 감축 그리고 가정경제와 함께 기존공업의 몰락으로 인해 많은 빈곤층들은 줄어드는 대중교통기회 · 쇠퇴하는 공급시설 · 잘못 관리된 주택으로 된 근린들에 의해 그들 스스로가 고립되어 있음을 발견하게 된다. 이에 따라 과거의 제도적 관계와 공간조직은 파괴되고, 때문에 그들 집단들은 경제적 기회 · 사회적 지원 · 정치적 영향에 대한 그들의 연계가 상실되고 있다.

대부분의 도시정책은 경제적 재개발을 강조해 왔다. 이 이론은 경제적 혜택이 정해진 절차에 따라 모든 계층에 파급될 것이라는 것이다. 그러나 실제로는 빈곤계층에 혜택이 확산되는 증거는 발견하기 어렵다. 오히려 도시 내에서 부유한 주민들과 빈곤주민들 간의 거리는 증가되는 경향이 있다. 도시 내의 일부에서는 빈곤한 근린들이 다른 근린들에게 위협으로 간주되고 있다. 그러나 빈곤근린의 분리는 도시의 사회적 차별화를 추가하게 되었다. 이러한 도시 내의 사회 · 공간적 차별화는 누가 도시재건에서 혜택을 받는가 하는 심각한 문제를 제기하게 된다.

(3) 정치적 맥락

경제적 · 사회적 변화와 함께 도시거버넌스에 급격한 변화가 나타나고 있다. 민영화제안은 광범한 도시서비스와 활동들과 관련한 공공과 민간기관들 간의 새로운 공급형태와 새로운 관계를 촉진해 오고 있다. 하비(D. Harvey)는 도시거버넌스의 접근은 관리적 형태에서 기업적 형태로의 전환이라고 주장한다. 동시에 토지와 부동산개발에 대한 규제를 감소시키고, 그러한 규제가 시장과정에서 유리한 기준이 되어 왔다. 이의 목적은 경제개발, 토지 및 부동산개발, 그리고 새로운 중앙의 직접적 제안(Urban Developmnet Corporation, Enterprise Zones, City Grant 등)과 같은 동반개발(parallel development)의 육성에 지방정부의 권한과 역할을 모두 제약했다.

이러한 새로운 제안들에 따르면 정부보조금이나 다른 지원들이 도시지역 내에서도 이용가능해지기 때문에 제도적 관계가 변해 오고 있다. 실제로, 정부정책은 광범한 경제 및 사회프로그램들은 물론 각종 도시정책제안들을 통해 도시들의 제도적인 재구성을 적극적으로 제고해 오고 있다.

정치적 수사로, 민간부문이 국가와 시장 간의 새로운 파트너십을 인도하는 도시재건프로젝트의 핵심활동가들로 대표되었다. 한편, 중앙과 지방정부는 도시재개발에 대한 그들은 역할을 위해 경쟁했다.

3. 유　형

(1) 점진적 재개발과 종합적 재개발

재개발은 사업추진방법에 따라 점진적 재개발(漸進的 再開發)과 종합적 재개발(綜合的 再開發)로 구분할 수 있다(이하 정환용, 2006: 406～407).

점진적 재개발(piecemeal redevelopment)은 개별소유자가 재개발을 점진적으로 수행함에 따라 소액의 자금으로 사업추진이 용이하다. 더욱이 이는 기존토지소유패턴에 따라 이루어지기 때문에 사업지역에서 강제적으로 철거함에 따라 발생되는 복잡한 정치·사회·법률적 문제를 피할 수 있다. 여기에다 역사·건축·미적으로 의미 있는 건물을 견지함으로써 도심의 명료한 특성을 보존할 수 있고, 과거와 계속성을 유지할 수 있다. 주요한 문제점은 역사적 도로와 현대적인 자동차 도로의 수요를 조화시키는 문제인데, 유용한 해결방법은 옛날 도로들을 보행자 공간으로 하고, 주차를 금지시키는 지역으로 하는 방안도 있다. 일방통행이나 우회도로도 도입 가능하다.

종합적 재개발(comprehensive redevelopment)은 접근성과 환경을 고려하여 도심의 모든 활동들을 통합하기 위해 전지역에 대해 완전한 계획을 허용한다.

(2) 전면·수복·보전재개발

재개발문제의 치유방법에 따라 전면·수복·보전재개발로 나눌 수 있다.

전면재개발(redevelopment)은 도시시설이 전반적으로 노후화되어서 불량한 기존의 환경을 완전히 철거하고 새로운 시설과 기능으로의 대체가 요구되는 지역에 행하는 재개발이다(이하 정환용, 2006: 407). 따라서 전지역의 파괴, 철거, 그리고 재건설로 특징지을 수 있다. 이는 새로운 건축기법·건축기준·설계를 포함하여 토지이용·부지면적·개발밀도를 조정하는 장점이 있다. 이 방법의 문제점은 오랜 역사와 문화가 있는 지역을 시설물이 불량하다는 이유로 전면철거하여 이질적인 시설을 건립하여, 도시의 정체성을 훼손하는 것이다.

수복재개발(rehabilitation)은 단순한 형태의 조락(凋落)현상이 존재하며, 전체적인 조락 정도가 국부적 회복조치에 의해 정상화될 수 있는 재개발이다. 즉 이는 정해진 기준보다 열악한 여건의 상태를 개선하는 방법이다. 이 방법은 건물의 건전한 구조를 보장하고 기능적 조정을 위해 유지, 치유, 그리고 적응하는 것과 관련된다. 회복조치로는 건물의 개·보수(改·補修), 위생시설의 보완의 명령, 공공기관에 의한 공공시설제공, 자발적인 청소, 도색 등을 들 수 있다. 전통적인 도시환경과 기능을 유지하면서 시행하는 전면재개발보다는 경제적 부담이 적은 개발방식이다.

보전재개발(conservation)은 아직은 불량·노후화가 기준이지만, 도시조락지역으로부터 보호하고 현재의 개발수준을 유지해야 되는 지역으로, 엄격한 계속적인 지역지구제·최소주거표준규제·공공시설의 유지에 대한 감시가 요구되는 지역이다. 여기서는 지역을 물리적으로 개선하기 위해 국부적인 철거와 적절한 회복조치도 병행한다. 이는 도심에 건축물이나 시설물이 양호하게 보전된 지구와 역사적 문화적으로 보전이 필요한 건축물이나 시설물이 많은 지역에 적용되는 것이다.

(3) 자력재개발과 합동재개발

재개발사업의 자력시행여부에 따라서 자력재개발과 합동재개발로 구분할 수 있다(이하 정환용, 2006: 407～408).

자력재개발방식(自力再開發方式)은 지방자치단체가 시행자가 되어 공공시설 설치 및 행정지원 등을 담당하고, 주택은 주민이 건립하는 형태로 운영하는 방식이다. 즉 구획정리기법을 도입하여 관리처분계획절차를 통해 환지된 토지에 주민자력으로 주택을 건립하고, 지방자치단체는 공공부문의 투자를 실시하는 기법이다.

합동재개발방식(合同再開發方式)은 사업지역 권리자인 가옥 및 토지의 소유자가 조합을 구성하여 법정시행자의 자격을 갖추어 자율적으로 주택재개발을 시행하는 방식이다. 사업시행에 필요한 자금과 시공은 순수한 도급자의 지위로 또는 공동사업시행자자격으로 주택건설사업자가 제공하며, 조합원인 권리자에 대하여 구획정리기법의 권리변환(공용환권) 방법을 활용하게 된다. 주택건설사업자로부터 제공된 자금은 조합원분양 후 잔여시설을 체비시설로 하여 이를 시행자가 매각하여 충당하거나 정관의 규정에 따라 주택건설사업자가 대물상환받아 처분된다. 지금까지의 주택재개발사업의 대부분은 이 방식에 의하여 추진되어 왔다.

4. 정비계획

정비계획(整備計劃)의 수립 · 시행은 4개의 분리된 단계에 의해 진행된다. 먼저 정비사업의 기본방향을 결정하기 위한 목적으로 도시전체를 대상으로 수립하는 정비기본계획(整備基本計劃)이 결정된다. 다음은 구체적인 정비구역을 대상으로 수립하는 정비계획(整備計劃)을 작성한다. 선정된 사업자에 의해 구체적인 정비사업이 사업시행계획(事業施行計劃)에 의해 이루어지고, 시행된 사업을 관리처분계획(管理處分計劃)에 의해 처리하면 사업은 종료된다. 그리고 재정비촉진계획(再整備促進計劃)에 의한 재정비촉진사업을 시행한다.

(1) 정비기본계획

특별시장 · 광역시장 또는 시장(이하 "시장")은 도시 · 주거환경정비기본계획(이하 "기본계획")을 10년 단위로 수립하여야 한다. 다만, 대통령령이 정하는 소규모의 시의 경우에는 기본계획을 수립하지 아니할 수 있다[「도시 및 주거환경정비법」(이하 "법") 제3조 제1항].

시장이 기본계획(基本計劃)을 수립 또는 변경하고자 하는 때에는 14일 이상 주민에게 공람하고, 지방의회의 의견을 들은 후, 해당지방도시계획위원회의 심의를 거쳐야 한다(법 제3조 제2항). 시장(특별시장과 광역시장은 제외)이 기본계획을 수립한 때에는 도지사의 승인을 얻어야 하며, 도지사가 이를 승인함에 있어서는 관계행정기관의 장과 협의를 거친 후 지방도시계획위원회의 심의를 거쳐야 한다(법 제3조 제3항 및 제4항). 시장이 기본계획이 수립된 때에는 이를 지체없이 당해 지방자치단체의 공보에 고시하여야 하고, 건설교통부장관에게 보고하여야 한다(법 제3조 제5항 및 제6항).

시장은 기본계획에 대하여 5년마다 그 타당성 여부를 검토하여 그 결과를 기본계획에 반영하여야 한다(법 제3조 제2항).

(2) 정비계획

시장 · 군수는 기본계획에 적합한 범위 안에서 노후 · 불량건축물이 밀집하는 등 일정요건에 해당하는 구역에 대하여 정비계획(整備計劃)을 수립한다(법 제4조 제1항).

시장 · 군수는 정비계획을 수립하여, 14일 이상 주민에게 공람하고 지방의회의 의견을 들은 후 이를 첨부하여 시・도지사에게 정비구역지정을 신청하여야 하며, 정비계획의 내용을 변경할 필요가 있을 때에는 같은 절차를 거쳐 변경지정을 신청하여야 한다(법 제4조 제1항).

시・도지사는 정비구역(整備區域)을 지정 또는 변경지정하고자 하는 경우에는 지방도시계획위원회의 심의를 거쳐 지정 또는 변경지정하여야 한다(법 제4조 제2항). 시・도지사가 정비구역을 지정 또는 변경지정한 경우에는 당해 정비계획을 포함한 지정 또는 변경지정된 내용을 당해 지방자치단체의 공보에 고시하고 주민설명회 등을 거친 후 건설교통부장관에게 그 지정내용 또는 변경지정내용을 보고하여야 한다(법 제4조 제3항).

(3) 정비사업시행

정비사업(整備事業)이라 함은 정비구역 안에서 정비기반시설을 정비하고 주택 등 건축물을 개량하거나 건설하는 주거환경개선사업, 주택재개발사업, 주택재건축사업(정비구역 외에서 시행하는 사업도 포함), 그리고 도시환경정비사업을 말한다(법 제2조 제2호).

(4) 재정비촉진계획

도시의 낙후된 지역에 대한 주거환경개선과 기반시설의 확충 및 도시기능의 회복을 위한 사업을 광역적으로 계획하고 체계적이고 효율적으로 추진하기 위하여, 재정비촉진계획에 의한 도시재정비촉진사업(都市再整備促進事業)을 시행한다. 이 제도는 「도시 및 주거환경정비법」에 의한 정비사업과 비교하여 보다 광역적 개발・공공성확보・효율적인 기반시설의 확보・계획의 수립 및 시행절차의 간소화 등의 목적으로, 「도시재정비 촉진을 위한 특별법」(이하 "법")을 제정하여 도입하였다.

재정비촉진계획(再整備促進計劃)이란 재정비촉진지구의 재정비촉진사업을 계획적이고 체계적으로 추진하기 위한 토지이용・기반시설의 설치 등에 관한 계획을 말한다(법 제2조 제3호).

재정비촉진지구(再整備促進地區)의 지정은 시장・군수・구청장의 신청에 의해 시・도지사가 관계행정기관의 장과의 협의, 시・도 도시계획위원회(또는 도시정비위원회)의 심의를 거쳐 지정한다(법 제4조・제5조). 이 지구는 특성에 따라 주거지형과 중심지형으로 구분한다. 여기서 주거지형(住居地型)은 노후・불량주택과 건축물이 밀집한 지역으로서 주로 주거환경의 개선과 기반시설의 정비가 필요한 지구이고, 중심지형(中心地型)은 상업지역·공업지역 또는 역세권·지하철역·간선도로의 교차지 등으로서 토지의 효율적 이용과 도심 또는 부도심 등의 도시기능의 회복이 필요한 지역을 말한다(법 제2조 제1호).

시장·군수·구청장은 재정비촉진지구에 대해 재정비촉진계획(再整備促進計劃)을 수립하여 주민공람, 지방의회의견청취, 공청회를 거쳐, 시·도지사에게 결정을 신청한다(법 제9조). 재정비촉진계획의 결정절차는 재정비촉진지구의 지정절차와 같다(법 제12조).

재정비촉진사업(再整備促進事業)은 재정비촉진지구 안에서 시행되는 재정비사업, 도시개발사업, 시장정비사업, 도시계획시설사업을 말한다(법 제2조 제2호).

Ⅱ. 도심재개발

1. 도심쇠퇴

(1) 의 의

도심(都心)의 경제적 침체는 서구도시들이 당면하고 있는 가장 심각한 문제의 하나이다(이하 정환용, 2006: 426). 도심은 도시의 전체적인 정체성을 확보하는 데 매우 중요할 뿐 아니라 도시경제에서도 중요한 의미를 갖기 때문에 재활성화가 필요하다.

지금까지의 지속적인 재개발사업에도 불구하고 아직도 도심은 심각한 경제적 문제를 안고 있을 뿐 아니라, 불편하고, 퇴락되며, 위험한 지역으로 인지되고 있다. 즉 도심지역에서는 경제적 쇠퇴, 물리적 조락, 그리고 사회적 병리가 나타나고 있다.

(2) 원 인

산업화 이래로 도심은 경제의 다양성을 반영한 자본투자의 핵심점이 되어왔다. 이러한 활동의 강화는 교외화를 통한 급격한 인구성장이 수반되어 왔고, 증가된 교통하부구조와 이동은 도심의 기능을 상징해 왔다. 산업화시대에는 단일중심의 도시가 강화되었고, 도심과 도시가 거대화함에 따라 대도시권도 형성되었다. 그러나 도시인구가 증가됨에 따라 증가하는 인구를 하나의 주요 초점, 즉 도심과 연결하는 체계의 개발은 점점 어려워지게 되었다. 교외지역에 공여하는 개별교통에 대한 개발 없이는 전통적인 도심은 지속가능할 수 없게 되었다. 부유한 사람들은 보다 넓은 공간, 보다 나은 개별이동성을 요구하게 되었고, 이는 도심부근에서의 모든 주요한 경제개발이 입지하도록 하는 문제를 악화시킨다. 산업혁명의 초기에는 도심이 그들의 상업활동과 정치적 역할을 유지하고 확대함은 물론 제조활동의 많은 양을 수용할 정도도 다양화했지만, 경제자체가 전문화됨에 따라 활동들은 보다 적합한 입지로 분산하기 시작했다(Thurstain-Goodwin and Batty, 2001: 253~254).

도심쇠퇴의 주요 원인(原因)은 기대되는 중심지기능수행능력의 감퇴와 이에 따른 도심거주자의 저밀도 교외지역으로의 이탈에서 찾을 수 있다(Downs, 1994: 60; Home, 1982: 4). 도심의 인구감소와 고용감퇴는 많은 사람들이 바람직한 곳으로 이주해서 살고자 하는 장기적인 사회적 추세에 바탕을 두고 있다. 여기에는 증대되는 실질소득, 자동차사용의 증대, 저밀도주거지역에서 살고자 하는 욕구, 근린에서 사회경제적·인종적으로 분리되어 살고자 하는 경향이 포함된다. 여기에 컴퓨터와 전자커뮤니케이션 기기의 사용증대, 제조업에서 노동자비중의 수축 등은 자유로운 입지선택이 가능하게 되었고, 도심 이외의 지역에서도 입지하게 되었다.

2. 재개발전략

도심재활성화는 복합적 문제로 상이한 방향으로 전개되고 있으나, 모든 재활성화이론의 중심에는 변화장치와 변화전략이 위치하고 있다. 변화를 위한 개발주체는 정부이거나 지역사회이고, 변화를 위한 전략은 경제적 측면과 사회적 측면으로 범주화할 수 있다(Ross and Leigh, 2000: 369).

(1) 개발주체

① 정　　부　　도심재활성화를 위한 정부의 역할에 대한 학자들의 견해는 크게 대립되어 있다(Ross and Leigh, 2000: 369~370). 포터(M. Porter)는 정부의 지원은 중요하지만 수용가능한 기업환경의 조성에 국한되어야 한다고 했다. 그는 직접적인 규제와 보조는 득(得)보다는 실(失)이 많다고 주장한다. 아울러 정부

보조, 훈련, 과세, 그리고 장려금 등은 비교우위전략에 기초하여 엄격히 제한되어야 한다고 주장한다.

다른 학자들도 정부개입이 도심재활성화에 필요하다고 동의한다. 헨리(C. Henry)는 자격을 갖춘 내부도시기업과 정부 간의 장기계약은 의미 있으면서 안정적인 유입(inflow)을 일으키는 데 필수적이라고 생각한다. 이러한 계약은 사회·경제개발을 촉진하는 데 노동시장기회의 확산에 바탕이 된다고 주장한다. 파인스타인과 그레이(S. Fainstein and M. Gray)는 정부개입 없는 도심경제개발은 빈곤을 지속시킬 뿐이라고 했다. 그리고 그들은 정부는 주민들이 경제개발의 혜택을 충분히 받을 수 있도록 적정한 주택·교육·일상적인 서비스를 보장하도록 해야 한다고 주장한다.

② **지역사회** 정부행동이 있건 없건간에 지역사회(community)자체는 가장 중요한 변화의 힘이라고 생각한다(Ross and Leigh, 2000: 370~371). 크룸홀츠(N. Krumholz)는 지역사회활동이 재개발프로그램이 광범하게 지지를 받는 데 중요하다고 지적한다. 그리고 그는 지역사회기반조직은 근린 내에 정신, 원칙, 그리고 자립을 배양하고 하부구조와 정부서비스를 개선하는 효과를 가져온다고 하였다. 포터(M. Porter)는 지역사회기반조직은 도심경제재활성화를 위한 어떤 계획에서도 필수적인 구성요소이지만 민간부문의 역할을 혼란스럽게 하거나 상호배치되는 목표를 위해서 활동하기보다는 민간기업과 협력할 때만 가능하다고 주장한다. 지역사회기반조직은 지역기업을 재정지원하고 지역주민을 직업과 연결하며, 지역기업이 필요한 프로그램을 집행하고, 그리고 기업을 위한 적정입지를 확인하고 개선하는 것을 돕는 기업네트워크(business networks)를 구축할 수 있다는 것이다. 이에 대해 해리슨과 글래스마이어(B. Harrison and A. Glasmeier)는 이러한 역할도 중요하지만 너무 협소하다고 했다. 지역사회기반조직들은 도심에 새로운 기업을 유치하고, 적정한 기업공간을 적절하고 성공적으로 제공해야 한다고 그들은 주장한다.

많은 사람들은 정부의 지원과 근린활동의 결합에 대해 호의적 견해를 갖고 있다(Ross and Leigh, 2000: 370). 크룸홀츠(N. Krumholz)는 종합적인 근린활성화전략의 제1요소는 근린조직이나 지역사회개발기구이고, 이 조직은 도시정부에 의해 일부 재정적 지원을 받아야 한다는 것이다. 실제, 그는 지역사회기반 조직만으로는 성공적인 재활성화노력으로 부족하고, 보다 종합적 장기적 전략이 요구되는데 이 때 중앙과 지방정부의 책임도 또한 요구된다는 것이다.

(2) 개발방향

재활성화전략은 논쟁이 많은 문제이다(Ross and Leigh, 2000: 370～371). 일부는 내부도시 경제에 초점을 두는 데 비해, 다른 일부는 사회문제와 서비스문제에 목표를 두어야 한다고 주장한다. 물론 또 다른 일부는 양 전략을 동시에 사용해야 한다고 믿는다.

첫 번째 집단에 속하는 포터(M. Porter)는 고용기회는 침체된 지역사회의 인간능력·가치·의식을 개선하기 위해 설계된 모든 계획의 실제적인 성공의 핵심이라고 주장한다. 도심은 이의 기업중심과 교통중심에 근접한 위치(전략적 위치), 지역기업집단과의 근접성, 지역소비시장의 충족되지 않은 수요(자체의 시장수요), 그리고 많은 잠재 노동력(인적자원)과 같은 경쟁적 이점을 현금화해야 한다고 주장한다(Porter, 2000: 281～283; Nunn, 2001: 160). 그러나 이러한 이점(advantages)은 이의 불이익(disadvantages)에 의해 상쇄된다. 헨리(C. Henry)는 내부도시의 주요 약점은 토지·자본·적정한 노동력에의 접근 제약, 높은 범죄, 부적절한 교통하부구조, 주민들 간의 반기업적 의식을 들 수 있다고 하였다.

로빈슨-반스(C. Robinson-Barnes)는 재활성화노력을 수행할 때는 순수한 경제적 고려에 앞서 내부도시주민의 사회적 수요를 고려해야 한다고 주장한다. 그녀는 지역주민들이 그들과 그들 가족을 부양할 수 있는 소득을 보장할 수 있는 기술을 함양하는 지역주민의 역량이 경제개발문제의 기본이라고 주장한다. 주민의 수요를 충족하고 그들의 생산성을 제고하기 위해서는 직업훈련, 학교와 기업의 협력을 포함한 여러 상이한 문제를 언급해야 한다는 것이다.

(3) 전략내용

재개발전략(再開發戰略)은 도시규모의 대소에 관계 없이 유사성을 갖고 있는 경우가 많다. 미국의 주요 도시에서 많이 사용하고 있는 도심재개발전략은 보통 도시설계와 토지이용과 관계되고, 재정전략과 통합되는 경우도 많다. 주로 사용되고 있는 재개발전략은 ① 보행자화(pedestrianization), ② 옥내쇼핑센터(indoor shopping centers), ③ 역사적 보존(historic preservation), ④ 수변개발(waterfront development), ⑤ 사무소 개발(office development), ⑥ 특별활동 발원지(special activity generators), ⑦ 교통개선(transportation enhancement) 등을 들 수 있다(Robertson, 1995: 430～434).

포스트모던도시에서는 도시재개발전략으로 관광·문화·위락소비를 포용하고 있다는 많은 증거들이 있다(Turner, 2002: 533). 관광전략은 다운타운(down town) 공간에서의 경제적 생산성을 증가시키기 위한 기회로서 나타난다. 도시경제에서, 제조활동이 정보와 서비스활동에 자리를 양보한 것처럼, 도시들은 그들의 다운타운공간을 상당한 가처분 소득을 가진 전문가, 관광객, 회의참석자, 그리고 다른 내방객들의 요구에 부응해야 한다(Turner, 2002: 534).

재산수익을 창출하는 주요한 토지이용활동은 호텔, 음식점, 문화·역사·미적인 종착점을 포함한다. 이러한 개발전략은 미국의 주택 및 도시개발국(Dept. of Housing and Urban Development)의 보고서(2001) "21세기를 위한 재창조 도시"(Reinventing Cities for the 21st Century)에 잘 기술되어 있다. 그 보고서에 의하면, 1990년대 미국의 도시에서 새로운 고용성장의 상위 5개 부문에는 "먹고 마시기"(Eating and Drinking)가 차지하고 있었다고 기술하고 있다. 이 부문은 많은 도시에서 일어나고 있는 쇼핑과 위락지구의 재활성화, 다운타운 재부상, 문화부흥에 중요한 역할을 하고, 주택과 사무소 건설에 촉매적 역할을 한다고 기술하고 있다. 이 보고서에서는 다운타운 개발을 위해 24시간 다운타운, 역사적 다운타운, 관광객 종착점의 다운타운을 성취하기 위한 전략에 초점을 두었다(Turner, 2002: 535).

Ⅲ. 주거지재개발

1. 의　　의

주거지재개발(住居地再開發)은 불량한 주택 및 주거지의 환경적 악화를 예방 혹은 개선하자는 목적이 있다. 주거환경을 개선한다는 것은 토지의 효율적 이용, 교통시설과 교통체계의 정비, 각종 공공서비스의 적정한 배치 및 공급이라는 세부적 목표도 가지고 있다(하성규, 1991: 555).

2. 불량주거지유형

집단화된 저소득층의 주거지인 불량주거지에는 슬럼과 스쿼터가 있다. 슬럼

(slum)은 합법적으로 건축된 영구건물이지만, 주택여건이 노후·무관심·분할·과밀로 기준 이하인 상태로서, 시간이 경과함에 따라 퇴락하는 경향이 있는 불량주거지이다(Yap, 1998: 554). 슬럼지구는 도시의 경제·사회·생태적 변화환경에 적절하게 대처하지 못하여 발생된 낙후주거지이다.

스쿼터취락(squatter settlement)은 주택건설자에 속하지 않는 토지이지만 그들이 침입하여 건설된 무허가 불량주택의 집합이다. 점유에 대한 권한이 없기에 토지보유의 안전성이 낮고, 주택에 대한 투자를 기피한다. 결과적으로 주택은 질이 낮은 경우가 보통이다. 그리고 그들 스스로 도로·배수·하수망을 건설하기 어렵고, 행정기관들이 취락을 불법으로 보기 때문에 비위생적 여건에 놓이게 된다(Yap, 1998: 554).

3. 재개발사업

주거지재개발사업은 주거환경개선사업, 주택재개발사업, 주택재건축사업으로 구분한다.

(1) 주거환경개선사업

주거환경개선사업(住居環境改善事業)이란 도시저소득주민이 집단으로 거주하는 지역으로 정비기반시설이 극히 열악하고 노후·불량건물이 과도하게 밀집한 지역에서 주거환경을 개선하기 위하여 시행하는 사업을 말한다(「도시 및 주거환경정비법」 제2조 제2호 가목).

급속한 도시화 과정 중에 도시의 무질서한 외연확산과 함께 도시외곽지대에 도시빈민가가 형성되고, 도심 공공지를 중심으로 형성된 불량주택의 문제가 대부분의 도시들이 안고 있는 현실적인 문제였다. 이러한 도시저소득층의 열악한 주거환경은 각종 공공편익시설의 결핍은 물론 정상적인 주거기능을 수행할 수 있는 최소의 여건도 구비하지 못하여 사회·경제적으로 많은 문제를 보여왔다. 이러한 문제점을 해소하기 위해 주거환경정비사업을 추진하게 되었다.

(2) 주택재개발사업

도시 내에 낡고 오래된 주택이 밀집되어 주거생활이 불편하고 도로 상·하수도시설이 불량한 지역을 재개발구역으로 지정하여 도로·상하수도·공원 등 공공시설을 정비하고 낡은 주택을 헐고 새로 건축하는 등 주거환경을 개선하는 도시계획사업이다.

주택재개발사업(住宅再開發事業)은 정비기반시설이 열악하고 노후·불량건축물이 밀집한 지역에서 주거환경을 개선하기 위하여 시행하는 사업이다(법 제2조 제2호 나목).

(3) 주택재건축사업

주택재건축사업(住宅再建築事業)이란 정비기반시설은 양호하나 노후·불량건축물이 밀집한 지역에서 주거환경을 개선하기 위하여 시행하는 사업을 말한다(「도시 및 주거환경정비법」 제2조 제2호 다목). 재건축에 대한 법적 근거는 「주택건설촉진법」과 「집합건물의 소유 및 관리에 관한 법률」에서 찾아 볼 수 있다. 「주택건설촉진법」 제3조에 재건축을 기존주택을 철거한 후 그 대지 위에 새로운 주택을 건설하는 것으로 정의하고 있어서 도시재개발법에 의한 재개발, 건축법에 의한 개축과 구분된다. 「집합건물의 소유 및 관리에 관한 법률」에서는 건축 후 상당기간이 경과되어 건물이 훼손 또는 일부 멸실되거나 그 밖의 사정에 의해 건물의 가격에 비해 과다한 수선복구비나 관리비용이 소요되는 경우, 또는 부근 토지의 이용상황의 변화나 그 밖의 사정에 의해 건물을 재건축하면 그에 소용되는 경우에 비해 현저한 효용이 증가되는 경우에 한하여 재건축을 시행하도록 하고 있다.

「주택건설촉진법」에 의한 재건축사업의 특징(特徵)은 민간이 자율적으로 조합을 결성하여 사업을 추진하고 공공은 인가 등을 통해 규제하거나 사업시행을 지원하는 역할을 하고 있다. 최근에 도시 내의 대규모 저층아파트단지에 대한 재건축 사업이 허용됨에 따라 재건축에 대한 관심이 증대되고 있다. 높은 지가, 택지부족, 도시구조의 변화 등에 따라 공동주택 뿐만 아니라 단독주택에 대한 재건축의 욕구도 증대될 것이다.

Ⅳ. 재개발정책

1. 정책수단

(1) 영　　국

도시재개발정책의 집행을 위한 국가의 개입형태는 법과 규제조치의 제정, 정부지출과 과세정책, 그리고 새로운 기관설립을 포함한 조직변화의 3개 범주로 나눌 수 있다(Couch, 1990: 137).

(가) 규제를 통한 개입

1980년대 들어 도시프로그램들에 공공투자의 증가와 더불어 민간부문의 역할을 제고하기 위한 여러 조치들이 등장하기 시작했다. 이러한 새로운 조치들의 첫 번째 제안으로 1980년의「지방정부계획 및 토지법」(Local Government Planning and Land Act)하에서 도시개발회사(Urban Development Corporations)가 설립되었으며, 두 번째 조치로서 기업지대(Enterprise Zones)가 설립되었다(Roberts, 2000: 30～31).

(나) 정부지출과 과세정책

1980년에 시행된 기업지대(企業地帶)는 추가적인 공업 및 상업활동의 진작을 위해 특정한 행정적 통제를 완화하고 재정적 부담을 제거하는 조치이다. 이는 10년 동안 지정되는데, 지정기간 동안 지역 내에서 기업들은 조세감면조치와 여러 유형의 개발에 대해 자동적으로 허가를 취득할 수 있었다(Couch, 1990: 155).

(다) 기관설립

재개발정책은 지금까지의 자유방임적인 재산주도전략에서 1990년대 초에 이르러 새로운 재개발전략이 전개되기 시작했다. 이는 지역사회의 개입·파트너십·통합프로그램 들을 강조하는 것으로, 소위 시티 챌린지(City Challenge)·단일재개발예산(Single Regeneration Budget)·잉글리시 파트너십(English Partnership)이 대표적이다(Adair, et al., 2003: 1068).

시티 챌린지(City Challenge)정책은 1980년대의 집권적이고, 민간부문 주도의 재산지향적(property-led)이며 파급적(tickle down)인 도시정책접근에서, 1990년대의 지방기반적·공공주도적·사회지향적인 접근으로 옮겨가는 것을 의미한다. 전자(前者)의 특징인 프로젝트별로 유인책을 제공하는 정책에서, 후자(後者)는 조화적인 지역기반전략과 통합적 접근을 강조하는 것으로 대체되는 것이다. 동시에 재개발안의 공급과 관리를 위한 새로운 제도적 장치로서 지방기관·민간부문·지방지역사회 간의 3각 파트너십을 형성하는 장치를 구성하였다. 시티 챌린지(City Challenge)과정은 경쟁에 의해 소규모의 재정지원을 하게 된다. 선정된 지역에 대한 재정지원 계속여부는 제공된 직업과 훈련장소, 기관능력의 변환, 지역사회의 능력부여 등의 평가지표에 의해 결정되었다(Davudi, 1995). 이 정책의 주요한 목적은 지역의 모든 이해당사자들 간의 지속적이고 성공적인 파트너십을 만드는 것이다(Oc and Tiesdell, 1997).

단일재개발예산(Single Regeneration Budget)은 시티 챌린지를 보다 확대하기 위해 1994년에 도입했다. 재정지원은 재개발제안의 장·단기적 성격에 따라 자금과 시간 면에서 보다 신축적이다. 이 제도는 보다 광범한 파트너십과 보다 쇄신적 접근을 장려한다. 제도적 장치는 지방기관이 지방수준에서 보다 광범한 기능적 이해들 간의 조정과 조화를 주도하는 협력적 정책작성의 특징을 갖고 있다(Adair, A., et al., 1999: 2033).

잉글리시 파트너십(English Partnerships)은 영국 전역을 대상으로 필요한 지역에 토지와 재산기반의 재개발을 촉진하기 위해 1993년에 창설된 정부기관이다. 이의 주요 목적은 경제적 성장, 고용기회, 그리고 환경개선을 촉진하는 데 있다(Couch and Dennemann, 2000: 139; Adair, A., et al., 1999: 2034).

(2) 미　국

미국의 조세조치는 4개 수준으로 이루어진다. 연방수준의 권능지대(Empowerment Zones), 주 수준의 기업지대(Enterprise Zones), 도시수준의 조세증가재정(Tax Incremental Financing)·근린 및 지구에서의 기업개선지구(Business Improvement Districts)가 있다(McGreal, et al., 2002: 1822~1823).

(가) 권능지대와 기업지대

기업지대(Enpterprise Zones)는 레이건(Reagan)정부에서 1980년에 켐프(J. Kemp)에 의해 제안된 도심재개발 아이디어이다. 이는 미국보다 먼저 영국의 대처(Thatcher)정부에서 집행했던 정책이다(Shutt, 2000: 261). 클린튼(Clinton)정부에서는 공화당정부에서 폐기했던 기업지대법안(Enterprises Zones Bill)을 권능지대 및 기업공동체정책(Empowerment Zones and Enterprising Communities Policy)으로 변환시켰다(Shutt, 2000: 261).

1993년에 입법된 권능지대(Empowerment Zones)는 지방정부와 주 정부에서 지정하고, 경제개발·인적개발·지역사회개발, 그리고 물적개발을 포함한 협력적 활동으로서 전략적 계획을 포함한다(Shutt, 2000: 261～262). 권능지대는 도시지역에서는 20만 이내, 농촌지역에서는 3만 이하의 인구를 가져야 한다. 어떤 지역이건 왜곡된 재산·실업·일반적인 침체적 특성을 나타내야 한다(Shutt, 2000: 262).

권능지대는 다음 목적으로 10년 동안 1천만 달러의 연방자금을 지원받는다(Shutt, 2000: 262).

① 사회서비스교부금(social services grants)
- 아동학대예방 및 치유
- 자립(훈련과 자가고용)의 성취
- 자활(지역사회 및 경제개발)의 성취와 유지
- 긴급피난처 제공
- 가정소유프로그램지원
- 아동보호기관의 지원

② 고용신용
피고용자에게 지불되는 임금을 위한 과세신용

③ 과세면제시설증권
95%를 권능지대시설(부동산, 토지, 하부구조)을 제공하는 데 사용할 수 있도록 주 및 지방정부가 증권을 발행할 수 있다.

(나) 조세증가재정(TIF: tax incremental financing)

이는 지정지역에서의 재산세의 증가를 그 특정지역 내의 개선을 위해 지불하는 데 배분하는 프로그램이다. TIF는 과외과세가 아니고, 이는 어떻게 과세를 사용하는가 하는 배분의 문제이다. 원래 캘리포니아(California)에서 1952년에 시작된 이 프로그램은 인기가 상승하여 40개 이상의 주에서 이 개념을 사용하고 있다.

이 제도는 목표지역의 하부구조개선과 경제개발노력에 도시체가 재정지원하기 위한 경제개발도구로서 광범하게 수용되었었다(McGreal, et al., 2002: 1820).

TIF지구는 기업개발업자들이 공공자금원을 민간대여원으로 사용한다(Turner, 2002: 535).

(다) 지역사회개발프로그램

대부분의 근린개발이 도심의 경제적 활력을 확립하는 데 초점을 두는 것에 비해, 일부는 도심근린의 사회적 활력을 확립하는 것을 지향해 오고 있다. 지역사회개발접근(community development approach)은 구성원들의 기회, 그리고 상호수요를 충족하고 공유된 감정적 연계와 지지를 위해 촉진하는 과정이다(Herbson and Bolland, 1998: 455).

그러나 이러한 지역사회개발프로그램(Community Development Programs)에 대해 이는 너무 장기적 과정이고, 가장 좋은 프로그램은 사회구조의 변환이고, 주민 스스로의 사회개발프로그램을 장기적으로 진행할 기술과 자원이 부족하며, 단기수익을 추구하는 기업은 이에 대한 관심이 부족하다는 비판이 있다(Herbson and Bolland, 1998: 457～458).

2. 문화와 재개발

(1) 중 요 성

최근에 도시재활성화 수단으로서 예술과 문화정책의 중요성을 강조하고 있다. 즉 이러한 종류의 전략이 활력 있고 생명력 있는 도시를 창조하는 수단으로 인식하고 있다(Darlow, 1996). 1980년대초 이래로 도시재개발에 대한 많은 문헌은 도시문화의 중요성을 인식하고 있다(Robins, 1995: 45). 이에 따라 유럽과 북미에서는 예술과 문화관련제안들을 도시재개발의 도구로서 사용하는 도시정부와 도시개발기관들이 증가하고 있다(Griffiths, 1995: 253).

도시재개발수단으로서 문화기관(cultural institutions)의 확충은 다음 5가지 의미에서 중요하다(Storm, 2002: 9～10).

첫째, 도시의 경제적 건강에 관심을 갖고, 도시재개발사업을 지원하는 사람들 중 상당수가 문화활동에 높은 관심을 갖고 문화관련사업에 대해 지원을 한다.

둘째, 문화기관은 그들의 고객을 필요로 하고, 그들 고객들은 보다 안정적이고 쾌적한 도시환경을 요구한다.

셋째, 문화기관의 확장은 관광객에 의존한다. 때문에 문화기관들은 관광객들의 도시

전체에 대한 매력에 관심을 갖는다.

넷째, 문화기관은 지방자원봉사자들의 이용가능성에 의존한다. 때문에 퇴락한 근린에서는 이들을 확보하기 곤란하다.

다섯째, 부유한 개인이나 회사들은 그들의 고향에 대한 기여에 관심을 갖는다. 그러나 그러한 기업이 이전한다면, 지방문화조직은 중요한 지원자를 상실하는 결과를 가져온다.

요약하면, 문화기관은 보다 많은 방문객, 보다 많은 자원자, 보다 용이한 자원동원력에 의해 도시의 성장가능성을 높인다.

(2) 배　　경

도시정부가 도시개발과 재개발의 수단으로서 문화전략을 보다 많이 사용하는 이유는 복합적이지만, 다음과 같은 최근의 정치적·문화적·경제적 변환을 통해서 확인할 수 있다(Wansborough and Mageean, 2000: 182～183).

첫째, 정치적인 측면에서 보면, 신자유주의사고에 의해 지금까지의 중앙집중된 문화제공과 투자에 대해 지방정부주도적인 모습으로 바뀌게 되었다.

둘째, 포스트모던의 심미성에 의해 문화의 소비와 수요의 유형에 광범한 변화가 따르고 있다. 대중문화의 발흥뿐 아니라 전통적인 예술작업에 반하는 여러 계층의 수요를 충족시키는 전략이 요구되고 있다.

셋째, 경제개발과 장소마케팅에서 예술의 중요성이다. 도시의 고유한 예술적·문화적 생활이 도시정부에 의해 그들의 경쟁자인 다른 도시들과 구별되게 재이미지화(reimaging)과정을 통해 투자자를 유치하는 데 둔다.

(3) 정책방향

문화는 도시지역의 물리·경제·사회적 재개발에 여러 방법으로 기여할 수 있다. 이를 도시정부에서 문화재개발의 효과적인 기법으로 수용할 수 있다. 문화가 효과적인 재개발의 도구가 되기 위해서는 다음의 원칙을 따라야 한다(Wansborough and Mageean, 2000: 184～185).

① 예술과 문화활동의 소비는 비문화적 시설을 사용하는 사람들을 유인하여 다른 경제활동을 창출하는 데 도움을 준다.

② 문화소비의 시간구조는 정상업무일의 패턴에 국한되는 것은 아니다. 환언하면 문

화활동은 저녁경제(evening economy)의 기반으로 활용할 수 있다. 이는 24시간도시(24-hour city)의 창조가 중요하다는 의미이다.

③ 문화활동의 양과 시간규모가 증가하여 문화가 지역을 사회경제적으로 작동하도록 만드는 여러 계층의 사람들에게 도움을 준다. 이는 지역의 혼합적 토지이용을 촉진하고, 문화적 용도로의 변환이 촉진되며, 결과적으로 문화지구(cultural quarters)가 만들어지도록 한다.

④ 문화는 활력 있는 도시지역을 만들기 위한 문화애니메이션 프로그램을 위한 컨텐츠를 제공하는 역할을 한다. 공공공간·광장·공원에서의 이벤트는 의미를 가져오고, 해당공간에 활력을 준다. 이러한 방법으로 문화는 건축환경과 결합하여 장소를 창조한다.

⑤ 마지막으로 가장 중요한 것은 문화는 도시의 정체성을 창조하는 데 공간·가로·광장과 같은 도시공공영역의 주요 구성요소라는 점이다. 건강하고 활력 있는 공공영역을 보장하기 위해서는 문화는 신개발, 환경개선계획 그리고 대중예술과 같은 수단을 통해 도시설계과정에 영향을 끼쳐야 한다.

제 4 절 신도시개발

Ⅰ. 의 의

1. 개 념

신도시(new town)는 광의(廣義)로는 '계획적으로 개발된 새로운 주거지'를 의미하나, 협의(狹義)로는 '새로이 개발된 독립된 도시'를 의미한다. 신도시구상의 중요성은 종합계획에 의해 건설되는 전체지역사회에 대한 대규모취락지역이기 때문이다. 즉 전체 지역사회에 대한 계획은 점진적이고 부분적인 개발보다 더 좋은 환경을 만들 수 있기 때문이다.

신도시는 20세기에서 가장 중요한 계획운동의 하나였다. 이 운동은 영국에서 발원했고, 특히 하워드(E. Howard)의 「전원도시」[최초 저서 「*Tomorrow: A Peaceful Path to Real Reform*」(1898)을 1902년에 「*Garden Cities of To-Morrow*」라는 제목으로 재출간하여 후에 전원도시로 널리 알려짐]구상을 현대적인 신도시출현의 시작으로 볼 수 있다.

2. 목 적

신도시건설의 목적(目的)은 대도시분산(metropolitan decentralization)·도시재활성화(urban revitalization)·지역개발(regional development)·자립적 도시(self containment), 그리고 균형된 사회건설(social balance)의 5가지로 요약할 수 있다(Cordon, 1977: 85).

신도시건설의 의미는 대도시에의 인구나 산업의 집중을 완화함으로써 대도시의 혼잡과 무질서를 추방하고 나아가서 건전하고 쾌적한 도시환경을 조성하는 데 있다. 환언하면 신도시개발은 도시의 과밀화를 방지하여 도시재활성화를 촉진할 뿐 아니라 저개발 지역인 교외나 농촌지역에 새로운 도시의 건설로 그 지역에 생기를 불어 넣어 주는 지역개발의 목표도 갖고 있다. 아울러 신도시건설의 중요한 목적의 하나는 잘 통합되고 사회적으로 균형된 커뮤니티의 창조에 있다. 이 견해에 의하면 대도시는 사람들을 역할분리적인 접촉을 강요하여 서로간에 전체적인 만남을 억제한다. 대도시의 거대성과 몰인간성은 고독·외로움·즐거움 없는 생활을 만든다. 신도시는 규모가 작기 때문에 보다 깊이 있고 인간적인 접촉과 참여가 가능하게 되며, 신도시는 다양한 사회·경제·윤리집단이 적정비율로 조화를 이루기 때문에 사회적 균형을 유지하게 된다(Alonso, 1970: 39～53).

3. 확 산

(1) 외 국

영국에서 건설된 신도시는 그 강조점과 특성의 차이에 따라 3세대로 구분할 수 있다. 제1세대는 전원도시계획의 경험을 계승하여 과밀지역으로부터 산업과 인구분산을 제안한 바로우(Barlow)보고서에 따라 런던을 비롯한 대도시주변에 저밀도의 신도시를 건설을 구상하게 되었다. 1947～1949년 사이에 8개 도시가 지정되었는데, 이중 대표적인 도시는 하로우(Harlow)이다(Clapson, 1999: 282). 제2세대 신도시는 대도시의 과밀이 심각하여 보다 고밀도의 신도시를 제안하게 되었다. 1950년대에 논의된 이 유형의 신도시는 컴버놀드(Cumbernauld)만이 유일하게 건설되었다(Clapson, 1999: 282). 1960년 말과 1970년에 6개의 3세대 신도시가 지정되었는데, 이들 도시들은 앞선 세대 도시의 장점을 살리는 데 주력한 것으로 전원도시의 개념을 계승하며 독립된 신도시를 건설하여 거점도시로서의 기능을 수행하도록 하였으며 앞선 세대의 신도시들보다 그 규모면에서 크다는 차이점이 있으며, 대표적인 도시는 밀톤 케인즈(Milton Keynes)이다(Thomas, 1980: 190).

(2) 한　국

우리나라에서의 신도시가 본격적으로 건설되기 시작한 것은 1960년대부터이며, 공업단지 배후도시개발과 수도권 과밀완화의 두 가지 정책목표를 달성하기 위해 취해진 결과이다(신정철 · 김상조, 1998: 24). 공업단지배후도시로 조성된 최초의 신도시는 울산(1962)이며, 서울시의 재개발 대책의 일환으로 건설된 성남(1968)은 수도권 과밀완화정책추진의 효시라 할 수 있다.

1970년대에 들어서는 공업화 정책의 추진에 따라 공업지역배후도시로 여러 신도시가 건설되었는데 구미 · 창원 · 여천이 이에 속하고, 서울지역의 중소형 공장 및 공해시설을 이전시키기 위해 안산이 건설되었다. 80년대에 들어서는 서울시의 주택문제 해결을 위한 도시 내 신도시(고덕 · 개포 · 목 · 상계동)와 도시 외곽에서 대규모 택지개발을 목적으로 신도시(일산 · 분당 · 평촌 · 중동 · 산본)가 건설되었고, 행정도시로 과천이 건설되었다. 2000년대 들어 화성, 판교, 파주, 김포, 수원, 양주에 도시를 건설하고 있다.

「제4차 국토종합계획」(2000～2020)에서는 선진형 복합신도시 개발의 방향을 제시하면서 대도시에서의 급증하는 개발수요에 시급히 대처하기 위해 신도시 개발이 불가피한 경우에는 대도시성장관리형, 산업지대조성의 배후도시 등 지원을 위한 경우에는 산업정책 실천형, 국제개방거점구축수단으로서 신규개발이 필요한 경우에는 국제개방거점형, 남북교류협력 활성화수단으로 필요한 경우에는 남북한 교류협력형, 그리고 사회여건변화에 따른 기능특화 신도시나 다기능 복합신도시(건강 · 복지도시, 생애학습 · 문화도시, 자유시간도시, 상업 · 오락도시, 정보거류거점도시, 첨단기술거점도시 등)를 각각 건립할 수 있도록 했다(대한민국정부, 2000: 55).

참여정부들어 기업도시, 혁신도시, 행정중심복합도시의 3가지 유형의 신도시가 추진되고 있다(이하 정환용, 2006: 449～450, 467～475). 기업도시(企業都市)는 산업입지와 경제활동을 위하여 민간기업이 건설하는 자족적 복합기능을 갖춘 도시를 말한다(「기업도시개발특별법」 제2조 제1호). 혁신도시(革新都市)는 수도권에서 지방이전된 공공기관을 수용하는 지역의 혁신거점기능과 국가균형발전을 선도할 목적으로 건설되는 도시이다. 행정중심복합도시(行政中心複合都市)는 중앙행정기관 및 그 소속기관을 이전하여 행정기능이 중심이 되는 복합도시로 새로이 건설되는 도시이다(「신행정수도 후속대책을 위한 연기·공주지역 행정중심복합도시 건설을 위한 특별법」 제2조 제1호).

Ⅱ. 개발과정

우리나라에는 신도시에 대한 별도의 법이 없이 「택지개발촉진법」에 의해 용지공급이 이루어지고 있다. 신도시의 택지개발은 택지개발예정지구지정, 택지개발계획수립, 그리고 택지개발단계의 3단계로 진행된다.

1. 예정지구지정

택지개발예정지구(宅地開發豫定地區)라 함은 「국토의 계획 및 이용에 관한 법률」에 의한 도시지역과 그 주변지역 중 건설교통부장관이 지정·고시하는 지구(이하 "예정지구")를 말한다[「택지개발촉진법」(이하 "법") 제2조 제3호].

건설교통부장관은 「주택건설촉진법」에 의해 작성하는 주택건설종합계획(住宅建設綜合計劃)에서 제시하는 택지수급계획(宅地需給計劃)에 따라 택지를 집단적으로 개발하기 위하여 필요한 지역을 예정지구(豫定地區)로 지정할 수 있다(법 제3조 제1항). 그리고 택지개발사업시행자는 건설교통부장관에게 예정지구의 지정을 제안할 수 있다(법 제3조의2 제1항).

2. 개발계획

택지개발사업의 시행자(이하 "시행자")는 택지개발계획(이하 "개발계획")을 작성하여 건설교통부장관의 승인을 얻어야 한다. 승인된 개발계획을 변경하고자 할 때에도 같다(법 제8조 제1항). 시행자가 개발계획을 작성할 때에는 그 내용에 관하여 미리 관할 시장·군수의 의견을 듣거나 협의하여야 하며, 당해 시장·군수는 그 요청을 받은 날로부터 30일 이내에 의견을 제시하여야 한다(시행령 제7조 제1항).

3. 실시계획

시행자는 택지개발사업실시계획(이하 "실시계획")을 작성하여 건설교통부장관의 승인을 얻어야 한다. 승인된 실시계획(實施計劃)을 변경하고자 할 때에도 또한 같다(법 제9조 제1항).

4. 개발사업의 시행

택지개발사업(宅地開發事業)은 ① 국가・지방자치단체, ② 한국토지공사・대한주택공사, ③ 지방공기업법에 의한 지방공사, ④ 공공시행자와 주택건설사업자가 공동으로 출자하여 설립한 법인 중에서 건설교통부장관이 지정한 자가 시행한다(법 제7조 제1항).

Ⅲ. 기술집적단지

1. 의 의

최근에 기술개발과 쇄신을 촉진하기 위한 첨단기술중심지(尖端技術中心地)가 과학공원(science park)・연구공원(research park)・쇄신센터(innovation centre), 테크노폴리스(technopolis)등과 같이 다양한 형태와 이름으로 개발・건설되고 있다(Monck, et al., 1988: 62～63). 여기서 과학공원(科學公園)은 대학 등 고등교육기관이나 연구소와 공적 운영상 연계를 맺고 지식기반기업의 형성과 성장을 촉진하기 위해 설계된 것으로 기술을 지역 내 기업에 이전하는 데 적극 관여하는 관리기능을 갖고 있다. 쇄신(刷新)센터는 새로운 생각을 발전시킬 수 있는 창업 또는 소기업을 수행할 수 있는 시설을 제공하는 소규모개발이고, 연구공원(硏究公園)은 시범적인 생산 이외의 모든 제조업을 어떤 의미에서는 금지한다(Monck, et al., 1988: 63). 테크노폴리스(technopolis)는 일본에서 지역경제개발을 촉진하기 위해 학술연구기능・생산기능 그리고 주거기능을 결합한 첨단단지이다.

첨단산업(尖端産業)은 연구개발집약적(총비용중 R&D 비중이 높다), 과학기반적(science-based), 체계지향적(system oriented)인 고성장산업이다(Malecki, 1991: 174～176). 그리고 이 산업은 자원절약적・지식집약적・고부가가치・시스템 종합적 산업으로 고성장산업이나 제품의 수명이 짧은 특성을 나타내고 있다. 주요한 첨단기술로는 생명(bio-tech.)·재료(materials)·공간(space tech.)·핵(nuclear tech.)·정보기술(informational tech.) 등이 거론되고 있으나, 관련 부문에의 응용성·기존생산성의 향상과 비용절감·사회적 수용성·수익성과 경쟁성 등의 관점에서 정보기술(information technology)이 가장 파급효과가 크다(OECD, 1988: 35~36).

2. 건설동기

첨단산업에 대한 대중적 관심이 증대되고 있는 것은 첨단산업은 많은 새로운 일자리를 제공하게 될 것이며, 첨단산업은 높은 경쟁성· 쇄신성의 특성으로 경제의 온상(seedbed)이 되고, 첨단산업에 대한 지원정책은 이를 통해 형성된 고용과 소득이 지역의 매력으로 작용할 수 있다는 가정과 기대에 바탕을 두고 있다(Markusen, 1983: 18).

새로운 형태의 신도시로 나타나고 있는 기술집적도시의 건설동기나 목적은 대체로 재산업화(reindustrialisation), 지역개발(regional development), 그리고 시너지 창조(creation of synergy)의 3가지로 요약할 수 있다(Castells and Hall, 1994: 222~224).

3. 유　　형

첨단산업 관련 지역은 신기술산업 복합체, 기술도시, 기술공원, 테크노폴리스, 그리고 쇄신적 대도시의 5가지 유형으로 구분할 수 있으나(Castells and Hall, 1994: 10~11), 신도시적 특성을 갖고 있는 앞의 4가지 유형에 대해 고찰하기로 한다.

(1) 신기술-산업 복합체

신기술-산업 복합체(new techno-industrial complexes)는 정부나 대학이 개발에 중요한 역할을 수행한다고 해도 사전에 작성된 신중한 계획이 없이 발생되는 것이다. 그러나 계속되는 다른 경험들은 그러한 자연발생적인 성장의 성공사례를 본받기 위한 기관들(공·사 부문)의 의도적인 노력에 의해 이루어지고 있다. 쇄신적 환경의 바탕 위에서 건설된 첨단기업의 복합체로 구성된 이 유형은 R & D와 제조업을 연결한 것이다. 이의 대표적인 예는 실리콘 밸리(Silicon Valley)

와 보스턴의 Route 128을 들 수 있다.

(2) **기술도시**

기술도시(science cities)는 엄격히 말하자면 과학적 연구 복합체(scientific research complexes)로 제조업과 직접적인 공간적 연계는 없다. 이는 격리된 과학적 환경에 인적, 물적 자원을 집중해서 입주한 연구소 간의 상호협력을 통해 보다 높은 과학적 업적을 제고하는 데 있다. 이의 예는 시베리아의 Academgorodok, 일본의 쯔쿠바(Tsukuba)와 칸사이(Kansai), 그리고 한국의 대덕을 들 수 있다.

(3) **기술공원**

기술공원(technology parks)은 일자리와 기술을 제공하여 결과적으로 소득과 경제성장을 가져올 수 있는 첨단제조기업을 지정된 지역에 집중시키는 데 목적이 있다. 여기서는 제조업의 R&D 기능을 특화하기도 하지만 주로 제조기능을 강조하고 있다. 정부가 기술공원의 설계와 개발에 주요한 역할을 수행하고 있지만, 기술공원 개발업자의 주요 관심은 고성장 공업부문의 기업에서의 투자를 유치하여 성장거점으로서 기능하도록 유도하는 데 있다. 이의 예로 타이완의 신주(Hsinchu), 불란서의 소피아 앙띠뽈리(Sophia-Antipolis), 영국의 캠브리지(Cambridge)가 있다.

(4) **테크노폴리스**(technopolis)

지역개발과 산업분산의 도구로서 건설된 이 유형은 일본의 테크노폴리스 계획이다. 이는 첨단기술산업을 전략산업으로 육성하면서 동시에 균형된 지역발전을 도모하기 위한 것으로 공업발전이 비교적 뒤떨어진 일부 지역에 산업 및 주거환경이 잘 조화된 도시를 건설하려는 구상에서 비롯되었다.

참고문헌

국토학(대한국토·도시계획학회), (1997), 도시의 계획과 관리 (서울: 보성각).
대한민국정부, (2000), 제4차 국토종합개발계획(2000~2020)(서울: 대한민국정부).

이태교, (2001), 「토지정책론」(서울: 법문사).
정환용, (2006), 「도시계획학원론」(서울: 박영사).
정희남 · 최수, (1996), 토지신탁활성화방안연구(안양: 국토연).
하성규, (1991), 「주택정책론」(서울: 박영사).
한국토지신탁, (1997), 부동산신탁의 이론과 실무(서울: 한국토지신탁).
황명찬, (1985), 「주택정책론」(서울: 경영문화원).
허재영, (1993), 「토지정책론」(서울: 박영사).

Adair, A., Berry, J., McGreal, S., Deddis, B., and Hirst, S., (1999), "Evaluation of investors behaviour in urban regeneration," *Urban Studies*, 36; 12(1999): 2031～2045.

Adair, A., Berry, J., and McGreal, S., (2003), "Financing property's contribution to regeneration," *Urban Studies*, 40; 5/6(2003): 1065～1080.

Alonso, W., (1970), "What are New Towns for?," *Urban Studies*, 8; 13(1970): 37～55.

Castells, M. and Hall, P., (1994), *Technopolis of the World*(London: Routledge).

Clapson, M., (1999), "Technology, social change and the planning of a post-industrial city: A case study of Milton Keynes," Goodman, D. and Chant, D., (eds.), *European Cities and Technology*(London: Routledge), 279～300.

Corden, C., (1977), *Planned Cities: New Towns in Britain and America*(Beverly Hills: Sage).

Couch, C., (1990), *Urban Renewal*(Hampshire: Macmillan).

Couch, C. and Dennemann, A., (2000), "Urban regeneration and sustainable development in Britain," *Cities*, 17; 2(2000): 137～147.

Davudi, S., (1995), "City challenge: The three-way partnership," *Planning Practice & Research*, 10; 3/4(aug-nov 1995): 333～344.

Darlow, A., (1996), "Cultural policy and urban sustainability: Making a missing link?," *Planning Practice & Research*, 11; 3(August 1996): 291～301.

Downs, A., (1994), *New Visions for Metropolitan America*(Washington, D. C.: The Brookings Institution).

EGUE(Expert Group on the Urban Environment), (1996), *European Sustainable Cities*(Brussels: European Commission).

Griffiths, R., (1995), "Cultural strategies and new modes of urban intervention," *Cities*, 12; 4(1995): 253～265.

Hannigan, J., (1995), "The postmodern city: A new urbanization?," *Current Sociology*(Trend Report), 43; 1(Summer 1995): 150～205.

Healey, P. et al., (1992), "Rebuilding the city," Healey, P. et al., (eds.), *Rebuilding the city*(London: E & FN Spon), 3～13.

Herbson, L. and Bolland, J., (1998), *The Urban Web*(Chicago: Nelson-hall).

Home, R., (1982), *Inner City Regeneration*(London: E & FN Spon).

Knox, P., (1994), *Urbanization*(Englewood Cliffs, N. J.: Prentice-Hall).

Larsson, G., (1997), "Land adjustment: A tool for urban development," *Habitat International*, 21; 2(1997): 141～152.

McGreal, S., Berry, J., Lloyd, G., and McCarthy, J., (2002), "Tax based mechanism in urban regeneration: Dublin and Chicago models," *Urban Studies*, 39; 10(200): 1819～1831.

Monck, C., Porter, R., Quimtas, P. and Storey, D., (1988), *Science Parks and the Growth of High Technology Firms*(London: Croom Helm).

Nunn, S., (2001), "Planning for inner-city retail development," *Journal of the American Planning Association*, 67; 2(spring 2001): 159~172.

Oc, T. and Tiesdell, S., (1997), "The death and life of City Challenge: The potential for lasting impacts in a limited-life urban," *Planning Practice & Research*, 12; 4(Nov1997): 367~381.

OECD, (1988), *New Technologies in the 1990s: A Socio-Economic Strategy*(Paris: OECD).

Porter, Michael E., (2000), "The competitive advantage of the inner city," LeGates, R. and Stout, F., (eds.), (2000), *The City Reader*(London: Routledge), 278~291.

Potter, J. and Moore, B., (2000), "UK enterprise zones and the attraction of in world investment," *Urban Studies*, 37; 8(2000): 1279~1312.

Roberts, P., (2000), "The evolution, definition and purpose of urban regeneration," Roberts, Peter and Sykes, Hugh, (eds.), *Urban Regeneration: A Handbook*(London: Sage), 9~36.

Robertson, K., (1995), "Downtown redevelopment strategies in the United States," *Journal of the American Planning Association*, 61; 4(Autumn, 1995): 429~437.

Ross, C. and Leigh, N., (2000), "Planning, urban revitalization, and the inner city: an exploration of structural racism," *Journal of Planning Literature*, 14; 3(Feb. 2000): 367~380.

Shutt, J. (2000), "Lessons from America in the 1990s," Roberts, P. and Sykes, H., (eds.), *Urban Regeneration*(London: Sage), 257~280.

Sorensen, A., (2000), "Land readjustment and metropolitan growth: An examination of suburban and development and urban sprawl in the Tokyo metropolitan," *Progress in Planning*, 53(2000): 217~330.

Storm, E., (2002), "Converting pork into porcelain," *Urban Affairs Review*, 38; 1(Sept. 2002): 3~21.

Thomas, W., (1980), "Aims and achievement of British New Towns I," IFHP Working Party on New Towns, ed., *New Towns in National Development*(Milton Keynes, UK: Open Univ.), 189~192.

Thurstain-Goodwin, M. and Batty, M., (2001), "The sustainable town centre," Layard, A., Davoudi, S., and Batty, S., (eds.), *Planning for Sustainable Future*(London: Spon Press), 253~268.

Turner, R., (2002), "The politics of design and development in the postmodern downtown," *Journal of Urban affairs*, 24; 5(2002): 533~548.

Wansborough, M. and Mageean, A., (2000), "The role of urban design in cultural regeneration," *Journal of Urban Design*, 5; 2(2000): 181~197.

Yap, K., (1998), Squatter settlements, Viet, W., (ed.), *The Encyclopedia of Housing*(London: Sage), 554~556.

제 4 편
경영관리

제11장　공공서비스관리

제12장　마케팅관리

제13장　재정관리

제11장

공공서비스관리

제1절 개 요

I. 의 의

1. 개 념

공공서비스는 공동체의 편익을 위하여 제공되는 재화와 용역으로서, 사회일반대중의 일상생활에 필수불가결한 서비스이다. 그러나 반드시 정부나 공공기관에 의해 제공되는 서비스만을 지칭하는 것은 아니며, 민간부문에서 제공되더라도 비경합적(非競合的) 소비와 비배제성(非排除性)의 두 가지 특성을 지니고 있으면 공공서비스라고 할 수 있다. 따라서 공공서비스는 국가나 지자체 등 공공부문에 의해 공급되거나 또는 공급주체와 관계 없이 사회공공의 공동목적을 위해 제공되는 서비스로 정의할 수 있다(이용우・배용수, 2000: 19; 조정제, 1990: 49).

공공서비스의 공공성(公共性)을 검토하는 기준(基準)은 다음과 같다(Haque, 2001: 66~67).

첫째, 공공성을 결정하는 전통적인 기준은 공・사 구별의 정도이다. 공・사부문 간의 경계가 모호함에도 불구하고, 공공서비스의 공공성은 이의 불편부당성과 개방성과 같은 서비스 규범, 형평성과 대표성 같은 원칙, 독점적 복합적 성격, 보다 장기적이며 광범한 사회적 영향을 포함한 독특한 특성으로 이해할 수 있다.

둘째, 공공서비스의 공공성은 서비스 수령자의 구성에 의존한다. 서비스 수령자의 범위가 광범할수록 높은 공공성을 의미한다.

셋째, 공공성을 결정하는 주요한 결정인자는 사회에서 작용하는 역할의 성격이다. 보다 광범하고 집중적인 역할은 광범한 사회적 영향을 의미하고, 이는 보다 큰 공공성을 의미한다.

넷째, 공공성의 공통적인 기준은 공적 책임성이다.

마지막으로, 공공성의 중심적 조치는 주민들에 봉사하는 공공서비스의 신뢰성·지도력·반응성이라는 의미의 공공성에 있다.

2. 분　　류

공공서비스는 여러 기준에 의해 분류할 수 있다. 여기서는 공공재적 성격, 사회적 기능, 서비스의 수혜범위, 그리고 공익성의 기준에 따라 검토하기로 한다(박수영, 2002: 440～444).

(1) 공공재적 성격에 의한 분류

재화와 서비스는 소비의 경합성(競合性)과 배제성(排除性)의 관점에서 세분할 수 있다. 순공공재(純公共財)가 비배제성과 비경합성의 특성을 가진 데 비해, 사적재(私的財)는 배제가능하고 경합이 되는 것이다. 그리고 공동으로 소비하고 배제가 가능한 재화(料金財)와 소비의 경합이 있으나 배제는 불가능한 서비스형태(共同所有財)를 준공공재(準公共財)라 한다(조정제, 1990: 50～51).

사바스(E. Savas)는 경합성(競合性)과 소비(消費)라는 두 가지 기준의 조합에 따라 공공서비스를 배열하였다(조정제, 1990: 51～53).

순공공재 또는 집단이용재(collective goods)는 국방·경찰·전염병예방·환경보존·등대·TV방영 등이 포함된다.

준공공재로서 공동소유재(common-pool goods)는 바다고기·희소자연자원·환경오염 등이 포함되는 것으로, 배제가 되지 않아 비용의 징수가 어려우나 개별소비가 가능하기 때문에 항상 과소비의 문제가 제기되어 이에 대한 공적 규제의 필요성이 제기된다.

요금재(tool goods)는 경합 없이 공동소비가 가능하나 배제가 용이한 재화나 서비스로, 전기·가스·상하수도 등과 같은 공급시설, 국립공원·유료도로 등과 같은 이용시설, 그리고 회원재(club goods)·지방공공재·공적부조제 등이 포함된다. 여기서 회원재(會員財)는 각 개인의 소비량을 제한하기는 어려우나 소비에의 참가기회를 제한하는 것은 용이한 재화로서, 수영·콘도·주차장·골프·정보교환 회원제 등이 여기에 해당된다. 지방공공재(地方公共財)는 특정지역거주민에게는 순공공재이나 지역을 벗어나면 그 편익으로부터 배제되는 공공재로서, 예를 들면 구충서비스같은 것이다. 공공부조재(公共扶助財)는 사회구성원에게 최소한의 필요불가결한 서비스를 제공하는 활동과 관련된 것으로, 생활보호대상자에 대한 정부지원 같은 것이 여기에 해당된다.

(2) 사회적 기능에 의한 분류

공공서비스는 사회적 기능에 따라 일상적 · 보호적 · 발전적 · 사회적 최저수준보장 서비스의 네 가지 범주로 나눌 수 있다(박수영, 2002: 442～443).

일상적(日常的) 서비스는 주민들이 일상적으로 이용하는 서비스로, 이용자요금 또는 수익자부담원칙을 통하여 개별적으로 제공되는 서비스이다. 상하수도 · 쓰레기수거처리 · 도로교통 등이 이에 해당된다.

보호적(保護的) 서비스는 화재 · 폭력 · 전염병 · 자연재해 등의 위험으로부터 사람과 재산을 보호하고 공공질서를 유지하는 기능이 있는 서비스이다. 경찰 · 소방 · 법 집행 · 홍수통제 · 위생검사 등이 이에 속한다.

발전적(發展的) 서비스는 개인의 육체적 · 지적 · 정신적 잠재력의 향상을 도모하는 기능이 있는 서비스로, 교육 · 도서관 · 공원 · 문화위락시설 등이 이에 해당된다.

사회적 최저수준보장(最低水準保障) 서비스는 최저수준의 주민생활을 보장해 주기 위한 서비스로, 경제적 재분배기능이 강하여 특정수혜자에게 제공되는 특성이 있다. 공공부조 · 공중보건 · 생계유지 · 의료보호 · 거택보호 · 직업훈련 · 공공주택 등이 이 범주에 속한다.

(3) 서비스의 수혜범위에 의한 분류

서비스가 부여하는 혜택의 범위와 투자비용에 따라 연결재(連結財)와 혜택재(惠澤財)로 분류한다(박수영, 2002: 443).

연결재(joint goods)는 시민이 공공으로 이용하고 도시활동 및 도시기능을 연결시켜 주는 것으로, 도로 · 상하수도 · 경찰 · 소방 등이 여기에 속한다.

혜택제(merit goods)는 혜택이 선별적이고 주로 개인의 편익증진을 위해 제공되는 서비스로, 소득재분배의 효과가 강하다. 학교 · 병원 · 박물관 · 도서관 · 사회복지서비스 등이 이에 해당된다.

(4) 공공성의 성격에 따른 분류

공공서비스의 공공성에 따라 보호적·공동적·개인적·경영적 서비스로 분류할 수 있다(박수영, 2002: 443~444).

보호적(保護的) 서비스는 여러 위험으로부터 주민을 보호하기 위한 서비스로, 소방·경찰·쓰레기수거·식품위생검사·도량형검사 등이 이에 속한다.

공동적(共同的) 서비스는 전 시민에게 편익을 제공하고 시민들의 이익을 증진하기 위한 서비스로, 도로·도시정비·고용계획·도시미관보호·편의시설 등이 이에 해당된다.

개인적(個人的) 서비스는 개인적 욕구를 충족시키기 위해 개인에게 직접적으로 제공하는 서비스로, 부유층의 비용부담으로 빈곤층에게 편익을 제공한다는 차원에서 소득균등화효과를 갖는다. 교육·아동보호·노약자보호 등이 이에 속한다.

경영적(經營的) 서비스는 기업성 또는 경영수익성이 확보될 수 있는 서비스로, 상수도·교통·택지개발·주택건설·관광개발 등이 이에 포함된다.

Ⅱ. 접근논리

1. 전통적 접근

공공서비스의 공급관리(供給管理)에 대한 전통적 시각(傳統的 視覺)은 복지주의(welfarism)에 근거하고 있다. 복지주의(福祉主義)의 주요 특징은 교육·보건·공공부문·주택·개인적 사회서비스 등의 주요 서비스를 국가가 직접적으로 제공하는 서비스공급관리에 있다(Bailey, 2001: 337). 이러한 서비스개발은 케인즈유형(Keynesian-style)의 정책과 프로그램의 채택에 의해 가능해진 완전고용을 위한 개입에 협력적이다. 국가는 가부장적이며 보호적 입장이며 경제적으로 빈곤한 집단을 지원하며, 경제성장과 번영을 위해 총체수요를 관리하는 정책을 채택한다(Bailey, 2001: 337).

재화와 서비스 생산에 대한 기본논쟁은 특정상황에서 시장은 실패하고, 재화와 서비스들에 대한 계획, 집단결정, 공공제공이 개별적 거래의 과정보다 특정한 사회적 목적을 달성하는 데 보다 효과적이라는 것이다. 재화와 서비스의 생산과 공급에 대한 정부개입의 도덕적 기반은 형평(equity), 공평(fairness), 그리고 정의(justice)의 고려에 있다. 생산의 경우, 정부행동의 정당성은 시장은 적정한 산출량과 범위를 생산하는 데 실패할 것이라는 점이다(Walsh, 1995: 4).

2. 후기복지주의

오늘의 공공서비스공급관리는 정부의 직접적인 공급에서 시장체계의 도입이 전향적으로 이루어지고 있다. 이러한 논의는 후기복지의제(post-welfare agenda), 후기포드주의(post-fordism), 정부에서 거버넌스로의 전환(a shift from government to governance) 등과 같은 새로운 접근시각들이 등장에 따라 나타난 현상이다(Bailey, 2001: 336). 이러한 새로운 접근시각들은 모두 단일의·계층적·표준화된 관료적 생산기술에 의한 서비스생산보다는 소비자수요에 부응하는 미시적·기업적 네트워크조직이 지배되는 방향으로 변환되고 있음을 강조한다(Bailey, 2001: 336).

최근에 탈규제·민영화·자유화를 지향하는 시장력의 승리와 국가정책에 대한 새로운 방향설정을 모색하는 추세에 따라, 공공서비스(public service)는 기업처럼 변환하고 있다(Haque, 2001: 65). 이러한 공공부문개혁(公共部門改革)의 주요 원인(原因)과 목적(目的)은 공공부문의 비효율성 극복, 독점의 감축, 예산부족의 최소화, 무역보호의 완화, 공공지출의 간소화, 보조금의 축소, 수익창출, 소비확대, 외국투자촉진, 서비스질의 개선, 소비자만족의 증대에 있다(Haque, 2001: 66).

공공서비스의 관리를 위한 시장장치의 사용을 주창하는 사람들은 시장장치가 시장실패의 일부를 극복하는 데 도움을 준다고 주장한다. 그러나 문제는 공공부문에서 일하는 사람들의 동기와 성과에 대한 모니터링과 통제에 어려움이 있다는 점이다. 시장유인책이 결여되어 있기에 정부에는 비효율성이 불가피하게 존재한다. 정부에 대한 비판자들은 비용저감, 생산성제고, 또는 규모의 경제의 현실화를 위한 기술적 가능성이 공무원들에 의해 무시되거나 완전히 개발되지 않기 때문이라고 지적한다. 그리고 공무원들은 변화의 비용은 높다고 보고, 변화를 만드는 것을 귀찮게 여긴다는 것이다. 공공부문 노동자들의 성과를 쉽게 모니터할 수 있다면 유인책의 결여는 문제가 되지 않는데, 이는 성과나 실패응징을 촉진하기 위해 보상과 응징이 도입될 수 있기 때문이다(Walsh, 1995: 29).

신공공관리의 주요 특징은 공공서비스조직의 운영에 있어서 시장기구의 도입, 즉 공공서비스의 시장화에 있다. 시장화(marketisation)의 최초의 형태는 공공서비스에 대한 경쟁적 입찰의 도입이었다. 1980년대 후반 이래로 경쟁적 입찰(競爭的 入札)의 급격한 확충이 있었지만, 공공서비스관리의 가장 급격한 변화는 민영화(民營化)와 관련된 것이었다. 즉, 공공서비스의 관리와 관련한 변화는 민간부문으로부터 관리기법의 도입과 공공서비스 내의 시장장치의 개발이라는 두 가지 흐름으로 요약할 수 있다(Walsh, 1995: xi～xiv).

Ⅲ. 공급모형

복지주의(福祉主義)와 후기복지주의(後期福祉主義)의 주요 특징은 다음 두 가지 모형에 의해 요약할 수 있다(Bailey, 2001: 344～346). 첫 번째 모형은 정부일반(政府一般)과 관련된 것이고, 두 번째는 지방정부(地方政府)와 관련된 것이다.

1. 일반모형

<그림 11-1>에서의 셀1은 공짜로 사용하는 공공부문서비스를 국가가 세금 및 기타 공적자금을 통해 재정조달함은 물론 직접적으로 생산하는 일반적 공급자로서 복지국가의 순수모형이다. 셀2에서는 국가가 아직도 서비스를 제공하지만, 이제는 서비스들이 사용자부담금 및 다른 민간재원으로부터 재정조달한다. 셀3은 국가의 역할이 일반적인 공급자에서 규제국가로 변화하는 시나리오를 나타낸다. 셀4는 위임복지국가(복지국가 없는 복지사회)로, 국가는 복지서비스의 민간공급과 재원조달을 강제하는 법률, 예를 들면 강제적인 보건보험을 통과시킨다. 복지주의(welfarism)는 셀1에 표현되어 있고, 후기복지주의(post-welfarism)는 나머지 모든 셀의 요소들을 포함한다(Bailey, 2001: 344).

셀2는 만일 소비자부담(user charge)으로 생산비가 완전히 조달되고 지불이 자의적이라면, 서비스의 생산이 공공부문 내에 남아 있을 필요성이 없다. 경제학자들은, 공공부문 교역체가 민간부문에 판매를 가능하게 하고 민간기업들의 공공서비스공급을 허용하기 위해 법적 독점을 제거(자유화)하는 경우에는, 민영화를 추천한다.

활동들은 만일 셀1에서 다른 활동들과 공동공급하거나, 그들의 분리가 기술적으로 불가능하거나 공공부문공급자들이 민간부문을 통한 공급이 존재하더라도 공공공급이 가능하도록 하는 결정이 취해진 경우에는 활동들은 셀2에 머문다. 사례로는 정보거래서비스가 유사한 서비스가 민간부문에서 이용가능해도 지방정부도서관에 의해 제공될 수 있는데, 이는 공공도서관들은 필요한 직원과 전문성, 하부구조를 가지고 있고, 그러한 서비스에의 접근을 확대하고자 하기 때문이다(Bailey, 2001: 344~345).

셀3은 두 개의 사례와 관련된다. 하나는 국가가 민간생산자들로부터 서비스들을 구입하는 수단으로 개인에게 이전지출하는 경우이다. 두 번째는 서비스들을 민간부문 생산자들에게 외주계약한다. 첫 번째 사례는 구입이 개인적 욕구와 지불의사를 반영하기 때문에 배분적 효율성을 필연적으로 개선한다. 같은 기반에서, 공공부문 내에 남아있는 서비스의 질과 양에 관련된 결정 때문에 두 번째 사례는 배분적 효율성을 개선하지 않는다. 환언하면 소비자가 최고가 아니다. 증가된 소비자 주권은 셀 3과 4의 혼합에 의해 촉진되고, 소비자부담은 대안적인 공급자들 간의 경쟁에 의해 적어진다(Bailey, 2001: 344).

셀4는 영국의 민간경찰성장에 의해 대표되며, 보다 극적으로는 미국에서 인구 15만 명 정도에서의 주거공동체연합(RCAs: Residential Community Associations)과 천 명 정도의 기업개선지구(BIDs: Business Improvement Districts)같은 민간정부의 성장을 들 수 있다. RCAs와 BIDs는 그들의 지역(근린・상업중심・사무실복합체・도심)에 추가적인 도시유형서비스(municipal-style services)를 다수투표에 의해 합의한 민간재산소유자집단으로 그들의 구성원들에게 분담금이나 재산기반세금을 부과한다(Bailey, 2001: 345).

〈그림 11-1〉 복지제공과 재정의 일반모형

		재원: 공 공	재원: 민 간
생 산	공 공	1	2
	민 간	3	4

자료: Bailey, 2001: 344.

<그림 11-1>에서는 공공서비스들의 공급에서 상이한 계약형태 간의 구별을 하는 데 실패했다. <그림 11-1>의 셀3에서 구입자로서 국가와 공급자로서 민간회사 간의 구별이 필요하다. 때문에 두 번째 그림에서는 지방정부 내의 구입자-공급자 분리를 명료화하는 것이 요구된다(Bailey, 2001: 345).

2. 지방정부모형

<그림 11-2>의 셀1은 구입자-공급자의 분리 없이 지방정부가 직접적으로 서비스를 공급한다. 셀4에서는 서비스의 공급은 민간생산자에게 (이상적으로는 경쟁적 제시로) 외주계약하고, 때문에 지방정부에 의해 구입된다. 셀2는 지방정부고용자들이 지방기업들과의 서비스 계약을 위한 경쟁에서 이겨서 내부계약하는 것을 나타낸다. 셀2와 셀4는 구입자-공급자 분리를 포함한다(Bailey, 2001: 346).

구입자-공급자 구분은 공급자 간의 경쟁을 만들지만, 구입자 간의 경쟁은 만들지 않는다. 때문에 효율성을 개선할 가능성은 있지만, 구입자들의 결정은 서비스사용자들의 선택을 보다 많이 반영하기 때문에 배분적 효율성을 개선하지 않는다. 증가된 전략의 집권(集權)과 자기관리된 기능적 단위의 분권(分權)은 동시에 달성되고, 이는 후기관료적 통제의 명확한 특징이다. 대부분의 경우, 분권화된 기능적 단위들은 그들의 예산이 중앙에 의해 엄격히 통제되기 때문에 진정한 자율보다는 규제된 자율성을 갖는다(Bailey, 2001: 346).

〈그림 11-2〉 구매자-공급자구분의 지방정부모형

		구 매 자	
		아 니 오	예
제 공 자	예	1	2
	아 니 오	3	4

자료: Bailey, 2001: 345.

셀3은 서비스공급의 책임을 지방정부 밖으로 전이하는 것을 나타낸다. 셀3

은 비지방 정부공공부문에 의한 서비스공급과 관련된다. 중앙정부는 예전의 지방정부서비스가 지방정부 밖의 공공부문조직체의 책임이 되도록 해야 한다. 이러한 준자치비정부조직(quasi-autonomous non-governmental organization: quangos)이 국가, 지역, 지방수준에서 작동한다. 지방수준에서 보면, 그들은 독립 또는 자기관리적인 지방기관이지만, 공적자금을 쓰고 공적 기능을 수행한다(Bailey, 2001: 346).

제 2 절 공급유형

Ⅰ. 의 의

1. 개 념

공공서비스의 공급체계(供給體系)는 필요성인지, 공급에 관한 정책결정, 계획 및 재원조달, 시설설치, 서비스 생산 및 소비, 사용료 징수, 시설운영, 평가 및 환류로 이어지는 일련의 과정을 의미한다(이용우 · 배용수, 2000: 22). 여기서 서비스공급은 ① 어떤 재화와 서비스가 제공되며, 어떤 것은 민간부문에 남아 있으며, ② 어떤 민간활동들을 규제하고, 어떤 규제의 유형과 정도를 사용하며, ③ 모금하는 수익금액과 수금방법(과세 또는 사용자 가격 등의 다양한 형태), ④ 제공되는 재화와 서비스의 양과 질의 기준을 포함한 특정한 집단적 선택을 포함한다(Stein, 1992: 5).

도시재화와 서비스의 제공과 관련하여 종종 제기되는 문제(問題)는 재정적 등가(fiscal equivalence), 책임성(accountability)이다. 첫 번째 문제는 개인들은 '지불한 만큼 갖고, 가진 만큼 지불'하는 것을 요구한다. 재정적 등가(財政的 等價)의 결여는 혜택을 받지 못하고 비용을 발생함에 의해 지역사회의 이익을 해치게 되고, 이는 지역사회의 자원의 기반을 해치게 된다. 두 번째 문제인 책임성(責任性)은 선출 그리고 비선출 공무원들의 행동과 그들의 선거구민들 간의 연계에 관한 것이다. 선거구민들이 그들의 관심사항과 선택에 대해 의미 있는 목소리를 낼 수 있는 기회가 없는 것은, 정부들이 시민들을 다른 지역사회로 이출시키고, 결과적으로 도시의 자원기반을 위협하게 된다(Stein, 1992: 6).

도시정부가 공급하는 공공재를 순수한 공공재의 개념에 따라 공급할 것인지, 혼합재로 공급할 것인지 하는 문제는 정치적 결정에 따를 수밖에 없지만, 어느 경우든 자원배분면에서는 장·단점이 있다. 즉 공공재의 입장에 의하면 비용부담과 관계 없이 등량소비의 혜택이 있으나, 비용최소화에는 문제가 있고, 공공재에 대한 사회적 수요예측이 정확치 못하면 과잉공급으로 자원의 효율적 배분을 어렵게 만들 수 있다. 민간재적 요소를 강조하면 과소공급의 문제가 있으나 자원의 낭비는 방지된다.

2. 구 분

공공서비스의 공급유형(供給類型)은 서비스의 전달체계 또는 공급주체, 민관협력의 형태, 그리고 도시정부의 경영방식 등에 의해 다양하게 구분되고 있다. 사바스(E. Savas)는 서비스의 소비자·생산자·제공자의 결합방식의 차이를 기준으로 공공서비스 공급방식을 정부서비스, 정부판매, 정부 간 협약, 민간부문과의 계약, 지정 특허 또는 면허(franching), 보조금, 구입증서(voucher), 시장기구, 자원봉사(자발적 서비스), 자조활동 등의 10가지로 유형화하였다(조정제, 1990: 65~67). 그의 구분은 다양한 공급유형을 체계화하였지만 공기업에 의한 서비스 공급유형이 제외된 한계가 있다.

여기서는 공공서비스의 공급유형을 공공공급, 민간공급, 그리고 민관협력공급의 3가지로 구분하여 검토하기로 한다.

Ⅱ. 공공공급

1. 직접공급

정부서비스는 정부가 공무원을 활용하여 직접 서비스를 전달하는 방식이다. 이 경우 정부는 서비스 생산자와 제공자로서의 역할을 통합적으로 수행한다. 도시정부 직접공급(都市政府 直接供給)은 일반행정기구나 사업소 또는 지방직영기업에 의해 이루어진다(이용우·배용수, 2000: 26~28).

(1) 일반행정기구

도시정부는 도시의 유지 및 발전 그리고 시민의 삶의 질 향상을 목적으로 내부(주민 · 기업 · 이해관계자 등) 및 외부고객(공무원 · 의회), 상급 및 하급행정기관, 유관기관(특별행정기관)을 대상으로 공공서비스를 생산 · 공급하기 위하여 조례에 의해 행정기구(行政機構)를 설치한다. 도시정부의 행정기구는 대통령령(지방자치단체의 행정기구와 정원기준 등에 관한 규정)이 정한 범위 내에서 지방조례로 정하도록 되어 있어 도시별로 상이하다.

(2) 사 업 소

사업소(事業所)는 지방자치단체가 특정업무를 효율적으로 수행하기 위하여 필요한 때에 대통령령이 정하는 바에 의하여 당해 자치단체의 조례로 설치하며, 지자체의 자치업무만을 수행하는 경우에는 지자체의 정원범위 안에서 조례로써 사업소를 설치할 수 있다. 구체적으로 업무의 성격이나 업무량 등으로 보아 별도의 기관에서 업무를 수행함이 효율적이거나, 사업장의 위치에 따라 현장에서 업무를 추진하는 것이 효율적인 경우에 사업소를 설치할 수 있다(「지방자치법」 제105조; 시행령 제40조 제1항).

사업소는 그 유형이 매우 다양하지만, 주로 도서관 · 문화회관 · 체육시설 · 공원 등의 문화발전서비스, 복지관 · 사회복지시설 등의 사회복지서비스, 상하수도 및 폐기물 등의 환경서비스를 공급하기 위해 설치되고 있다.

(3) 지방직영기업

지방직영기업(地方直營企業)은 지방자치단체가 전액 출자하여 지자체의 행정기구형태로 조직하고 자신의 공무원을 통해 직접 경영하며 매년 지방의회의 의결로 확정되는 지방공기업 특별회계예산에 따라 운영된다. 지방직영기업을 통해 제공하는 공공서비스는 지방상수도를 비롯하여 하수도 · 공영개발사업 · 지역개발기금 등이 있다.

지방직영기업을 통한 공공서비스 공급은 필요에 따라서 부족재원을 일반재원의 지원이 가능하므로 주민의 수요에 대응하여 공공성을 최대한 확보할 수 있는 장점이 있다. 반면에 지방직영기업은 공무원이 직접 운영하므로 경직된 관료적 사고가 그대로 작용하며, 직원의 잦은 이동으로 사업추진의 지속성과 업무상의 전문성을 확보하기가 어렵다. 그리고 낮은 지방공기업 요금으로 재무구조가 불안정하며, 도시개발과 같은 대규모사업을 직접 경영하는 경우에는 자본 · 기술 · 전문지식의 부족으로 효율적 경영에 한계가 있다.

2. 간접공급

공공서비스의 도시정부 간접공급(間接供給)은「지방공기업법」및 조례에 의해 공법인(公法人) 형태로 설립되는 지방공사나 공단에 의한 서비스공급을 의미한다. 지방공사나 지방공단은 지방자치단체가 출자하여 설립하고 재정적·행정적 원조를 제공하면서 경영에 관여하는 법인으로서 간접경영방식을 취한다. 또한 법적 독립체로서 판매수입이나 수탁금으로 경영비용을 충당하므로 지방자치단체와 독립된 재정구조를 가지며, 소속직원은 공무원이 아니다(이용우·배용수, 2000: 28).

3. 도시 간 협약공급

도시 간 협약공급(協約供給) 유형에는 협정과 계약이 있다. 협정(協定)은 협정지구 내 주민들에게 서비스를 전달하기 위하여 공동으로 공급계획을 수립하고 재원을 조달하는 방식이다. 계약(契約)은 한 도시가 특정서비스를 공급하기 위하여 다른 도시에 생산을 위탁하고 비용을 지불하는 방식을 의미한다. 협정의 경우에는 관련 도시정부 모두가 공급자이고 생산자이나, 계약의 경우에는 한 도시는 공급자이고 다른 도시는 생산자에 해당한다.

도시 간 협약공급은 규모의 경제 및 중복투자 방지, 전문성의 지속적 활용, 책임의 이전·분산 등의 긍정적인 효과가 있다. 반면에 서비스생산의 중지로 인한 당해 지방정부의 전문성 상실 및 유사시 공급의 어려움, 기능의 부재 및 이전에 따르는 시민반발 등의 문제점도 발생할 수 있다(이용우·배용수, 2000: 30~31).

미국의 경우 도시 간 공동공급은 하수처리·폐기물처리·도서관·교도소·경찰 및 소방 등과 같이 대규모 시설이나 장비가 요하는 광역서비스 공급방식으로 활용되고 있다. 특히 규모가 작은 지방자치단체는 공동공급방식을 통해 건축비·시설투자비·관리비 등의 재정지출을 절감하는 장점이 있다. 우리나라에서도 협약에 의한 하수종말처리장, 폐기물매립장 및 소각장 등의 공동건설 및 이용이 활발해지고 있다. 그러나 협약공급은 개별 지자체가 시설입지의 어려움을 극복하고자 주로 광역환경기초시설에 국한되어 이루어지고 있으므로 보조적인 공급유형이라 할 수 있다(이용우·배용수, 2000: 31).

Ⅲ. 민간공급

1. 민 영 화

(1) 의 의

협의로 민영화(privatization)는 공기업의 주식을 개인이나 민간기업에게 매각하는 것을 의미한다. 광의로는 공공서비스의 공급기능이 민간영역으로 이전되는 것을 지칭한다(배용수, 2000: 163~164). 민영화(民營化)는 경제활동의 활성화와 공공부문에 민간활력 도입을 위한 공기업의 자산이나 주식매각을 의미한다. 이는 소유권이 정부소유에서 민간소유로 이전되는 것을 말하고, 시장구조가 독점에서 경쟁으로 전환되는 것을 말한다.

민영화를 통해 효율성을 증진시키고, 작은 정부를 실현할 수 있으며, 소비자위주의 서비스제공이 이루어질 수 있다. 반대논리는 독점공기업의 출현, 소비자가격의 상승, 자본시장의 취약, 시장의 실패를 가져올 수 있다(윤성식, 1998: 438~448).

(2) 유 형

민영화는 공기업의 매각을 의미하는 공기업의 민영화는 물론이고, 각종 행정조직 내의 행정기능·활동 등의 행정서비스를 민간에게 이양하는 것도 포함한다. 후자에 속하는 것으로는 바우처(vouchers)제도, 계약에 의한 행정서비스의 민간이양, 권한의 양도나 매각에 의한 행정서비스의 민간이양, 민간참여로 인한 행정서비스의 경쟁, 행정서비스의 민간대체권한부여 등의 다양한 방법이 있다(윤성식, 1998: 474). 그 중에서 민간과의 계약 또는 민간위탁이 대표적인 민영화 유형이다(조정제, 1990: 100).

(3) 민간위탁

① 의 의 계약방식(contracting out), 즉 민간위탁(民間委託)은 재화 및 서비스의 공급을 위해 정부가 민간기업 또는 비영리조직과 계약을 체결하는 방식이다. 이러한 서비스 공급방식 하에서는 민간부문이 서비스 생산자로서의 역할을 수행하고, 정부는 서비스 제공자로서의 역할을 수행하며, 정부가 생산자에게 비용을 지불한다. 법에서는 민간위탁을 각종 법률에 규정된 행정기관의 사

무 중 일부를 지방자치단체가 아닌 법인단체 또는 그 기관이나 개인에게 맡겨 그의 명의와 책임 하에 행사하도록 하는 것이라고 정의한다(「행정권한의 위임 및 위탁에 관한 규정」 제2조 제3호).

② **위탁대상분야** 행정기관이 소관사무 중 조사·검사·검정·관리업무 중에서 국민의 권리·의무와 직접 관계되지 아니하는 단순사실행위인 행정작용, 공익성보다 능률성이 현저히 요청되는 사무, 특수한 전문지식 및 기술을 요하는 사무, 기타 국민생활과 직결된 단순행정사무를 민간위탁할 수 있다고 규정하고 있다(동 규정 제11조).

계약에 의해 민간에 이양될 수 있는 행정서비스의 예는 차량유지, 도로보수 및 유지, 병원의 경영, 병원응급실의 운영, 응급차서비스, 건물청소, 건물보안유지, 쓰레기처리, 구내식당운영, 도서관운영, 방송시설의 운영, 회계업무 등이 있다(윤성식, 1998: 487).

③ **수탁기관선정기준** 민간위탁사무의 수탁자를 선정할 때에는 인력과 기구, 재정부담능력, 시설과 장비, 기술보유정도, 책임능력과 공신력, 지역 간 균형분포 등을 고려하여 수탁기관으로 선정한다(동 규정 제12조 제1항).

(4) 바우처제도

정부가 민간으로부터 특정재화나 서비스를 획득할 수 있도록 특정수혜자에게 현금에 상당하는 권리를 가진 증서를 교부한다. 바우처(voucher)란 현금액수로 표시된 권리증서를 말한다(윤성식, 1998: 478).

이 제도의 가장 좋은 예는 미국의 푸드 스탬프(food stamp)이다. 복지혜택을 받을 자격이 있는 저소득층에게 식품만을 일반상점에서 구입할 수 있도록 현금액이 표시된 증서, 즉 푸드 스탬프를 교부한다. 정부는 유자격자에게 매달 일정금액의 푸드 스탬프를 교부한다. 유자격자는 현금대신 이 스탬프를 받고 식품을 판매하는 가게에서 식품을 구입한다. 식품을 판매한 가게에서는 은행의 자기 구좌에 푸드 스탬프의 입금이 가능하며, 은행은 이를 정부에 반납하고 현금을 대신 수령한다. 푸드 스탬프로 식품만을 구입하도록 하는 이유는 저소득층의 영향부족문제의 해결을 위해 만들어진 제도이기 때문이다. 이는 정부가 저소득층에게 직접 식품을 공급하는 어려움을 해결하는 복지정책으로 도입된 제도이다(윤성식, 1998: 478～479).

이 제도는 민간부문의 효율성을 이용하여 정부의 정책을 수행하고, 민간의 경쟁을 유발하여 서비스의 질을 제고하는 장점이 있다. 단점은 바우처를 목적 이외의 용도에 사용하는 경우가 있다는 점이다(윤성식, 1998: 479～480).

(5) 권한의 양도나 매각에 의한 행정서비스의 민간이양

정부가 처음부터 민간에게 행정서비스를 공급할 수 있는 권한을 양도하거나 정부가 행정시설 등을 민간에게 매각함으로써 정부는 개입하지 않고 민간에게 행정서비스를 공급하게 한다.

권한양도(權限讓渡)에 의한 민간이양의 대표적인 사례는 사회간접자본의 건설에서 볼 수 있다. 유료도로 건설의 경우, 정부가 도로를 건설하고 운영하는 권한을 민간에게 양도하는데 민간은 정부로부터 행정서비스의 공급에 대한 대가를 받지 않고 사용료의 징수로서 이용자로부터 직접 대가를 수령한다. 정부는 민간자본을 통해 도로서비스를 시민에게 제공할 수 있다(윤성식, 1998: 497～498). 매각(賣却)에 의한 행정서비스의 민간이양의 사례는 공항시설을 매각하여 운영하도록 하는 것을 들 수 있다.

(6) 민간참여로 인한 행정서비스의 경쟁

이 방법은 기존의 공공부문에 의한 행정서비스를 그대로 두고, 이 분야에 민간의 참여를 허용하여 주민들이 선택하게 함으로써 공공부문과 민간부문이 경쟁하도록 유도한다(윤성식, 1998: 503).

예로 영국에서 속달우편(express mail)분야에서 민간의 참여를 부분적으로 허용한 것을 들 수 있다. 부분적으로 민간참여를 허용하면 소자본으로도 민간이 우편사업에 진입하여 공공부문과 경쟁할 수 있다. 이외에 쓰레기, 전기, 의료분야에서 이를 도입할 수 있다.

(7) 행정서비스의 민간대체권한 부여

행정서비스의 민간대체권한부여(民間代替權限賦與)란 정부가 제공하는 서비스에 만족하지 못한 때 민간에 의해 행정서비스를 받은 다음 정부에게 대금지불을 요청할 수 있는 권한을 부여하는 제도이다. 이 제도는 국민에게 행정서비스를 공급하는 주체를 선택할 수 있는 권한을 부여하는 것이며, 정부의 독점적 지위로 인한 횡포로부터 국민을 보호하는 수단이다(윤성식, 1998: 506).

2. 민자유치

(1) 의　　의

민자유치(民資誘致)는 국가나 지방자치단체가 공공시설의 효율적인 건설을 위하여 건설재원의 전부 또는 일부를 민간부문으로부터 조달하고 그들에게 법령 및 계약이 정한 범위 내에서 공공시설의 관리 및 수익권을 부여하는 행위를 의미한다. 민자유치는 공공시설의 건설재원을 보충하고, 민간기법을 활용하여 공공부문의 비효율성을 극복하며, 민간기업에게 새로운 투자기회를 제공하기 위하여 추진되고 있다.

(2) 방　　식

민자유치방식(民資誘致方式)은 민간부문과 공공부문 간의 계약에 의해 결정된다. 민관사이의 계약은 민간부문의 참여수준, 사업리스크의 분담관계, 민간의 책임과 자율성의 정도, 자본투자의 비율 및 수준, 계약기간, 시설이용자와의 관계 등에 따라 다양하게 결정된다.

민자유치사업의 추진방법으로 활용되고 있는 유형(類型)으로는 BTO, BOO, BOT, ROT, BLT, DBFO 등이 있다(배용수, 2000: 265). BTO(Build-Transfer-Operate)는 민간사업자가 시설을 건설(준공)하면 당해 시설의 소유권이 곧바로 정부부문에 귀속(기부채납)되고 사업시행자에게 일정기간의 시설관리운영권을 인정하는 방식이다. BOO(Build-Own-Operate)는 시설 준공 후 당해 시설에 대한 소유권이 사업시행자에게 귀속되는 방법이다. BOT(Build-Own-Transfer)는 민간사업자가 자본을 투입하여 시설을 건설하면 일정기간 동안 사업시행자에게 당해 시설의 소유권이 인정되며, 그 기간이 만료되면 시설소유권이 정부부문에 귀속되는 방식이다. ROT(Rehabilitate-Own-Transfer)는 기존 시설물을 재개발한 후 사업시행자가 일정기간 동안 소유한 후 정부부문에 기부채납하는 방식이다. 시설건설 후 제3자에게 일정기간 동안 임대 후 정부부문에 기부채납하는 BLT(Build-Lease-Transfer) 방법도 있다.

한편 민자유치사업추진방법과 병행하여 사업시행주체의 자금조달방법(資金調達方法)도 함께 고려해야 한다. 최근 민자유치사업 시행에 있어 프로젝트 파이낸싱(project financing)이 자금조달의 새로운 기법으로 부각되고 있다. 프로젝트

파이낸싱은 특정한 사업(project)으로부터 발생하는 현금 흐름을 담보로 하여 당해 사업을 수행하는 데 필요한 자금을 조달하는 금융기법이다. 프로젝트 파이낸싱의 경우 보통 BOT방식이 도입되고 있다. BOT방식은 프로젝트의 사업주·건설업자·운영권자의 합작투자에 의해 프로젝트의 전담회사가 설립되어 이 회사가 프로젝트의 타당성 분석 등을 통해 기획하고, 필요한 자금을 조달하며, 시공을 행하게 된다. 발주공공기관과 맺은 양도계약에 의해 완공된 프로젝트의 제반시설을 운영하여 외부차입에 대한 원금, 이자, 주주의 투자지분에 대한 합리적인 배당을 실시할 수 있는 수익을 회수하고 약정기간 만료시에는 제반시설의 소유권을 발주자인 정부에 양도하게 된다.

(3) 민자유치제도

우리나라의 민자유치의 대상(對象)이 되는 공공시설은 사회기반시설로서, 이는 각종 생산활동의 기반이 되는 시설, 당해 시설의 효용을 증진시키거나 이용자의 편의를 도모하는 시설 및 국민생활의 편익을 증진시키는 시설을 말한다[「사회기반시설에 대한 민간투자법」(이하 "법" 제2조 제1호)].

정부가 수립한 민간투자사업기본계획(民間投資事業基本計劃)에 의해(법 제7조), 주무관청에서는 당해연도 대상사업을 선정하여 민간투자시설사업기본계획을 작성한다(법 제10조). 민간투자사업을 시행하고자 하는 자는 시설사업기본계획(施設事業基本計劃)에 따라 사업계획(事業計劃)을 작성하여 제출하면, 주무관청은 이를 검토·평가하여 협상대상자를 선정하고 사업시행조건을 협상하여 실시협약을 체결함으로써 사업시행자가 지정된다(법 제13조). 사업시행자는 주무관청의 승인을 얻은 사업의 실시계획(實施計劃)에 의해 사업을 시행한다(법 제15조).

민간투자사업으로 조성 또는 설치된 토지 및 사회기반시설은 실시협약에서 정하는 바에 따라 관리 및 운영된다(법 제24조).

Ⅳ. 민관협력공급

1. 의 의

최근 여러 나라에서 정부부문의 효율성 제고 또는 경쟁력 강화, 그리고 공공부문의 재원조달능력의 한계 등을 극복하기 위하여 공·사 협력방식, 공동생산방식, 제3섹터방식 등이 활발하게 활용되고 있다. 이제 지방정부는 독점적인 서비스 제공 역할을 지양하고 공공·민간·비공식사회부문을 통합하는 촉매역할을 수행함으로써 지역공동체 문제를 해결해 나가야 한다.

이런 점에서 지방경영에 있어서도 지방정부를 포함한 다수의 지역주체들이 참여하는 것이 바람직하다. 지방정부는 물론이고 지역주민·지역소재기업·지방대학·지역사회단체 등 다수의 주체들이 지방경영에 있어서 각기 독자적인 역할을 분담하는 한편 일정영역에 있어서는 협동적 노력을 전개해야 한다.

이와 같이 다원적 주체들이 지방경영에 참여하게 되기 때문에 종전의 지방정부독점의 서비스 공급체제도 점차 다원화의 길을 걷게 된다. 지방정부가 직접공급하는 방식에서 기업방식이나 허가·보조금·계약·제3섹터 등과 같은 민간부문을 활용하는 방식으로 다원화되고 있다.

2. 제3섹터 방식

제3섹터는 지방정부(地方政府)와 민간기업(民間企業)이 공동(共同)으로 참여하여 공공서비스를 공급하는 형태(주식회사·재단법인·사단법인·공익신탁·협동조합 등)이다.

효율적인 지방경영체제를 구축하기 위해서는 지방정부가 수행하여야 할 활동 또는 서비스를 감안하여 각각의 서비스 공급주체의 특성에 부합한 역할분담체계를 형성하거나 보다 효율적인 경영형태로 기존의 서비스 공급방식을 재편하는 노력이 수반되어야 한다. 특히 행정과 국민 간의 관계가 수평적 협력자 내지 동반자 관계로 전환됨에 따라 지방정부의 역할수행방법에 있어서도 이에 상응한 변화가 수반되어야 한다. 창의적·혁신적 활동, 민간부문과 공공부문의 협동방식, 민영화·민간위탁·외주화 등을 통한 정부 역할구조의 재조정 등이 정부의 주요한 역할수행 방식으로 등장하고 있다. 따라서 지방정부의 생산성을 향상시키기 위해서는 지방정부의 본질적 역할에 해당하지 않고, 생산성향상에 공헌하지 못하는 활동, 단순반복적인 업무는 외주화시키는 것이 바람직하다.

우선 공공성이 약하여 당해 업무의 수행에 공적 권위를 필요로 하지 않거나 민간과 경합관계를 갖는 업무, 당해 업무의 효율적인 추진을 위해서는 별도의 독립된 조직이 필요한 업무, 그리고 민간의 수익획득 능력이 요구되는 영역에 대해서는 공사·공단·재단법인 등에 의한 간접경영방식을 도입하는 것이 바람직하다.

또한 도로·교통시설, 공해방지 및 환경보전시설, 문화·교육시설, 복지·의료시설, 공원·녹지·체육·레크레이션시설 등에 있어서 지방행정수요가 급격하게 증가하고 있는 바, 이러한 행·재정수요에 대응함에 있어서 지방자치단체의 재정능력의 한계를 극복하고 민간부문의 자본·기술·경영능력을 도입, 활용하기 위해서는 민관공동출자사업과 민관혼합출자의 지방공사의 적극적 활용 노력이 전개되어야 한다. 이와 같은 제3섹터방식의 지방공기업은 민간활력의 도입이 가능할 뿐 아니라 사업운영상의 자율성과 신축성을 보다 높일 수 있다는 점에서 그 효용성이 높다. 따라서 지방자치단체는 현재 매우 제한적으로 시도되고 있는 민·관공동출자사업의 활성화를 적극 모색하고, 민간부문의 참여 유인을 높일 수 있는 제도적 장치를 마련하는 노력을 기울여야 할 것이다.

「지방공기업법」에서 규정된 사업을 추진함에 있어 지역여건에 따라 제3섹터 방식(민관합동공급)으로 공급이 가능하다(제79조의2). 제3섹터 방식은 지방공사의 운영을 위하여 필요한 경우 자본금의 50% 이내의 범위에서 민간이 출자한 지방공사형 제3섹터와 지자체가 자본금(기본재산)의 50% 미만을 출자(출연)하여 민간과 공동으로 상법에 의한 주식회사 또는 민법에 의한 재단법인을 설립하는 사법인형 제3섹터가 있다(이용우·배용수, 2000: 30).

3. 시민공동생산

(1) 의 의

시민공동생산(citizen coproduction)은 정규생산자인 공공부문과 소비생산자로서 일반시민이 공공서비스를 같이 생산하는 것으로 시민에 의해서 이루어지는 부분을 말한다. 공동생산은 공공서비스의 직접적 수혜자이면서 소비자인 시민이 서비스의 생산에 직접 참여하는 소비자공급(consumer production)의 개념을 도입한 것이다.

공동생산(共同生産)을 통하여 시민은 단순한 소비자에서 탈피하여 공공서비스의 생산에 기여하게 됨에 따라 서비스의 생산과정과 관련한 주요한 의사결정에 참여할 수 있다. 공동생산은 비용절감을 통한 공공서비스 공급의 효율성 제고는 물론이고, 시민과 도시정부가 상호접촉할 수 있는 기회를 제공함으로써 도시행정의 투명성과 신뢰성을 확보하게 하는 장점이 있다.

시민공동생산의 범위(範圍)는 공동생산을 공공부문과 일반시민이 직접적인 협조관계 속에서 이루어지는 활동에만 한정시키느냐, 그렇지 않으면 시민의 독자적 활동까지 포함하느냐에 따라 다양하게 설정될 수 있다. 공공부문과의 관계에 있어서는 직접적 협력여부와 관계없이 공공부문과 동일한 재화나 서비스를 생산하는 시민행위도 공동생산으로 보는 경향이 있으며, 적극적인 행위뿐만 아니라 소극적인 행위까지 포괄하기도 한다. 일반적으로 제3섹터 사업에의 참가 등 영리추구를 근본목적으로 하는 생산활동을 제외한 공동체정신에 입각한 시민의 자발적 활동이 포함되며, 구체적으로 지역사회발전을 위한 자발적 단체의 구성, 폐기물을 분리배출하는 행위 등이 해당한다.

(2) 특 성

공동생산은 공공부문과 민간부문의 협력적 분업관계를 형성해 공공서비스를 필요로 하는 활동의 목표를 달성하는 것을 의미한다. 지방정부의 공공서비스를 민간부문과 공동으로 생산하게 되면 민간부문의 인력과 재원을 활용할 수 있게 됨으로써 지방정부의 인력과 재정규모 팽창을 억제할 수 있으며, 민간부문의 전문성과 다양한 생산기법을 활용함으로써 보다 양질의 서비스를 제공할 수 있다. 특히 공동생산은 주민참여의 원리를 바탕으로 지방행정의 성과를 제고할 수 있는 전략이라는 측면에서 그 중요성이 인정되고 있다.

공동생산에 활용될 수 있는 민간자원으로서는 자원봉사자, 전문인력, 민간재원(기부금, 출연금), 민간사회단체와 조직, 시설과 장비, 전문적인 장비나 기술 등을 예시할 수 있다.

지방정부 공동생산의 파트너로서 최근 비정부기구(NGO)가 새롭게 주목을 받고 있다. 비정부기구는 시민들이 자발적 · 자율적 · 자치적으로 조직하고 운영하는 순수민간조직으로서 공공부문으로부터 독립되어 있으면서도 공공부문에 대해 시민들의 의견과 입장을 전달하고 표방하며 때로는 압력을 가할 수 있는 조직이다. 또한 비정부기구는 시장실패와 정부실패를 극복할 수 있는 제3안의 대안으로서 그 중요성이 부각되고 있다. 비정부기구는 국가나 시장과는 다른 이념과 원리에 따라 운영되고 있는 기구로서 그 자체로서 정부와 시장의 한계를 극복할 수 있는 하나의 대안일 뿐 아니라 정부와의 파트너십 형성을 통해 새로운 형태의 서비스 공급방식을 창출할 수도 있다.

(3) 유 형

공동생산의 유형(類型)은 개별적 · 집단적 · 집합적 공동생산으로 구분할 수 있다(이달곤, 2004: 100~101).

① **개별적 공동생산** 개별적 공동생산은 개인적 차원에서 진행되는 공동생산을 의미한다. 재화나 서비스의 수혜범위가 개인의 범위를 벗어나지 못하여 임계중첩영역의 범위도 협소하게 된다. 개별적 차원의 공동생산도 서비스의 성격에 따라 두 가지 유형이 있다.

첫째, 의무적 공동생산(captured coproduction)이 있다. 이는 무형적 서비스를 공급하는 유형인데, 일정한 연령에 도달한 어린이는 학교에 가야 하고, 복지서비스 수혜대상자는 정규생산자가 제공한 재화나 서비스를 소비해야 하는 것과 같다.

둘째, 적극적, 자발적 공동생산이 있다. 시민이 자신의 소비를 위하여 생산활동에 적극참여하는 것이다. 예를 들면, 쓰레기를 줍는 것, 교통신호장치를 경찰에 알리는 것 등과 같이 개인이나 집단의 편익을 위하여 자신이 직접 서비스의 공급과정에 가담하는 것이다.

② **집단적 공동생산** 집단적 공동생산은 많은 시민이 집단을 형성하여 적극적으로 참여하여 지방정부와 시민집단 간의 공식적 조정장치를 필요로 할 정도의 결합상태를 나타낸다. 집단적 공동생산의 가장 좋은 예가 동네자율방범대(neighbourhood watch group)인데, 공공방범 서비스의 양과 질을 개선하려는 노력에서 개인들을 규합한 집단적 노력의 결실이라고 볼 수 있다.

③ **집합적 공동생산** 집합적 공동생산은 생산되는 재화와 서비스의 편익이 공동체 전체에 의해 향유될 수 있는 집합재(collective goods)인 것이 특징이다. 집합재는 일부 시민을 배제하기 어렵고 동시에 어느 한 집단이 사용한다고 해서 다른 집단이 사용하는 데 큰 장애가 수반되는 것이 아닌 일종의 공공재를 의미한다. 쓰레기 분리수거제도, 자율교통질서 등과 같은 것에서부터 정부와 시민 간의 신뢰형성과 같은 심리적인 차원에 이르기까지 다양한 집합재를 공동생산할 수 있다.

제 3 절 공급시설

Ⅰ. 의 의

1. 개 념

도시시설(都市施設)은 도시의 하부구조(urban infrastructure)를 이루고 있을 뿐만 아니라 사회간접자본(social overhead capital)의 주요한 부분을 이루고 있다. 하부구조(infrastructure)를 사회간접자본(social overhead capital)이라고도 하는데, 이는 도로·시설체계·커뮤니케이션·교육·건강, 기타 정부시설에 대해 투자된 자본은 경제발전의 기반이 된다는 의미였다. 오늘에는 하부구조의 관념은 현대산업사회의 거의 모든 공·사부문의 지탱체계(support system)를 포함한다(Perry, 1995: 6).

「국토의 계획 및 이용에 관한 법률」(이하 "법")에서는 도시시설을 도시기반시설과 도시계획시설로 구분하고 있다. 도시기반시설(都市基盤施設)은 도시계획으로 결정하여 설치할 수 있는 시설을 말하고(법 제2조 제6호), 도시기반시설 중 도시관리계획으로 결정된 시설을 도시계획시설이라고 지칭하고 있다(법 제2조 제7호). 여기서 도시계획시설(都市計劃施設)은 도시의 일상생활과 사회경제활동의 물리적 기반이 되는 공공시설로서 사회간접자본과 같이 생산활동을 지원하고 경제활동을 촉진하며, 쾌적한 도시환경을 조성하는 데 중요한 역할을 한다(신동진·진영효, 1996: 15).

일반적으로 하부구조(下部構造)는 생산성을 제고하고 생산비를 낮추는 역할을 할 뿐 아니라, 소득향상과 일정한 정의 상관성을 보이고 있다(World Bank, 1994, 2~3). 즉 도시시설은 도시의 일상생활과 사회·경제활동의 물리적 기반이 되는 공공시설(公共施設)로서 사회간접자본과 같이 생산활동을 지원하고 경제개발을 촉진하며, 쾌적한 도시환경을 조성하는 데 중요한 역할을 한다(신동진·진영효, 1996: 15; 계기석·변홍수, 1998: 17; 양지청, 1998: 32).

하부구조체계(infrastructure system)는 시원점(origin), 종착점(destination), 그리고 배분망(distribution network)의 3가지 구성요소로 이루어졌다(Felbinger, 1995: 104). 여기서 시원점(始原點)은 바람직한 물질이나 서비스가 창출되거나 발생되는 곳이고, 종착점(終着點)은 물질이나 서비스가 유용한 산물이나 처리가 요구되는 폐기물로 변환되는 곳이며, 분배망(分配網)은 물질이나 서비스를 발생되는 곳에서 처리되는 곳까지 연결하는 망이다. 때문에 하부구조체계는 설계·건설·연결·배달·소비 그리고 관리되어야 한다(Felbinger, 1995: 104).

2. 분 류

도시시설은 여러 기준에 의해 분류 가능하다. 즉 시설의 특성에 따라 서비스의 기본성, 서비스제공의 의무성, 물리적 배치구조, 서비스 집·분산체계, 시설이용배제가능성, 비경합적 시설이용, 그리고 주변지역에 대한 부의 영향 등에 의해 분류할 수 있다(국토연, 1988: 26~28).

서비스의 기본성(基本性)은 도시시설이 도시의 형성에 필수적인가 아니면 단지 생활의 질을 높여주는 것인가에 따른 것으로, 기본시설(도로·쓰레기처리장)과 쾌적시설(도서관·공원)로 구분할 수 있다.

의무성(義務性)은 제공되는 서비스가 의무적이냐 선택적이냐에 따라서 의무적 시설(소방서·경찰서)과 선택적 시설(운동장·유원지)로 구분할 수 있다.

시설의 물리적 배치구조(配置構造)에 따라 점형(點型: 우체국·도서관), 선형(線型: 상·하수도, 전기), 그리고 면형(面型: 자연공원)으로 나눌 수 있다.

서비스의 집·분산체계(集·分散體系)에 따라 시설위치에서의 서비스제공(학교·병원), 수요지에서의 서비스전달시설(쓰레기수거·우편물배달), 구역단위의 서비스제공시설(하수종말처리장·공해통제소)로 나눌 수 있다.

시설이용의 배제성(排除性)에 따라 배제가능시설(철도·학교)과 비배제시설(도로·하천)로 구분한다. 비경합적(非競合的)인 시설이용가능성에 따라 경합적 시설(상수도·주차장)과 비경합적 시설(도로·방재시설)로 구분할 수 있다.

그리고 주변지역에 미치는 부(負)의 영향에 따라 혐오시설(공동묘지·분뇨처리장)과 비혐오시설(공원·학교)로 각각 구분할 수 있다.

3. 과 제

시설체계의 관리와 공급과 관련하여 여러 심각한 문제(問題)에 직면해 왔다. 이는 경제·사회·공간적 재구성에 의해 야기된 시설수요의 변화, 노후화되고 불량관리된 네트워크에 대한 도전, 보다 환경적으로 지속가능한 네트워크의 조성필요성, 증가되는 투자비용, 공공지출에 대한 제약, 그리고 시설개발에 대한 민간부문의 개입증가 등을 들 수 있다(Marvin and Graham, 1993).

지금까지 도시하부구조의 관리에 소홀하게 된 것은 다음 몇 가지 이유에서 기인한다(Felbinger, 1995: 105).

첫째, 완전관리를 위해 지불되어야 하는 책정가격이 너무 낮다. 관리상 문제는 하룻밤에 나타나는 것이 아니고 수 년의 재정상 무관심의 결과로 나타난다.

둘째, 많은 하부구조체계는 지하에 있고, 시각에서 감추어져 있다. 때문에 작동이 되는 범위 내에서는 좋은 여건이라고 가정한다. 최근의 신기술(예: 하수관의 비디오기록장치)과 비파괴적인 검사의 출현이전에는 시설의 성실한 모니터링이 어려웠다.

셋째, 관리가 계획되어 있더라도 재정적 압박에 처해있는 상황에서는 하부체계가 작동을 멈출 때까지 지출을 연기하는 경우가 많다.

넷째, 전통적으로 하부구조망의 구축과 관리는 토목공학자의 독점적 활동으로 간주하였다. 때문에 하부구조와 관련된 정치적·재정적 문제는 취급되지 않았다.

도시하부구조의 제공·관리와 관련하여 몇 가지 고려할 문제가 제기되고 있다(정환용, 2006: 386～387).

① **물리적 여건**　오래된 하부구조의 관리와 관련하여 여러 문제가 발생하고 있다. 수령 자체가 문제가 되는 것은 아니지만 이에 따른 퇴락, 새로운 수요압력, 그리고 부정적인 물리적 여건은 도시하부구조에 대한 불안을 증대시킨다. 하부구조는 수명이 길고, 보수와 유지에 대해 비교적 적은 지출을 요구하고 있기 때문에 많은 도시에서 영속성을 갖고 있는 것처럼 착각하는 경우가 종종 있다. 그러나 하부구조에 대한 새로운 접근이 요구되고 있다. 적절한 가격정책의 설정과 집행, 유지와 교체계획의 적정화, 새로운 기술의 추구, 새로운 관리, 제도 구조 등에 대한 요구가 제기되고 있다.

② **환　경**　도시생활에 대한 환경영향에 대한 새로운 관심은 도시하부구조의 공급자와 관리자에 새로운 부담으로 작용하고 있다. 이에 관련해 설정사용하고 있는 기준은 더 이상 수용가능하지 않다. 예를 들면 도시주민들은 이제 상하수도처리에 보다 높은 수준을 요구하고, 도로의 소음과 오염을 참으려 하지 않게 되었다. 현재의 하부구조의 수준을 높이기 위한 추가적 지출 수요와 관련하여 누가 지불하고 어떻게 재원을 조달할 것인가 하는 문제에 직면하게 되었다.

③ **자본과 토지비용** 인플레이션과 높은 자본비용의 문제이다. 수명이 긴 시설에 대한 투자는 자본비용이 높을 때 문제를 야기한다. 도시생활을 경제적, 사회적으로 존속하기 위해서는 공공부문이 대부분의 기본적 하부구조를 제공해야 된다고 생각하는 한 공공기관은 쇄신의 요구에서 탈출할 수 없다. 높은 지가를 보이고 있는 도시들에서는 새로운 하부구조의 개선과 제공에 있어 토지의 취득과 보상에 있어 장애요인으로 작용한다. 하부구조를 위한 토지의 사용 특히 점유에 대한 지역사회의 저항은 광범한 문제가 되고 있다.

④ **공공지출제약** 하부구조에 대한 공공지출과 공채에 대한 저항이 많다. 이는 비용 부담의 일부를 민간 재원에 옮기는 방안의 강구와 도시하부구조의 지출에 대한 수익에 대한 관심 집중을 가져왔다. 그리고 이는 하부구조는 효율적으로 사용하고 적정한 가격정책을 수립하는 것을 요구하게 되었다.

⑤ **형 평** 마지막으로 도시지역에서 '가진 사람(haves)'과 '갖지 못한 사람(have-nots)' 사이의 부의 격차가 많아질 수 있는 경제적 변화의 상황에서도 도시하부구조에 대한 공평을 유지할 수 있도록 하는 것에 대한 관심이 팽배해 있다. 하부구조 투자의 장기성과 다양한 환경문제에의 관련성에 대해 세대 간 형평도 본질적 중요성을 갖는다.

Ⅱ. 시설계획

1. 계획과정

시설계획(施設計劃)의 기본원리는 제한된 재정자원 하에서 오랜 수명을 갖는 주요 공공시설을 제공하는 데 있다. 따라서 효과적인 시설계획은 계획 · 재정, 그리고 사업계획의 3개 국면을 포함한다(Levy, 1997: 170～183).

(1) 계획국면

계획국면에서는 지역사회의 선호를 확인하고 목표를 설정하는 데 강조점이 있다. 여기서는 지역사회가 장래는 무엇을 선호할 것인가에 대한 일정한 그림을 그릴 수 있도록 인구추정과 경제예측을 할 것을 요구한다. 지역사회의 추정된 장래수요를 현재의 하부구조와 비교하여 어떻게 개선 또는 보강할 것인가를 파악해야 한다.

(2) 재정국면

시설계획을 위한 자본예산 과정은 복합적이다. 장래수익의 예측은 자본수요 예측처럼 불확실하다. 수익분석(revenue analysis)은 수익원을 적정한 범주로 분리하는 것이다. 인구와 경제예측은 장래수익을 추정하는 데 매우 중요하다. 그리고 중앙정부의 지원규모도 추정해야 한다. 지출분석(expenditure analysis)도 역시 주요 범주별로 지출자료를 분리하는 것이 요구된다.

(3) 사업국면

도시시설계획도 일반계획과정에 준하여 계획을 수행하게 된다. 즉 시설계획은 계획목표와 조건의 설정, 정비계획작성, 그리고 사업의 평가의 3단계로 크게 범주화할 수 있다(尾島俊雄, 외, 1990: 224～227). 목표・조건설정(目標・條件設定)단계에서는 상위계획과 관련계획을 검토하고 주민의 욕구를 바탕으로 도시의 입지적 특성을 고려하여 도시시설의 정비 또는 건설의 목표를 설정한다.

정비계획(整備計劃)단계는 수요상정, 시설체계계획, 시설계획, 건설계획, 그리고 사업경영계획으로 구성된다. 수요상정(需要想定)은 목표연도를 정하고, 그 시점에서의 도시구조, 원단위, 서비스지역설정에 의해 시설계획수요를 정한다. 시설체계계획(施設體系計劃)에서는 상위 및 관련계획과의 연계를 전제로 종합적인 시설공급의 체계를 확립하는 과정으로 주요시설의 공간배분・입지조정・시설간의 연계화의 작업이 중요하다. 시설계획(施設計劃)에서는 목표・조건・수요・체계계획에 알맞는 방법의 선정, 시설의 용량・구조 및 배치가 정해진다. 사업경영계획(사업경영계획)에서는 경영주체에 의해 도시시설이 적절하게 운영・관리되도록 하는 데 주안점을 둔다.

계획의 타당성평가(妥當性評價)는 여러 측면을 고려하여 진행되지만 특히 환경보전효과증진, 재정에의 영향과 사회개발효과, 그리고 주민에게 주는 수익과 부담을 고려해야 한다.

2. 시설설치와 관리

(1) 시설의 결정

도시기반시설을 설치하고자 하는 때에는 그 시설의 종류・명칭・위치・규모 등을 미리 도시관리계획으로 결정하여야 한다. 다만 용도지역·기반시설의 특징 등을 감안하여 대통령령이 정하는 경우에는 그러하지 아니한다(법 제43조 제1항).

(2) 시설부지의 매수청구

(가) 의 의

도시계획시설의 설치사업은 지방자치단체의 재정여건에 의하여 계획대로 추진되지 못하고 장기간 집행되지 못한 경우가 많다. 이러한 장기미집행의 문제를 해소하기 위하여 도시계획시설결정의 실효제(失效制)를 도입함과 아울러 권리구제를 위한 매수청구권(買受請求權)을 인정하게 되었다. 매수청구권이란 계획규제를 받은 토지에 대하여 손실보상의 대체적 조치로서 권리자에게 토지의 매수를 청구할 수 있도록 인정하는 제도이다(류해웅, 2000: 108).

도시계획시설의 장기미집행문제를 해소하기 위해, 건설교통부에서는 미집행 도시계획시설의 전면적 재검토, 사유대지에 대한 매수청구권부여와 매수방법, 도시계획시설에 대한 단계별집행계획의 의무화, 미매수도시계획시설에 대한 건축규제의 완화, 그리고 미집행도시계획시설에 대한 일몰제의 도입 등의 조항을 신설하였다(국토학, 2001: 3).

(나) 매수청구권자와 청구대상

도시계획시설부지로 되어 있는 토지 중 지목이 대(垈)인 토지(당해 토지에 있는 건축물 및 정착물을 포함함)의 소유자(所有者)가 도시계획시설결정의 고시일부터 10년 이내에 당해 도시계획시설에 대한 도시계획시설사업이 시행되지 아니하는 경우(실시계획의 인가 또는 그에 상당하는 절차가 행하여진 경우는 제외)에는 당해 토지의 매수(買受)를 청구할 수 있다(법 제47조 제1항).

(다) 매수청구절차

토지소유자는 관련서류를 첨부하여 시장·군수에게 토지의 매수를 청구할 수 있다(법 제47조 제1항). 시장·군수는 매수청구(買受請求)가 있는 날로부터 2년 이내에 매수여부를 결정하여 토지소유자에게 통지하여야 하며, 매수하기로 결정한 토지는 매수결정을 통지한 날로부터 2년 이내에 매수하여야 한다(법 제47조 제6항).

(라) 대금지급방법

시장 · 군수는 매수청구를 받은 토지를 매수하는 때에는 현금으로 대금을 지급한다. 다만, 토지소유자가 원하는 경우, 부재부동산소유자의 토지 또는 비업무용토지로서 일정금액을 초과하는 경우 그 초과하는 금액에 대해서는 도시계획시설채권(都市計劃施設債券)을 발행하여 지급할 수 있다(법 제47조 제2항). 매수청구된 토지의 매수가격 · 매수절차 등에 관하여는 이 법에 특별한 규정이 없는 한 「공익사업을 위한 토지 등의 취득 및 보상에 관한 법률」의 규정을 준용한다(법 제47조 제4항).

(3) 시설결정의 실효

도시계획시설결정이 고시된 도시계획시설에 대하여 그 결정 · 고시일부터 20년이 경과될 때까지 당해 시설의 설치에 관한 도시계획시설사업이 시행되지 아니하는 경우 그 도시계획시설결정은 그 결정 · 고시일부터 20년이 되는 날의 다음 날에 그 효력을 상실한다(법 제48조 제1항).

3. 사업시행

도시계획시설사업이라 함은 도시계획시설을 설치 · 정비 또는 개량하는 사업을 말한다(법 제3조 제10호). 도시계획시설사업은 단계별계획수립, 실시계획의 작성과 인가, 그리고 사업의 시행의 3단계로 구분하여 진행한다.

(1) 단계별집행계획의 수립

(가) 계획수립절차

특별시장 · 광역시장 · 시장 또는 군수(이하 시장 · 군수)는 도시계획시설에 대하여 도시계획시설결정의 효력이 발생한 날로부터 2년 이내에 단계별집행계획(段階別執行計劃)을 수립하여야 한다(법 제85조 제1항). 건설교통부장관 또는 도지사가 직접 입안한 도시관리계획인 경우에는 건설교통부장관 또는 도지사가 단계별집행계획을 수립하여 해당 시장 · 군수에게 송부할 수 있다(법 제85조 제2항). 시장 · 군수가 단계별 집행계획을 수립하거나 송부받은 때에는 당해 지방자치단체가 발행하는 공보에 지체 없이 이를 공고(公告)하여야 한다(법 제85조 제4항).

(나) 계획내용과 수립방법

단계별집행계획에는 대상사업 및 개요, 개발수단, 재원별 투자계획, 보상계획, 그리고 재원조달계획을 포함해야 한다. 단계별집행계획은 제1단계집행계획과 제2단계집행계획으로 구분하여 수립하되, 3년 이내에 시행하는 도시계획시설사업은 제1단계집행계획에, 3년 후에 시행하는 도시계획시설사업은 제2단계집행계획에 포함되도록 하여야 한다(법 제85조 제3항).

(2) 사업의 시행

(가) 시 행 자

시장·군수(市長·郡守)는 이 법 또는 다른 법률에 특별한 규정이 있는 경우를 제외하고는 관할구역 내의 도시계획시설사업을 시행한다(법 제86조 제1항). 도시계획시설사업이 2 이상의 특별시·광역시·시 또는 군의 관할구역에 걸쳐 시행되는 때에는 관계 시장·군수가 협의하여 시행자를 정한다(법 제86조 제2항). 그러나 협의가 성립되지 아니하는 경우, 구역이 같은 도의 관할구역이 속하는 때에는 관할 도지사가, 2 이상의 시·도의 관할구역에 걸치는 때에는 건설교통부장관이 시행자를 지정하고 이를 고시하여야 한다(법 제86조 제3항).

건설교통부장관(建設交通部長官)은 국가계획과 기타 특히 필요하다고 인정되는 때에는 관계 시장·군수의 의견을 들어 직접 도시계획시설사업을 시행할 수 있으며, 도지사(道知事)는 광역도시계획과 관련되거나 기타 특히 필요하다고 인정되는 때에는 관계 시장 또는 군수의 의견을 들어 직접 도시계획시설사업을 시행할 수 있다(법 제86조 제4항).

(나) 실시계획의 작성 및 인가절차

도시계획시설사업의 시행자는 도시계획시설사업의 효율적인 추진을 위하여 필요하다고 인정되는 때에는 사업시행대상지역을 2 이상으로 분할하여 시행할 수 있다(법 제87조). 시행자는 도시계획시설사업에 관한 실시계획(實施計劃)을 작성하여야 한다(법 제88조 제1항). 시행자(건설교통부장관 및 시·도지사는 제외)가 작성한 실시계획은 시·도지사의 인가를 받아야 한다(법 제88조 제2항).

(다) 토지 등의 수용 및 사용

사업의 시행자는 사업의 시행을 위하여 필요한 때에는 등기소 기타 관계행정기관의 장에게 무료로 서류의 열람 또는 등사나 그 등본 또는 초본의 교부를 청구할 수 있다(법 제93조). 그리고 시행자는 도시계획구역 안에서 도시계획시설사업에 필요한 토지·건축물 또는 그 토지에 정착된 물건 또는 권리(소유권

외)를 수용 또는 사용(법 제95조 제1항) 또는 일시 사용할 수 있다(법 제95조 제2항). 도시계획구역 안에 있는 국·공유지로서 도시계획시설사업에 필요한 토지는 당해 도시관리계획으로 정해진 목적 외의 목적으로 이를 매각하거나 양도할 수 없으며(법 제97조 제1항), 이에 위반한 행위는 무효로 한다(법 제97조 제2항).

(라) 사업의 준공

시행자(건설교통부장관 및 시·도지사 제외)는 사업의 공사를 완료한 때에는 완료한 날로부터 7일 이내에 필요한 서류를 첨부하여 시·도지사의 준공검사를 받아야 한다(법 제98조 제1항). 시·도지사는 공사완료보고서를 받은 때에는 지체 없이 준공검사를 하고(법 제98조 제2항), 준공검사결과 실시계획대로 완료되었다고 인정되는 때에는 시행자에게 준공검사필증을 교부하고 공사완료 공고를 하여야 한다(법 제98조 제3항).

참고문헌

국토학(대한국토·도시계획학회), (2001), 도시의 계획과 관리 (서울: 집문당).

박수영, (2002), 「도시행정론」(서울: 박영사).

배용수, (2000), 「지방자치경영론」(서울: 법문사).

신동진·진영효, (1996), 도시계획시설의 설치 및 관리 개선방안에 관한 연구, 국토연 96-38(서울: 국토연).

윤성식, (1998), 「공기업론」(서울: 박영사).

이달곤, (2004), 「지방정부론」(서울: 박영사).

이용우·배용수, (2000), 21세기 도시경영의 과제와 전략, 국토연 2000-8, 안양: 국토연.

정환용, (2006), 「도시계획학원론」(서울: 박영사).

조정제, (1990), 「도시경영」(서울: 법문사).

尾島俊雄 외 3인, (대광서림 편집부 역), (1990), 「도시환경」, 신건축학대계 9(서울: 대광서림).

Bailey, S., (2001), "Cities and services: a post-welfarist analysis," Paddison, R., (ed.), *Handbook of Urban Studies*(London: Sage), 336~350.

Felbinger, C., (1995), "Conditions of confusion and conflict: rethinking the infrastructure-economic development linkage," Perry, D. (ed.), *Building the Public City*(London: Sage). 103~137.

Haque, M., (2001), "The diminishing publicness of public service under the current mode of governance,"

Public Administration Review, 61; 1(Jan./Feb. 2001): 65～82.

Levy, J., (1997), *Contemporary Urban Planning*(N. J.: Prentice-hall).

Marvin, S. and Graham, S., (1993), "Utility networks and urban planning," *Planning Practice & Research*, 8; 4(Dec 1993): 6～14.

Perry, D., (1995), "Building the public city: an introduction," Perry, D., (ed.), *Building the Public City*(London: Sage), 1～20.

Stein, R., (1992), *Urban Alternatives*(Pittsburgh, PA: Univ. of Pittsburgh Press).

Walsh, K., (1995), *Public Services and Market Mechanisms*(Hampshire: Macmillan).

World Bank, (1994), *World Development Report 1994: Infrastructure for Development*(Oxford: Oxford Univ. Press).

제12장

마케팅관리

제1절 개 요

Ⅰ. 의 의

1. 개 념

도시마케팅(city marketing)이란 하나의 상품으로서 도시의 이미지를 개발하고 가치를 제고하여 도시의 경쟁력을 높이기 위한 노력이다. 도시마케팅을 하는 사람들은 물론 도시학자들도 도시를 단순히 기업활동을 위한 환경으로는 더 이상 보지 않는다. 대신 도시를 자본주의사회에서 다른 생산물처럼 상품화하고, 포장하며, 광고하고, 마케팅하고 있다(Short and Kim, 1998: 59).

도시마케팅은 도시라는 장소를 마케팅의 대상으로 여긴다. 장소(place)의 개념 속에 각인된 것은 공간적 입지와 관련된 기억(tradition), 감상(sentiment), 정체성(identification)에서 연유된 침전층들이다(Corcoran, 2002: 49).

마케팅(marketing)은 특정한 목표소비자들의 욕구나 바람에 부응하기 위해 설계된 상품에 의한 과정과 관련된다. 장소에 적용하면, 마케팅의 의미는 시장이라는 장소에서 거래되고, 소비자에 의해 구입되며, 소비자들의 마음에 맞도록 설계할 수 있는 상품(또는 동등한 것으로 간주되는 것)의 형태를 취할 수 있는 것을 의미한다(Griffiths, 1998: 41). 미국마케팅학회에서는 장소마케팅(place marketing)을 특정장소와 관련 있는 제품이나 서비스에 대해 목표고객이 긍정적인 태도로 행동할 수 있도록 영향을 주기 위해 고안된 마케팅을 의미한다고 정의한다(서구원 · 배상승, 2005: 47).

2. 목　　적

장소(場所)는 사람들의 물리적 복지 · 기회 · 생활유형선택에 강한 영향을 준다. 그리고 장소는 사람들의 집단적 기억에 기여하고, 강력한 감정적 · 문화적 상징이 되고 있다. 최근에 장소가 주민 · 관광객 · 투자자 · 정부지원을 유인 및 확보하는 데 있어 독특하고, 바람직하며, 만족할 만한 산물을 제공하는 것을 보장하는 데 대해 관심이 증가되고 있다. 장소산물(place products)의 질은 세계화 경제에서 경제개발을 위한 장소 간의 경쟁이 치열하게 전개되고 있기 때문에 특히 중요한 의미를 가지고 있다(Bramwill, 1998: 35).

도시관리와 도시정책의 상징으로 폭 넓게 인정하고 있는 장소마케팅(place marketing)은 상이한 목적을 가지고 여러 기관들(기업지도자집단 · 파트너십조직 · 지방기관 · 도시개발기구 등)에 의해 수행되는 다양한 실무적 내용을 포함한다.

도시마케팅의 목적(目的)은 경쟁성 제고, 내부투자유인, 도시이미지와 주민복지의 개선에 있다. 이를 위해 도시를 마케팅하는 사람, 즉 도시마케팅인(city marketeer)의 제1차 목표는 현재 또는 잠재적 거주자, 투자자, 그리고 방문자가 이전에 가지고 있는 모호하고 부정적 이미지를 새로운 이미지로 대체하는 것이다(Short and Kim, 1998: 58～59). 이러한 개선된 도시이미지는 경제적 성장은 물론 열정적인 마케팅 캠페인을 통해 얻을 수 있다. 도시마케팅은 설정된 목표에 따라 관련지역의 효율적인 사회 · 경제적 기능의 극대화를 위해 대상 소비자의 수요에 가능한 한 근접할 수 있도록 하는 도시활동의 과정이라고 할 수 있다(Ashworth and Voogd, 1988: 68).

도시마케팅은 현재의 경제적 재구조화 과정과 새로운 도시기업주의의 발흥을 반영하여, 도시의 경쟁력을 제고하기 위한 수단으로 관심이 증대되고 있다(Paddison, 1993: 340). 장소의 마케팅은 공공부문과 민간부문 기관들에 의한 지방경제개발과 도시재개발전략의 핵심적 요소로서 점차 인지되어 오고 있다(Wilkinson, 1992: 174).

3. 대두배경

도시마케팅은 1970년대에 미국을 중심으로 급격히 성장했다(Thornley, 1996: 192). 시장과 도시행정은 그들의 도시에 투자를 유치하기 위해 기업의 우선순위를 높이고 매력을 대외적으로 전시하는 제안들을 수행했다. 이러한 도시촉진주의(civic boosterism) 전략은 공·사부문협력사업으로 구체화되어 나타난다.

도시마케팅은 도시를 둘러싼 여건의 변화에서 나타난 것이다. 이러한 도시마케팅의 대두배경은 도시 간 경쟁의 심화와 도시산업구조의 변화에서 찾을 수 있다.

(1) 도시 간 경쟁심화

세계화는 시장(市長)들의 기업적 태도를 제고하는 데 중요한 역할을 해오고 있다. 간략히, 경제활동의 국제화, 생산과 투자의 증가된 지리적 이동성, 그리고 다국적기업의 힘의 증가로 인해 경쟁적인 세계경제 하에서 자본투자유인을 위한 적절한 조치의 필요성을 대부분의 시장과 정치인들이 인식하게 되었다.

도시들 간에 그들이 채택한 친성장적 경제개발전략 간에는 차이가 있다고 하더라도 특정한 촉진전략에 의존하는 기업적 거버넌스모형으로 인도하는 정책이라는 점에서는 유사성이 높다. 대부분의 도시들이 기업과 위락에 적합한 도시라는 광고와 홍보를 위해 예산의 많은 부분을 배정하고 있다. 즉 장소의 마케팅(marketing of place)에 대해 많은 노력을 기울이고 있다(Hubbard and Hall, 1998: 6).

(2) 산업구조의 변화

지방정부의 친성장적인 정책은 철·자동차제조업·섬유·화학제품같은 구식공업지대(rust belt)산업들이 국제경쟁과 1970년대 중반이후 석유기반의 경기후퇴에 따라 새로운 기업전략에 직면해 있는 서구제국의 공업도시들에서 인지되었다. 이들 도시들에서 광범한 투자이탈이 발생했고, 따라서 선출된 정치인들은 그들의 경제진흥을 위해 투자에 경쟁하는 길 이외에 선택의 여지가 없었다. 이어서 경제의 선도부문에 높은 비율로 노동력을 배정할 수 있는 썬벨트도시(sunbelt cities)에서도 지역경제개발을 위한 특정한 형태를 제고하기 위한 정책을 추진해오고 있다. 그리고 런던·뉴욕·도쿄와 같은 가장 성공적인 세계도시들(world cities)까지도 환경개선·부동산개발, 그리고 문화진흥(cultural boosterism)의 결합을 통해 세계경제의 지배중심으로서의 위치를 제고하는 기업적 정책(entrepreneurial policy)을 수용해 오고 있다. 이러한 기업적 정책이 거의 대부분의 선진국에 걸쳐 광범하게 수용되고 있고, 기업적 태도는 매우 보수적인 도시지역에 까지 침투되어 있는 상황이다(Hubbard and Hall, 1998: 5~6).

제조업부문의 쇠퇴는 선진자본주의 국가들의 일반적인 현상이 되고 있다. 이에 따라 선진국의 도시들은 쇠퇴하는 공업부문과 보다 오래된 공장과 공업을 보유하고 있다. 그들 도시들은 제조업이 교외나 소도시지역으로 이전하는 고통을 경험하고 있다(Ward, 1998: 187). 이러한 대규모의 고용쇠퇴는 사회복지와 도시과세수입에 심각한 영향을 주게 되었다. 이에 따라 도시지도자들은 새로운 경제활동원으로서 이러한 간극을 매울 필요성을 인식하게 되었다. 제조업입지 선호의 장기적 추세에서, 신규공장들을 위한 기회는 매우 제한되었다. 때문에 일부 도시들은 그들의 장래를 후기산업의 서비스센타로서 재구성해야 할 필요성을 인식하게 되었다. 이러한 비전을 성취하기 위해 투자자와 관광객들을 유인하는 마케팅이 필요한 것이 현실적인 여건이다(Ward, 1998: 187).

Ⅱ. 장소의 당면여건

정보사회에서 장소가 직면하고 있는 주요한 도전은 다음 몇 가지로 요약할 수 있다(Kotler, et al., 1993: 312~317).

1. 세계경제 및 기술환경의 변화에 따른 위기증가

과거에는 장소의 거주자들은 그들의 도시·지역·국가가 어제와 같은 오늘의 기업 및 공업의 특성을 유지할 수 있을 것으로 기대했었다. 그러나 교통·통신·정보체계의 동적인 증가에 따라 산업의 이동성이 증가되고, 따라서 재화·서비스·기술·자본이 국경을 넘어서 이동이 촉진되고 있다. 이 결과로 시·공간의 거리가 감축되었다. 이에 따라 장소들은 더 이상 그들의 주요한 산업과 기업을 현상유지하고 있을 수만은 없게 되었다. 그들은 수축 또는 비경쟁적인 것은 포기하고 보다 부가가치가 높은 새로운 기업으로 대체해야만 한다.

외부세력들은 급격하게 변하고, 예측할 수 없게 변화하여 장소의 운명을 변화시킨다. 여기에 경기변동·무역정책·변화하는 국가의 통화정책 등은 장소에게 불확실성을 제고하고, 이러한 혼란스런 상황에서 장소가 어떤 기능을 수행해야 할 것인가를 이해하는 것은 매우 어려운 문제이다.

2. 도시의 성장 및 변화에 다른 위기의 증가

도시규모가 확대됨에 따라 도시문제들도 증가하고, 이에 따라 교외화도 확장되고 있다. 교외화는 사람과 고용기회를 교외지역으로 옮기는 결과를 가져오고 있다. 도시내부에 빈곤층의 집중과 상대적으로 고가의 서비스가 남아있는 상황에서, 정부에서는 한정된 재원으로 이에 충분하게 대처하지 못하고 있다. 이에 따라 하부구조는 악화되고, 서비스 간극은 증가되며 퇴락은 확산되는 경향을 보이고 있다. 즉 도심은 감퇴하는 삶의 질에 따라 경제 및 직업기반이 퇴락하는 상황에 대처해야만 하는 상황에 놓여 있다.

3. 자원유인경쟁의 증가

당면과제의 증가에 따라 장소들은 장소개선과 관련된 특화된 과업, 즉 계획·재정·마케팅·관광·수출을 위한 경제개발기관들의 확산으로 나타났다. 이들 기관들은 그들의 지역에 자원을 유인하기 위해 국내·외에 광고와 판매원을 파견하는 데 공적자금을 사용하고 있다. 그러나 현실적으로 제한된 장소구입자(place buyers)에 대해 장소판매자(place sellers)는 과잉상태에 놓여 있다.

일반적으로 구입자들은 장소의 등급·부동산정보·장소에 대한 자료를 제공하는 새로운 소프트웨어를 포함한 장소에 대한 많은 정보를 가지고 있다. 그들은 각 장소판매자들이 제공하는 기업비용, 유인책, 그리고 삶의 질의 혜택에 관한 정보를 신중하게 비교한다. 이에 따라 장소에 대한 경쟁은 점차 격화될 것이다.

4. 지방자원의 중요성 증가

기업을 유인하는 추세와 힘은 두 방향에서 동시에 진행된다. '세계적으로 생각하고 지방적으로 행동하라'(think globally, act locally)는 말은 기업이 전망과 운영은 세계화에 직면해 있고, 기업실무와 시장차별화는 지방화에 처해 있음을 의미한다. 이 패러다임은 어떤 사람의 요구나 바램에 대해 그들이 무엇을 하고 할 수 있는가를 이해하고, 그들의 장점들을 보다 광범하게 선택된 대상들에게 전달하는 것이 요구된다. 장소들의 실제적 또는 잠재적 자원기반은 장소들 간의 차이의 요소들이 결합되어 나타내는 것이다.

제 2 절 마케팅계획

Ⅰ. 의 의

전략적 장소마케팅(strategic place marketing)은 계획집단, 마케팅요인, 그리고 목표시장의 분석으로 이루어진다(참조 <그림 12-1>).

(1) 계획집단의 구성

최초의 과업은 시민, 기업인, 그리고 도시정부관료로 이루어진 계획집단(planning group)을 구성하는 것이다. 이 계획집단은 공공과 민간부문 간 협력의 중요성과 장소의 장래를 결정하는 데 모든 이해당사자들을 포함시킬 필요성을 정당화한다.

계획집단(計劃集團)의 과업(課業)은 3가지이다. 첫째, 지역사회의 여건 · 주요문제 · 이의 원인에 대한 정의 및 진단을 해야 한다. 둘째, 지역사회의 가치 · 자원 · 기회의 현실적인 평가에 기반하여 지역사회문제의 장기적 해결을 위한 비전을 개발해야 한다. 셋째, 투자와 변환의 여러 중간 단계를 포함한 장기계획을 개발하여야 한다(Kotler, et al., 1993: 18).

(2) 마케팅요인

장기해결책은 모든 지역사회에서 발견되는 4가지의 주요한 마케팅요인(marketing factors)을 개선하는 것과 관련된다. 첫째, 시민 · 기업 · 방문객의 만족을 위한 기본서비스들이 제공되고 하부구조는 유지되어야 한다. 둘째, 현재의 기업과 대중의 지지를 유지하고 새로운 투자, 기업, 또는 사람을 유인하기 위해 삶의 질을 개선하는 새로운 유인요인들이 장소에 필요하다. 셋째, 활력있는 이미지와 커뮤니케이션 프로그램을 통해 개선된 특징과 생활의 질을 위해 지역사회는 커뮤니케이션을 할 필요가 있다. 마지막으로, 장소는 지역사회에 새로운 기업 · 투자 · 방문객을 유인하고 장소를 호의적 · 열의적인 모습으로 만들기 위해 시민·지도자·지역사회의 제도로부터의 지원을 만들어야 한다(Kotler, et al., 1993: 18~20).

〈그림 12-1〉 장소마케팅의 수준

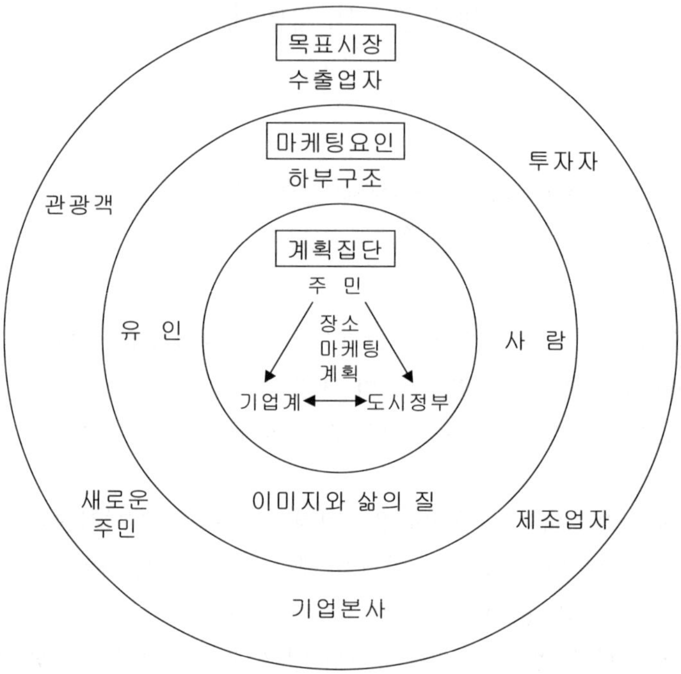

자료: Kotler, et al., 1993: 19.

(3) 목표시장

이들 4가지 마케팅요소는 5개의 잠재적 목표시장(재화와 서비스의 생산자·기업의 본사 및 지역사무소·외부투자와 수출시장·관광과 호의적 기업·새로운 주민)의 유인과 만족이 장소의 성공에 영향을 미친다. 장소의 장래는 공·사부문의 협력에 의존한다. 순수한 기업 또는 사업적 생산시장과는 달리, 장소마케팅은 공·사 기관, 이익집단, 시민들의 적극적인 지원이 요구된다(Kotler, et al., 1993: 20).

Ⅱ. 목표시장분석

1. 목표시장의 구성

장소(place)는 방문객, 주민과 노동자, 기업과 산업, 그리고 수출시장의 4개의 목표시장(目標市場)을 유인하고자 한다(Kotler, et al., 1993: 23～32).

① **방 문 객**　　방문객시장(visitor market)은 기업방문객과 비기업방문객으로 구분된다. 기업방문객(business visitor)은 기업회합에의 참석, 부지의 점검, 어떤 것의 매매를 위해 장소에 온다. 비기업방문객(non-business visitors)은 장소를 구경하는 관광객(visitors)과 친척・친구를 방문하는 여행자(travelers)를 포함한다. 모든 방문객들은 음식・숙박・지방산물・기타 재화와 서비스 등에 돈을 사용하게 되고, 이러한 지출이 지역경제에 승수적 효과를 가져온다. 대부분의 장소에서는 관광 및 회의국(tourism and convention bureaus)을 설치하여 방문객을 유인한다.

② **주민과 노동자**　　장소의 두 번째로 중요한 목표시장은 주민(住民)과 노동자(勞動者)이다. 노령인구비중이 높은 곳에서는 젊은 인구의 유인을 위해 많은 노력을 기울인다. 일부 장소에서는 필요한 미숙련노동력 확보를 바라는 곳도 있다. 도시가 특정한 주민 또는 노동자를 유인하기 위해서는 적절한 유인책을 개발해야 한다. 젊은 가족을 위해서는 학교나 안전을 강조하고, 노령가구를 위해서는 문화 및 위락시설에 관심을 기울여야 한다.

③ **기업과 산업**　　장소들은 그들의 주민들에게 직업을 제공하고 그들의 재정수익을 위해 새로운 기업과 산업의 유인을 추구한다. 과거에는 철강・자동차 같은 굴뚝산업(smokestack industries)에 관심을 가졌지만, 오늘날에는 은행・첨단산업과 같은 청정산업(clean industries)을 유인하고자 한다.

④ **수출시장**　　제4의 시장은 수출로서, 도시가 다른 장소・사람・회사들이 구입할 수 있는 재화와 서비스를 생산하는 능력을 갖추도록 해야 한다. 모든 장소는 그들의 지방기업들이 그들의 판매를 지방시장에서 외국시장은 물론 국내시장으로 확장하도록 격려해야 한다.

2. 목표시장 선택방법

장소구입자들은 장소를 선택함에 있어 다양한 요인들을 검토한다. 장소선택은 문제인식, 정보추구, 대안평가, 구입결정, 그리고 구입 후 행태의 5개의 구입 단계를 거치는 경향이 있다(Kotler, et al., 1993: 46～59).

① **문제인식**(problem recognition) 구입과정은 문제, 필요, 또는 기회의 인식으로부터 시작한다. 장소를 효과적으로 진작시키기 위해서 장소마케터들은 어떤 사람이 장소구입과정에 관여하고, 그들 구입자들의 역할은 무엇인가, 어떤 기준들이 다양한 의사결정자들에 의해 사용되는가, 그리고 특정한 장소선택과정에서 제안·영향·의사결정패턴은 무엇인가를 고려하여야 한다.

② **정보모색**(information search) 구입자의 정보원은 개인적 출처(가족·친구·이웃·지인), 사업적 출처(광고·판매원·여행사), 공적 출처(대중매체·장소평가조직·전문가), 그리고 경험적 출처(장소방문)로 구분할 수 있다. 이들 정보원의 상대적 영향은 장소결정유형과 구입자의 개인적 선호에 따라 차이가 있다. 구입자들은 상업적 출처에서 장소에 대한 대부분의 정보를 얻게 된다. 가장 신뢰할 수 있는 정보는 개인적 출처에서 온다. 상업적 출처는 대체로 알리는 역할을 하고, 공적 및 개인적 출처는 적법화 역할을 한다.

③ **대안평가**(evaluation of alternatives) 이는 구입자가 어떻게 정보를 조직하고 최종결정에 이르게 하는가 하는 문제이다. 모든 구입자들이 사용할 수 있는 단일의 평가과정은 없지만, 구입자들은 주어진 장소의 속성을 파악하여 자신의 기대가치나 만족도에 따라 평가하게 된다.

④ **구입결정**(purchase decision) 평가단계에서, 구입자는 선택군에 있는 장소들 중에서 특정장소를 선택한다. 두 가지 요인이 구입의도와 구입결정 간에 영향을 준다. 첫째 요인은 타인의 태도이다. 특정장소에 대한 타인의 의견과 비판은 구입가능성을 줄이거나 증가시키게 된다. 둘째는 예상하지 못한 상황인자이다. 예상하지 못한 상황인자에 의해 구입결정을 수정·연기·포기할 수 있다.

⑤ **구입 후 행태**(postpurchase behavior) 구입과 장소선택 후에 구입자는 일정수준의 만족과 불만족을 경험한다. 구입자의 만족여부는 구입자의 기대와 장소의 인식된 성과 사이의 근접성에 의해 이루어진다. 기대에 충족하면 만족하고, 충족하지 못하면 불만을 나타나게 될 것이다. 이러한 구입자의 만족 또는 불만족은 이후의 행태에 영향을 준다. 만족한 구입자는 장소를 다시 선택할 가능성이 높고, 만족한 고객은 장소에 대해 좋게 말하는 경향이 있다. 따라서 '최고의 광고는 만족한 고객이다'(Our best advertisement is a satisfied customer)라고

말할 수 있다. 그러나 불만족인 고객은 반대로 반응할 것이다. 따라서 마케터들은 구입자의 구입후 불만족을 최소화하는 데 노력을 기울여야 한다.

3. 주요 행위자

목표시장에 장소마케팅활동을 하는 행위자(行爲者)는 국가·지역·지방의 개인과 조직에 의해 이루어진다.

국가적 행위자(national actors)는 정부지도자·각부 장관이다. 지역적 행위자(regional actors)는 지역경제개발기구·지역관광국·지역공무원들이 포함된다(Kotler, et al., 1993: 40). 지방수준 행위자(local level actors)는 공공부문과 민간부문행위자로 구분할 수 있다(Kotler, et al., 1993: 41). 장소마케팅활동의 압력은 민간부문에서 발생하지만, 책임은 시장·도시관리자·기타 공무원들에게 있다. 그들 공공부문행위자들(public sector actors)은 장소마케팅전략과 계획을 개발하기 위해 계획부서나 경제개발기관이 요구된다. 민간부문에서도 지도력이 나올 수 있다. 주요한 민간부문행위자(private sector actors)는 민간기업인·지방상공회의소·금융기관·무역협회 등을 포함한다(Kotler, et al., 1993: 41).

Ⅲ. 계획과정

전략마케팅계획과정은 장소감사, 비전과 목표, 전략작성, 행동계획, 그리고 집행과 통제의 5단계로 진행된다(Kotler, et al., 1993: 81～98).

1. 장소감사

지역사회의 장래를 예측하는 계획가가 당면하게 되는 첫 번째 과업은 지역사회의 현재상태가 어떻게 왜 그러한 모습을 가지는가를 정확히 이해하는 것이다. 이를 위한 도구가 장소감사(place audit)인데, 이는 장소의 경제·인구적 특성을 체계적으로 점검하고, 장소의 매력적인 장래를 구상하는 기반으로 사용할 수 있는 경쟁적인 강점과 약점, 그리고 기회와 위험을 파악하는 활동이다(Kotler, et al., 1993: 81～90).

① **장소의 경제적 및 인구학적 특성의 확립** 장소감사는 장소의 경제적 및 인구학적 특성을 나타내는 양호한 정보로부터 출발한다. 이 정보는 새로운 주

민을 유인할 때 무엇이 장소의 적주성(livability)이고, 관광객을 유인할 때 무엇이 장소의 방문성(visitability)이고, 기업과 투자를 유인할 때 무엇이 장소의 투자성(investibility)인가에 대한 질문에 도움을 준다.

② **장소의 주요 경쟁자들의 확인** 장소는 각각의 특정한 경쟁무대에서 주요한 경쟁자들을 파악할 필요가 있다. 경쟁자들은 우월한 경쟁자(superior competitors), 비슷한 경쟁자(peer competitors), 약한 경쟁자(weak competitors)로 구분할 수 있는데, 지역사회의 핵심과제는 어떻게 비슷한 경쟁자보다 앞설 것이며, 장기적으로는 우월한 경쟁자를 쫓아 갈 것인가 하는 점이다. 지역사회에서는 목표구매자들이 어떠한 기준을 사용하여 결정하며, 경쟁자들은 구매자들의 결정인자들에 대한 비중을 어떻게 두고 있는가를 파악하는 것이 중요하다.

③ **주요한 추세와 개발의 확인** 장소에 영향을 미칠 것으로 예상되는 주요한 추세와 개발에 대비하는 것이 중요하다. 지역사회에서는 중앙정부에서의 자금지원, 환경관련 세력과 규제, 세계적 개발과 변화 등에 대해 특별한 관심을 기울여야 한다.

④ **장소의 강점과 약점의 분석** 장소는 특정한 장소구입자가 추구하는 의미에서 장소의 특성을 주요 강점, 약간의 강점, 중립요인, 약간의 약점, 주요 약점으로 나타내는 것을 확인할 필요가 있다. 장소의 경쟁적 위치는 지방의 영향밖의 외부세력과 특정한 입지행동이 영향을 미칠 수 있는 입지특성의 두 가지 여건을 반영한 것이다.

⑤ **장소의 기회와 위험의 확인** 특정지역이 직면하고 있는 기회와 위험을 확인하는 단계이다. 강점과 약점이 장소에 내재적이라면, 기회와 위험은 외재적이다. 장소의 기회는 장소가 경쟁적 우위를 달성하기 위한 양호한 찬스에서의 행동을 위한 영역이다.

⑥ **주요 문제의 확립** SWOT분석은 전략계획가가 문제확인 및 관리를 할 수 있도록 한다. 이러한 문제(issues)에 관한 정보는 공청회를 포함하여 공적으로 토의될 수 있다.

2. 비전과 목표의 작성

SWOT와 이슈분석의 결과로, 전략계획가는 지역사회상황에 대한 종합적인 그림에 도달하게 된다. 계획가들은 이를 우선순위화하고, 목표로 전환하여야 한다(Kotler, et al., 1993: 90).

비전개발은 계획가들이 시민들에게 그들의 지역사회가 앞으로 어떻게 되기를 원하는가를 알아서 그들로부터 투입요소를 유인하는 것이 요구된다. 두 개 이상의 비전이 개발되어 토의되는 것이 필요하다(Kotler, et al., 1993: 91). 제시된 비전들에 대해 시민참여를 통한 토의와 의회의 논의를 거쳐 선정된다. 선정된 비전은 목표로 전환하게 된다.

3. 전략의 작성

(1) 활동내용

계획가들이 비전·목표 등을 확정한 후에는, 이를 달성하기 위한 전략의 확인·선택으로 이어진다. 계획가들은 각각의 전략에 대해, 어떠한 이점이 있고 전략의 성공적 집행을 위해 어느 정도의 자원이 요구되는가를 검토해야 한다(Kotler, et al., 1993: 94~95).

(2) 장소마케팅방법

장소들은 방문객 및 주민을 유인하고 그들의 기업기반을 구축하고 수출을 증진하기 위한 4가지 전략에 의존하는데, 이는 이미지마케팅·유인마케팅·하부구조마케팅·사람마케팅으로 나눌 수 있다(Kotler, et al., 1993: 33).

(가) 이미지 마케팅

이미지전략 하에서 장소는 강하고 긍정적인 장소의 이미지의 확인·개발·확산을 위하여 광고회사 또는 PR회사를 고용한다. 이는 매력을 추가하거나 하부구조를 개선하는 데 투자하지 않고 오로지 현재의 특징을 다른 곳에 전달하기 때문에 다른 세 가지 전략에 비해 저렴하다(Kotler, et al., 1993: 33).

이미지전략의 비용과 효과성은 장소의 현재이미지와 실제속성에 의존한다. 장소는 스스로를 다음 6가지 이미지상황의 하나에 속하고 있음을 알게 된다(Kotler, et al., 1993: 35~36).

① **긍정적 이미지**(positive image) 일부 도시들은 일정한 흠집을 가지고 있고, 모든 사람들에게 삶의 종착점 또는 장소 또는 기업을 위한 장소로써 매력이 있는 것은 아니지만, 다른 사람들에게 긍정적인 모습을 보인다. 그들 도시는 그들의 이미지를 변경함이 없이 목표집단에게 전달하는 것이 요구된다.

② **약한 이미지**(weak image)　일부 장소들은 그들이 작고, 매력이 부족하고 광고하지 않기 때문에 잘 알려져 있지 않다. 그들이 보다 가시적(visibility)이 되도록 하기 위해서는 약간의 매력을 구축하고 광고할 필요가 있다.

③ **부정적 이미지**(negative image)　디트로이트(Detroit)는 살인수도(murder capital), 마이애미(Miami)는 악의 수도(vice capital)처럼 많은 장소들이 부정적인 이미지를 가지고 있는데, 이들 도시들은 그러한 이미지의 확산을 중지시키는 노력이 요구된다. 그들은 옛날 이미지를 감출 수 있는 새로운 이미지를 창출하기 위해 그들 속에 숨어있는 보석을 찾아내야 한다.

④ **혼합 이미지**(mixed image)　대부분의 장소들은 긍정적 요소와 부정적 요소들이 혼합되어 있다. 워싱턴(Washington, D. C.)은 아름다운 도시지만 디트로이트(Detroit)처럼 범죄율이 높은 곳이다. 혼합이미지를 가지고 있는 장소들은 긍정적인 것은 강조하고 부정적인 것은 회피하기 위한 캠페인을 해야 한다.

⑤ **모순적 이미지**(contradictory image)　일부 장소에 대해서는 사람들이 장소의 일부 특성에 대해 반대적인 견해를 가지고 있는 경우가 있다. 일부는 피츠버그(Pittsburgh)를 석탄과 철강산업 때문에 오염된 도시로 알고 있지만, 일부는 청정한 도시로 알고 있다. 이러한 상황에서의 전략은 사람들이 긍정적 이미지를 갖도록 강조하여 결과적으로 부정적 이미지를 종료시켜야 한다.

⑥ **과도하게 매력적인 이미지**(overly attractive image)　일부 장소들은 너무 매력적이어서 오히려 장래에 문제를 야기할 수도 있다. 교통혼잡 · 과밀학교 · 식수오염 · 기타 개발비용에 대처하기 위해 '제한성장을 위한 시민들'(Citizens for Limited Growth)이라는 집단이 샌디에고(San Diego)로의 주민이동의 물결을 완화하는 움직임을 하고 있는 것은 하나의 사례이다.

(나) 유　인

이미지의 개선은 장소의 번영을 보장하는 데 충분하지 않다. 장소는 주민을 만족시키고 외부인을 유인(attractions)하기 위한 특별한 특징이 필요하다. 일부지역은 자연적 매력을 가지고 있고, 일부는 역사적인 유적을 가지고 있는 경우도 있다(Kotler, et al., 1993: 37). 오늘날 많은 도시들은 새로운 매력을 첨가하는데, 예를 들면 스포츠팬을 위한 새로운 스포츠시설의 건설 · 거대한 회의장 · 보행자몰(pedestrian mall) · 축제 등의 방법을 들 수 있다(Kotler, et al., 1993: 39).

(다) 하부구조

이미지나 유인책도 장소발전에 모든 답을 제공하는 것은 아니다. 그것들은 장소의 결점을 보완 또는 보상해주지 못한다. 가장 근본적인 것은 하부구조(infrastructure)에 있다. 양호한 교통·충분하고 저렴한 에너지공급·양질의 교육·안전한 환경·위락시설의 제공·좋은 호텔과 음식점 등을 이용할 수 있어야 한다(Kotler, et al., 1993: 39).

(라) 사 람

제4번째 마케팅전략은 사람(people)에 대한 것이다. 일부 지역에서는 은퇴자를 유인하기 위해 노력하고, 일부에서는 과학자들의 이주를 추진하며, 일부에서는 전문노동자 등 장소에서 요구하는 사람을 유인하기 위한 전략을 추진한다(Kotler, et al., 1993: 39~40).

(3) **장소개선전략**

장소마케팅은 목표시장의 욕구를 충족시키는 장소를 설계하는 것을 의미한다(Kotler, et al., 1993: 99). 여기서는 장소의 적주성(livability)·투자성(investibility)·방문성(visitability)이 개선되도록 다양한 투자를 하게 된다. 이를 위한 과정은 4가지 구성요소로 이루어진다. 첫째, 장소는 그의 매력을 제고하고 그의 미적 질과 가치를 보다 완전히 개발할 건전한 설계가 필요하다. 둘째, 장소는 자연환경과 조화를 이루는 방법으로 사람과 재화가 이동할 수 있도록 기본적 하부구조를 개발하고 유지할 필요가 있다. 셋째, 장소는 기업과 대중의 욕구를 충족할 수 있는 기본적 서비스를 제고해야 한다. 마지막으로 장소는 자신의 주민과 방문객들을 위한 매력이 필요하다(Kotler, et al., 1993: 100~122).

① **도시설계** 장소경쟁에서 도시설계의 중요성은 강조되고 있다. 도시설계에 대한 현재의 접근은 장소의 고풍스런 특성과 역사를 재건하는 방법과 함께 현재의 물리적 및 국가적 특성과 환경적으로 조화할 수 있는 것을 강조한다. 그러한 사고는 옛것과 현재를 혼합하고, 장소의 특성이 새로운 투자와 기업을 유인함은 물론 기업과 사람의 확보를 위한 가치 있는 자산이라는 인식의 확립이 요구된다.

② **하부구조개선** 도시설계가 장소의 구조나 뼈대를 제공하고, 이를 바탕으로 하부구조에 대한 개선이 가능해진다. 잘 유지된 하부구조가 지역사회의

성장을 보장하지는 않지만, 이의 결핍은 심각한 적주성의 문제를 나타낸다. 삶의 질을 유지하고 경제적 생산성을 지지하기 위해서는, 장소는 하부구조가 개발되고 유지되어야 한다. 모든 장소들은 정기적인 하부구조실태분석과 주민의 욕구에 근거하여 하부구조개발계획을 수립하여 시행해야 한다.

③ **기본서비스제공** 도시가 제공하는 다양한 공공서비스 중에서, 장소경쟁에서 필수적인 기본서비스는 경찰 · 소방 · 문화 · 교육 · 의료 등이다.

④ **매 력** 매력(attractions)은 시민, 새로운 주민, 방문객, 다양한 기업, 그리고 투자자들에 호소력을 갖는 물리적 특성과 이벤트를 포함한다. 장소들은 그들이 가지고 있는 매력의 정도, 즉 무매력(no attraction) · 단일매력(single attraction) · 소수매력(a few attractions) · 다수매력(many attractions) 등에 따라 등급화할 수 있다. 대부분의 소도시는 첫째 범주에 속하는 것으로, 그들은 새로운 주민 · 방문객 · 기업을 유인하는 어떠한 매력도 결여되어 있다. 일부 도시들은 가까운 하루 이내의 거리에서 방문객을 유인할 정도의 약간의 매력을 가지고 있는 경우도 있다. 소수의 도시(파리 · 비엔나 · 뉴욕 · 런던)는 풍부한 매력을 소유하고 있어, 새로운 매력을 만들 필요성이 없는 경우도 있다. 이들 세계수준의 도시들은 많은 관광객과 방문객들을 지원하기 위한 하부구조와 서비스의 유지가 주요한 관심사항이다.

도시는 보다 많은 매력을 만들 필요가 있다. 장소는 기후나 자연환경을 변경할 수 없지만 새로운 매력을 추가할 수는 있다. 많은 장소들은 지역연고팀 · 회합 · 기타 이벤트를 위해 실내경기장을 건설하고, 축제장소를 개발하고, 새로운 호텔을 지으며, 골프장이나 위락시설을 건설하는 등의 노력을 한다.

(4) 장소이미지의 설계

전략적 이미지관리는 장소이미지는 무엇이 결정하고, 어떻게 장소이미지는 측정되며, 장소이미지설계를 위한 지침은 무엇이고, 이미지커뮤니케이션을 위한 도구는 무엇이고, 부정적 이미지를 어떻게 교정할 것인가 하는 5가지 문제로 요약할 수 있다(Kotler, et al., 1993: 141～161).

(가) 장소이미지의 결정

장소이미지는 사람들이 장소에 대해 가지고 있는 신념 · 아이디어 · 인상의 결합(sum)이다. 이미지(images)는 장소와 관련된 다양한 정보들의 단순화로 표현된다. 이미지들은 장소에 대한 거대한 자료를 처리하고 필수화(essentialize)하고자 하는 마음의 산물이다.

전략적 이미지관리(strategic image management)는 대중으로부터 장소이미지를 탐구하고, 이의 특정한 이미지를 분리하고 목표화하며, 현존이미지를 지지하거나 새로운 이미지를 창조하여 장소의 혜택을 자리매김(positioning)하고, 목표대중에게 그러한 혜택들을 커뮤니케이션하는 과정이다.

(나) 장소이미지의 측정

계획가는 목표대중(target audience)을 선정하고, 그들의 장소이미지를 측정하는 두 개 과정으로 진행한다. 목표대중은 공통의 특성, 이해관계, 또는 인식에 의해 쉽게 특징화되어야 한다. 두 번째 단계는 계획가들이 목표대중들의 인식을 그들의 관련속성과 함께 측정하는 것이 요구된다.

① **대중의 선정**　장소이미지를 평가하는 첫 번째 단계는 대중집단(audience segment)을 선정하는 것이다. 대중은 주민・방문객・공장・회사본사・기업인・투자자, 그리고 해외구입자들이라는 7개의 부분으로 나눌 수 있다.

② **대중이미지의 측정**　이미지측정에는 여러 방법이 있으나, 여기서는 숙지성-호의성 측정, 의미차이, 그리고 평가지도의 3가지 방법을 중심으로 살피기로 한다.

숙지성-호의성 측정(familiarity-favorability measurement)은 목표대중이 장소에 대해 얼마나 익숙하고 호의를 갖는가를 측정하는 것이다. 숙지성(熟知性)에 대한 응답을 위해서는 평가대상장소에 대한 인지정도를 등급화하여 측정한다. 호의성(好意性)은 장소에 대한 호감정도를 등급화하여 측정하는 것을 말한다. 장소마케터들은 장소이미지의 내용을 파악하기 위한 방법으로 의미차이(semantic differential)를 파악한다. 이를 위해 연구자들은 사람들에게 장소를 선택할 때 고려하는 사항을 파악하여 각 항목별로 조사대상장소에 대한 평가를 척도상에 표시하도록 하여 결과를 종합평가하는 방법이다. 평가지도(evaluative maps)는 시민들이 어떻게 특정장소에 대한 시각적 인식을 가지고 있는가를 지도상에 가장 좋아하는 지역에서부터 가장 싫어하는 지역으로 등급화하여 표시하도록 해서 종합적인 이미지를 나타내도록 하는 방법이다.

(다) 장소이미지설계지침

계획가들이 장소에 대한 현재의 이미지를 이해한 때에는, 어떠한 이미지를 적정하고 새롭게 구축할 것인가를 숙고하게 된다. 각 목표집단들에게 효과적인 이미지를 창출하기 위해서는 이미지가 타당하고, 신뢰할 수 있으며, 단순하고, 호소력 있고, 명료해야 한다.

(라) 이미지소통도구

장소이미지작성자는 장소의 효과적인 이미지를 집행하기 위해 슬로건·주제·입장, 가시적 상징, 이벤트 및 행위라는 3가지 수단을 도출할 수 있다.

① **슬로건·주제·자리매김** 이미지 작성자들은 특정한 캠페인을 통일시키기 위해 슬로건(slogan)을 개발하고, 슬로건이 많은 캠페인을 수행한다. 슬로건은 장소의 전체적인 비전을 구체화하는 간략한 구절로 이루어진다. 이 슬로건은 열의·계기·신선한 아이디어를 만드는 데 유용하다.

슬로건의 사용에서 특정한 청중에 대해 특정한 마케팅프로그램을 도출하기 위해 주제(themes)를 상술한다. 가장 효과적인 주제는 다양하고 융통성 있지만, 아직 현실화하지 않은 것이다. 예를 들면, 뉴질랜드는 스스로를 관광객들이 아름다운 경치를 그들이 버린 쓰레기로 오염하는 것에 죄책감을 느끼도록 '1990년대의 환경종점'(Environmental destination of the 1990s)이라고 불렀다.

〈표 12-1〉 장소캠페인 슬로건

장 소	슬 로 건
스페인(Spain)	태양 아래 모든 것(everything under the Sun)
펜실바니아(Pennsylvania)	미국의 출발점(America starts here)
디트로이트(Detroit)	르네상스 도시(Renaissance city)
보스톤(Boston)	이백주년 도시(bicentennial city)
퀘백(Quebec)	너무나 차이가 느껴지는(it feels so differnent)

자료: Kotler, et al., 1993: 152.

다른 도구는 이미지 자리매김(image positioning)으로, 지역·국가·국제적인 수준에서 특정한 활동유형의 장소로서 또는 보다 강하거나 보다 잘 확립된 지위를 가진 다른 장소에 대한 대안적 입지로서 스스로의 장소를 자리매김(position)시키는 것이다. 이의 사례는 다음과 같다(참조 <표 12-2>).

〈표 12-2〉 이미지자리매김 사례

장 소	이미지자리매김
덴버(Denver)	록키산맥지역의 경제·기업·교통·금융중심
시애틀(Seattle)	태평양 북서지역의 선두 중심-캘리포니아의 대안
마이애미(Miami)	미국 남부의 금융수도
베르린(Berlin)	새로운 유럽의 수도
스페인(Spain)	유럽공동체의 떠오르는 별
코스타리카(Costa Rica)	라틴아메리카 중 가장 안정된 민주국가
뉴햄프셔(New Hampshire)	매사추세츠(Massachusetts)의 대안
태국(Thailand)	극동의 관광천국

자료: Kotler, et al., 1993: 153에서 작성.

② **시각상징**(visual symbols) 시각상징은 장소마케팅에서 현저하게 표상되어 왔다. 장소의 많은 랜드마크적인 장소가 대중의 마음에 영구히 각인된다. 예를 들면 파리의 에펠탑(Eiffel Tower), 런던의 빅벤(Big Ben), 모스크바의 붉은 광장(Red Square)을 들 수 있다. 성공적이기 위해서는 시각 이미지(visual image)를 이미지논의에서 강화해야 한다.

③ **이벤트와 행위**(events and deeds) 대부분의 이미지 캠페인은 인기 있는 슬로건, 광고 그리고 비디오 형태를 택한다. 그러나 이미지들은 이벤트와 행위를 통해 소통될 수도 있다.

(5) 부정적 이미지의 교정방법

(가) 부정적인 것을 축출하고 긍정적인 이미지를 만들기

문제를 인정하고 부정적인 이미지를 추출하고 긍정적인 이미지를 만드는 것도 하나의 이미지 교정방법이다. 오랫동안 미네소타(Minnesota)는 추운 주(cold weather state)의 평판으로 인해 다른 주로 상당한 인구이동이 있었다. 이러한 동절기문제에 대처하기 위해 주에서는 관광객유치와 겨울이벤트 제고 뿐 아니라, 미네아폴리스(Minneapolis)는 겨울로부터 시민을 보호하는 도심보행로를 특징화하고, 상파울로(St. Paul)에서는 유명한 겨울축제를 지원한다.

(나) 우상마케팅

부정적 이미지를 교정하는 다른 하나의 전략은 우상(icons)마케팅이다. 소련

(Soviet Union)의 감옥 같은 폐쇄적이며 암흑과 통제의 국가로서, 방문하고자 하는 사람은 거의 없는 장소였다. 그러나 고르바초프(M. Gorbachev)라는 새로운 국제적인 우상이 등장하여 그의 온화한 인품(warm personality)을 조국의 공적이미지를 재구성하는 데 사용하였다.

(다) 부정적 이미지의 제거

이미지개선은 장소문제의 치유약으로 많이 사용되고 있다. 추락하는 기업과 낮아지는 관광의 문제에 둘러싸인 장소지도자들은 새로운 이미지에 대한 요구를 하는 것이 보통이다. 그러나 대부분의 경우, 장소가 깊이 뿌리 박힌 문제를 교정하지 않고는 그것이 작동하지 않는다.

4. 행동계획의 개발

장소마케터들은 전략들을 수행하기 위한 특별한 행동계획(行動計劃)을 만들어야 한다. 이 계획에는 특정한 사람이 1년의 특정한 시기에 취해야 할 행동이 나열된다. 그리고 그 계획에는 누가 책임 있고, 어느 정도 행동이 집행되었으며, 행동에 비용은 얼마나 소요되고, 예상되는 완성일자 등의 4가지 구성요소도 포함되어야 한다(Kotler, et al., 1993: 95).

5. 집행과 통제

계획은 효과적으로 집행되지 않은 한 가치가 없다. 계획가들은 목표를 향한 지역사회의 진전과정을 정기적으로 점검하고, 이의 결과를 연차보고서 형식으로 발간하고, 이에 대한 시민과 기업들의 토의를 통해 장기적으로 목표달성을 모색해야 한다(Kotler, et al., 1993: 97～98).

(1) 장소이미지와 메시지의 배분

장소이미지의 배분에서는 누가 목표청중이고, 어떤 영향도구가 이용가능하며, 어떤 주요 광고매체를 이용할 수 있고, 광고매체를 선택할 때 어떤 기준을 사용해야 하며, 어떻게 광고메시지를 시의적절히 전달하며, 어떻게 커뮤니케이션결과를 평가할 수 있으며, 어떻게 대립되는 매체원과 메시지를 다룰 것인가에 대한 질문에 답할 수 있어야 한다(Kotler, et al., 1993: 162～190).

① **목표청중과 바람직한 행동의 명료화** 메시지와 매체를 선택하기 전의

첫 번째 단계는 목표청중을 명료화하는 것이다. 두 번째 단계는 장소마케터가 목표청중에서 도출하고자 하는 목표행태를 가시화하는 것이다.

② **광범한 영향도구의 선택** 장소마케터들은 목표시장에 대해 그들의 장소를 제고하기 위한 다양한 도구를 사용할 수 있다. 주요한 영향도구는 광고(advertising)·직접마케팅(direct marketing)·판매진흥(sales promotion)·PR(Public Relations)·개인적 판매(personal selling) 등이다.

광고(廣告)는 확인된 도시나 국가의 유인물(신문·잡지·게시판) 또는 방송시간(TV, 라디오)의 구입으로 이루어진다. 직접마케팅은 직접우편(direct mail)과 전화라는 전통적인 직접마케팅도구가 있다. 판매진흥은 구매자들이 재화나 서비스를 구입하도록 촉진하는 단기유인책의 사용을 포함한다. PR은 좋은 대중성 획득, 좋은 대중이미지 구축, 바람직하지 않은 소문, 이야기 등의 제거에 의해 조직의 대중으로부터 좋은 관계를 구축하는 노력이다.

③ **광고매체채널의 선정** 다양한 대중매체가 있는 상황에서 효과적인 매체채널을 선택하는 것은 매우 어려운 과정중 하나이다. 매체선택을 위해서 마케터는 목표청중의 매체관습, 제품 또는 서비스, 메시지, 그리고 비용을 고려하여 선정하여야 한다. 많은 장소마케터들은 다양한 매체를 사용하는데, 이는 청중들이 오직 특정한 매체에만 관심을 기울일 수 있기 때문이다. 매체특성에 따라 장소마케터들은 다양한 매체체널에 주어진 예산을 배분한다.

④ **특정매체장치의 선정** 매체선택의 두 번째 단계는 가장 비용-효과적인 방법으로 바람직한 반응을 얻을 수 있는 각 매체범주 내에서 특정한 매체장치(media vehicles)를 선택하는 것이다. 매체계획가는 어떤 특정한 장치가 접근·빈도·영향에서 가장 잘 전달되는가를 최종판단해야 한다. 여기서 접근(reach)은 매체에 의해 전달되는 단일메시지에 노출되는 사람들이 얼마나 많은가에 대한 측정이다. 일부 메시지가 동일인에게 다중으로 노출되는 결과를 가져올 때 효과적이라 하는데, 이의 변수가 빈도(frequency)이다. 영향(impact)은 목표청중과 메시지유형이 특정한 매체가 얼마나 효과적인가를 기술한다.

⑤ **매체시기에 대한 결정** 매체선택의 세 번째 단계는 타이밍이다. 이는 거시문제와 미시문제로 나눌 수 있다, 거시문제는 계절적 타이밍문제이다. 장소에 대한 청중의 규모와 흥미는 1년의 시기에 따라 차이가 있다. 미시문제는 광고의 단기타이밍이다.

타이밍결정은 청중이동, 행태빈도, 그리고 망각률에 의해 결정된다. 여기서 청중이동(audience turnover)은 두 기간 사이에 목표청중의 변동률이다. 이동이 클수록, 더 지속적인 광고가 필요하다. 행태빈도(behavior frequency)는 목표청중이 행동을 취하는 해에 한 사람이 영향을 취하는 회수이다. 행태가 잦을수록 보다 많은 광고가 지속되어야 한다. 망각률(forgetting rate)은 주어진 메시지가 망각되거나 소멸되는 비율이다. 청중이 기억이 짧을수록 보다 지속적인 광고가 있어야 한다.

⑥ **매체결과의 평가** 평가연구에 의해 매체계획가들은 커뮤니케이션집행과정에서 가능한 취약점을 확인할 수 있다. 메시지가 정확한 사람에게 전달되었는가? 그들은 메시지를 이해했고, 신뢰할 만하고 설득력 있다고 보았는가? 메시지는 그들에게 정확한 시간에 충분한 빈도로 도달했는가? 광고프로그램은 광고의 커뮤니케이션효과와 판매효과에 대한 규칙적인 평가가 있어야 한다.

⑦ **갈등 있는 매체원과 메시지의 관리** 이상적으로는 장소가 긍정적인 특성으로만 이미지가 구성되어 있는 것이 좋다. 그러나 장소의 부정적 이미지에 대해서는 어떻게 해야 할 것인가? 이에 대해 무시(ignore), 반격(counter-attack), 문제해결(solve the problems)의 3가지 방법을 생각할 수 있다. 문제는 부정적 이미지가 얼마나 심각하고, 광범하게 퍼져 있으며, 치유책은 무엇인가에 따라 좌우된다. 피해가 심각하지 않고, 대중의 지식이 제한되어 있고, 쉽게 치유될 수 없을 때는 부정적 인상을 무시하는 것이 최선이다. 피해는 심각하지 않지만, 광범하게 알려져 있고, 쉽게 치유할 수 있다면, 반격할 수 있다. 상황이 매우 심각하고, 광범하게 알려져 있지만, 쉽게 치유하기 어려운 경우는 무시하거나 공격하기보다는 장기적 반응의 길을 모색하는 것이 최선이다.

(2) 관리조직

도시마케팅은 좋은 생각 또는 마케팅개념을 실제로 전환시키는 조직에 대한 것이다. 즉 조직력(organizing capacity)이 도시관리에 필수적인 것처럼, 도시장소마케팅에서도 필수적이다. 그러한 권력의 주요 측면은 변화의 내외부적과정 때문에 도시 내·외부관계의 변화를 예측하고 반응하도록 하는 것이다. 이러한 조직력에 기여하는 요인들은 다음과 같다(Berg and Braun, 1999: 995～997).

① **행정조직** 조직력의 첫 번째 버팀목은 공식적인 제도적 구조와 이 구

조 내에서 다양한 공공부문 행위자들의 역할이다. 조직력은 행정의 적절한 기능 이상이다. 지방기관과 도시정부가 조화롭게 운영되는 것처럼 적절한 행정구조의 집행은 중요한 제1단계이다.

② **전략적 네트워크** 오늘의 도시사회의 동학성에 대처하는 수단으로서 전략적 네트워크가 중요해지고 있다. 현대사회의 복잡성, 동학성, 그리고 다양성 때문에 상호의존적인 공·사행위자들 간의 상호작용패턴으로 생각할 수 있다. 전략적 네트워크는 공식적인 행정구조의 보완으로서 중요하다.

③ **지 도 력** 핵심인사와 핵심기관의 지도력과 기업정신은 성공적인 도시정책에 실질적으로 기여한다. 핵심인사들이나 조직의 지도력은 관련된 사람들의 노력을 집중하도록 한다. 전략적 네트워크의 관점에서도 지도력이 중요하다. 네트워크는 보다 협력적으로 만든다.

④ **비전과 전략** 통합된 비전과 전략은 도시정책의 모든 측면(사회·경제·환경·교통 등) 간의 상호의존성이 증가되기 때문에 매우 중요한 요인이다. 비전은 상이한 측면을 통합하고 불일치를 예방하는 전제조건이다. 명료한 비전과 잘 궁리된 전략은 조직력 창조에 필수적이다.

⑤ **공간·경제적 여건** 도시경제의 기회와 위험(공간·경제적 여건)은 협력의 논리적 바탕을 제공한다. 공간·경제적 여건은 조직력 조성에도 중요하다. 이는 또한 전략 네트워크 내에서의 협력을 위해서도 중요하다. 더욱이, 경쟁적 환경에서 공사부문 행위자 간의 네트워킹이 충분하지 못하다. 관련된 이익집단과 목표집단 간의 지원을 조직하는 것은 특히 중요하다.

⑥ **정치적 지지** 도시개발의 공·사부문에서의 여유공간은 지방정치권과 가끔은 국가 또는 초국가수준에서 결정된다. 보다 높은 정부수준이든 지방의회나 지역의회의 지방정치인 수준이든 간에 정치적 지지는 조직력 창조의 또 다른 조건이다. 이 지지는 지방수준에서의 긍정적 협력을 가져오는 것을 돕는다. 정책문제와 해결책의 적절한 표현과 커뮤니케이션은 항상 중요하다. 보다 높은 정부수준에서 지방관리자에게 주는 재정지원은 조직력창조의 추가적인 여건이다.

⑦ **사회적 지지** 지속적인 대도시개발에 가치 있는 마케팅정책이라고 하더라도, 직접적으로 관련되거나 흥미를 갖는 사람들의 지지 없이는 성공적 집행의 기회는 없다. 시작단계에서부터 건전한 커뮤니케이션전략은 조직력의 창조를 촉진한다.

제 3 절 마케팅전략

Ⅰ. 접근방법

1. 전 개

(1) 영 국

전통적으로 영국에서 장소마케팅은 개발기관들 및 공공부문의 영역이었다. 1970년대와 1980년대 초까지는 신도시개발회사(New Town Development Corporations), 잉글랜드 공업단지 및 지역개발기구들이 특정한 지방성의 마케팅에 적극적으로 개입했었다. 그들의 작업은 새로운 개발지역 또는 녹지대입지를 위한 특별한 정체성을 창조하는 데 주목적을 두고 이미지 캠페인을 수행했던 여러 기관들을 통해서 주로 공업의 제고에 초점을 두었다.

1980년대 후반과 1990년대 초에 들어 장소마케팅에 대한 유형, 접근방법에 변화가 있었다. 이미지제안(image initiatives)이 도시재개발과 경제개발작업에서 보다 중심적 요소가 되고 있다. 이러한 전환은 도시에 기반한 일련의 장소마케팅의 결과이다. 그리고 이전과 비교하여 지방기관, 도시개발회사, 공·사 부문연합들을 포함한 광범한 기관들이 관여하게 되었다. 또한 이들 중 많은 기관은 도시이미지를 재포장하고 판매하는 데 도움을 주는 마케팅 상담자들에 관심을 보이기 시작했다. 이는 단순한 입지의 제고에서 벗어나 도시의 강점, 약점, 기회, 그리고 경쟁자의 감사를 기반으로 한 복합적인 마케팅전략으로서 특징지어지는 새로운 이미지캠페인을 종합적 경제개발프로그램과 연결하고 있다(Wilkinson, 1992: 175).

(2) 미 국

미국에서 전략마케팅계획은 3단계를 거쳐 진행되었다. 제1단계는 주로 굴뚝추적(smokestack chasing)으로, 남부 주에서 양호한 기업환경을 제공하여 북부 주로부터 기업·공장·투자를 유인하는 공세적 노력으로, 1930년대부터 시작되었다. 남부 주에서는 주로 새로운 기업과 투자를 유인하기 위해 최소비용생산(least cost production)의 이점을 강조하여 개발하였다. 이후 40여 년 동안 기업유인을 위한 장소경쟁은 거의 변함이 없었고, 장소들(places)의 과업은 구입자에게 도달하여, 그들의 수요를 발견하고, 경쟁적 거래에서 다양한 유인책들을 제시하여 판매하는 것이었다(Kotler, et al., 1993: 77~78).

1970년대와 1980년대에는 장소들은 목표마케팅(target marketing)이라는 제2단계로 이동했다. 기업유인이라는 단일목표의 추구 대신에, 장소들은 보유(retention)·창업(start-ups)·관광(tourism)·수출진흥(export promotion)·해외투자(foreign investment)라는 목표의 다변화로 옮겨졌다. 미국경제가 변하고 경쟁이 심화됨에 따라, 장소들은 '성공 아니면 실패'(hit-or-miss)의 접근에서 경쟁여건과 시장분석에 기반하여 보다 정리된 전략으로 변화했다. 장소들은 분리된 시장과 구입자를 알게 되었고, 그들의 재화와 서비스를 연구와 분석에 기반하여 특정한 고객에 초점을 맞추었다. 장소판매자들(place sellers)은 제품을 유포하는 대량마케팅(mass marketing)에서 특정고객의 욕구와 수요에 맞추어진 특정제품을 강조하는 특화마케팅(specialized marketing)으로 이동하였다. 장소들은 자신의 기업·산업·기업가·신제품·집단자원(대학·연구소·재정기관 등)과 같은 내부시장과 자원을 유지하고 지원하는 것에 대해서도 또한 보다 강조하게 되었다(Kotler, et al., 1993: 78).

1990년대에 들어, 장소들은 제품개발(product development)과 경쟁틈새(competitive niche)사고를 하는 제3단계로 이동하고 있다. 그들은 목표산업에 특정한 경쟁적 이점을 갖는 독특한 장소로서 그들 스스로를 정의하는 것을 모색한다. 그들은 목표고객들을 위한 가치를 창출하는 틈새재화와 서비스를 개발한다. 그들은 일정한 관련기업들의 클러스터들을 추구하는 한편, 기업의 다변화된 포트폴리오(portfolio)에 투자한다(Kotler, et al., 1993: 78).

2. 후기산업도시의 마케팅

(1) 출 현

1970년대 후반에 보스턴 시(Boston city)에서는 화이트(K. White)시장 주도 하에 세계수준의 도시로서 방문객과 관광객의 관심을 가질 수 있는 상업·문화적 장점을 홍보하는 새로운 보스턴(New Boston)을 구축하는 캠페인을 시작했다. 거의 동시에 전형적인 후기산업도시 광고캠페인이 시작되었는데, 이는 1977년 뉴욕주에서 시작한 '나는 뉴욕을 사랑한다'(I ♥ New York)는 캠페인이었다. 이는 엄밀한 의미에서는 도시마케팅 캠페인은 아니지만, 뉴욕시를 파산의 위기에서 되돌리는 역할을 했다. 이는 평판이 좋지 않고, 쇠퇴된 것으로 인식된 지역을 긍정적 이미지로 만드는 데 어떠한 광고가 이를 할 수 있는가를 보여준 것이었다(Ward, 1998: 191).

영국에서는 공업쇠퇴에 대한 증가되는 숙명론과 기업주의에 대한 동정으로 미국에서 진행되고 있는 새로운 아이디어에 대해 보다 수용적이 되었다. 이는 글래스고우(Glasgow)라는, 전통적으로 거칠고, 더럽고, 폭력적이고, 좌파의 온상으로 인식된 도시를 1983~1984년에 새로운 장소마케팅의 시대로 열어갔다(Ward, 1998: 191). 소위 'Glasgow's Miles Better'는 'I ♥ New York'을 본 딴 이미지 제고 캠페인이다. 두 가지 의미(smiles better/miles better)를 갖는 이 슬로건은 보다 긍정적이고 낙관적인 메시지를 전달하는 의미를 갖고 있다. 이 슬로건은 Glasgow의 'o' 대신에 TV의 유명한 만화 주인공을 내세워 표현한 것으로, 런던의 버스·택시·지하철 등은 물론 국가적인 지명도를 갖는 신문과 국제잡지에도 광고를 하였다. 이는 스코틀랜드에서 가장 성공적인 광고캠페인이었고, 나중에는 영국의 다른 지역은 물론 유럽의 여러 지역에도 광고를 확산시켰다(Ward, 1998: 192).

(2) 물리적 형태와 마케팅

마케팅만 가지고는 충분하지 않다. 좋은 말과 이미지 밑에는 재구성된(re-invented) 도시의 진정한 약속을 보여주는 일정한 건물·공공공간·활동들의 물리적 실제가 있어야 한다. 대체로 물리적인 재구성은 오직 일부분에 국한된다. 빛나는 사무소건물·항구·축제시장에서 몇 블럭만 지나면 쇠퇴하는 공업도시의 익숙한 문제를 발견할 수 있다. 때문에 후기산업공간을 즐거운 마음으로 산책하는 사람들에 실망과 낙담의 문제를 야기하지 않도록 안전요원과 청소원이 필요하다(Ward, 1998: 193).

그러한 물리적 변화는 뒤따르는 조치를 인도할 수 있는 기함(flagship) 또는 제1단계(first step)로 보아야 한다. 이를 달성하기 위해 제1단계는 필연적으로 인상적이어야 한다. 가장 극적인 사례의 하나는 런던 도크랜드(London Dockland)의 카나리 워프(Canary Wharf)는 1980년대~1990년대에 계획, 개발된 신 금융지역이다. 이는 런던 중심부(City of London)에 금융중심을 건립하려는 계획으로 먼 거리에서도 관심을 끌 수 있도록 했으며, 개발안의 핵심은 런던에서 가장 높은 건물을 짓는 것이었다. 스테인레스 스틸과 유리로 덮인 이 건물은 런던의 대부분의 지역을 조망할 수 있도록 했다(Ward, 1998: 193).

(3) 특별이벤트와 도시마케팅

애니메이션과 볼거리는 후기산업도시성공의 필수적인 구성요소이다. 광의로 보면, 그러한 활동들은 기존투자의 활력을 확인하고 더 많은 물리적 개발을 촉진한다. 이외에, 매체의 관심을 포함하여 일반적인 이벤트는 장소에 대한 보다 일반적인 인식을 변화시킨다. 때문에 국내외의 이벤트를 유치하거나 만들기 위해 노력하고 있는 경우가 많다(Ward, 1998: 202). 특별이벤트를 위한 경쟁은 단기간에 급증하고 있다. 영국에서 후기산업도시를 판매하기 위해 사용된 특별이벤트는 정원축제(garden festival)이었다. 전쟁피해지역의 재개발을 촉진하기 위해 전후에 독일에서 기원한 이러한 축제는 네덜란드에서 많이 사용되고 있다. 영국에서의 이의 사용은 후기공업도시재개발과 연계된 것이다. 격년축제가 1984~1992년 사이에 리버풀(Liverpool), 글래스고우(Glasgow), 게이츠헤드(Gateshead, 뉴캐슬 부근) 등에서 개최되었다. 마케팅 측면에서 보면, 축제는 지역관광객을 늘리고, 광범한 매체의 취급, 낙후지역의 장기개발효과 등을 가져오는 효과가 있다(Ward, 1998: 203).

(4) 스포츠와 도시마케팅

문화적 제고와 밀접히 병행하여 스포츠 구경거리에 대한 관심이 증대되어 왔다. 전통적인 고품격문화(high culture)보다도, 스포츠행사는 지방적으로 정당화하기에 상대적으로 용이하게 만드는 대중적인 차원의 것이다. 이것이 중요한 이유는 다음 두 가지이다. 첫째, 많은 도시들에서 발견된 것처럼, 관광객, 외부투자자, 그리고 이미지 제고를 위한 고가의 프로그램들은 보다 지역적인 문제에 대한 지출과 경쟁하는 경우가 종종 있다. 둘째는 만일 스포츠행사가 지방에 고용기회를 제공할 수 있다면, 이는 광범한 정치적 기반에서 도시기업주의를 돕는 결과를 가져온다(Ward, 1998: 204).

미국의 경우, 메이저 스포츠 팀의 유치와 보유는 도시경쟁력의 측면에서 유리한 위치를 차지한다. 스포츠 팀을 보유하는 경우, 스포츠팬을 중심으로 관광객을 유치하는 데 유리하며, TV 방영은 도시의 이미지를 홍보하는 효과를 가져온다(Ward, 1998: 204~205).

Ⅱ. 전략의 유형

도시장소마케팅전략은 선전과 광고, 축제와 다른 이벤트, 그리고 도시설계라는 3가지 범주로 나누어 검토할 수 있다(Griffiths, 1998: 45～53).

1. 진흥전략: 선전과 광고

(1) 의 의

도시기업주의(都市企業主義) 초기부터, 선전과 광고 캠페인은 장소마케팅 레파토리의 주요 요소였다. 마케팅이론의 도구들은 상업에서 수입되었고, 접근방법들은 점점 더 세련되어졌다. 이러한 증가하는 세련성은 의도하는 수령자에게 보다 정밀한 광고메시지를 조정하기 위해 선정된 선전재료들과 광고매체를 사용하여 대상에 대해 보다 체계적인 목표화를 해왔다(Griffiths, 1998: 45).

광고(advertising)는 특정한 이념을 강화하는 마술적 체계이며, 이를 통해 지배적인 집단이미지가 구축, 강화, 그리고 복사된다. 광고는 전통적으로 지방경제개발전략의 주요한 구성요인이 되었었다. 매력적인 유인책을 설정하고 바람직한 이미지를 선택한 후, 도시들은 그들의 목표집단에 이러한 메시지를 전달하는 광고 캠페인을 수행한다(Short and Kim, 1998: 61).

(2) 전략내용

장소진흥주의의 공통주제(共通主題)의 하나는 '미래로의 전진·도약' 운동이다. 장소들은 반복적으로 미래를 향한 발걸음을 '내일을 향한 발걸음'(stepping toward tomorrow), '르네상스 진행 중'(undergoing renaissance), '미래의 형성'(shaping the future)처럼 기술한다.

다른 지속적인 주제는 주로 기업을 위한 장소가 제공하는 입지적 이점에 관한 것이다. 도시가 국가의 '중심'(center), 중요한 지역경제의 '관문'(gateway), '수도'(capital), 고속도로와 철도망 또는 물리적 커뮤니케이션 하부구조 요소에 '잘 연계된'(well connected) 도시임을 나타내는 슬로건·도면을 포함한 진흥자료가 일반적이다. 도시가 배후지역에 대해 중심적 기능을 지향하면서 수도(首都)라는 단어를 많이 사용한다. 글래스고우에서는 '유럽의 문화수도'(Cultural Capital of Europe), 리즈개발회사(Leeds Development Corporation)에서는 '영국 북부의 수도'(Capital of the North of England), 보스턴(Boston)에서는 '뉴잉글랜드의 경제 · 문화 · 정치수도'(economic, cultural and governmental capital of New England), 그리고 애틀랜타(Atlanta)는 '남동부의 기업수도'(business capital of the southeast)를 지향하고 있다(Ward, 1998: 211).

진흥자료에서 나타나는 다른 주제는 지방의 삶의 질(예를 들면, 휴양과 위락의 기회 또는 적주성), 낮은 생활비, 지방주민의 특성[예를 들면 '기업정신'(spirit of enterprise), '할 수 있다'(can do) 문화]에 관한 것이다(Griffiths, 1998: 46～47).

진흥자료에 나타나는 공통주제 이외에 반복적으로 사용되어 왔던 진흥적 장치와 관련된 것이 상당수 있다. 문학적 인물이나 기타 긍정적 가치의 이미지와 통합된 인용으로 장소의 개명도 또한 일반적이다. 영국의 관광지도에서 역사적인 군(county)의 전통적인 장소기호가 다른 역사 및 문화준거에 의한 다양성으로 서서히 대처되고 있다. 예를 들면 쿡선장농촌(Capitain Cook Country), 브론테농촌(Brontë Country) 같은 것이 잘 알려진 것이다. 유사한 과정이 도시에서도 발견된다. 철강산업의 몰락 이후에 관광 · 교육 · 첨단의료의 후기산업도시로서 피츠버그(Pittsburgh)의 지도자들은 석탄산지(Coal Hill)라고 불리우는 이미지에서 도시의 과거의 중요한 부분을 지울 수 있는 보다 거대한 제목인 워싱턴 산(Mount Washington)이라고 개명했다(Griffiths, 1998: 47).

(3) 슬로건기법

후기산업도시의 마케팅을 위한 슬로건들의 기법은 다음과 같다. 두운법('Atlanta Advantage'), 이중의미('Glasgow's Miles Better'와 'Glasgow smiles better'), 반복('Manchester the *Positive City* for Business'), 리듬('Turning the Tide on Merseyside'), 말재롱('Pittsburgh To Go'), 은유('Birmingham: The Big Heart of England') 등이다(Ward, 1998: 210).

가장 명백히 모방된 기법은 뉴욕에서 만든 'I ♥ X' 양식이다. 그러나 모방의 경향은 차별성을 강조하는 필요에 의해 그 중요성이 줄어든다. 많은 후기산업도시 마케팅인(marketeer)들은 그들 지역에 대한 독자적인 신비한 비전을 엮는 데 많은 노력을 들이고 있다. 여러 산업제고방안들은 대중산업경제에 필요한 독특한 입지적 특성을 주장하는 것으로 구성되어 있다. 즉 기업행동이나 관광결정이 보다 세계적이며 뿌리가 없어짐(rootless)에 따라, 장소의 명료성(place distinctiveness)이 잠재적 고정점(anchor point)이 될 수 있는 것으로 보아왔다. 이를 위해 역사가 편리한 방법을 제공했다. 주요한 유산계획(heritage projects)은 과거에 대해 정확한 메시지를 보내는 방법의 하나이다. 예로 머시사이드개발회사(Merseyside Development Corporation)에서는 리버풀의 알버트 독(Albert Dock in Liverpool)의 재개발을 논의하면서 '최고의 항구'(Vintage Port)라는 슬로건을 정하였다. 이는 리버풀시의 정치적 · 산업적으로 문제가 있는 도시의 이미지를 역사가 오랜 도시로서의 이미지로 변환시킨 것이다. 이는 최고(最古)의 항구로서 오래됨에 따라 더욱 개선되어 투자자를 만족시킨다는 의미를 내포한다(Ward, 1998: 210).

차별성(distinctiveness)을 주장하는 다른 접근의 하나는 특정한 장소의 질을 정의하는데 선택적인 역사를 사용한다. 뉴캐슬(Newcastle)의 1990년의 이미지 캠페인은 이러한 입장에서 이루어졌다. 선박 · 터빈 · 전구 · 맥주 등을 포함한 자랑스런 산업의 과거에서부터 시작하여, '성공 이야기는 과거에서 끝나지 않는다'(success story doesn't end in the past)라고 약속했다. 이를 증명하기 위해, 유행 · 팝 뮤직 · 운동 · 희극의 영역도 다루고 있는 오늘의 뉴캐슬사람들 중 성공적이며 유명한 사람들을 언급하고 기술한다. 마무리의 말은 '새로운 시대, 새로운 태도, 뉴캐슬'(New Era, New Attitude, Newcastle)이다(Ward, 1998: 210).

<표 12-3>는 1994~1995년 사이에 미국의 주요 기업잡지나 여행잡지에 나타난 주요 도시의 광고슬로건이다. 이 슬로건의 내용은 기업(경제적 혜택)과 삶의 질을 강조하는 내용으로 범주화할 수 있다. 여기서 슬로건은 도시들이 기업에 양호하다는 것을 보이는 것이다. 자연환경풍광, 역사적 전통, 위락시설, 그리고 태양, 바다, 모험, 역사를 비유한 수단으로서 관광객과 주민에게 도시의 이점을 나타내는 도시들이 많다(Short and Kim, 1998: 61).

2. 이벤트전략: 축제 및 도시구경거리

기업적인 장소마케팅의 발흥은 의문의 여지 없이 도시구경거리의 새로운 시대를 열고 있지만, 발아되고 있는 도시축제경제는 국가의 정책에 의해 강력하게 추진되었었다. 도시축제의 만연의 하나의 결과는 이벤트유형의 다양화를 가져왔다(Griffiths, 1998: 48).

〈표 12-3〉 도시광고의 슬로건

범　주	도　시	슬 로 건
기　업	· 애틀랜타(Atlanta, GA) · 볼티모어(Baltimore, MD) · 시카고(Chicago, IL) · 댈러스(Dallas, TX) · 페어팩스(Fairfax, VA) · 캔자스(Kansas, MO) · 로스앤젤레스(Los Angeles, CA) · 뉴욕(New York, NY) · 멤피스(Memphis, TN) · 산호세(San Jose, CA),	· 세계기업을 위한 전략적 입지 · 보다 많은 서비스, 보다 많은 선택 · 모든 것의 중심 · 기업을 위한 선택의 도시 · 21세기 제1의 기착지 · 미국의 스마트도시 · 미래의 수도 · 잠자지 않는 기업도시 · 미국물류중심: 세계의 관문 · 실리콘벨리의 수도
삶의 질	· 애틀랜틱시(Atlantic city, NJ) · 덴버(Denver, Co) · 햄프턴(Hampton, VA) · 내쉬빌(Nashville, TN) · 올랜도(Orando, FL) · 샐리즈베리(Salisbury, NC) · 산타 페(Santa Fe, NM) · 샌 안토니오(San Antonio, TX)	· 미국의 양호한 놀이공간 · 문화 및 환경적 모험 · 바다에서 별까지 · 음악도시 · 태양과 재미 · 과거가 현존하는 곳 · 전통이 살아 있는 곳 · 무언가 기억되는 곳

자료: Short and Kim, 1998: 62.

축제(祝祭)는 특성에 따라 여러 가지 유형으로 구분할 수 있는데, 슈스터(J. Schuster)는 다음 6가지 유형을 제시하고 있다(Griffiths, 1998: 49).

첫째, 구경거리(spectacle)는 대규모이며, 보통 일회성으로, 매우 제한된 참여요소를 가진 것이다. 그것은 많은 수동적인 구경꾼들인 다수의 관람객들에 의해 직접 또는 텔레비전으로 본다. 그것은 주체도시의 관심을 유인하는 데는 효과적일 수 있지만, 도시를 구성하는 공동체와 공유된 삶을 표현하는 데는 상대적으로 가치가 거의 없다. 이의 사례는 최근의 올림픽 게임(Olympic Games), 월드컵 게임(World Cup Games), 엑스포(Expo) 등을 들 수 있다.

둘째, 의식(rituals)은 보통 오랫동안 확립된 전통에 뿌리를 둔 공식적인 행위의 시행에 중점을 두는 주기적 이벤트이다. 그들의 주요한 특징은 의식의 구성요소는 수행자나 참여자들에 의해 만들어지지 않는다는 것이다. 예를 들면, 쎄빌(Seville)의 성주간행렬(holy week processions)이다.

세 번째 유형의 축제는 예술행사프로그램(artistic events programme)으로, 프로그램에서의 분리된 행사의 수나 참여수준에서는 대규모일 수 있지만, 볼거리의 극적인 중심적 행사특징을 가지지 않는 경우가 많고, 제한된 수의 지방민과 방문객들의 사회적 범주에 그치는 경우가 보통이다. 여기서는 에딘버러축제(Edinburgh Festival)처럼 매체나 행위예술에 기반하는 경우가 보통이다.

네 번째 유형은 깐느영화축제(Cannes Film Festval)와 프랑크푸르트 도서장터(Frankfurt Book Fair)같은 교역품평회(trade fair)이다. 이의 주요한 기능은 영화 같은 상업적 문화물의 제작자 · 생산자 · 출판자 · 배포자들이 함께하여 시장처럼 기능하도록 하는 것이다. 전시 · 관람이 일반대중에게 개방되지만, 핵심관중은 지방적이라기보다는 국제적이고 전문화된 사람들이다.

다섯 번째는 연날리기 · 풍선날리기 · 게임처럼 참여적 활동들에 집중되어 있는 대중장터(popular fair)이다. 예술축제처럼 대중장터는 일회성으로 출발하지만, 성공하면 매년 또는 격년행사로 이루어질 수 있다.

마지막으로, 대중시민축제(popular citizens' festivals)로, 도시외부인들에게 마케팅하기 위한 수단보다는 시민사회(civil society) 및 사회적 유착을 제고하기 위한 수단으로 이루어지는 것이다. 이는 공동체의 모든 구성원들이 참여할 수 있는 행진 및 거리공연과 같은 일련의 협력화된 행사들로 구성되어 있다.

다른 장소마케팅수단보다도 축제는 높은 위험부담이 있다. 주요한 구경거리(spectacles)가 스포츠경기장 · 전시공간 · 교통연결과 같은 실질적으로 새로운 물리적 하부구조를 요구한다면 대단히 고가(高價)가 된다. 결과적으로 국가보조금이 없는 경우에는 조직자들은 매우 예측하기 어려운 다른 자금원(방송판매 · 기타 상업권 판매 · 입장권판매 등)에 의존해야 할 것이다. 실제로 많은 축제들이 긍정적인 재정적 결과를 달성하지 못했음을 알 수 있다(Griffiths, 1998: 50). 이외에 증가되는 포화된 축제시장에서 이벤트에 투하된 자원(자금 · 시간 · 에너지 · 호의 등)은 참여자 · 방문객 · 대중매체, 또는 공동체참여로 측정했을 때 바람직한 결과를 가져오는 데 실패할 것이다(Griffiths, 1998: 50).

3. 경관전략: 도시설계와 장소마케팅

장소마케팅과 재이미지화전략들은 진흥캠페인과 구경거리와 다른 이벤트들의 공연에 국한되었었다. 그것들은 또한 새로운 도시경관(都市景觀)의 조성과 관련된다. 많은 사례에서, 기함건물에 많은 투자를 한다. 많은 기함건물(flagship buildings)은 위락과 소비의 중심으로서 도시경제를 변형시키고 박물관 · 미술관·오페라하우스 등과 같은 고품격 문화를 위해 사용된다. 그러나 기함건축물 및 공학프로젝트를 통한 도시이미지구축은 공학(예: Osaka), 다리(예: Rotterdam), 커뮤니케이션탑(예: Barcelona)의 건설을 통해 추구되었었다. 마천루사무소탑(skyscrape office tower)의 개발은 세계도시로서의 위상을 달성·유지·확보하기 위해 광범위하게 사용되고 있는 이미지구축수단의 하나이다(Griffiths, 1998: 51).

특별한 공업적 전통이나 윤리적 정치성을 가지고 있는 지역에서는 특정근린을 재명명하고 재포장하는 전략으로서 이미지 지향적인 도시경관전략으로 사용하는 경우도 있다. 많은 도시들은 한때 방기한 공업지구들을 차이나타운·보석거리(jewellery quarters)·고급도시촌(gentrified urban village)으로 변모시켜, 대중예술작업·모사된 의식아치(moch-ceremonial arches)·개방공간의 재정비 등과 관련된 미화프로그램에 공적인 재정지원에 초점을 둔다.

도시경관의 주제화(theming)는 최근 포스트모던적 도시분석에서 상당한 관심을 갖는다. 도시를 보다 광범하게 부분화하여 모던도시에서의 획일화되고 쉽게 분간되는 공통공간에다 회화적 묘사·극장장치·내부성찰적 생활공간과 같이 매우 차별화된 집합으로 만드는 것이다. 관심은 과거 존재했던 도시형태를 재구성하는 설계패키지를 현재의 경관에 추가하는 것에 집중된다. 가장 많이 사용하는 수단의 하나는 축제시장터(festival market-place)이다. 이는 미국의 보스턴(Boston)에서 도심수변지구에 위치한 역사적 건물(Faneuil Hall) 부근에 위치한 퀸시 마켓(Quincy Market), 볼티모어(Baltimore)의 내항에 대한 항구개발안(Harborplace scheme)을 들 수 있으며, 이후 북미와 유럽 여러 지역에 이 개념이 확산되었다(Griffiths, 1998: 51). 이러한 축제시장터는 매우 표준화된 양식을 따르는데, 여기에는 보통 역사적(종종 수변) 지역에 위치하며, 도시적 감각을 현금화할 수 있도록 일반인의 필수품보다는 특산의류·관광기념품·이색음식과 같은 판매품을 중심으로 소규모 임대상점을 강조하고, 즐거움과 흥미를 만드는 잘 관리된 거리위락(광대·백파이프·마임예술가 등) 프로그램, 그리고 다른 대중적 관광유인장소(수족관 등이 일반적)가 인접한다. 이러한 양식은 도시생활의 즐거움과 문화적 풍부함을 규제하고 감성화한 모습에 교외몰의 안전과 풍족한 소비기회를 결합하도록 설계된 것이다(Griffiths, 1998: 52).

다른 양식은 미국의 피츠버그(Pittsburgh)·클리블랜드(Cleveland)·보스턴(Boston), 유럽의 버밍엄(Birmingham)·프랑크푸르트(Frankfurt)·슈트트가르트(Stuttgart)처럼 예술 또는 문화지구의 조성이다. 여기서는 극장·오페라하우스·미술관·박물관 같은 고품위 예술장소와 선정된 술집과 고급음식점들을 새롭게 또는 재정비하는 것이다. 축제시장터와는 달리, 문화지구는 소매활동이 거의 없다. 그들의 목적은 중산가정 관광객과 위락활동을 위한 것이라기보다는, 전문적 및 경영층의 구성원들을 유인하고자 하는 것으로 그들의 목표고객에게 문화적 자산으로서의 의미를 포함한 적절한 메시지를 전달해야 한다(Griffiths, 1998: 52).

이들 새로운 소비지향적 전위공간(front spaces)으로서의 종합화된 주제로 24시간 도시(24 hour city)의 관념이 광범하게 사용된다. 이는 오래된 모던도시들의 대안을 추구하는 사람들을 유인하기 위한 것이다. 모던도시의 경직된 공간지역제를 보다 세분화되고 혼합된 용도의 도시형태로 대처함으로써 모더니즘하의 경직된 시간주기의 도시생활을 일일활동주기를 보다 신축적으로 만드는 것이다. 소위 죽은 시간대(dead period: 퇴근후 출근전 시간대)에 술집과 클럽을 열고 영업할 수 있도록 허가해 주는 방법이 그 하나의 예이다(Griffiths, 1998: 52).

Ⅲ. 비　　판

장소마케팅전략에 대한 비판적 논의는 그의 이념적 효과, 회귀적 결과, 그리고 그들의 높은 투기적 성격에 집중되어 있다(Griffiths, 1998: 53∼57).

(1) 이념적 효과

장소마케팅은 의미와 인식의 조작에 대한 예측이라는 사실 때문에 이념적 내용이 있다. 이러한 관점에서 도시의 특정한 의미(제시하는 탁월한 동학성·매력적 기업환경·삶의 질)를 전면에 가져오고 다른 의미는 뒷전에 사라지도록 하는 연출적 행위와 매우 유사하다. 환언하면, 장소마케팅은 도시를 재이미지화하는 과정에서 도시의 일부 정체성은 무시하고, 거부하며, 한계화하는 (투시된) 이미지와 (실제) 이미지 간의 선택된 관계를 만드는 작업이다. 예를 들면, 강한 지방성과 도시긍지는 강조할 수 있지만 노동조합의 투쟁성과 혁명적 정치의 전통은 그렇지 않을 수 있다(Griffiths, 1998: 53).

때문에 장소마케팅의 이념적 또는 상징적 기능은 그 효과를 예측하거나 확정할 수 없는 복합적·사회적 과정으로 인식되어야 할 필요가 있다. 지방재개발기관에 의해 진흥된 의미는 항상 협상과 도전에 지배된다(Griffiths, 1998: 54).

(2) 회귀적 결과

이념적 효과 이외에, 기업적 장소마케팅전략은 상당한 배분적 결과를 가져올 수 있다. 장소마케팅은 관심을 사회 및 경제적 불평등에 대한 것에서 다른 것으로 돌릴 뿐 아니라 그것을 조장할 수 있다. 도시기업주의는 시장의 비규제와 집단재 공급에서 국가책임의 축소라는 신자유주의 철학과 상당부분 일치한다. 기함건물 · 주요 이벤트 · 기타 기업적 프로젝트에 대안 공적 소비는 사회적 불평등을 조장한다는 비판도 따른다(Griffiths, 1998: 54～55).

(3) 투기적 성격

장소마케팅에 대한 비판의 세 번째 근원은 그의 투기적 성격이다. 기함개발과 대규모 구경거리와 같은 주요 기업적 프로젝트들에 투자는 위험부담이 높은 노름이다. 투자자들을 유인하거나 방문객을 꼬이는 것이든 간에, 개별도시들이 거의 통제할 수 없는 수많은 요인들이 작용하기에 그들의 성공은 우연적이다(Griffiths, 1998: 55～56).

제 4 절 문화마케팅

Ⅰ. 의 의

1. 개 념

문화(culture)의 정의는 어려운 작업 중 하나이다. 협의(狹義)에서 문화는 오페라, 전통음악, 댄스 등과 같은 전통적 예술에 초점을 둔다. 광의(廣義)로는 우리가 먹고, 살고, 사교하고, 휴일을 보내는 방법을 포함한 생활의 방법(way of life)을 문화로 간주한다(Darlow, 1996: 293). 문화(文化)는 산출물(product)이며 과정(process)이고, 인조물(artefact)이며 생활의 방법(way of life)이고, 소비의 방법(mode of consumption)이며 생산의 방법(mode of production)인 매우 복합적인 실체(complex entity)이다(Montgomery, 1990).

문화는 사람들의 물질적 · 정신적 · 사회적 생활의 인류학적 이미지를 나타낼 뿐 아니라, 지속적 경제성장의 기초자원이다. 이렇게 광범하게 정의한다면, 문화는 역사적 · 정치적 · 법적 · 기술적 · 예술적인 특이성까지도 포함한다(Santagata, 2002: 9). 여기서 문화마케팅은 문화라는 상품에 대해 목표고객들이 긍정적인 태도로 행동할 수 있도록 설계하는 마케팅이다.

2. 중 요 성

도시는 문화와 경제활동의 중심지로서 항상 특별한 역할을 해 왔다. 기원부터, 도시는 예술 · 사고 · 유형 · 태도들의 형태로서 문화를 창출했고, 높은 수준의 경제적 쇄신과 성장을 유인해오는 독특한 능력을 보여왔다. 21세기에 들어서서도 문화와 경제의 영역 간의 집중이 일어나고 있다. 이는 현대 도시화과정의 독특한 특성의 하나이다(Scott, 1997: 323).

1980년대 초 이래로 도시문화환경과 지방경제발달 간의 관계에 대한 인식증대가 이루어지고 있다(Scott, 2004: 463). 경제개발실무자들은 기업본사 · 생산자서비스회사 등을 유치하기 위해서는 조세감면이나 하부시설개선 이상으로 매력적인 자연 · 문화자원이 중요하다는 것을 인식하기 시작했다(Storm, 2002: 6). 문화는 이의 경제적 특징(강한 지적 · 창조적 구성요소 · 수익체증 · 신축적 전문화), 사회적 특질(풍부한 상징적 내용 · 높은 정체성의 권력), 그리고 타 경제영역(예를 들면, 관광과 환경)에 대한 긍정적 영향 때문에 문화에 대한 관심이 증가하고 있다(Santagata, 2002: 9).

문화와 문화산업을 통한 도시 및 지역발전에 대한 논의는 상당히 오래된 주제이다. 최근에 미국과 유럽의 많은 도시정부에서는 지방경제개발을 촉진하는 수단으로서 그리고 도시마케팅의 수단으로서 문화전략을 개발해오고 있다. 도시정부와 장소기반적 기업엘리트들은 그들의 시장을 마케팅하고자 하는 의도를 많이 갖게 되었다. 도시진흥주의자들(city promoters)은 구입자들이 도시가 갖고 있는 것을 설득하는 판매(selling)에서, 구입자들이 사고자 하는 것을 도시가 갖도록 노력하는 마케팅(marketing)으로 움직이고 있다는 것은 기업계에 널리 알려진 사실이다. 마케터들은 소비자들의 기대에 부응하기 위해 도시를 재구성하거나, 최소한 가시적인 부문이나마 개선하고자 한다. 그러한 의미에서 문화제도(cultural institutions)는 도시이미지를 재구성하는 상징적 자산으로서 중요한 의미를 갖는다(Storm, 2002: 7).

최근에 도시경제개발전략은 예술축제와 박물관에서 스포츠경기에서 쇼핑지구에 이르는 활동을 제고하는 소비와 레크레이션의 장소로서 도시의 장점을 자본화하는 것을 추구해오고 있다. 이러한 전략을 추구하는 목적은 두 가지가 있다. 하나는 스포츠·쇼핑·먹거리의 제고는 자체로서 직업과 수익을 제고하는 경제개발프로그램이다. 둘째, 도시마케팅노력은 매력적 입지를 추구하는 외부투자자, 부유한 가정이 그들이 살고자 하는 커뮤니티를 선택하거나 관광객이 그들의 휴가지로서 관심을 보이는 사람들에게 멘탈맵(mental map)을 재조정한다(Storm, 1999: 424).

20세기 후반에 많은 후기산업도시들은 관광객을 유치하고 기업투자를 촉진하기 위한 신중한 제고전략(deliberate promotional strategy)로서 '고품격' 문화('high' culture)에 투자하는 데 분주하다. 거의 1세기 전에 영국도시들은 도서관, 연주회장, 미술관, 그리고 박물관 등에 많은 지출을 했었다. 동인은 다양하지만, 산업문화의 성공을 보이는 데 보다 관심을 가졌다. 그 당시에는 영국의 도시들은 그들의 경제를 제고하는 데 우선순위를 두어야 할 필요는 없었다. 문화는 과자위의 얼음(icing on the cake)이었지만, 이제는 과자자체의 일부분이 되고 있다(Ward, 1998: 3).

Ⅱ. 정책의 전개

제2차 세계대전 이후 1990년대까지 서구의 도시문화정책시기를 3개로 구분하여 설명할 수 있다(Bianchini, 1999: 3~6).

1. 재건시대

1940년대 후반에서 1960년대 후반까지의 서구도시의 공공정책논의는 경제성장·복지계획·물리적 및 시민적 재건에 초점을 두었고, 도구적 합리성의 신념에 의해 지배되었었다. 도시문화정책집행의 논리성(論理性)은 상업적 대중문화의 불편함에 대항함과 함께 전쟁의 공포이후 사람들을 (재)교육하고 세련화시키기 위한 것이었다. 보다 일반적으로는 이 시기의 도시문화정책은 19세기의 전통을 지속시키는 것으로, 도심에 위치한 전통적이며 건물기반의 예술기관들, 예를 들면, 오페라 하우스·박물관·극장 등의 하부구조를 만들거나 확장하고, 공공보조를 제공하여 이들 기관에의 접근을 확대하는 데 주로 초점을 두었다.

정치가들과 정책작성자들 간의 지배적인 태도는 물질적인 생산과 경제적 활동의 영역과는 분리되거나 대립되는 영역으로서 문화를 정의하였으며, 다른 생활과 공공정책작성과 무관하였다. 도시문화정책은 높은 문화의 인간적 가치를 정신적으로 제고하는 데 초점을 두었지만, 과학적 접근방법에 지배되는 도시정책의 주류와는 거의 관계가 없었다.

2. 참여시대

전후 20년간에 나타났던 도시문화정책작성모형은 1960년대 후반부터 사회·정치·행정·기술·지적영역에서의 변화의 상호작용의 산물로서 간주되었었다. 이 시기에 지방정부활동으로서 문화정책의 지위가 상당히 증가되었다. 노동시간의 감소와 여가활동에 사용되는 가처분소득의 증가로 인해 도시정부가 문화서비스에 대한 지출을 확대하게 되었다.

1970년대와 1980년대 지방정치가들은 권력의 분권화에 의해 혜택을 받았고, 높은 문화정책을 전개했었다. 그들은 도심기반의 예술기관들과 활동에의 접근성 확대라는 전통적인 복지적 목표를 근본적으로 개혁하였다. 이들 새로운 정치적 엘리트들은 근린수준의 문화제공의 분산과 공공생활·사회성·도시정체성을 위한 촉매로서 도심의 역할을 재주장하는 제안들과의 결합을 통해 개인과 집단의 자기표현적이며, 민중 및 지역사회기반의 문화참여를 촉진하였다. 문화정책은 보다 많은 공공공간을 만들고, 도시를 보다 매력적으로 만들며, 보행자화·교통진정화조치·대중교통의 개선과 같은 도시설계전략과 결합되었었다. 예술축제와 다른 문화애니메이션형태가 도심의 공공생활에의 다양한 계층의 참여를 촉진하는 데 사용되었다.

이 시기의 도시문화정책은 주로 사회적·정치적 목적에 초점을 두고 있었지만 경제적 지속성을 위한 문화산업의 개발을 위한 실험에도 흥미를 가졌었다.

3. 마케팅시대

1980년대 중반 이후부터 사회·정치적 관심에서 경제개발우선순위로 명확한 변환이 나타났다. 이는 전통적인 중공업과 관련된 분배서비스의 몰락과 같은 서구도시경제들의 구조적 위기에 대한 반응으로서 많은 도시정치가들과 정책작성자들은 개인적이며 지역사회개발, 참여, 복음주의, 근린 분산, 도시공간의 민주화 등을 강조하는 1970년대의 정책을 서서히 대체하였다.

문화정책은 지방경제기반을 다양화하는 가치 있는 도구로 간주하기 시작했으며, 전통적인 공업과 서비스부문의 고용손실을 보상해 줄 수 있을 것으로 보았다. 지구적 문화생활이 중요해짐에 따라 동적인 국제자본과 전문인력을 유치하기 위해 설계된 도시마케팅과 국제화 전략이 중요한 요소가 되고 있다. 문화정책작성의 초점은 도시 내 그리고 도시 간 경쟁 게임이 나타나고 있는 지방경제의 시범사례(showcases)로 사용되는 도심에 다시 한 번 변환되었다.

Ⅲ. 정책모형

도시문화정책모형은 상이한 문화적 우선순위, 문화영역의 상이한 개념, 그리고 상이한 공간적 강조점에 따라 3가지 모형을 확인할 수 있다. 이들 모형은 통합모형, 문화산업모형, 그리고 소비자모형의 3가지로 나눌 수 있다(Griffiths, 1995: 254~255).

① **통합모형**　　이 모형에서는, 문화프로젝트는 다른 조치들과 함께 공공사회생활을 재활성화하고, 도시의 정체성의 감각을 새롭게 하고, 도시의 소속감을 공유하며, 보다 포용적이고 민주적 공공영역을 창조하고, 도시생활이 무엇을 제공해야 할지에 대한 기대를 제고하는 목적의 전략의 핵심요소로서 사용되고 있다. 로마(Rome)는 이러한 형태의 통합전략(integrationalist strategy)를 추구하였다.

② **문화산업모형**　　이 모형에서의 강조점은 스스로의 권리에 의해 부의 창조의 주요한 형태로서 문화산출물의 생산과 분포의 관점에서 본다. 이 접근은 보조받는 고품격 예술(high art)부문의 경제적 중요성을 인지한 것으로, 관심의 초점은 시청각 산업과 출판과 패션설계와 같은 상업적 문화산업에 초점을 둔다. 이 접근은 영국의 런던이나 셰필드에서 사용되고 있다.

③ **소비자모형**　　도시제고의 도구로서 예술의 사용은 미국에서 처음 출현했지만, 이후 많은 유럽도시들에 의해 채택되었었다. 이는 비안치니(F. Bianchini)에 의해 소비자모형(consumerist model)이라고 명명되었는데, 이는 관광객을 유인하기 위한 수단으로서 예술소비를 강조하며, 전문적인 고용자들의 보다 나은 삶의 질을 보호하기 위해 기업투자를 유인하고, 혼합토지이용과 문화지구 간의 시너지효과를 만들기 위해 물리적 재개발을 통해 이익을 만드는 활동을 가리키는 것이다.

참고문헌

권오혁 · 김홍석, (2000), 지방문화산업육성방안, 연구보고서 2000-10(제337권), 서울: 한국지.

서구원 · 배상승, (2005), 「도시마케팅」(서울: 커뮤니케이션북스).

오동훈, (2006), "도시마케팅의 개념정립을 위한 소고," *국토계획*, 41; 1(2006. 2): 53～73.

유재윤 · 진영효 · 김형국, (2000), 도시문화산업의 육성방안, 국토연 2000-24, 안양: 국토연.

코틀러(P. Kotler: 윤훈현 역), (2003), 「마케팅관리론」(서울: 석정).

Ashworth, G. and Voogd, H., (1988), "Marketing the city," *Town Planning Review*, 59; 1: 65～79.

Berg, L. and Braun, E., (1999), "Urban competitiveness, marketing and need for organising capacity," *Urban Studies*, 36; 5-6(1999): 987～999.

Bianchini, F., (2002), "Cultural planning for urban sustainability," Nyström, L., (ed.), *City and Culture*(karlokrona: Swedish Urban Environment Council), 1～16.

Bonner, K., (2002), "Understanding placemaking: Economics, politics and everyday life in the culture of cities," *Canadian Journal of Urban Research*, 11; 1(2002): 1～16.

Bramwill, B., (1998), "Urban satisfaction and product development in urban tourism," *Tourism Management,* 19; 1(1998): 35～47.

Corcoran, M., (2002), "Place attachment and community sentiment in maninalised neighborhoods: a European case study," *Canadian Journal of Urban Research*, 11; 1(2002): 47～67.

Darlow, A., (1996), "Cultural policy and urban sustainability: Making a missing link?," *Planning Practice & Research*, 11; 3(aug 1996): 291～301.

Graham, S. and Healey, P., (1999), "Relational concepts of space and place: Issues for planning theory and practice," *European Planning Studies*, 7; 5(1999): 623～646.

Griffiths, R., (1998), "Making sameness: place marketing and the new urban entrepreneurialism," Oatley, N., (ed.), *Cities, Economic Competition and Urban Policy*(London: Paul Chapman), 41～57.

Hall, T., (1998), "Introduction," Hall, T. and Hubbard, P., (eds.), *The Entreprendurial City*(Chichester: John Wiley & Sons), 27～30.

Healey, P., (2002), "On creating the city as a collective resources," *Urban Studies*, 39; 10(2002): 1777～1792.

Hubbard, P. and Hall, T., (1998), "The entreprendurial city and the 'new urban politics'," Hall, T. and Hubbard, P., (eds.), *The Entreprendurial City*(Chichester: John Wiley & Sons), 1～23.

Jessop, B., (1998), "The narrative of enterprise and the enterprise of narrative: Place marketing and the city entrepreneurial city," Hall, T. and Hubbard, P. (eds.), *The Entrepreneurial City*(Chichester: John Wiley & Sons), 77～99.

Kotler, P., (1994), *Marketing Management*(N. J.: Prentice-hall).

Kotler, P., Haider, D., and Rein, I., (1993), *Marketing Places*(N. Y.: Free Press).

Montgomery, J., (1990), "Cities and the art of cultural planning," *Planning Practice & Review*, 5; 3(winter 1990), 17～24.

Paddison, R., (1993), "City marketing, image reconstruction and urban regeneration," *Urban Studies*, 30; 2(1993): 339～350.

Painter, J., (1998), "Entrepreneurs are made, not born: Learning and urban regimes in the production of entrepreneurial cities," Hall, T. and Hubbard, P. (eds.), *The Entrepreneurial City*(Chichester: John Wiley & Sons), 259～273.

Santagata, W., (2002), "Cultural districts, property rights and sustainable economic growth," *International Journal of Urban and Regional Research*, 26; 1(2002): 9～23.

Scott, A., (1997), "The cultural economy of cities," 323～339.

______, (2000), "The cultural economy of Paris," *International Journal of Urban and Regional Research*, 24; 3(Sept 2000): 567～582.

______, (2004), "Cultural products industries and urban economic development," *Urban Affairs Review*, 39; 4(March 2004): 461～490.

Short, J. and Kim, Y., (1998), "Urban crises/urban representations: Selling the city in difficult times," Hall, T. and Hubbard, P., (eds.), *The Entrepreneurial City*(Chichester: John Wiley & Sons), 55～75.

Smyth, H., (1994), *Marketing the City*(London: E & FN Spon).

Stein, R., (1992), *Urban Alternatives*(Pittsburgh, PA: Univ. of Pittsburgh Press).

Storm, E., (1999), "Let's put on a show!: Performing arts and urban revitalization in Newwark, New Jersey," *Journal of Urban Affairs*, 21; 4(1999): 423～435.

Storm, E., (2002), "Converting pork into porcelain," *Urban Affairs Review*, 38; 1(Sept. 2002): 3～21.

Thornley, A., (1996), "Planning policy and the market," Tewdwr-Jones, (ed.), *British Planning Policy in Transition*(London: UCL Press), 189～204.

Titman, L., (1995), *Marketing in the new public sector*(London: Pitman).

Ward, S., (1998), *Selling Places*(N. Y.: E & FN Spon).

Wilkinson, S., (1992), "Towards a new city? a case study of image-improvement initiatives in Newcastle upon Tyne," Healey, P., et al., (eds.), *Rebuilding the City*(London: E & FN Spon), 174～211.

제13장 재정관리

제1절 개 요

Ⅰ. 의 의

1. 개 념

재정(財政)은 국가 및 기타 공공단체가 공공욕구를 충족하기 위해 필요한 수단을 조달하고 관리사용하는 경제활동 또는 간단히 정부(政府)의 경제(經濟)라고도 정의할 수 있다(차병권, 1973: 11~12; 이하 정환용, 2006: 568). 따라서 도시재정(都市財政)도 도시정부의 재정으로, 도시정부가 그의 목적 달성에 관련된 제 기능을 수행하기 위해 재원을 조달하고 지출하며 관리하는 질서적이고 계속적인 경제활동의 총체를 말한다(김안제, 1982: 174; 국토학, 1987: 435).

도시재정은 ① 민간경제보다 공공성 · 강제성 · 계획성이 강하며, ② 국가재정보다 제약이 크고 도시정부 간 다양성이 크며, ③ 농촌재정보다 규모 신장률이 크고 높으며, ④ 도시정부의 활동의 증대에 따라 재정수요증대현상이 두드러지게 나타나고 있다(김안제, 1982: 176; 국토학, 1987: 435).

재정이란 관리와 계획기능의 통합적 일부분이다. 도시계획에 재정계획을 포함시키는 것은 도시정부의 재정문제의 증가되는 복잡성과 심각함 그리고 지방정부관리의 전체적인 기능에 계획기능을 통합하려는 경향 때문에 주로 나타나고 있다(Snyder, 1979: 320).

도시재정분석에서 기본적 문제는 "무엇을 위해 누가 지불하느냐" 하는 점이다(Davey and Devas, 1996: 189).

2. 기　　능

머스그레이브(R. Musgrave)는 재정은 자원배분, 소득배분, 그리고 경제안정의 3가지 기능(機能)을 수행한다고 지적한다(국토학, 1987: 435; 박수영, 2002: 472~474).

자원배분(資源配分)은 공공재의 생산공급을 의미한다. 공공재의 공급은 주민의 일상생활의 필요를 충족시켜줄 뿐 아니라 주민의 경제활동을 도와준다. 시장기구를 통해 실현되는 자원배분에 덧붙여 정부의 시장개입에 의한 자원배분의 조정 필요성이 있다. 정부개입에 의한 자원배분은 정부의 개입에 의한 공공서비스제공을 의미한다. 도시정부에 의한 공공재 공급은 도시주민의 선호를 반영한 공급이 되어 중앙정부보다 그 역할이 증대하고 있다고 볼 수 있다.

소득배분(所得配分)을 조정하는 정책은 수입과 지출의 양면을 통해 이루어진다. 수입면에서는 각종 조세에 대해 누진세율의 적용 등의 방법을 활용하고, 지출면에서는 생활보호 등의 이전지출을 중심으로 하는 경비지출에 의존하고 있다. 소득재분배에 관한 시책은 그 성격상 전국적인 규모로 실시되어야 하기 때문에 국가재정의 주요기능이고 도시재정의 효과로서는 제한된다. 그러나 민생안전을 위한 구호나 사회보장에 관한 한 경비지출 등을 주민과 밀착한 도시정부가 담당할 때 효율성이 높아진다는 점에서 도시재정의 소득재분배기능도 경시되어서는 안 된다.

경제안정화기능(經濟安定化機能)은 국민경제와 재정의 기능을 결합한 재정정책이다. 경제안정화기능은 경기의 침체와 과열을 재정수입과 지출에 의해 조정하고, 경기변동이 국민생활에 미치는 경제적 영향을 완화할 수 있는 기능을 말한다. 이러한 경제조정기능은 국민경제의 관점에서 국가재정의 주도적 기능이지만, 도시재정도 국가정책에 협력한다는 의미에서 중요하다.

Ⅱ. 재정위기

1. 의　　의

오늘날 세계의 많은 도시들이 재정적자(財政赤字)에 직면해 있고, 일부 도시들은 거의 파산상태에 이르는 등 도시재정위기(都市財政危機)는 도시정부가 당면한 심각한 문제가 되고 있다.

중앙정부와는 달리, 도시들은 누년에 걸쳐 계속하여 적자를 유지할 수 없고, 그럴 경우 부채의 누적으로 나타난다. 이러한 사실의 하나는 도시는 경제적 진폭이나 사회·인구적 추세에 쉽게 적응할 수 없다. 이러한 경향이 도시주변 환경을 개선하려는 사람들의 노력을 헤치는 결과를 가져왔다. 즉 도시관리의 통제 밖에 있는 사회·경제적 추세는 많은 대도시의 재정건강을 심각하게 훼손하는 방향으로 전개되었다(Judd and Swanstrom, 2002: 340).

2. 원　인

도시정부는 공공재와 서비스에 대한 수요가 공급을 초과한다는 사실을 발견하게 되었다. 인구, 소득, 도시화, 그리고 상승되는 기대들은 보다 광범한 정부의 활동을 요구하게 되었으며, 공공서비스에 대한 깊이와 범위도 최근 들어 급격하게 확장되어 오고 있다. 그리고 이러한 경향은 상당기간 계속될 것으로 보인다. 여기에 부연하여 계속되는 인플레이션은 보다 높은 생산비를 유도했다. 이와 같이 재정지출을 상승시키는 요인은 상호작용하고 있는 데 비해, 지방정부의 수익구조와 생산능력은 상대적으로 변화하지 않고 있다. 그리고 조세구조와 지방과 중앙의 편차에 의해 지방정부는 심각한 재정위기에 직면해 있다. 따라서 재정자원의 계획과 관리는 도시정부의 주요 관심의 하나가 되고 있다(Snyder, 1979: 320～321).

중산층과 기업의 교외이출, 도시거주민의 높은 빈곤율은 도시들이 균형예산을 어렵게 하는 요인들로 작용한다. 도시정부가 공공서비스를 공급하기 위해서는 재정지출이 수반된다. 특히 IMF 외환위기 이후 우리 도시는 증가한 실업자와 저소득층을 위한 생활보호적 공공서비스, 침체된 지역경제의 활성화를 위한 기반시설 투자수요 등으로 지방재정수요가 증가하고 있으나, 낮은 재정자립도와 자체 세원확보의 어려움에 직면하고 있다. 이에 반해 시민들은 가능한 한 적은 조세부담으로 다양한 서비스 수요를 도시정부로부터 충족하려 한다. 이러한 도시정부에 대한 시민기대의 이중성은 도시정부가 재정부족 하에서 팽창하는 공공서비스 수요를 충족시키기 위해서 극복하여야 하는 가장 큰 과제가 되며, 이는 공공서비스의 생산성 제고를 통해 완화 내지는 해결할 수 있다.

제 2 절 재정수입과 지출

Ⅰ. 재정수입

1. 의 의

(1) 개 념

도시수입(都市收入)은 도시자치단체가 그 기능의 수행을 위하여 필요한 경비의 재원이 되는 금전적 수입을 말한다. 도시수입 가운데서 1년 회계연도에 확정되는 것이 세입이다. 즉, 세입(歲入)은 회계연도 중에 정부에 유입되는 일체의 수입을 말한다.

도시정부의 세입원은 일반세입(general revenue)과 공익세입(utility revenue)으로 구분할 수 있다. 일반세입(一般歲入)은 공경제적 수입으로서 일반적 용도에 사용할 목적으로 강제적으로 징수되어 일반회계의 계정으로 다룬다. 공익세입(公益歲入)은 사경제적 수입이며 특정사업의 실시에 의한 수입으로 특별회계계정으로 처리한다.

(2) 구 분

도시정부의 수입(收入)은 수입종류에 따라 여러 가지로 분류할 수 있다.

(가) 자체재원과 의존재원

세입의 결정 또는 징수권한이 국가에 있느냐 또는 지방자치단체에 있느냐에 따라 자체재원과 의존재원으로 구분된다. 도시정부가 법령의 범위 내에서 독자적으로 과세・징수할 수 있는 자체재원(自體財源)은 시세와 세외수입으로 구성되어 있다. 국가 또는 상급자치단체의 지원에 의하는 의존재원(依存財源)은 지방교부세와 보조금으로 구성되어 있다.

전체 재원 중에서 자체재원의 비중이 높을수록 도시정부의 수입구조가 안정적이고 재정자주성이 높다. 재정자립도(財政自立度)는 일반회계세입에서 자체재원의 구성비를 말한다.

(나) 일반재원과 특정재원

이는 조달된 재정수입을 어떤 용도에 사용할 것인가에 따른 분류이다. 일반재원(一般財源)은 지방자치단체가 독자적으로 비도(費途)를 독자적으로 결정할 수 있는 재원이다. 이는 지방세 중 보통세와 일부 세외수입 그리고 지방교부세 등으로 구성되어 있다. 특정재원(特定財源)은 그 비도가 사전에 지정되어 있으며, 지방자치단체가 그 비도를 결정할 수 없는 재원이다. 이에는 목적세 수입, 일부 세외수입, 국고와 시도비 보조금, 지방양여금 등이 이에 속한다.

일반재원의 비중이 클수록 도시정부의 재정운영에서 융통성과 재량성이 높아 자주성을 제고할 수 있으나, 특정재원의 비중이 높으면 재정운영에 경직성이 따른다.

(3) 경상재원과 임시재원

세입의 계속성과 안정성을 기준으로 한 분류이다. 경상재원(經常財源)은 매 회계년도에 계속적으로 확보될 수 있는 수입으로 지방세와 경상적 세외수입 등이 포함된다. 임시재원(臨時財源)은 회계년도에 따라 불규칙적인 특별교부세·증액교부금·부동산매각수입·기부금·전입금·이월금·지방채 등이다.

경상재원으로 도시정부의 경상지출수요를 충분히 감당할 수 있을 때 재정 건선성이 제고되나, 경상적 지출을 임시재원으로 충당해야 하는 경우에는 재정의 취약성을 반영한다.

2. 시 세

(1) 의 의

시세(市稅)는 도시정부의 수입 중 가장 기본이 되는 것으로, 도시자치체의 재정수요를 충족시키기 위해 도시주민에게 강제적으로 부과하여 징수하는 화폐적 수입이다.

시세는 도시자체단체에게 부여된 과세권에 근거하여 강제로 부과징수하는 세금이고, 국가나 공익단체가 제공하는 공공서비스에 대한 이익향유에 대한 수익자부담적 성격을 강조하는 응익적(應益的) 조세이고, 도시정부의 재정정책적 수단이 된다(박수영, 2002: 490).

시세는 전국에 고르게 분포되어 모든 지역에서 확보될 수 있도록 세원분포에 보편성(普遍性)이 있어야 하고, 경기변동과 무관하게 안정적(安定的) 확보가 요구되며, 주민의 편익에 크기에 따라 배분되는 응익원칙(應益原則)이 강조되고, 세의 부과범위는 도시정부의 관할구역 내에 머무는 지역성(地域性)의 원칙이 존중되고, 공평성보다는 투자의 효율성(效率性)을 높일 수 있는 세원의 요건을 갖추어야 한다(박수영, 2002: 490～491).

(2) 종　류

지방세는 부과징수의 대상과 방법에 따라 보통세(普通稅)와 목적세(目的稅)로 구분된다. 전자는 사전에 사용목적이 정해지지 아니한 일반적인 용도로 지출될 경비에 충당하기 위하여 과징하는 세이며, 후자는 수입의 용도를 사전에 특별히 정하고 그 경비의 지출에 의하여 직접이익을 받는 자에게 부담시키는 세를 말한다. 전자에는 취득세・등록세・면허세・주민세・재산세・자동차세・종합토지세 등이 포함되고, 후자에는 도시계획세・공동시설세・사업소세・지역개발세 등이 있다.

지방세의 세원인 소득과 사업, 소비, 그리고 부에 따라 구분할 수 있다(이달곤, 2004: 502～503). 소득(所得)과 사업(事業)에 의한 조세는 소득세・부가가치세・면허세・사업소세 등이 포함된다. 소비(消費)에 의한 세금은 판매세・면허세・휘발유세・주세・음식점세・도축세・지역개발세 등이 있다. 부(富)에 의해 부과되는 세금은 재산세・등록세・취득세・자동차세・종합토지세・공공시설세・도시계획세 등이 포함된다.

3. 세외수입

(1) 의　의

세외수입(稅外收入)은 도시자체수입 중 세제적 성격을 갖지 않은 일체의 수입을 의미한다. 세외수입은 자치단체가 사업운영이나 특정한 행정서비스에 대한 반대급부로도 발행하고, 세입예산의 운영과 회계처리과정에서도 발생하며 징수근거와 용도, 형태가 다양한 것이 특징이다.

세외수입은 광의, 협의, 최협의에 따라 그 의미가 약간씩 다르게 사용되고 있다. 광의(廣義)의 세외수입은 도시자체수입 중 시세를 제외한 모든 수입을 의미한다. 협의(狹義)의 세외수입은 매년 반복하여 조달되는 예측이 가능한 실질상의 수입이다. 최협의(最狹義)의 세외수입은 일반회계의 경상수입(經常收入)만을 지칭한다. 이에는 사용료・수수료・재산임대수입・사업장수입・이자수입 등이 포함된다.

세외수입은 경상수입에 대비하여 수입이 불규칙적으로 발생하여 일회성에 그치는 경우가 많아 세입규모를 예측하기 어려운 임시적 수입(臨時的 收入)이 있다. 여기에는 재산매각수입 · 이월금 · 보조금사용잔액 · 전입금 · 예탁금 및 예수금 · 기타 잡수익 등이 포함된다(조정제, 1990: 139).

(2) 종 류

세외수입은 공공시설을 이용하거나 서비스나 재화를 공급하는 데 대해서 부과하는 직접부담금(direct charge), 어떤 행위를 하는 데 필요한 특권이나 사용권에 대해서 지불하는 면허세와 면허료, 그리고 재산의 특수한 물리적 특성이나 특수한 서비스에 대해서 부과되는 재산세의 일종인 특별평가부과금(special assessments) 등으로 구분할 수 있다(이달곤, 2004: 524).

세외수입은 지방세 이외의 지방정부자체수입을 모두 포괄하는 용어이다. 따라서 그 구성은 매우 혼성적이며 복잡하다. 우리의 경우 수입의 계속성과 사업성의 여부에 따라서 실질적 세외수입과 명목적 세외수입으로 나눈다. 명목적 세외수입(名目的 稅外收入)은 보상적 비용부담과는 무관한 회계상 수입으로, 이월금 · 기여금 · 자금회수금 · 융자금 · 잡수입 등과 같이 주로 일시적 수입이 대부분이다. 실질적 세외수입(實質的 稅外收入)은 지방행정서비스나 지방공기업서비스 제공에 대한 반대급부로서 이용자 또는 사용자가 지불하는 금전적인 부담을 의미한다. 여기에는 사용료 · 수수료 · 재산임대 · 징수교부금 등과 같은 경상적 세외수입과, 상하수도 · 지하철 요금 등과 같은 사업수입으로 나뉜다(이달곤, 2004: 524).

사용료(使用料)란 공공시설을 사용함으로써 얻은 편익에 대한 보상으로서 징수하는 공과금을 의미한다. 수수료(手數料)는 지방자치단체의 활동에 의하여 개별적인 특수이익을 받은 사람으로부터 그 비용의 일부분을 충당하기 위해 징수하는 공과금이다. 양자는 특수한 이익을 받은 주민으로부터 개별적인 보상원칙에 따라 강제로 징수한다는 점에서는 동일하나 전자는 공공시설로부터 받은 서비스에 대한 대가에 대해서, 후자는 지방자치단체의 공권력행사에 따르는 특수이익에 대한 비용의 지변이라는 점에서 차이가 있다(조창현, 2005: 370).

분담금(分擔金)은 지방자치단체의 재산 또는 공공시설로 인하여 주민의 일부가 특히 이익을 받았을 때 그 비용의 일부를 지변하기 위하여 이익을 받은 자로부터 징수하는 공과금이며, 부담금은 도가 시 · 군에 많은 이익을 주는 토목 기타 건설사업을 시행하는 경우에는 그 사업으로 인한 수익의 한도 내에서 그 사업에 소요되는 비용의 일부를 당해 시·군에 부담시키는 것으로 이것은 지방재정법에 근거한 것이다(조창현, 2005: 370).

(3) 개선방안

세외수입의 대상 서비스는 가능한 한 독립채산적 운영을 시도해서 서비스에 상응한 대가수입을 확보해야 한다. 이를 위해서는 서비스공급에 있어서 배제원칙의 적용이 용이한 경우 특별회계 또는 공기업으로 전환을 시도하고, 더 나아가서 위탁경영 등 민영화를 추진할 필요가 있다(조정제, 1990: 140).

4. 지 방 채

(1) 의　　의

지방채(地方債)는 지방자치단체가 재정수입의 부족액을 보전하기 위해 과세권을 담보로 하여 정부, 민간부문 또는 해외로부터 증서차입 또는 증권발행의 방법에 의해 자금을 조달하면서 발생시킨 채무이다(박수영, 2002: 512).

지방채는 항구적 이익이 되는 사업, 지방채의 상환목적에 쓰이는 경비의 재원, 출자금 및 대부금의 재원, 비상재해복구사업비 등의 재원, 세입결함채, 국고상환채를 위해 발행된다(「지방자치법」 제115조; 「지방재정법」 제7조). 지방채의 발행은 행자부장관의 승인을 받는 범위 안에서 지방의회의 의결을 얻어 지방자치단체에서 발행한다(「지방자치법」 제115조 제1항).

(2) 논　　거

지방채발행의 당위성(當爲性)은 자본재를 차금(借金)으로 구입하고, 자본재가 감가되는 만큼 비용을 지불하는 데 있다. 이 원칙이 지켜지면 모두가 스스로 향유하는 만큼 비용을 지불하게 된다. 대규모의 자본재가 경상세원으로 조달되면 세대 간 형평이 깨지게 되므로 미래의 세대는 비용의 지불 없이 향유하게 된다. 따라서 지방채에 의한 지방공공재의 재원조달은 자본재를 소모 또는 이용하는 만큼 지불하게 하여 세대 간의 형평을 반영하게 해준다(조정제, 1990: 146).

(3) 개선방안

지방채의 활용은 일반회계보다 특별회계 또는 지방공기업을 중심으로 확대되어야 한다. 그리고 지방채제도가 지방에서 활용되려면 지역주민들이 자신들의 공익사업을 추진함에 있어 스스로 결정하고 소요자금의 일부를 공채로서 뒷받침하고자 하는 노력이 있어야 하고, 이를 위한 제도적 뒷받침이 있어야 한다(조정제, 1990: 178).

Ⅱ. 재정지출

1. 의　　의

세출(歲出)은 도시정부가 목적달성을 위해 1년 동안 지출하는 총공공경비를 말한다. 도시정부의 세출예산은 다음의 관점에서 도시재정의 특별한 관심사가 된다(박수영, 2002: 517).

첫째, 세출예산은 가능한 여러 공공선택에 있어서 상대적인 우선순위를 제시하여 준다.

둘째, 도시정부가 세출예산으로 자기의 환경에 대하여 영향을 미치게 되는 일정수준의 공공서비스를 획득한다.

셋째, 지방경비가 그 전체로서 국민경제체제 전체에 대하여 상당한 영향을 준다.

세출은 도시정부가 그 목적달성을 위해 1년 동안 지출하는 공공경비로, 기관유지 · 산업육성 · 소득분배 · 사회안정의 기능을 수행한다.

2. 경비의 분류

도시경비는 기능별, 성질별로 구분할 수 있다. 기능별(機能別) 분류는 정부활동에 관한 총괄적인 정보를 일반시민에게 제공하기 때문에 시민을 위한 분류라고 한다(심정근, 1993: 146). 우리나라의 도시세출은 의회비 · 일반행정비 · 민방위운영비 · 지출제비 · 사회복지비 · 산업경제비 · 공익사업비로 구분할 수 있는데, 전자 4개 비목을 유지관리비, 후자 3개 항목을 성장개발비의 성격을 갖는다(박수영, 1990: 459; 김안제, 1982: 222).

경비의 성질(性質)에 따른 분류는 세출예산의 대상, 성질에 따라 분류한 것이다. 이 분류는 예산의 집행에 대한 회계책임을 명백히 하고 경비의 적정한 사용을 위해 필요하다(심정근, 1993: 146). 우리나라의 세출의 성질별 분류는 인건비·물건비·이전경비·자본지출·융자 및 출자·보진재원·내무거래·예비비 및 기타로 구분할 수 있다.

3. 경비지출의 원칙

도시재정의 건전한 운영을 위해 준수해야 할 재정운영의 기본원칙은 다음과 같다(박수영, 2002: 523～524).

① **수지균형의 원칙** 경비지출을 재정수입으로 충분히 조달하고, 실행예산에 있어 세출과 세입 사이에 수지균형을 유지해야 한다는 원칙이다. 이를 위해서는 세입에 근거한 세출이 되도록 합리적인 집행관리가 요구된다.

② **재정구조탄력성의 원칙** 도시관리가 변화하는 도시환경에 능동적으로 대처할 수 있도록 재정의사결정에 자율성이 주어져야 한다는 것이다.

③ **행정수준의 확보·향상의 원칙** 공공시설이나 서비스 등에 대하여 자치단체별로 국가평균수준을 유지하고 지역특성이나 주민의 욕구에 바탕을 두어 일정한 행정수준을 유지해야 한다는 원칙이다.

④ **재정운영효율화의 원칙** 이는 경비지출의 효율성을 높이고 관리목적을 최소의 자원으로 수행하는 것을 말한다.

⑤ **재정운영의 공정성의 원칙** 재정운영전반이 적법하게 이루어짐은 물론, 재정운영상황이 투명하고 공정하게 이루어져야 한다는 원칙이다.

⑥ **재정질서적정화의 원칙** 행정수행에 요하는 재정부담이 국가와 도시자치단체, 도시자치단체상호간 및 도시자치단체와 주민 간에 적정히 배분되어야 한다는 원칙이다.

⑦ **장기적 안정의 원칙** 재정운영이 장기적인 시각에서 안전성과 건전성이 확보되어야 한다. 이를 위해서는 당해연도에 발생한 잉여재원의 운영은 연도 간의 조정재원으로 사용하고, 지방채의 상환재원으로 활용할 것 등이 요구된다.

제 3 절 재정조정제도

Ⅰ. 의 의

1. 개 념

도시재정과 관련하여 강조되어야 할 점은 재원의 자주성과 재정력의 균등화이다(심정근, 1993: 209). 도시재정의 자주성(自主性)이 강화되기 위해서는 독립적인 세원이 풍부해야 한다. 나아가 필요한 경비를 조달하기에 용이한 경제적 기반을 확보하는 것이 바람직하다. 재정력의 균등화(均等化)는 지방자치단체들의 재정격차를 완화하여 필요불가결한 공공지출수준을 유지 내지 보장하고, 특정 공공사업을 장려하는 효과를 거둘 수 있도록 해야 한다. 아울러 지역사회 간의 경제적 이질성과 재정상태의 불균형으로 인하여 발생하는 경제적 후생의 격차를 완화해야 한다(박수영, 2002: 526). 이를 위해 도시정부의 재정력 보강을 위한 제도가 필요하다.

지방재정조정제도(地方財政調整制度)란 자치단체 간의 재정력 격차를 시정하기 위하여 국가가 국세의 일부 또는 다른 자금을 재원으로 해서 이것을 일정한 기준에 따라 각 지방자치단체에 배분하는 제도를 말한다(조창현, 2005: 391; 심정근, 1993: 210).

지방재정조정이란 지원금을 통해 중앙정부가 지방재정의 규모의 구성을 조정할 수 있다는 의미에서 중앙정부가 지원금을 제공하는 행위이다. 재정조정을 위한 지원금을 정부서비스공급을 위한 재원이 중앙정부에서 지방정부로 이전된다는 의미에서 이전재원이라고 부른다. 지방정부스스로의 재원조달능력에 의하지 않고 중앙정부에 의존하여 수령되는 재원이라는 의미에서 지원금을 의존재원이라고도 부른다(이만우, 2004: 510).

2. 논 리

지방재정조정제도는 지역 간 외부성문제, 재정능력의 불균형, 그리고 지방정부로의 역할위임의 측면에서 그 당위성(當爲性)을 검토할 수 있다(이준구, 2004: 692～694).

지역과 지역 사이에 외부성이 존재한다. 즉 한 지역에서 수행한 공공사업의 편익이 다른 지역의 주민에게 돌아가는 경우가 종종 있다. 외부성이 존재할 때 각 지방정부가 어떤 공공재를 어느 수준에서 공급할 것인지에 대해 내린 결정은 사회적으로 바람직한 수준과는 거리가 있게 된다. 이러한 외부성의 문제를 해결하기 위해서는 그 지방정부보다 상위에 있는 정부가 외부효과에 대해 적절한 보상을 해줌으로써 유인구조를 바로잡는 것이 필요하다. 상위에 있는 정부가 적절한 보조금 또는 교부금(grant)을 지급하면 그 지방정부는 사회적으로 가장 적합한 공공재의 수준을 자발적으로 선택하게 된다.

중앙정부가 지역 간 불균형을 해소시켜 주어야 할 의무를 갖는 근거는 다음 두 가지이다. 첫째는 지역 간 재정능력 격차로 인해 주민들 사이에 수평적 공평성의 문제가 발생한다. 똑같은 경제적 능력을 갖는 사람이라도 재정능력이 큰 지역에 살면 적은 세금을 내면서도 더 좋은 공공서비스의 혜택을 누릴 수 있게 된다. 이러한 수평적 공평성의 문제를 중앙정부가 해소시켜 줄 필요가 있다. 둘째로 모든 국민이 필수품을 평등하게 소비할 수 있는 상품평등주의의 논리를 들 수 있다. 이 논리에 따르면 지방정부가 공급하는 공공서비스에 대해서도 모든 사람이 평등한 기회를 가져야 하며 그렇게 되기 위해서는 지방정부사이의 재정능력의 평균화가 이루어져야 한다.

중앙정부가 어떤 공공서비스를 직접 생산·공급하는 것이 아니라 자금만 대고 생산과 공급 그 자체는 지방정부에 위임하는 경우가 가끔 있다. 지방재정조정제도는 중앙정부가 자금만 대고 생산을 지방정부가 담당하는 효율적 역할 부담을 가능하게 해준다.

Ⅱ. 종　　류

1. 구　　분

지원금(支援金)은 여러 형태를 갖고 있다. 조건여부에 따라 조건부지원금과 무조건부 지원금의 구분할 수 있다(이준구, 2004: 695; 이만우, 2004: 512~514). 후자는 중앙정부가 지방정부와 세입을 공유한다는 입장에서 아무 조건 없이 제공하는 교부금을 말한다. 따라서 지방정부는 자신이 원하는 어떤 방식으로든 이를 사용할 수 있다.

조건부지원금(條件附支援金)은 중앙정부가 특정한 조건을 달고 지방정부에 제공하는 지원금을 뜻한다. 조건을 달아 자금의 사용범주를 지정해 준다는 의미에서 범주적 지원금(categorical grant)라고 부르기도 한다. 이 조건부지원금은 어떤 형식으로 교부금을 지급하느냐에 따라 대응지원금(matching grant)과 비대응지원금(non-matching grant)으로 세분할 수 있다. 대응지원금은 지방정부가 어떤 사업을 수행할 경우 비용의 일정부분을 중앙정부가 부담하는 방식으로 지원금을 지급하는 것을 뜻한다. 그러므로 지방정부의 입장에서 보면 공공사업에 소요되는 단위비용이 낮아지는 효과가 발생한다. 비대응지원금은 중앙정부가 일정한 규모의 보조금을 지급하되 그것을 공공서비스의 추가적 생산에 사용해야 한다는 조건을 붙인 경우이다. 때문에 이는 지역주민들의 조세부담을 가볍게 해주는 데 사용해서는 안 된다는 조건이 붙어 있다. 또한 조건부교부금은 그 지급방법에 따라 조건부 정률지원금과 조건부 정액지원금으로 구분된다. 정률지원금(定率支援金)은 지원금의 일정비율에 해당하는 금액만을 중앙정부에서 지원하고 나머지는 지방정부가 충당한다. 정액지원금(定額支援金)은 전액을 중앙정부가 지원한다.

우리나라의 지방재정조정제도는 중앙정부가 지방자치단체에 재원을 이전·지원하는 것과 광역자치단체인 시·도가 기초자치단체에 이전·지원하는 2가지 유형이 있다. 전자에는 지방교부세·국고보조금이, 후자에는 시·도비보조금, 재정보전금, 조정교부금이 속한다(김흥래, 2005: 214).

2. 지방교부세

(1) 의　　의

지방교부세(地方交付稅)는 지방자치단체의 행정운영에 필요한 재원을 교부하여 그 재정을 조정함으로써 지방행정의 건전한 발전을 기함을 목적으로 한다(「지방교부세법」 제1조). 이 제도는 지방재정의 현실을 감안하여 국세수입의 일부를 지방재정에 이전지원하여 자치단체의 재정력을 확충해 주면서 또 한편으로는 재정운영의 자율성을 보장해 주려는 것이다(김흥래, 2005: 222; 조창현, 2005: 393).

교부세는 자체수입이 부족한 지방자치단체가 최소한의 행정수준을 유지하는 데 필요한 재원을 확보하고 지역 간의 재정력 격차를 해소하기 위한 것으로, 내국세의 일정비율을 포괄적으로 지방에 지원하되 그 용도의 제한이 없으므로 지방자치단체의 일반재원으로 활용된다. 다시 말하면 교부세는 무조건부 지원금에 해당된다. 또한 지원금의 액수가 지방정부의 수입 및 지출에 연계되지 않으므로 정률지원금이 아닌 정액지원금에 해당된다(이만우, 2004: 526).

(2) 종　　류

지방교부세(地方交付稅)는 보통교부세, 특별교부세, 그리고 별도증액교부금으로 구분한다(「지방교부세법」 제3조 · 제4조 제3항).

보통교부세(普通交付稅)는 지방자치단체가 일정한 행정수준을 유지할 수 있도록 매년도 기준재정수요액이 기준재정수입액을 초과하는 지방단체에 대하여 당해 초과하는 액, 즉 지방자치단체의 기초적인 재정수요부족액을 보전하기 위하여 교부하는 재원이다(「지방교부세법」 제6조).

특별교부세(特別交付稅)는 기준재정수요액의 산정방법으로는 포착할 수 없는 지역개발중점사업, 재해대책수요, 지역현안수요 등을 위해 보통교부세를 보완하기 위한 기능을 갖는 지방교부세액의 1/11에 해당하는 금액이다.

별도증액교부금(別途增額交付金)은 국가정책상 부득이한 지방재정수요가 있는 경우 법정교부세액 외에 별도로 증액교부할 수 있는 금액이다.

(3) 총액결정방식

지방교부세의 총액을 결정하는 방식에는 예산계상방식 · 정액계상방식 · 혼합방식이 있다(박수영, 2002: 530～531; 박종화, 외, 2005: 219).

예산계상방식(豫算計上方式)은 각 지방자치단체에 지급할 교부세액을 정하여 이를 집계한 것을 중앙정부에서 심의사정한 후 그 연도의 교부세총액규모를 결정하여 국가예산에 계상하는 방식이다. 이 방식은 국가재정의 여건 및 상황변화에 신축적으로 대처할 수 있으나, 교부세액의 결정과정에서 관련부처 간의 협의와 절충이 매년 되풀이되어야 하며, 그 과정에서 불필요한 부작용과 대립이 발생할 소지가 있다.

정액계상방식(定額計上方式)은 교부세총액을 미리 정해진 방식에 따라 국가예산에 계상하여 이를 각 지방자치단체에 배분하는 방식이다. 이에는 국세 중의 일부 세목에 대한 일정률을 교부세총액으로 하는 방식, 내국세의 일정비율을 교부세총액으로 하는 방식, 그리고 국가예산 중 세출액의 일정비율을 교부세총액으로 하는 방식 등이 있다. 이 방식은 국가재정의 경직성을 초래할 수 있고 재정운영의 탄력성을 제약한다는 비판도 있으나, 국가재정형편에 따라 임의로 교부세총액을 책정하는 폐단을 지양하고 지방재정의 안정적, 계획적인 운영을 보장하는 장점이 있다.

혼합방식(混合方式)은 예산계상방식과 정액방식의 혼합형으로 일정률을 기준으로 하여 상하한선을 법정폭으로 하고 그 범위 내에서 예산형편에 따라 교부세총액을 결정하는 방식이다. 이 방식은 교부세제도의 안정성을 어느 정도 허용하면서 국가예산편성상의 경직성을 완화할 수 있는 장점이 있다. 그러나 실제운영여하에 따라 지방재정지출계획에 대한 중앙정부의 예산통제와 영향을 강화시킬 수 있는 단점이 있다.

우리나라의 지방교부세총액결정은 정액계상방식으로 매년도의 지방교부세액총액은 당해연도 내국세 총액의 13.27%로 고정화되어 있다.

3. 국고보조금

(1) 의 의

국고보조금(國庫補助金)이란 중앙정부가 지방자치단체에 대하여 국가의 주요 시책사업을 수행하는 데 필요로 하는 경비의 재원을 충당할 수 있도록 사용용도를 지정하여 교부하는 재원이다. 국고보조금은 그 용도가 구체적으로 지정된다는 점에서 특정재원이며 조건부 지원금에 해당된다. 또한 지방정부의 지출에 연계된다는 점에서 조건부 정률지원금에 해당된다(이만우, 2004: 527).

(2) 유 형

국고보조금은 경비부담에 따라 부담금, 보조금, 교부금으로 구분된다.

부담금(負擔金)이란 지방자치단체 또는 그 기관이 법령에 의하여 실시하는 사무로서 그 사무처리가 국가와 지방자치단체 상호간에 이해관계가 있는 경우에 그 원활한 수행을 위하여 국가가 그 경비의 전부 또는 일부를 부담하여 지원하는 것을 말한다(「지방재정법」 제18조 제1항). 부담금의 주요 지출대상은 생활보호·의료보호·전염병예방·직업안정·도로정비·재해복구사업 등이다(박수영, 2002: 538).

보조금(補助金)이란 국가가 시책상 필요하다고 인정할 때와 지방자치단체의 재정상 특히 필요하다고 인정될 때에 예산의 범위 안에서 지방자치단체에 교부지원하는 것을 말한다(「지방재정법」 제20조 제1항). 여기서 전자를 장려적 보조금, 후자를 재정원조적 보조금 또는 지방재정보전금이라 한다(김홍래, 2005: 252).

교부금(交付金)은 국가기관이 직접 수행하여야 할 사무를 국민의 편의도모와 경비의 효율성제고를 위하여 지방자치단체에 위임하여 수행하는 경우에 그에 소요되는 경비를 교부하는 것이다. 국민투표・대통령 또는 국회의원선거・외국인등록・징병사업 등이 교부대상이다(박수영, 2002: 538).

(3) 문 제 점

국고보조금이 대부분 조건부 보조금으로 추진되고 있어 도시정부의 탄력적 재정운영을 저해하고, 중앙정부의 지시통제에 예속화되는 결과를 초래하는 문제를 일으킬 수 있다. 또한 국가사무를 도시정부에 전가하여 도시정부의 부담을 증가시키는 결과를 가져오며, 국고보조율의 결정시 객관적 기준이 미흡한 점 등이 운영상 문제점으로 나타나고 있다(박종화 외, 2005: 217).

Ⅲ. 재정계획

1. 의　의

재정계획(財政計劃)은 도시행정을 수행하는 구체적인 자금계획을 말한다(국토연, 1980: 537). 재정계획은 종합성・장기성・일반성의 특성을 갖고 있다. 여기서 종합성(綜合性)은 다양한 기능과 복합적 사업을 대상으로 함을 의미하며, 장기성(長期性)은 단기계획이 아니라 5～10년에 걸치는 장기에 걸치는 계획이며, 일반성(一般性)은 구체적이고 상세한 내용보다는 전체적이고 개괄적이며 대체적인 수준의 계획에 국한함을 의미한다(국토연, 1980: 537～538). 재정계획은 크게 수입계획과 지출계획으로 구성된다. 수입계획은 재원조달방안에 관한 것이고, 지출계획은 자금배분방안을 작성하는 것이다.

도시재정을 포함한 지방재정계획제도의 기능은 지방재원의 확보, 국가시책의 실현, 지방자치잔체의 행・재정지표, 그리고 자치제에 대한 재정조정기능의 4가지로 요약할 수 있다(지행연, 1987: 8～10). 재정계획을 수립함에 있어 준수해야 할 일반적인 원칙은 다음 5가지를 들 수 있다(국토연, 1980: 538～539).

첫째, 재정계획은 수지균형성을 확보해야 한다.
둘째, 재정계획은 도시계획과 행정에 있어 전체적인 조화성을 확보해야 한다.
셋째, 계획 상호간에 조화가 되도록 체계화해야 한다.
넷째, 투자의 생산성을 제고하는 방향으로의 계획이 이루어져야 한다.
다섯째, 증대되는 재정수요확대에 따라 확대지향적 재정계획이 필요하다.

2. 중기지방재정계획

중기지방재정계획(中期地方財政計劃)은 중기에 걸치는 재정운영정책을 수립하고, 이에 따른 재원동원 및 배분방향을 계획함으로써 지역개발계획의 실효성을 뒷받침하기 위한 계획예산제도이다(김동기, 2003: 295). 이 제도는 장기적인 도시개발계획과 단기적인 예산편성과 연계하여 재원의 예측과 장기적인 계속사업의 우선순위를 책정하고 이를 기초로 하여 재원배분방향을 매년 연동화하여 계획, 집행함으로써 한정된 재원을 가장 효율적으로 사용하고자 하는 제도이다.

중기지방재정계획제도의 기대효과(期待效果)는 다음과 같다(조창현, 2005: 418～419).

첫째, 지방자치단체가 예산을 편성하는 데 보다 확실한 준거기준을 제공한다. 그 이유는 예산편성지침을 작성하기 이전에 중기재정계획의 연동계획에 대하여 예산당국이 시안을 작성하고 이를 기초로 하여 재원배분에 관한 정책방향을 제시한 예산편성지침을 시달하면, 주무부서가 좀더 분명한 방향감각을 가질 수 있어 보다 합리적인 예산요구를 할 수 있기 때문이다.

둘째, 지방자치단체의 예산당국이 각 국과의 예산요구액을 사정함에 있어 중장기계획에서 다루어진 주요 정책사항에 대하여는 명확한 기준을 가질 수 있다.

셋째, 지방자치단체 예산당국의 예산편성을 위한 사무량이 감소될 것이다.

넷째, 중기재정계획에 대한 정책협의과정을 통하여 다른 국과의 사업계획이나 정책에 대한 이해를 구할 수 있다.

다섯째, 각종 계획과의 연동과 중장기적이며 종합적인 재원정책수립으로 중장기투자사업의 연계성을 강화함으로써 단년도 위주의 사업정책을 지양하고 다년도 주요정책사업입안을 위한 예산평성의 기초자료로 활용함으로써 정책부재현상을 사전에 방지할 수 있다.

3. 계획수립과정

(1) 의　　의

지방자치단체의 장은 재정을 계획성 있게 운용하기 위하여 중·장기지방재정계획을 수립하여 지방의회에 보고하고, 이를 행정자치부장관에게 제출하여야 한다(「지방재정법」 제16조 제1항). 지방자치단체의 장이 지방재정계획을 수립할 때에는 행정자치부장관이 정하는 계획수립절차 등에 의하여 당해 지방재정계획이 관계법령에 의한 국가계획 및 지역계획과 연계되도록 하였다(지방재정법 제16조 제2항).

중기지방재정계획은 계획수립연도를 기준연도로 하고, 과거 2개년을 기본연도로 하여 향후 2개년을 발전계획의 성격으로 운영한다.

(2) 계획과정

재정계획의 수립절차(樹立節次)는 대체로 다음 4단계에 의해 이루어진다(국토학, 2000: 571～572). 제1단계는 기본방향과 계획지표를 설정하는 단계로 상위계획과 관련계획, 주민의 수요를 바탕으로 작성한다. 제2단계는 계획의 여건을 분석하고 예측하는 단계로 재원의 수요와 공급측면을 비교·분석한다. 제3단계는 부문별 투자조정단계로 각종 공공투자사업의 사회경제적 타당성을 분석하고 주민의견들을 반영하여 가용재원의 범위 내에서 부문별, 사업별 투자우선순위를 결정하게 된다. 마지막 단계는 총괄계획을 작성하는 단계로 먼저 부문별 재정수입계획과 지출계획을 수립하여 재정운영에 따른 영향평가를 통해 환류과정을 거치게 된다. 이러한 환류과정을 거쳐 부문별 계획안을 수정·보완하여 최종적인 총괄계획안을 작성한다.

중기지방재정계획은 먼저 계획수립을 위한 조사 및 분석이 이루어져야 한다. 이는 재정공공급과 수요의 양면에서 진행한다. 재정공급측면은 과거의 재정추이분석, 이의 향후여건전망을 통해 투자가용재원을 판단한다. 재정수요측면에서는 국가의 상위계획, 지역발전계획 등을 통해 투자소요 및 그 규모를 판단한다. 이러한 조사분석과정을 통해 투자사업선정과 재원의 배분 및 조정 그리고 부족재원에 대한 조달대책 등의 중기재정계획을 수립하는 것이다. 수립된 중기재정계획은 지방재정계획심의위원회의 심의 및 확정을 통해 지방의회에 보고된다(조창현, 2005: 423).

제4절 공 기 업

Ⅰ. 의　　의

1. 개　　념

공기업(公企業)이란 국가 또는 지방자치단체가 공공복리를 위하여 수익적으로 경영하는 기업을 말한다(조창현, 2000: 262). 여기서 지방공기업(地方公企業)은 지방자치단체가 직접 설치·경영하는 사업이다[「지방공기업법」(이하 “법”) 제2조 제1항].

공기업은 그 소유권의 전부 또는 일부가 국가나 지방자치단체에 있다는 점에서 민간기업과 구별되고, 수익성을 전제로 한 기업형태로 운영된다는 점에서 일반행정기관과 구별된다. 때문에 공기업은 공공성과 기업성의 양면적 특성을 지니고 있다. 공공성이란 시장실패를 교정하기 위하여 설립된 공기업의 경영목표를 달성하는 것을 말하다. 기업성은 사기업처럼 이윤의 극대화를 추구하는 특성이다. 그러나 공기업이 민간기업처럼 이윤극대화만을 추구한다면 그 존재이유가 없다.

공기업은 기업성과 공공성을 동시에 달성하여야 하는 목표(目標)를 가지고 있다. 이에 따라 지방공기업의 경영원칙을 기업의 경제성과 공공복리 증진에 두고 있다. 때문에 지방공기업을 설치·설립 또는 경영함에 있어서 민간기업을 위축시키거나, 공정하고 자유로운 경제질서를 저해하거나 환경을 훼손해서는 아니하도록 노력해야 함을 명시하고 있다(법 제3조).

2. 설립동기

정부가 공기업을 설립하는 이유는 다양하다. 여기에는 재화와 서비스의 민간공급의 부적절성, 민간기업이 폐쇄하는 경우 공익에 반하는 것을 구제하기 위해, 경쟁제고, 환경적 외부성과 같은 사회적 비용의 감소, 그리고 일정한 방법으로 주권을 보호하기 위해서 등이 포함된다(Hughes, 1998: 113～114).

공기업의 설립동기(設立動機)에 대해 프리드먼(W. Friedmann)은 각 국의 공기업을 연구한 결과를 바탕으로 민간자본의 부족, 국방상 및 전략상 고려, 독점적 사업 그리고 정치적 신조의 4가지로 요약하여 제시했다. 피터슨(H. Petersen)은 국가목적의 실현, 능률의 증진, 사기업의 부실과 무능, 그리고 정치적·철학적 영향으로 범주화하였다(유훈, 2000: 8~15).

우리나라에서의 공기업설립동기는 경제발전의 촉진, 독점적 사업, 공공수요의 충족, 재정적 수요충족, 그리고 역사적 유산으로 나눌 수 있다(유훈, 2000: 15~16).

3. 종　　류

공기업은 여러 관점에서 분류할 수 있지만, 여기서는 조직형태와 사업분야에 의한 분류를 중심으로 살펴보기로 한다.

(1) 조직형태에 의한 분류

프리드먼(W. Friedmann)과 핸슨(A. Hanson)은 공기업을 정부부처, 주식회사, 그리고 공사의 3가지 형태로 구분한다(유훈, 2000: 18~25).

「기업예산회계법」에서 정부기업(政府企業)이라고 부르는 정부부처의 형태를 지닌 공기업은 가장 전통적인 형태이다(법 제1조). 이 형태의 공기업은 매년 국회의 의결을 얻어 확정되는 예산에 의해 운영되고, 일반행정기관에 적용되는 예산·회계 및 감사관계 법령의 적용을 받으며, 소속직원은 공무원이다. 정부기업에서는 우편사업, 우체국예금사업, 양곡관리사업, 조달사업을 수행한다(법 제2조). 주식회사(株式會社)형태의 공기업은 혼합기업(混合企業)으로 불리는 것으로, 「상법」에 의해 설립되는 국가 또는 지방자치단체와 사기업 또는 사인과의 공동출자에 의해 설립되는 공기업이다. 정부는 정부출자분에 대해서만 책임을 지고, 임원은 주주총회에서 선출함을 원칙으로 하며, 직원은 공무원이 아니다. 공사(公社)는 일반적으로 정부가 전액출자하며, 주로 특별법에 의해 설립한다. 정부에서 임명한 임원이 일상적인 운영을 담담하여, 정부가 그 운영에 대해 최종적인 책임을 진다. 임직원은 공무원이 아니며, 자체적인 임용과 보수에 관한 규정을 가지고 있다.

지방공기업(地方公企業)은 지방직영기업, 지방공사, 지방공단이 있다[「지방공기업법」(이하 “법”) 제2조 제1항]. 지방직영기업(地方直營企業)은 지방자치단체가 직접 설치하여 경영하는 지방자치단체조직의 일부로서 특별회계로 운영된다. 지방직영기업은 사업소형태로 운영되며, 직원들은 공무원이다. 지방공사(地方公社)는 법인으로 설립되며, 자본금의 1/2을 초과하지 않는 범위에서 민간과 합작할 수 있다. 지방공단(地方工團)도 지방자치단체에 의해서만 설립되는 법인으로, 지방공사와 유사하게 운영된다.

(2) 사업분야에 의한 분류

공기업의 사업분야는 국가에 따라 다양하다. 롭슨(W. Robson)은 공익사업, 금융 및 보험, 다목적개발사업, 기존기간산업, 신산업, 그리고 문화활동으로 구분한다(유훈, 2000: 27～31). 공기업은 텔레커뮤니케이션 · 전기 · 가스공급 · 상하수도와 같은 공급시설, 철도 · 항공 · 선박 · 도시대중교통과 같은 교통, 은행과 보험회사와 같은 금융서비스, 그리고 농업마케팅 같은 것을 포함한 많은 서비스를 제공한다.

「지방공기업법」에서 제시하고 있는 사업분야(事業分野)는 다음과 같다(법 제2조 제1항).

1. 수도사업(간이상수도사업 제외)
2. 공업용수도사업
3. 궤도사업(도시철도사업 포함)
4. 자동차운송사업
5. 지방도로사업(유료도로사업에 국한)
6. 하수도사업
7. 주택사업
8. 토지개발사업

이외에 지방자치단체는 ① 민간인의 경영참여가 어려운 사업으로서 지역경제의 활성화나 지역개발의 촉진에 이바지할 수 있다고 인정되는 사업, ② 법 제2조 제1항에 해당하는 사업 중 시행령에서 정하는 기준에 미달하는 사업, ③ 체육시설사업 및 관광사업들 중에서 경상경비의 5할 이상을 경상수입으로 충당할 수 있는 사업은 지방자치단체의 조례에 따라 지방공기업으로 설립, 운영할 수 있다(법 제2조 제2항).

Ⅱ. 논 리

1. 논 거

리즈(R. Rees)는 공기업의 존재사유(存在事由)는 시장실패교정, 경제의 지불구조의 변경, 중앙집권적 장기경제계획의 촉진, 그리고 경제의 속성(자본주의에서 사회주의로) 변경의 4가지를 주장한다(Hughes, 1998: 114～115).

시장실패를 교정하기 위해서는 공적 개입(public hands)이 수익독점의 결과를 가져오는 자원배분오류를 예방하는 방법으로 단일판매자의 비용이점을 견지하는 방법이다.

두 번째인 지불구조(structure of pay-offs)는 특정한 개인이나 집단들에 의해 수령되는 혜택을 변경하는 것을 의미한다. 수혜자(beneficiaries)는 고용자, 소비자 또는 정부를 포함할 수 있다. 지불을 변경하는 방법의 하나는 공기업가격에서 광범한 교차보조화보급(cross-subsidisation prevalent)이다. 농촌전기사용자는 비경제적 요금으로 서비스를 제공받는 반면에 다른 소비자들은 제공받는 서비스 이상으로 비용부담하는 것이다. 만일 농촌서비스가 민간에 의해 제공되었다면 소비자들이 보다 더 지불하거나 회사들이 서비스를 보다 고가로 제공하는 것을 결정할 것이다.

중앙집권화된 장기계획(cnralised long-term planning)은 일부 국가에서 사용되는 동인이다. 프랑스에서 전기와 철도의 정부소유는 국가의 계획과정의 일부로서 수요에 앞서는 서비스의 제공을 가능하게 해왔다. 호주와 캐나다 같은 저인구밀도국가의 경우, 초기에는 공급시설들이 정부의 손에 의해 제공되었는데 이는 민간공급자들이 경제적 수익을 내면서 공급하기 어렵기 때문이다.

자본주의에서 사회주의로의 경제변화는 일부국가의 주요요인이 되었었다. 전후 영국의 경우 철도, 철강, 석탄이 국유화되었고, 공기업은 완전사회주의로 전환하기 위한 하나의 과도단계인 연성 사회주의 형태의 하나로 간주되었다.

2. 민 영 화

공기업과 관련된 근본적 문제는 정부가 기업에 관련되어야 할 것인가 여부이며, 정부소유는 계속되어야 할 것인가 또는 단절해야 할 것인가에 대한 환경인가 여부에 대한 것이다(Hughes, 1998: 115).

공기업(public enterprise)은 오랫동안 공공부문의 중요한 부분이 되어 왔지만, 민영화와 함께 이 부문의 규모와 중요성은 감소하고 있다. 1980년 이래로 공기업은 공공부문의 규모를 줄이려는 것이 제1의 목표가 되었다. 서양의 많은 나라들에서 아직도 주요한 공기업이 존재하지만, 대중에게 재화와 용역을 판매하는 정부소유조직으로서의 아이디어는 그 전성기가 지났다(Hughes, 1998: 109).

공기업의 민영화가 세계적인 현상으로 전개되고 있는 상황이다. 공기업의 민영화는 예산적 고려에서 관리차이, 책임성문제, 그리고 정부의 교정역할의 관념에 이르기까지 다양하다(Hughes, 1998: 116~128).

(1) 민영화에 대한 경제적 논쟁

민영화의 경제적 논쟁은 판매로부터 과정의 사용에 의한 세금감축, 시장력과 경쟁에 활동노출, 정부지출과 경제적 과정에서 정부 몫의 감축을 포함한다. 반대주장은 새로운 민간독점이 가격을 올리고, 서비스를 줄이고 소비자들을 더 압박하는 데 그들의 권력을 사용하는 독점문제를 포함한다(Hughes, 1998: 116).

경쟁의 촉진은 민영화프로그램의 매력적인 부분이다. 이론적으로, 경쟁은 생산과 가격효율성 양자에 강력한 유인책을 제공한다. 경쟁에 직면했을 때, 소비자수요에 따라서 운영하지 않는 공기업은 그들의 소비자를 잃을 것이다. 공기업에 의해 제공되는 시장에서의 효과적인 경쟁은 상세하고, 간섭적이며, 비용이 높은 정부통제와 모니터링장치의 필요성을 감소시킬 것이다(Hughes, 1998: 117).

만일 경쟁이 바람직하다면 민영화의 상이한 도구들은 비교되어야 한다. 경쟁은 경쟁자들의 진입을 허용하는 판매 도는 탈규제에 의해 도입된다. 자산매각은 기업이 이미 경쟁적 환경에 있을 때만 경쟁을 제고하고, 규제를 풀지 않은 독점의 판매는 경쟁에 아무것도 아니다. 공적독점을 민간독점으로 바꾸는 것은 경쟁을 개선하지 못하고 장래의 경쟁적 환경을 가져오는 것을 더욱 어렵게 한다. 경쟁을 도입하는 가장 용이한 방법은 자산매각보다 산업의 탈규제이다(Hughes, 1998: 117).

민영화 이후에도, 정부들은 여러 이유에서 공공공급시설(public utilities)들을 모두 그들에게서 이동시킬 수는 없었다(Hughes, 1998: 119).

첫째, 공급시설들은 민영화이후에도 정치적 중요성의 문제로 남아있다. 공급시설들은 모든 사람들이 사용하고, 공급의 가격과 조건은 정치적 문제이다.

둘째, 초기에 경쟁적 구조를 확립하지 않음에 의해 정부가 나중에 이를 만드는 것은 어렵다. 셋째, 비록 특정한 사무소가 산업을 규제하는 것이 합리적이라고 하더라도 효과적인 경쟁의 부재는 기업과 규제자 간에 가격에 대한 갈등을 일으킨다.

민영화에 대한 경제적 논쟁은 교차보조(cross-subsidies)의 감축이었다. 민영화는 그의 진정한 비용에 따라 서비스에 부과하는 방법으로 보고 있다. 때문에 교차보조는 실제비용과 비효율성이 감추어질 수 있으므로 경제적으로 바람직하지 않다고 주장한다(Hughes, 1998: 120).

민영화에 대한 경제적 주장 중 가장 강력한 것은 경쟁의 긍정적 효과이다. 그러나 만일 민영화가 보다 큰 경쟁의 결과를 가져오지 못한다면 민영화는 주요한 혜택이 되지 못한다(Hughes, 1998: 120).

(2) 관리효율성과 민영화

민영화에 대한 효율성의 주장은 민간관리(private management)가 공공관리(public management)보다 우월하다는 것이다. 민간과 공공부문조직의 관리는 매우 상이한 환경에서 운영되고, 종종 매우 상이한 목표를 갖고 운영된다. 그들 간에는 관리에 이용가능한 유인책의 구조 간에 이론적 차이가 있고, 공기업은 정치적 환경에서 운영되기에 그곳에서의 관리는 덜 직선적이다. 그러나 관리논쟁은 공공관리가 본질적으로 열위라고 주장한다. 민간부문은 시간적으로 즉각적이고 현장에서 책임을 지는 형태로, 비효율적이어야 하는 공공부문에서는 그러한 것이 존재하지 않는다고 본다(Hughes, 1998: 120～121).

공공 및 민간생산의 상대적 효율성에 대한 체계적 증거가 제한되어 있고, 전반적인 일반화가 약간의 경험적 연구와 인상적 사례들에서 도출되었다. 소규모운영의 경우 민간기업이 보다 효율적이라는 약간의 증거가 있다. 그러나 이를 대기업수준에 그대로 적용하는 데는 한계가 있다(Hughes, 1998: 121).

(3) 이념적 논쟁

민영화논의에서 이념적 고려사항은 중요하다. 한편에는 민영화는 정부의 제한된 역할을 확인하고 민간기업의 우월성을 확인하는 사람들이 있다. 다른 한편에는 민영화반대론자들이 있다. 그들은 공기업은 보다 공평하게 하는 수단으로 본다. 때문에 이들 집단에서는 모든 민영화를 강력하게 반대한다. 그러나 논쟁은 민영화를 지지하는 주장이 우위를 차지한다(Hughes, 1998: 122～123).

(4) 통제와 책임성

어떠한 조직이든 정부의 손에 있으면, 이의 책임에 대한 문제가 야기된다. 이론적으로 정부의 모든 부문들은 정치적 지도자와 최종적으로는 국민에게 책임이 있다. 책임성의 문제는 공기업의 행정연구의 주요한 관심사항이었다. 민영화와 관련하여서도 책임성(accountability)은 여전히 중요하다(Hughes, 1998: 123).

공기업은 관리적 자유를 갖는 법적 기관으로 설립되는 것이 보통이다. 한편으론 정부부서에게 요구되는 동일한 정치적 책임성이 없고, 다른 한편으론 민간기업의 큰 이점으로 볼 수 있는 이해당사자에 대한 책임도 없다. 그러나 공기업도 정치적 영향에 지배받고, 민간기업처럼 이윤극대화를 추구하기보다는 종종 공익의 추구를 요구한다. 법적 기관들이 일반적으로 책임성문제를 가지고 있는 것처럼 공기업에서도 책임성이 강조된다(Hughes, 1998: 124～125).

민영화와 책임성의 문제는 연결되어 있다. 민영화를 지지하는 주장의 하나는 공적 소유는 실질적인 책임의 부재를 의미한다는 것이다. 이러한 견해에서 책임성의 부재는 민간부문에는 있지만 공기업에는 없다고 추정한다. 초기의 공공부문개혁의 일부는 공기업이 보다 많은 배당금을 제공하고 보다 책임성이 보장되는 방안을 강구하도록 공기업에 통제를 재확인하는 것과 관련된다. 이러한 변화의 성공은 혼합되어 있고 장래의 민영화로 불가피하게 인도한다(Hughes, 1998: 125).

통제의 범위는 정부와 공기업 간의 갈등을 일으킨다. 공기업관리자들은 공공부문의 다른 부문들보다 많은 자유를 가지고 있지만, 그들은 정부에 의해 제약받고 있다고 느끼고 있다. 정부는 그들의 기업들을 소유하고 있기 때문에 그들에 대해 최종적인 책임을 지고 있다. 때문에 그들은 통제장치를 개발할 필요를 느낀다. 기업의 시각은 차이가 있다. 그들의 주장은 그들은 특정기능을 수행하기 위해 만들어졌고 그들이 바라는 모든 것은 법에 명시되어 있다는 것이다. 때문에 정부통제는 목표를 향한 진전을 더디게 하는 귀찮은 것으로 간주한다. 과도한 통제는 상업적 기회가 상실되거나 지체될 수 있음을 의미한다(Hughes, 1998: 126～127).

Ⅲ. 관 리

1. 운 영

지방공기업의 관리자(管理者)는 지방자치단체의 장이 임명하는데, 직영기업은 지방자치단체의 공무원 중에서(법 제7조 제2항), 공사의 사장 및 공단의 이사장은 추천위원회에서 추천한 자 중에서(법 제58조 및 제76조) 각각 임명한다.

지방공기업의 설립자금(設立資金)은 지방자치단체의 출자금에 의한다. 다만, 지방공사의 경우, 공사의 운영을 위하여 필요한 경우에는 자본금의 1/2을 초과하지 아니하는 범위 안에서 지방자치단체 외의 자로 하여금 출자하게 할 수 있다(법 제53조).

2. 통제와 책임성

공기업관리와 관련된 중요한 문제의 하나는 경영상 독립성을 부여하면서도 책임성을 확보할 수 있도록 정부가 관여할 수 있는가 하는 능률과 통제의 조화 문제이다(유훈, 2000: 450). 즉, 공기업은 책임, 규제, 사회 및 산업정책, 투자정책, 재정정책을 포함한 특정한 관리문제를 가지고 있었다. 이들 중에서, 통제와 책임성은 직접적인 정치적 통제와 상대적으로 독립되게 설립된 공기기업의 특수한 문제이다. 만족할 만한 수준에서 통제를 설정하는 것은 정부와 기업 양자에게 지속적인 문제가 되었었다. 통제가 너무 단단하면 상당한 수준의 독립성을 가진 실체로서 수립할 이점이 없고, 너무 느슨하면 기업의 소유자인 대중에 책임질 수 없는 상황이 발생한다(Hughes, 1998: 110).

참고문헌

국토연(국토개발연구원), (1980), 지역계획 기법 연구,(서울: 국토연).

국토학(대한국토·도시계획학회), (1987), 도시의 계획과 관리 (서울: 집문당)

_____, (2000), 도시의 계획과 관리 (서울: 집문당).

김동기, (2003), 「한국지방재정학」(서울: 법문사).

김안제, (1982), "도시재정," 김안제·노융희·최상철, 「도시행정론」(서울: 방통대).

김흥래, (2005), 「지방재정의 이론과 실제」(서울: 박영사).

박수영, (2002), 「도시행정론」(서울: 박영사).

심정근, (1993), 「도시재정론」(서울: 법문사).

유 훈, (2000), 「공기업론」(서울: 법문사).

윤성식, (1998), 「공기업론」, (서울: 박영사).

이달곤, (2004), 「지방정부론」(서울: 박영사).

이만우, (2004), 「신 공공경제학」(서울: 율곡).

조정제, (1990), 「도시경영」(서울: 법문사).

조창현, (2005), 「지방자치론」(서울: 박영사).

지행연(한국지방행정연구원), (1987), 지방재정계획제도연구, 연구보고서 제17권(서울: 지행연).

Davey, K. and Devas, N. (1996), "Urban government finance," Davey, K., (ed.), *Urban Management: The Challenge of Growth*(Aldershot, Hants: Avebury), 189～259.

Hughes, O., (1998), *Public Management & Administration*(N. Y.: Macmillan Press).

Judd, D. and Swanstrom, T., (2002), *City Politics: Private Power and Public Policy*(N. Y.: Longman).

Snyder, J., (1979), "Fiscal planning and management," Catanese, A. and Snydwe, J., (eds.), *Introduction to Urban Planning*(N. Y.: McGraw-Hill), 320～337.

인명색인

사항색인

[ㅇ]

[ㅈ]

저자약력

서울대학교 사범대학 졸업
서울대학교 환경대학원 졸업(도시계획학 석사)
영국 쉐필드대학교(Univ. of Sheffield) 대학원 도시 및 지역계획학과 졸업
 (도시 및 지역계획학 박사)
전남대학교 지역개발연구소장(역임)
전남대학교 경영대학(원)장(역임)
한국지역개발학회 회장(역임)
행정고시출제위원(역임)
광주광역시 도시계획위원회 위원(역임)
국토정책위원회 위원(역임)
중앙도시계획위원회 위원(현)
1978년 이래 전남대학교 경영대학 경제학부 지역개발학전공 교수

저 서

지역개발론(공저), 법문사.
계획이론, 박영사.
도시계획학원론, 박영사.

논 문

한국의 도시성장특성
한국의 도시성장결정요인
서비스산업과 도시성장
생활의 질과 도시성장
 외 다수

도시관리론

2007年 2月 10日 初版印刷
2007年 2月 20日 初版發行

著 者 鄭 煥 庸
發行人 安 鍾 萬
發行處 博 英 社
서울特別市 鍾路區 平洞 13-31番地
電話 (733) 6771 FAX (736) 4818
登錄 1952. 11. 18. 제1-171호(倫)

www.pakyoungsa.co.kr e-mail: pys@pakyoungsa.co.kr

定 價 28,000원 ISBN 978-89-10-10049-2